建筑防水新材料及防水施工新技术

（第二版）

朱馥林　编著

中国建筑工业出版社

图书在版编目（CIP）数据

建筑防水新材料及防水施工新技术/朱馥林编著. —2版.
北京：中国建筑工业出版社，2013.8
ISBN 978-7-112-15626-9

Ⅰ. ①建… Ⅱ. ①朱… Ⅲ. ①建筑防水-防水材料②
建筑防水-工程施工 Ⅳ. ①TU57②TU761.1

中国版本图书馆CIP数据核字（2013）第164089号

本书是一本以建筑工程防水和保温的设计、施工、质量管理、清单计价、施工工法为主要内容的实用性书籍。介绍的内容包括常用的建筑防水和保温材料；屋面、地下、室内、外墙、盾构法隧道等工程部位的防水设计和保温方法；防水混凝土、砂浆、卷材、板（毯）涂料、密封材料、瓦和金属型材的施工步骤、条件、要求和施工注意事项；施工方案的编制、实施、质量要求、检验和验收；防水工程量和防水材料用量计算、防水工程工程量清单及清单计价和防水工程造价；防水施工工法的编写等。

本书可作为建筑防水工程师的培训教材，也可作为建筑施工企业、防水材料生产厂、质检、监理、设计单位从事建筑防水管理、施工、设计人员和大专院校相关专业师生的参考书。

＊　　＊　　＊

责任编辑：郦锁林
责任设计：董建平
责任校对：王雪竹　关　健

建筑防水新材料及防水施工新技术
（第二版）

朱馥林　编著

＊

中国建筑工业出版社出版、发行（北京西郊百万庄）
各地新华书店、建筑书店经销
北京千辰公司制版
北京市书林印刷有限公司印刷

＊

开本：787×1092毫米　1/16　印张：22¼　字数：554千字
2013年11月第二版　2016年7月第五次印刷
定价：**49.00**元
ISBN 978-7-112-15626-9
（24175）

版权所有　翻印必究
如有印装质量问题，可寄本社退换
（邮政编码 100037）

前　言

本书在《建筑防水新材料及防水施工新技术》（第一版）的基础上，根据新颁布的防水规范、新工法、新技术等内容，更加具体地介绍了我国建筑防水工程中的防水、止渗、堵漏、渗排水材料和保温材料，详尽地介绍了采用这些材料相应的防水设计及施工技术。

防水材料方面介绍了常用的防水混凝土、砂浆、卷材、涂料、板、毯、硬泡聚氨酯、密封材料、止水材料、堵漏和注浆材料等；防、排水材料方面介绍了瓦材和金属防水平板、压型金属防水板等；蓄、排水材料介绍了塑料、橡胶网状和凹凸板材等，渗水材料介绍了有机和无机材料等。

本书重点介绍了对屋面、地下、室内、外墙的细部构造防水和保温设计要求。施工方面按住房和城乡建设部推广的工法进行了详细介绍，内容包括刚性材料施工；改性沥青类卷材的热熔、冷粘、冷热结合、自粘、湿铺、预铺反粘法施工，橡胶型合成高分子防水卷材的冷粘结施工，塑料型防水板（土工膜）的单缝热风焊接施工和双缝热楔焊接施工，塑料型复合防水卷材的普通冷粘法施工和非固化冷粘法施工，自粘胶膜高分子卷材的湿铺、预铺反粘法施工，热塑性防水卷材、热固性防水卷材和改性沥青防水卷材的穿孔机械固定施工及无穿孔机械固定施工，瓦、金属防水卷材、金属型材的施工方法和渗漏水的根治方法，在防水层上覆盖保护层的施工等；涂料类包括有机、无机防水涂料的涂、喷施工方法，硬质聚氨酯泡沫塑料防水保温涂料的喷涂法施工；钠基膨润土防水材料的钉铺法施工；建筑密封材料的嵌缝施工等。

本书还详细介绍了防水工程施工质量管理和验收、《防水工程施工方案》的编制和实施方法，以提高防水工程施工质量。介绍了防水工程工程量清单与清单计价、防水工程造价的方法，内容包括编制准备工作、确定分部分项子目、防水工程量的计算方法、防水材料用量计算、防水工程量清单的编制、防水工程量清单及清单计价、防水工程量清单及清单计价格式、防水工程造价等，以帮助防水企业、建设单位适应目前建筑市场对防水工程招投标工作的顺利开展和控制工程投资。还介绍了防水工程施工工法的编制方法，以提高防水施工企业的整体素质，内容包括编写依据、范围、要点及编写注意事项等。

本书可作为建筑防水工程师的培训教材，也可作为建筑施工企业、防水材料生产厂、质检、监理、大专院校师生、质量管理人员的设计、施工管理参考用书。

本书引用了有关书籍、厂家的数据和资料，在此一并致谢！编者虽竭尽了全力，但由于时间仓促，涉及内容广，难免有不当之处，敬祈广大同仁指正，所赐意见和建议通过电子邮件发至（E-mail：jsbzfl@126.com），不胜感激！

目　　录

1 常用建筑防水材料

常用建筑防水材料按物态不同可分为柔性防水材料和刚性防水材料两类；按材质不同可分为有机防水材料和无机防水材料两类；按种类不同可分为卷材、涂料、密封止渗材料、刚性材料、注浆堵漏材料、金属材料六大系列。

此外，还有以排水为主的瓦形材料，种植屋面还有排、蓄水材料，地下工程还有渗、排水材料等。

1.1 防水卷材、防水毯、防水板材

防水卷材在建筑防水材料的应用中处于主导地位，在建筑防水的措施中起着重要作用。常用的卷材有沥青类油毡、高聚物改性沥青防水卷材、合成高分子防水卷材（片材）、钠基膨润土防水毯（板、卷材）和金属防水材料等。

1.1.1 沥青类油毡

沥青是不浸润物质，人们利用沥青的这一憎水特性，被用来当作防水、防腐和沥青类油毡的粘结材料。但由于其含蜡高，这类油毡通常80℃以上就会流淌，含硫高，10℃以下就会龟裂，都不符合我国大部分地区的使用条件，已被限制使用。

石油沥青纸胎油毡：纸胎油毡的综合防水性能很差，采用热油施工，严重污染环境，严禁在市区使用。住房和城乡建设部规定其不得用于防水等级为一、二级的建筑屋面及各类地下防水工程。工程上通常只被用来作其他柔性防水材料的保护层、隔离层。

1.1.2 改性沥青防水卷材及其胶粘剂

为了改变纯沥青类卷材高温容易流淌、低温容易龟裂，弹塑性、柔韧性和防水性能极差的劣性，常用弹性体、塑性体、合成橡胶及其他高聚物对沥青进行改性，再采用聚酯胎或玻纤胎作胎基，从而获得中、高档改性沥青防水材料。

1. 弹性体（SBS）改性沥青防水卷材

弹性体（SBS）改性沥青防水卷材（简称SBS卷材）以苯乙烯-丁二烯-苯乙烯（SBS）共聚热塑性弹性体作沥青的改性剂，以聚酯胎或玻纤胎为胎体，以聚乙烯膜、细砂、粉料或矿物粒（片）料作卷材两面的覆面材料。SBS卷材具有以下特点：

（1）SBS橡胶，常温下具有橡胶状的弹性，高温下又具有塑料状的热塑性和熔融流动性。在沥青中加入10%~15%的SBS作卷材的浸涂层，可提高卷材的弹塑性、耐疲劳性和耐老化性，延长卷材的使用寿命等综合性能。

（2）用长纤维聚酯毡（长PY）作胎基，使卷材具有拉伸强度高、延伸率大、耐腐蚀、胎体易浸渍、耐霉变、含水率和吸水率小、尺寸热稳定性能好（耐候性能好），对基

层伸缩变形或开裂的适应性较强等特点。

（3）用无碱玻纤毡（无碱 G）作胎基，使卷材具有拉伸强度较高、尺寸热稳定性能好、耐腐蚀、耐霉变、耐候性能好等特点。

（4）耐低温性能优异：在 -25℃ 的低温特性下，仍具有良好的防水性能，如有特殊需要，在 -50℃ 时仍然有一定的防水功能，且在 100℃ 气温条件下不起泡、不流淌。

2. 塑性体（APP、APAO、APO）改性沥青防水卷材

塑性体（APP、APAO、APO）改性沥青防水卷材（统称 APP 类卷材）以无规聚丙烯（APP）或聚烯烃类聚合物（APAO、APO）作沥青的改性剂，以聚酯胎或玻纤胎为胎基，以聚乙烯膜、细砂、矿物粒（片）料作卷材两面的覆面材料。

APP 类卷材的分子结构稳定、老化期长。APP、APAO、APO 分子结构为保护态，在改性沥青中呈网状结构，与石油沥青有良好的互溶性，将沥青包围在网中，使改性后的沥青有较好的稳定性，受高温、紫外线照射后，分子结构不会重新排列，适宜在炎热地区使用。一般老化期在 20 年以上。

以其他改性沥青、胎基和上表面材料制成的卷材不属于 APP 类卷材。

3. 自粘橡胶改性沥青防水卷材

自粘橡胶改性沥青防水卷材在常温下即可自行与基层、卷材与卷材搭接粘结。简称自粘卷材。一般分为无胎基自粘卷材和有胎基自粘卷材两类。这类卷材可直接在潮湿无过多明水的基层铺贴，常采用湿铺、预铺反粘法施工。

（1）无胎基自粘橡胶改性沥青防水卷材：无胎基自粘卷材具有良好的柔韧性、耐热性和延展性，适应基层的变形能力较强。

（2）自粘聚合物改性沥青聚酯毡防水卷材：以聚酯毡（PY）、玻纤毡（G）为胎基，两面或上表面涂覆 SBS 改性沥青，以细砂、矿物粒（片）料、聚乙烯膜、金属箔等作上表面覆面材料，下表面涂冷自粘橡胶改性沥青粘结料，并覆涂硅隔离防粘膜或皱纹隔离纸。

有胎基自粘卷材克服了无胎基自粘橡胶改性沥青防水卷材的抗撕裂（抗劈）强度小的缺点，以满足结构变形较大、抗撕裂强度较大的工程的需要。

4. 交叉层压膜无胎自粘橡胶改性沥青防水卷材

以合成橡胶改性沥青、掺入各类填料为基料，表面复以进口交叉层薄膜，底面涂覆改性沥青胶黏剂，用防粘隔离纸（膜）隔离。可在潮湿基面施工，亦可采用湿铺、预铺反粘法施工。进口交叉层薄膜抗紫外线、耐候性能优良，适用于炎热和寒冷地区使用；交叉层薄膜分子结构稳定，被硬物、钉子戳穿后，对其有良好的握裹力，与改性沥青层共同阻止水分子通过，使防水性能得到提高；交叉层薄膜尺寸稳定性好，纵横向抗拉强度高，不会产生皱褶，膨缩量小；交叉层薄膜具有良好的防水性能，改性沥青层又是一道防水层，相当于两道防水层。

5. 改性沥青聚乙烯胎防水卷材

改性沥青聚乙烯胎防水卷材以聚乙烯膜为胎基，以优质氧化改性沥青或丁苯橡胶改性氧化沥青等为涂盖层，以聚乙烯膜作卷材两面的覆面材料。

6. 铝箔面油毡

铝箔面油毡采用玻纤毡为胎体，浸涂优质氧化沥青，用压纹铝箔贴面，底面撒以细颗粒矿物料或粘贴聚乙烯（PE）膜制成。铝箔除起反射阳光、减少紫外线照射和隔热作用外，还具有装饰效果。但随着时间的推移，铝箔表面生成一层灰黑色的氧化膜，其降低屋面及室内温度的作用会随着减弱。

7. 其他改性沥青防水卷材

（1）改性沥青复合胎柔性防水卷材：以橡胶、树脂等高聚物作沥青改性剂，以两种材料复合毡作胎体，以细砂、矿物粒（片）料、聚酯膜、聚乙烯膜作覆面材料，经浸涂、滚压等工艺制作而成。该卷材不得用于防水等级为一、二级的建筑屋面、地下、水池等防水工程，可作地下工程的防潮层、屋面工程的隔汽层。

（2）石油沥青玻璃纤维胎油毡、石油沥青玻璃布胎油毡：质量应符合规范要求。

8. 改性沥青胶粘剂、冷底子油

改性沥青胶粘剂是沥青油毡和改性沥青类卷材的粘结材料。

（1）玛蹄脂：用橡胶、再生胶、PVC 树脂改性的沥青，称冷胶粘剂（俗称冷玛蹄脂）和在熔化的石油沥青中掺入矿质填充料的热胶粘剂（俗称热玛蹄脂）两种。

改性沥青胶粘剂的粘结剥离强度不应小于 8N/10mm。

冷玛蹄脂与热玛蹄脂相比较，所用改性材料、填料及石油沥青从固态到液态的形成过程和方法均不同。前者是用溶剂溶解，冷施工；后者是用锅灶或熔化炉施工现场熔化，并趁热施工。

（2）冷底子油：冷底子油用 10 号或 30 号石油沥青溶解于柴油、汽油等有机溶剂配制而成，也可将改性沥青胶粘剂经稀释而成。用于在基层表面涂刷改性沥青胶粘剂前的打底基料，起隔绝基层潮气、增强胶粘剂与基层粘结力的作用。

1）外观质量：沥青应全部溶解，不应有未溶解的沥青硬块；所用溶剂应洁净，不应有木屑、碎草、砂土等杂质；在符合配比的前提下，冷底子油宜稀不宜稠，以便于涂刷；所用溶剂应易于挥发；涂布于基层的冷底子油经溶剂挥发后，沥青应具有一定的软化点。

2）物理性能：固含量应 >20%，干燥时间根据需要参照表 1-1 配制。

冷底子油参考成分 表 1-1

项目		10 号或 30 号石油沥青（%）		性能	干燥时间（h）	适用范围
		30	40			
溶剂（%）	汽油	70		快挥发性	5~10	终凝后的混凝土、砂浆基层
	煤油或轻柴油		60	慢挥发性	12~48	终凝前的混凝土、砂浆基层

注：也可采用丙酮、120 溶剂油配制干燥时间为 4h 的速干性冷底子油，适用于金属配件基层。

1.1.3 合成高分子防水卷材（片材）及其胶粘剂

1. 合成高分子防水卷材（片材）的分类和技术性能

合成高分子防水卷材亦称高分子防水片材。这类卷材以合成橡胶、合成树脂或两者的共混体为基料，掺入适量的化学助剂和填充剂，经过混炼、塑炼、压延或挤出成型、硫化（或非硫化）、定型生产的均质片材（简称均质片）及以高分子材料复合（包括带织物加强层）的复合片材（简称复合片）。主要用于建筑物屋面、地下、水利、水工、市政等工程的防水。

用纤维毡或纤维织物复合在硫化橡胶类、非硫化橡胶类或树脂类卷材的中间层、单表面或双表面，制成增强型防水片材。以提高片材的抗拉、抗撕裂强度

国家标准《高分子防水材料第一部分片材》GB 18173.1 对合成高分子防水卷材（均质片、复合片）的分类见表 1-2。

片材的分类   表 1-2

分类		代号	主要原材料
均质片	硫化橡胶类	JL1	三元乙丙橡胶
		JL2	橡胶（橡塑）共混
		JL3	氯丁橡胶、氯磺化聚乙烯、氯化聚乙烯等
		JL4	再生胶
	非硫化橡胶类	JF1	三元乙丙橡胶
		JF2	橡塑共混
		JF3	氯化聚乙烯
	树脂类	JS1	聚氯乙烯等
		JS2	乙烯醋酸乙烯、聚乙烯等
		JS3	乙烯醋酸乙烯改性沥青共混等
复合片	硫化橡胶类	FL	乙丙、丁基、氯丁橡胶、氯磺化聚乙烯等
	非硫化橡胶类	FF	氯化聚乙烯、乙丙、丁基、氯丁橡胶、氯磺化聚乙烯等
	树脂类	FS1	聚氯乙烯等
		FS2	聚乙烯等

产品标记示例：长度为 20000mm，宽度为 1000mm，厚度为 1.2mm 的均质硫化型三元乙丙橡胶（EPDM）片材标记为：JL1 - EPDM - 20000mm × 1000mm × 1.2mm。

2. 橡胶类合成高分子防水卷材（片材）

（1）三元乙丙橡胶（EPDM）防水卷材（代号：JL1、JF1）

三元乙丙橡胶（EPDM）防水卷材是以三元乙丙橡胶为主体，掺入适量丁基橡胶、硫化剂、促进剂、软化剂、补强剂和填充剂等辅料，经过配料、密炼、拉片、过滤、挤出（或压延）成型、硫化（或非硫化）、检验、分卷、包装等工序加工制成的高弹性、耐老化性能优异的高档防水材料。可分为硫化型和非硫化型两种产品，其中硫化型产量最大。硫化型三元乙丙橡胶防水卷材属均质片材，是住房和城乡建设部推广应用的防水材料。

三元乙丙橡胶防水卷材适用于作防水等级为一、二级的工业与民用建筑的屋面、地下室及大型水池、游泳池和隧道等市政工程的防水层。该卷材具有以下特点：

1）耐老化性能好，使用寿命长：三元乙丙橡胶分子结构中的主链上只有单键无双键，属高度饱和、结构稳定的有机高分子材料，当受到臭氧、紫外线、湿热、化学介质作用时，主链不易断裂。其耐老化性能优异。一般情况下，使用寿命长达 40 余年。

2）拉伸强度高、延伸率大：该卷材的拉伸强度高，断裂伸长率相当于改性沥青类卷材的 15 ~ 30 倍。所以其抗裂性能好，能适应基层伸缩或局部开裂变形的需要。

3）耐高低温性能好：在低温 -40℃ 时仍不脆裂，在高温 120℃（加热 5h）时仍不起

泡不粘连。所以,有极好的耐高低温性能,能在严寒和酷暑气候条件下长期使用。

4)施工方便简单:采用冷粘法施工,不污染环境。但接缝技术要求高。

(2)氯化聚乙烯－橡胶共混防水卷材(代号:JL2、JF2)

氯化聚乙烯－橡胶共混防水卷材,是以氯化聚乙烯树脂和合成橡胶为主体,掺入适量硫化剂、促进剂、稳定剂、软化剂和填充剂等,经过塑炼、混炼、过滤、压延成型、硫化、检验、分卷、包装等工序制成的高弹性防水卷材。适用于作防水等级为一、二级的工业与民用建筑防水工程。采用冷粘法施工,并具有以下特点:

1)综合性能优异:氯化聚乙烯树脂和合成橡胶两种材料经过共混改性处理后,形成高分子"合金",兼有塑料和橡胶的双重特性,既具有氯化聚乙烯的高强度和耐老化性能,还具有橡胶类材料的高弹性和高延伸性,其综合防水性能得到提高。

2)良好的耐高低温特性:氯化聚乙烯－橡胶共混防水卷材能在 $-40 \sim 80℃$ 温度范围内正常使用,高低温特性良好。

3)良好的粘结性和阻燃性:共混主体材料中氯化聚乙烯树脂的含氯量为 $30\% \sim 40\%$。氯原子的存在,使共混卷材具有良好的粘结性和阻燃性。

4)稳定性好、使用寿命长:氯化聚乙烯树脂的分子结构,主链以单键连接,属高饱和稳定结构,经紫外线照射,不易断裂,也不易和大气中的臭氧、化学介质起反应。所以,具有良好的耐油、耐酸碱、耐臭氧、耐紫外线照射等特性,在大气中的稳定性好、使用寿命长。

(3)其他橡胶类合成高分子防水卷材(片材)

其他橡胶类合成高分子防水卷材(片材)还有:氯磺化聚乙烯(CSPE)防水卷材(代号:JL3、FL、FF)、氯化聚乙烯橡胶(CPE)防水卷材(代号:JL3、JF3、FF)、氯丁橡胶(CR)防水卷材(代号:JL3、FL、FF)、丁基橡胶(IIR)防水卷材(代号:FL3、FL、FF)等。

3. 树脂类合成高分子防水卷材(片材)

树脂类合成高分子防水卷材(片材)以高分子树脂为基料,掺入其他助剂、填充剂,按塑料加工工艺生产制成的均质片或复合片防水材料。

均质型树脂片材的产品大致有:聚氯乙烯(PVC)(代号:JS1、FS1)、热塑性聚烯烃(TPO)防水卷材(代号JS1)、乙烯醋酸乙烯共聚物(EVA)(代号:JS2)、高密度聚乙烯(HDPE)(代号:JS2)、中密度聚乙烯(MDPE)(代号:JS2)、低密度聚乙烯(LDPE)(代号:JS2)、线性低密度聚乙烯(LLDPE)(代号:JS2)、乙烯醋酸乙烯改性沥青共混(ECB)(代号:JS3)等塑料防水板(片材)。

均质塑料片材在水利、垃圾填埋等市政工程界又称土工膜。这类片材的共有特性是:延伸率大。适用于初次衬砌为粗糙基面的涵洞、隧道、地下连续墙、喷射混凝土等防水工程。其规格:幅宽宜为 $2 \sim 4m$、厚度宜为 $1 \sim 2mm$,并应具有耐穿刺性好、耐久性、耐水性、耐腐蚀性、耐菌性好等特点。

复合增强型树脂片材是在树脂类卷材(片材)的中间层、单表面或双表面复合纤维毡或纤维织物,以提高片材的抗拉和抗撕裂强度,增强片材适应基层变形的能力。这类产品大致有:

(1)聚氯乙烯(PVC)防水卷材(代号:JS1、FS1);(2)聚乙烯丙纶复合防水卷材

（代号：FS2）；（3）热塑性弹性防水卷材（代号：JS1、JS2 等）；（4）TS 双面纤维复合高分子防水卷材（代号：FS2）；（5）自粘高分子防水卷材（代号：FS2），包括乙烯-改性沥青共混体自粘防水卷材和自粘胶膜高密度聚乙烯防水卷材等。

在一定厚度的 HDPE 板表面涂覆一层高分子自粘压敏胶层，再在其上粘结一层刚性耐候隔离层（搭接边不粘结刚性隔离层，而用塑料膜隔离）制成多层复合卷材，隔离层实为砂粒、片岩、少量白水泥等刚性材料。在地下工程垫层上进行预铺反粘施工时，施工人员可直接在已铺卷材防水层上自由走动，进行绑扎钢筋等项目的施工，不粘鞋底。卷材的厚度一般为 1.2mm。

自粘胶膜高分子防水卷材可以采用预铺反粘、湿铺法施工。通过预铺反粘法施工，卷材与结构底板的下表面进行牢固地粘结，采用外防内贴法施工时，与外墙的外表面进行牢固地粘结，使建筑物在使用期间起到与结构主体合为一体的理想效果。

4. 合成高分子防水卷材胶粘剂

合成高分子防水卷材必须采用与卷材材性相容的胶粘剂进行卷材与卷材、卷材与基层的粘结铺贴。一般来说，橡胶型或橡塑共混型合成高分子防水应选用橡胶型胶粘剂，塑料型合成高分子防水卷材应选用塑料型胶粘剂（或采用焊接连接）。

（1）分类：合成高分子防水卷材胶粘剂按固化机理的不同可分为单组分（Ⅰ）和双组分（Ⅱ）两个类型。

（2）品种：按粘结基面的不同可分为基层处理剂、基层胶粘剂（基底胶（J））、卷材搭接胶粘剂（搭接胶（D））或通用胶（T）和卷材接接缝密封剂等品种。

（3）标记：按名称（含卷材名称）、类型、品种、标准号的顺序标记。如氯化聚乙烯防水卷材用单组分基底胶粘剂标记为：

氯化聚乙烯防水卷材胶粘剂　Ⅰ　J　JC863—2000。

（4）各类胶粘剂：

1）基层处理剂：基层处理剂是在涂刷基层胶粘剂之前的一道基层稀涂料。起隔绝基层潮气和增强卷材与基层粘结力的作用。一般可通过稀释胶粘剂（如聚氨酯、氯丁胶乳液、硅橡胶涂料）来获得。

2）基底胶（J）：基底胶涂刷在基层及卷材表面，可称为满粘法的大面胶粘剂。当卷材防水层外露时，其剥离强度不应小于15N/10mm，浸水168h后的粘结剥离强度的保持率不应小于70%。

3）搭接胶（D）：涂刷在卷材与卷材搭接边的结合面，是保证卷材防水层不在搭接边渗漏的关键胶粘剂。卷材搭接边的剥离强度不应小于15N/10mm，浸水168h后的粘结剥离强度的保持率不应小于70%，是强制性质量指标。

4）通用胶（T）：通用胶用于基层与卷材、卷材搭接边的粘结，其性能应符合卷材搭接胶的质量要求。

5）卷材接缝密封材料：为增强卷材搭接边的密封性能，搭接胶粘结后，还应用密封材料对接缝进行密封处理。密封宽度不应小于10mm。依粘结工艺的不同，有的采用内密封胶（密封搭接边内侧的接缝）和外密封胶（密封搭接边外侧的接缝）两种胶粘剂。有的只采用外密封胶一种胶粘剂。

6）聚乙烯丙纶专用胶粘剂：

① 聚合物水泥防水粘结料：由聚合物干粉胶粘剂、水、水泥组成，水泥选用强度等

级不应低于4.25级的普通硅酸盐水泥。重量配比为：聚合物干粉：水：水泥 = 1：1.1 ~ 1.3：5。先将聚合物干粉盛于洁净的圆形容器中，边加水边用电动搅拌器搅拌，待胶体全部溶解，再加入水泥继续搅拌均匀，直至无凝结块、不沉淀就可使用，随配随用，配制好的粘结料应在4h内用完，不得超时使用。

聚合物干粉可选用无甲醛成分，专供粘贴聚乙烯丙纶防水卷材的水溶性建筑用聚合物粉末胶粘剂。水的用量可根据不同气候、不同部位、基层干湿程度在配比范围内进行调节。

② 非固化型防水粘结料：由橡胶、沥青改性材料和特种添加剂制成的弹塑性膏状体，与空气长期接触不固化的防水材料。非固化型防水粘结料可吸收基层开裂产生的拉应力，适应基层变形力强，基层开裂后，依靠其非固化特性，将裂缝逐渐愈合，提高了防水功能。虽然卷材是满粘，但同时又达到了空铺、不会窜水的效果。并可在潮湿无明水的基层施工。

5. 丁基橡胶防水密封胶粘带

丁基橡胶防水密封胶粘带（简称丁基胶粘带）以饱和聚异丁烯橡胶、丁基橡胶、氯丁橡胶为主要原料，以超细硅氧化物（纳米级材料）为填料，以耐水性能优异的卤化丁基橡胶为改性材料制成的带状材料。

丁基胶粘带与大多数防水材料、建筑基料（橡胶、塑料、混凝土、金属、木材等）都有良好粘结性能。主要用于同种或异种卷材与卷材之间、涂膜与卷材之间、金属防水板材与板材之间的防水密封搭接粘结。

丁基橡胶防水密封胶粘带分为单面胶粘带和双面胶粘带两种胶带。粘结面用隔离纸隔离，使用时，隔离纸能很容易地从胶粘带上揭去。单面胶粘带表面贴有布、薄膜、金属箔等覆面材料。双面胶粘带不宜外露使用。产品分类和规格如下：

（1）按粘结面分为：1）单面胶粘带，代号1；2）双面胶粘带，代号2，（双面胶粘带不宜外露使用）。

（2）单面胶粘带按覆面材料分为：1）单面无纺布覆面材料，代号1W；2）单面铝箔覆面材料，代号1L；3）单面其他覆面材料，代号1Q。

（3）按用途分为：1）高分子防水卷材用，代号R；2）金属板屋面用，代号M。

（4）规格：产品规格通常为：厚度：1.0mm、1.5mm、2.0mm；宽度：15mm、20mm、30mm、40mm、50mm、60mm、80mm、100mm；长度：10m、15m、20m。其他规格可由供需双方商定。

（5）产品标记方法：产品按"名称、粘结面、覆面材料、用途、规格（厚度－宽度－长度）、标准号"的顺序进行标记。

标记示例：厚度1.0mm、宽度30mm、长度20m金属板屋面用双面丁基橡胶防水密封胶粘带的标记为：丁基橡胶防水密封胶粘带2M 1.0-30-20 JC/T 942—2004。

1.1.4　钠基膨润土防水材料

亿万年前天然形成的膨润土，矿物学名为蒙脱石，其分子粒径为$10^{-11} \sim 10^{-9}$，具有纳米级材料的优良特性。按矿物组成，通常分为钠基、钙基、铝镁基三种类型。其中，钠基膨润土可制成永久性的防水材料—膨润土防水毯、防水板。

钠基膨润土具有特别强的吸水膨胀特性，吸水 24h 后开始水化，体积膨胀 4~5 倍，48h 后完成水化，体积膨胀 10~20 倍，呈粘结性能良好凝胶体，渗水率降至 10^{-9} cm/s，似一堵防水墙阻止水分子通过。凝胶体的耐久性可达 200 年。

1. 钠基膨润土防水材料的分类

（1）按产品类型分类：钠基膨润土防水材料可分为针刺法钠基膨润土防水毯（GCL-NP）、针刺覆膜法钠基膨润土防水毯（GCL-OF）、胶粘法钠基膨润土防水毯（板）（GCL-AH）和钠基膨润土防水卷材等。

1）针刺法钠基膨润土防水毯：膨润土防水毯又名土工织物膨润土防水衬垫，是用针刺（≥20 万针/m²）的方法将钠基膨润土颗粒填充在聚丙烯织布和聚丙烯非织布之间制作而成。用 GCL-NP 表示，见图 1-1。

① 特点：A. 防水功能长久，维修方便，安全环保。B. 施工简便，只需用钢钉和垫圈、金属压条钉压固定即可。

② 用途：用于房屋建筑地下工程，水利、桥涵和垃圾填埋场等市政工程。

2）针刺覆膜法钠基膨润土防水毯：在膨润土防水毯的基础上，在非织造土工布外表面复合一层高密度聚乙烯（HDPE）薄膜，以进一步提高防水、抗渗性能。用 GCL-OF 表示，见图 1-2。

3）胶粘法钠基膨润土防水毯（板）：膨润土防水板是用胶粘剂把膨润土颗粒粘结到高密度聚乙烯（HDPE）板上，压缩生产而成。用 GCL-AH 表示，见图 1-3，有时也称膨润土防水板。

4）钠基膨润土防水卷材：钠基膨润土防水卷材用聚合物增强膨润土浸渍无纺布制成，质轻，易于搬运。是膨润土防水材料的第三代、第四代产品，见图 1-4。适用于地下工程底板、外墙、顶板的外防外做，也适用于种植屋面防水。

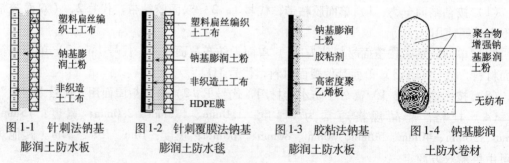

图 1-1 针刺法钠基膨润土防水板　　图 1-2 针刺覆膜法钠基膨润土防水毯　　图 1-3 胶粘法钠基膨润土防水板　　图 1-4 钠基膨润土防水卷材

（2）按膨润土品种分类：1）人工钠化膨润土用 A 表示。2）天然钠基膨润土用 N 表示。

（3）按单位面积质量分类：膨润土防水毯单位面积质量：4000g/m²、4500g/m²、5000g/m²、5500g/m² 等，分别用 4000、4500、5000、5500 等表示。

（4）按规格分类：产品主要规格以长度和宽度区分，推荐系列为：

1）产品长度以 m 为单位，用 20、30 等表示；2）产品宽度以 m 为单位，用 4.5、5.0、5.85 等表示；3）特殊要求可根据要求设计。

2. 钠基膨润土防水材料标记顺序

以产品类型（GCL-NP、GCL-OF、GCL-AH）、膨润土品种（天然钠基膨润土，N；人工钠化膨润土，A）、单位面积质量（g/m²）、产品规格（长度-宽度，m）、执行标准编号（JG/T 193—2006）的顺序标记。

标记示例：长度30m、宽度5.0m的针刺法天然钠基膨润土防水毯，单位面积质量为4000g/m²，可标记为：GCL-NP/N/4000/30-5.0 JG/T 193—2006。

3. 钠基膨润土防水材料的质量要求

（1）膨润土应为天然钠基膨润土或人工钠化膨润土，粒径在0.2～2mm范围内的膨润土颗粒质量应至少占膨润土总质量的80%。

（2）聚乙烯土工膜、其他膜材均应符合相应标准的规定。

（3）塑料扁丝编织土工布应符合相应标准的规定，并宜使用具有抗紫外线功能的单位面积质量为120g/m²的塑料扁丝编织土工布。

（4）宜使用单位面积质量为220g/m²的非织造土工布。

（5）外观质量、尺寸偏差、物理性能、标志、包装、贮存与运输应符合规范的规定。

4. 钠基膨润土防水材料的使用要求

天然钠基膨润土的pH值为中性，pH≈7。pH>8的膨润土虽然具有相同的膨胀特性，但抗渗性能递减很快，一般半年就失效。

《地下工程防水技术规范》规定，膨润土防水材料防水层应用于pH值为4～10的地下环境。在含盐量较高、含有害物质的污水环境下，膨润土不能良好地发挥膨胀功能，且降低应有的粘结性，失去膨胀、粘结、止水功能，故应采用经过改性、防污处理的膨润土，并应经检测合格后再使用。含盐量高、污水的电导度都比较高，可通过测定地下水的电子传导度（EC）、总污度（TDS）或pH值来确定是否是有害污水。

1.1.5　金属防水板、压型金属防水板

金属防水板（即平板）、压型金属防水板的单块面积较大，宽度有不同规格，而长度在施工中按实际使用要求截去，依靠焊接、锁边、密封形成防水层，故将其归类于板材。金属瓦片的长宽都有固定规格，依靠挂瓦条铺设，故将其归类于瓦材。

1. 金属防水板

金属防水板的厚度一般为3～12mm，板与板之间通过焊接形成防水层，在市政工程和国防地下工程应用较多，民用地下工程应用较少。

（1）主体防水材料：常用的金属防水板有碳素结构钢和低合金高强度结构钢。用于民用建筑地下工程时，厚度一般取3～6mm；用于国防、市政、工业建筑地下工程时，厚度一般取8～12mm。

（2）接缝焊接材料：采用E43焊条对钢板接缝进行焊接。贮存、运输时应防潮，宜置于干燥箱中存放。

（3）防锈材料：防锈、防腐蚀油漆、涂料。其种类应根据地下水质具体情况确定。

2. 压型金属防水板

压型金属防水薄板，厚度为0.4～1.2mm，常用于屋面作金属防水层，其材质一般有铝镁锰合金板、不锈钢板（卷材）、钛锌板、铜合金板、镀铝锌（彩钢）、铅、锡、锑金属板等，防水性能可靠。特别是不锈钢防水薄板，银光闪耀，具有突出的不生锈特性，厚度为0.4～0.8mm，宽度为500～1000mm，成百米卷成圆柱状贮运。

1.2 防水涂料

1.2.1 防水涂料的分类

按材性不同，分为有机防水涂料和无机防水涂料两类。有机防水涂料包括溶剂型、水乳型、反应型（包括固化剂固化型和湿气（水）固化型两类）和聚合物水泥防水涂料；无机防水涂料包括水泥基防水涂料、水泥基渗透结晶型防水涂料。

按组分不同，可分为单组分防水涂料和多组分防水涂料两类。单组分防水涂料一般有溶剂型、水乳型和湿气固化型三种。多组分涂料属于反应型防水涂料。

1.2.2 常用有机防水涂料

有机防水涂料可分三类，一类是以合成橡胶或合成树脂为主要成膜物质，加入其他辅料而配制成的单组分或多组分合成高分子防水涂料；另一类是以合成橡胶对沥青进行改性后制得的水乳型或溶剂型改性沥青防水涂料；还有一类是沥青基防水涂料。

常用有机防水涂料的品种见表1-3。

常用有机防水涂料的品种   表 1-3

种类	品种	组分	名　　　　称
合成高分子类	橡胶类	单组分	溶剂型：氯磺化聚乙烯橡胶、乙丙橡胶等 水乳型：硅橡胶、丙烯酸酯、三元乙丙、丁苯、羰基丁苯、氯丁橡胶等 反应型：单组分聚氨酯
		双组分	反应型：喷涂速凝聚脲、聚硫橡胶、聚氨酯、沥青聚氨酯等
	合成树脂类	单组分	溶剂型：丙烯酸酯、聚氯乙烯等 水乳型：丙烯酸酯、丁苯等
		双组分	反应型：聚硫环氧
	聚合物乳液类	单组分	水乳型：丙烯酸酯、乙烯醋酸乙烯共聚物（EVA）－丙烯酸酯改性乳液等
聚合物水泥类		双组分	水性：丙烯酸酯等乳液－水泥
橡胶改性沥青类		单组分	溶剂型：SBS改性沥青、丁基橡胶沥青、氯丁橡胶沥青、再生橡胶沥青等 水乳型：氯丁橡胶沥青、羰基氯丁橡胶沥青、再生橡胶沥青等
		双组分	水乳型：喷涂速凝橡胶沥青
沥青基类		单组分	溶剂型：沥青涂料、冷底子油等 水分散型：膨润土沥青、石棉沥青等

1. 喷涂速凝型有机防水涂料

（1）聚脲防水涂料：聚脲（SPUA）是由异氰酸酯组分（简称甲组分）与氨基化合物组分（简称乙组分）在专用喷涂设备的喷枪内混匀后射出，快速化合反应，在基层表面生成一种弹性体防水膜。异氰酸酯分为芳香族和脂肪族两类，脂肪族在耐候性和光稳定性方面优于芳香族，但价格稍高。乙组分是由端氨基树脂和端氨基扩链剂组成的混合物。聚脲防水涂料适用于大型建筑屋面、地下、防水围堰、高速铁路桥梁、污水处理池、游泳馆、隧道、巷道等防水、防渗透工程。

1）特点：聚脲拉伸强度≥2000MPa，伸长率≥1000%，硬度可以调整；耐腐蚀、耐候、耐冷、耐热、对湿度、温度不敏感；施工温度范围为−40～150℃，可以承受400℃的短时热冲击，在户外长期使用不粉化、不开裂、不脱落；可加入各种颜料、短玻璃纤维等填料制成不同颜色、性能要求的涂膜产品；不含催化剂，快速固化，5S即凝胶，1min后可达到步行强度。在任何形状基面喷涂，不产生流挂现象。

2）分类：按组成成分不同分为喷涂（纯）聚脲防水涂料（代号JNC）、喷涂聚氨酯（脲）防水涂料（代号JNJ）。喷涂（纯）聚脲防水涂料是指乙组分由端氨基树脂和氨基扩连剂等组成的胺类化合物；喷涂聚氨酯（脲）防水涂料是指乙组分由端羟基树脂和氨基扩连剂等组成的含有胺类的化合物。

按物理力学性能分为Ⅰ型、Ⅱ型。

3）标记：按产品代号、类别和标准编号顺序标记。

示例：Ⅰ型喷涂聚氨酯（脲）防水涂料标记为：JNJ防水涂料ⅠGB/T 23446—2009

4）外观、物理力学性能、标志、包装、运输和贮存应符合有关规范的规定。

（2）喷涂速凝橡胶沥青防水涂料

喷涂速凝橡胶沥青防水涂料是一种高分子双组分喷涂型聚合弹性防水材料。一组分是液体橡胶，另一组分是电解质。两组分经专用喷涂设备，在双头喷枪外混合，于基面形成弹性防水膜。适用于各类建筑地下室、室内、屋面防水、各类水池、地铁、涵洞、水利设施、道桥防水；船舶、彩钢瓦屋顶等钢结构的防水。

特点：固体含量高、水性环保、附着力强、弹性高；常温喷涂，施工简便，瞬时成型，喷涂后4秒钟基本成型，胶膜能够与基面良好粘合；高延率达1000%以上，具有自愈复原特性，可解决因裂缝、穿刺等造成的渗漏问题。

2. 涂刷、涂刮、喷涂、常温固化型有机防水涂料

（1）聚氨酯防水涂料：聚氨酯防水涂料是反应固化型防水涂料，分为单组分（S）和双组分（M）两种固化类型。

单组分中的聚氨酯预聚体（异氰酸酯：−R−NC0），经现场涂刷后，与空气中的水分和基层内的潮气发生固化反应，形成弹性涂膜防水层，或在涂布前，加入适量水，搅拌均匀，涂布后形成涂膜。

双组分中的聚氨酯预聚体与固化剂（非液态水）、增混剂，按规定的配比混合搅拌均匀，涂布后，涂层发生化学反应，固化成具有一定弹性的涂膜防水层。

（2）硅橡胶防水涂料：硅橡胶涂料兼有涂膜防水和渗入基层密封防水的优良特性。有Ⅰ型和Ⅱ型两个品种。Ⅰ型涂料和Ⅱ型涂料均由1号涂料和2号涂料组成，并均为单组分，涂布时进行复合使用，1号涂料一般涂布于底层和面层，2号涂料涂布于中间层，对于多遍涂刷的涂层，1号涂料亦可夹涂于中间层。Ⅰ型硅橡胶防水涂料适用于地下、游泳池、水池等长期遇水的防水工程，Ⅱ硅橡胶防水涂料适用于建筑屋面、厕浴间、厨房等非长期遇水的防水工程。适宜在轻型、薄壳、异型屋面上进行防水施工。

（3）水乳型丙烯酸酯防水涂料：以纯丙烯酸酯乳液为基料，掺加合成橡胶乳液改性剂、胶粘剂、增塑剂、分散剂、成膜剂、消泡剂、无机填充料、颜料和适量防霉剂、乳化剂等助剂配制成的水乳型防水涂料。适用于作厕浴间、厨房、屋面、地下和异型结构室内工程的防水。

特点：单组分，冷施工，施工速度快；具有良好的渗入基层和封闭基层毛细孔缝的能力；具有良好的渗透丙纶、聚酯毡等化纤布纤维的能力，是配制聚合物水泥理想的聚合物原料；具有耐老化和良好的延伸性、弹性、粘结性和成膜性；-30℃~80℃气温范围内物理性能无明显变化。按使用要求，可配制成各种颜色。

（4）反射性丙烯酸水基呼吸型（屋面、墙面）防水节能涂料-RM：是一种水性高固体含量高品质丙烯酸树脂（100%）增强性薄片状弹性体涂料。内含高效杀菌剂和阻燃剂。在金属、改性沥青、混凝土、木材、瓦材基层涂覆-RM涂料，形成高弹性涂层，起反射阳光，抗紫外线辐射。使基层免于老化，延长使用寿命，并降低屋面和室内温度。

特点：具有优良的耐久性、防霉性，涂料不含有害物质，符合环保要求；抗风雨和紫外线辐射的能力强，在恶劣气候（冰、雪、暴风雨、沙尘暴）、化学性尘埃和酸雨侵蚀的环境下，能保持涂层不变形；能有效反射太阳的热量、抗紫外线辐射，与传统材料相比，可大致降低屋面温度10℃以上；固体含量高，不含迁移性增塑剂，使涂层具有永久柔韧性；属呼吸型薄膜。湿气能从屋面结构底层或房屋内通过薄膜向外散发，又能阻止雨水、雪水或其他液态水渗入室内；进一步起到防潮、防霉效果。

（5）水乳型三元乙丙橡胶防水涂料：采用耐老化性能优异的三元乙丙橡胶作基料，添加补强剂、填充剂、防老剂、抗紫外线剂、促进剂等10多种配合剂，以水作溶剂而制成的一种黏稠状液体涂料。根据工程需要，可以涂膜形式进行单独防水，也可夹铺玻纤布、无纺布等胎体材料。防水涂膜厚度不应小于3mm，涂液太稠可用稀释液（自来水：氨水=100：0.5）稀释，稀释液应缓慢断续地加入，边加入边连续不断地搅拌均匀，否则容易发渣，产生沉淀。可与其他防水材料组成复合防水层。

三元乙丙橡胶分子呈单键饱和结构，化学性能稳定；在含臭氧100ppm介质中，三元乙丙橡胶2430h没有龟裂；三元乙丙橡胶在阳光下曝晒3年不见裂口；能在150℃高温下长期使用；抗渗性好、延伸率大，适应基层变化的能力强；不含苯、甲苯、二甲苯等有害物质，对人体环境无污染。可根据用户需要配置成所需要的颜色。

（6）聚氯乙烯（PVC）弹性防水涂料：以增塑聚氯乙烯为基料，加入改性材料和各类助剂配制而成（亦称PVC冷胶料）的热塑型和热熔型防水涂料。适用于一般工业与民用建筑物屋面、地下室的防水、防潮工程；化工车间的屋面、地面的防腐工程；屋面板接缝、水落管接口嵌缝密封等。具有良好的弹塑性、粘结延伸性，适应基层变形的能力强等特点；抗老化性能优于塑料油膏、沥青油毡；可在潮湿基面冷涂施工。

（7）聚氯乙烯（PVC）耐酸防水涂料：以聚氯乙烯为基料，掺入耐酸改性材料和其他助剂配制而成，具有优异的耐酸特性和良好的低温柔韧性。适用于生产酸性化工原材料厂家的屋面、地下室、贮存等场所的防水、防腐工程；桥梁、涵洞、路基等防水工程和寒冷地区的防水工程。

（8）聚合物乳液（PEW）建筑防水涂料：以各类聚合物乳液为主要原料，加入其他添加剂而制得的单组分水乳型防水涂料。适应于屋面、墙面、室内等非长期浸水环境下的建筑防水工程。如用于地下及其他长期浸水环境下的防水工程，其技术性能应符合相关技术规程的规定，并应采取相应技术措施。

（9）聚合物水泥（JC）防水涂料

以丙烯酸酯等聚合物乳液和水泥为主要原料，加入其他外加剂制得的双组分水性建筑防水涂料。所用原材料不应对环境和人体健康构成危害。

随着聚合物掺量的改变，防水性能也随之改变。当聚灰比大于50%时，涂料主要呈现聚合物的特性；当聚灰比为10%～25%时，主要表现为刚性特性；

产品分为Ⅰ型和Ⅱ型。Ⅰ型是以聚合物为主，适用于非长期浸水环境下的防水工程；Ⅱ型是以水泥为主，适用于长期浸水环境下的防水工程。

Ⅰ型产品Ⅱ型产品按名称、类型、标准号的顺序标记。Ⅰ型聚合物水泥防水涂料标记为：JS Ⅰ JC/T 894—2001。

3. 其他橡胶改性沥青防水涂料

主要产品有溶剂型橡胶沥青防水涂料、水乳型再生橡胶改性沥青防水涂料、水乳型氯丁橡胶改性沥青防水涂料、水乳型丁苯橡胶改性沥青防水涂料、SBS橡胶弹性沥青防水胶等。属中、低档防水涂料。

1.2.3 常用无机防水涂料（材料）

无机防水涂料分为水泥基防水涂料和渗透结晶型防水材料两种类型。

1. 水泥基防水涂料

水泥基防水涂料亦称结晶型防水涂料。这类涂料以水泥为基料，掺入含有活性金属离子（阳离子）防水剂（如氯化物金属盐类防水剂），施工时，用水搅拌成涂料。涂刷于混凝土或水泥砂浆基层表面，生成一系列不溶性盐晶体，堵塞在基面的毛细孔缝中，起到抗渗防水效果。防水剂结晶后，被消耗掉，金属离子不能向混凝土或水泥砂浆内部迁移，结晶体仅凝结在基层表面，不具有向内部渗透的特性，故称为水泥基防水涂料（即水泥基结晶型防水涂料）。

水泥基防水涂料目前可参照《砂浆、混凝土防水剂》JC 474—2008执行。

2. 渗透结晶型防水材料

渗透结晶型防水材料具有向混凝土或水泥砂浆内部深处渗透结晶的特性，分为水泥基渗透结晶型防水材料和水基（液态）渗透结晶型防水涂料两大类型。

（1）水泥基渗透结晶型防水材料：水泥基渗透结晶型防水材料分为水泥基渗透结晶型防水涂料（C）和水泥基渗透结晶型防水剂（A）（掺在混凝土中使用）两种材料。

水泥基渗透结晶型防水材料以硅酸盐水泥或普通硅酸盐水泥、石英粉为基料，掺入阳离子型、阴离子型、阴阳离子型或非离子型四类表面活性物质（选择的表面活性剂应防止与其他防水剂产生副作用）、催化剂，有的还掺有早强剂、减水剂等外加剂，外观为粉末状的无机防水材料。用不同品种规格水泥作基料的渗透结晶型防水材料，具有不同的渗透特性，贮存期亦不同。

1）抗渗、防水原理：由水泥、硅砂、石膏及多种表面活性材料组成的水泥基渗透结晶型无机防水材料，涂布于混凝土表面或掺入混凝土中后，活性化学物质（活性硅基团：$R-SiO_2$）通过载体（水、胶体）向混凝土内部渗透，与水泥水化时析出的$Ca(OH)_2$、$Mg(OH)_2$反应，在混凝土毛细孔缝中形成不溶于水的枝蔓（纤维）状水化硅酸钙C-S-H

晶体，堵塞毛细孔缝，达到修复、抗渗目的。

2）分类：分为水泥基渗透结晶型防水涂料（C）和水泥基渗透结晶型防水剂（A）两种材料。水泥基渗透结晶型防水涂料（C）按物理性能分为Ⅰ型、Ⅱ型两种类型。

水泥基渗透结晶型防水涂料（C）：将粉末状水泥基渗透结晶型防水涂料用水拌合而成浆状涂料后，涂布于混凝土基面，亦可直接将干粉撒布在未完全凝固的混凝土表面，再将其压入混凝土表层内使用。

水泥基渗透结晶型防水剂（A）：水泥基渗透结晶型防水剂是一种掺入混凝土（或砂浆）中和混凝土（或砂浆）一起搅拌的粉末状外加型防水材料。

3）标记方法：按产品名称、类型、型号、标准号的排列顺序标记。

示例：Ⅰ型水泥基渗透结晶型防水涂料标记为：CCCW　C　Ⅰ　GB 18445；水泥基渗透结晶型防水剂标记为：CCCW　A　GB 18445。

（2）水基（液态）渗透结晶型防水涂料：以水作载体，以硅酸钠（水玻璃）为主剂，以表面活性剂为助剂。溶液的 pH 值≥12，呈强碱性。使用时应防止碱集料反应（AAR）的发生。水基渗透结晶型防水涂料喷涂于混凝土表面，硅酸钠（Na_2SiO_3）中的硅酸根离子（SiO_3^{2-}），一部分与混凝土表面的游离钙离子（Ca^{2+}）发生置换反应：$Na_2SiO_3 + Ca^{2+} + 2OH^- = CaSiO_3 \downarrow + 2NaOH$。置换出的 NaOH，游离于混凝土表面。由于 $CaSiO_3$ 晶体堵塞了毛细孔缝，使混凝土致密，不能继续渗入混凝土内部，与游离 NaOH 一起溶于水中或被水冲刷掉，从而降低了混凝土基层的碱性，抑制了 AAR 的发生。由此可知，水基渗透结晶型防水涂料一般不能掺入混凝土或砂浆中使用，以避免增加总碱量，增大 AAR 的危害。否则，必须掺入能抑制 AAR 反应的抑制剂。

3. 水泥基聚合物改性复合防水材料

水泥基聚合物改性复合材料（华鸿高分子益胶泥）是在工厂内将不同的聚合物干粉、辅料及水泥、细粉骨料等各种成分经密封搅拌而成。水泥在密闭状态下经专用聚合物改性后，毛细管状微观结构转化为球状或近似球状的闭合孔洞形态，其刚、柔互穿网状咬链结构使涂层具有良好的抗渗性、粘结性和适宜的施工性。与施工现场拌制的相同材料相比，避免了配合比精确度低、均匀度差、砂浆质量得不到保证的问题。

拌制后的浆料能在干燥或潮湿基面施工，涂层达 2 ~ 3mm 时，就能满足防水要求，用料省。初凝时间长，终凝时间短，可缩短工期，适宜大面积施工。按双面涂层法操作，能在完成防水作业的同时完成贴面作业，即"防水粘贴一道成活"，所用瓷砖、石材还不用浸泡。

适用于地下室、屋面、卫生间、游泳池、贮水池、外墙等部位的防水、抗渗，可设置在结构主体的迎水面或背水面，可用于外墙外保温系统的粘接和抗裂抗渗。

1.3　硬泡聚氨酯保温防水材料

通常所说的防水材料只起防水作用，不起保温隔热作用，而保温隔热材料也不具有防水功能。而达到一定密度的现场喷涂硬泡聚氨酯是一种既具有保温隔热功能又具有一定防水功能的合成高分子材料。采用异氰酸酯、多元醇及发泡剂等添加剂，经高压喷涂，反应固化成型的高分子泡沫聚合物，微孔之间互不连通，成为既保温又防水的材料。硬泡聚氨酯板是由工厂生产的保温板材。

现场喷涂硬泡聚氨酯按物理性能分为Ⅰ型、Ⅱ型和Ⅲ型三种类型。Ⅰ型用于屋面和外墙的保温层，不起防水作用；Ⅱ型用于屋面防水、保温工程，应在其表面刮抹抗裂聚合物水泥砂浆保护层；Ⅲ型用于屋面防水、保温工程，应在其表面涂刷耐候性好的涂膜保护层。现场喷涂硬泡聚氨酯具有以下特点：

（1）硬泡体闭孔率达95%以上，微孔之间互不连通，具有自结皮性能，在泡沫体外表形成一层致密光滑的膜，因此具有良好的不透水性和不吸湿性，防水性能良好。

（2）因硬泡聚氨酯的微孔互不连通，导热系数仅为 $0.018 \sim 0.024 W/(m \cdot K)$，故由泡孔内气体对流所产生的导热性可以忽略不计，由热辐射和热传导所起的导热作用均很小，起主导作用的是泡孔内静态气体的导热性。

密度 $<45 kg/m^3$、无自结皮、非微孔构造或微孔与微孔之间相互连通的硬泡，潮湿环境下泡体内会吸足水，湿漉漉的完全失去防水保温性能，那些密度低、闭孔率不高的普通硬泡只能当作保温材料使用，禁止用于防水工程。

（3）当喷涂厚度为30mm时，每平方米重量仅为1.65kg。

（4）硬泡聚氨酯能与浓硫酸、浓硝酸、浓盐酸起化学反应，可被二氯甲烷、甲乙酮、丙酮和醋酸溶解，故上述化学车间、贮存场所应慎用或不用。但对苯、汽油及一般溶剂、稀浓度的酸、碱、盐溶液等化学介质都具有良好的化学稳定性，不会发生霉变和腐烂。

硬泡聚氨酯在阳光、气候等外界因素作用下老化速度非常缓慢，可在其表面覆盖可靠的刚性或柔性保护层，这是至关重要的保护措施。

（5）硬泡聚氨酯在 $-50℃$ 低温下，不会出现发脆和开裂现象，体积收缩率小于1%；在120℃时，体积和抗压强度无明显变化；在150℃高温条件下，聚合体不会发生降解。

（6）对金属、混凝土、砖石、木材、玻璃、纤维等材料都有很强的粘结性能，并具有无毒、无异味、绝缘、防震、吸声、耐油、使用寿命长等特性。

（7）硬泡聚氨酯在额定荷载作用下不会发生变形，超过额定荷载时，发生永久性变形不再复原，防水保温性能遭一定程度破坏或失去防水保温性能。

1.4 刚性防水材料

1.4.1 刚性防水材料的种类

刚性防水材料一般包括两类。一类是组成基准混凝土或基准砂浆的水泥、砂、石等普通基准材料，由基准材料浇筑成的防水混凝土叫作普通防水混凝土；另一类是在基准材料中掺入的各类外加剂或掺合料的防水混凝土称为掺外加剂防水混凝土。

1.4.2 常用混凝土基准材料

水泥、砂、石为基准防水材料，其中按石料（粗骨料）粒径的不同分为细石混凝土骨料和普通（粗石）混凝土骨料。

1. 水泥

水泥强度等级不应低于42.5MPa，宜采用硅酸盐水泥、普通硅酸盐水泥。

2. 粗骨料（石子）的要求

（1）当钢筋较密集或防水混凝土的厚度较薄时，应采用5～25mm粒径的细石料作混凝土的骨料。相应的混凝土称细石混凝土；

（2）混凝土较厚时，石子粒径可大些，但最大粒径不宜大于40mm，泵送时其最大粒径应为输送管道的1/4；

（3）石子的吸水率不应大于1.5%，不得使用碱活性骨料，其质量应符合规范规定。

3. 细骨料的要求

细骨料砂宜用中砂，其质量应符合规范规定。

4. 拌合水的要求

应符合《混凝土拌合用水标准》JGJ 63 的规定。

1.4.3　常用混凝土外加剂

1. 混凝土（砂浆）膨胀剂

混凝土膨胀剂是指与水泥、水拌和后经水化反应生成钙矾石、钙矾石和氧化钙或氢氧化钙，使混凝土产生膨胀的粉状外加剂。

掺入膨胀剂的混凝土，在压缩条件下膨胀能转化为0.2～0.7MPa的预压应力，可大致抵消混凝土干缩时的拉应力，即混凝土的收缩应力得到补偿，使混凝土不裂不渗或少裂少渗，所以以加入膨胀剂的混凝土亦称补偿收缩混凝土。

（1）品种：混凝土膨胀剂分为以下三个品种：

1）硫铝酸钙类混凝土膨胀剂：是指与水泥、水拌和后经水化反应生成钙矾石的混凝土膨胀剂。

2）硫铝酸钙-氧化钙类混凝土膨胀剂：是指与水泥、水拌和后经水化反应生成钙矾石和氢氧化钙的混凝土膨胀剂。

3）氧化钙类混凝土膨胀剂：是指与水泥、水拌和后经水化反应生成氢氧化钙的混凝土膨胀剂。

含氧化钙的混凝土膨胀剂用于地下、水利工程时，应做水泥安定性（体积安定性）检验，合格后方可使用。因氧化钙熟化很慢，在水泥硬化后才进行熟化，引起混凝土体积膨胀，使水泥石开裂。

（2）适用范围：膨胀剂的适用范围见表1-4。

膨胀剂的适用范围　　　　　　　　　　　　　　　　表1-4

用　途	适　用　范　围
补偿收缩混凝土	地下、水中、海水中、隧道等构筑物，大体积混凝土（除大坝外），配筋路面和板、屋面与厕浴间防水、构件补强、渗漏修补、预应力混凝土、回填槽等
填充用膨胀混凝土	结构后浇带、隧洞堵头、钢管与隧道之间的填充等
灌浆用膨胀砂浆	机械设备的底座灌浆、地脚螺栓的固定、梁柱接头、结构拼接缝、裂缝、构件补强、加固等
自应力混凝土	仅用于常温下使用的自应力钢筋混凝土压力管

1）掺硫铝酸钙类、硫铝酸钙－氧化钙类等类型膨胀剂配制的混凝土（或砂浆）不得

用于长期环境温度为 80℃ 以上的地下防水工程。

2）掺氧化钙类膨胀剂配制的混凝土（或砂浆）不得用于海水或有侵蚀性介质水的地下工程。因水化后生成的 $Ca(OH)_2$ 的化学稳定性、胶凝性均较差，不会固结在混凝土表面，会与水中的侵蚀性介质 CI^-、SO^{-2}、Na^+、Mg^{+2} 等离子产生置换反应，形成膨胀性晶体极容易被溶析，使混凝土产生缝隙或麻面。

3）掺膨胀剂的混凝土适用于（补偿收缩）钢筋混凝土工程和填充性混凝土工程。

4）掺膨胀剂的大体积混凝土，其内部最高温度应符合有关标准的规定，混凝土内外温差宜小于 25℃。

2. 砂浆、混凝土防水剂

砂浆、混凝土防水剂是指能适当延长砂浆、混凝土的耐久性，降低在静水压力下透水性的外加剂。各类防水剂的性能及适用范围参见表 1-5。

各类防水剂性能及适用范围   表 1-5

品种	性能及适用范围
无机类化合物	与水泥具有相容性。氯盐类能促进水泥的水化硬化，在早期就能获得较高的抗渗强度，故适用于要求早期就具有较好防水性能的工程，但氯离子会腐蚀钢筋和金属构件，收缩率也大，后期防水作用不大。故不适用于防水性能较高的工程及钢筋混凝土地下工程
有机类化合物	属憎水性表面活性物质，防水性能较好，但大多数会降低混凝土的强度
混合物类	具有有机、无机及有机与无机防水剂的综合性能
复合类	与引气剂复合使用，能使混凝土降低泌水性，并引入大量细小气泡，隔断毛细管细微裂缝，减少混凝土渗水通道，降低沉降量等性能。 与减水剂复合使用，除了具有防水剂本身的防水性能外，还起减水作用，改善混凝土善和易性，使混凝土容易浇捣密实，起到更好的防水效果

3. 引气剂及引气型减水剂

引气剂是一种具有憎水作用的表面活性物质，在混凝土搅拌过程中产生大量密闭、稳定和均匀的微小气泡，改变毛细管的性质，使毛细管变得细小、分散，减少了渗水通道。引气剂能显著降低混凝土拌合水的表面张力，改善和易性，增加黏滞性，减少沉降泌水和分层离析，弥补混凝土结构的缺陷，提高混凝土的密实性和抗渗性。

混凝土引入引气剂后，除了能提高防水性能外，还能提高混凝土抗冻性。其抗冻性一般可比普通混凝土提高 3~4 倍，适宜在寒冷地区或冰冻环境下使用。

引气型减水剂具有引气和减水双重作用。

4. 普通减水剂及高效减水剂

在混凝土中掺入减水剂能显著减少混凝土的拌合用水量，改善和易性，降低水灰比，利于混凝土振捣密实，改善孔隙结构，改善混凝土的黏聚性和保水性。减水剂的掺量一般为水泥用量的 0.5%~1.0%。普通减水剂及高效减水剂适用范围参见表 1-6。

普通减水剂及高效减水剂适用范围   表 1-6

品种	适用范围	特性
普通减水剂、高效减水剂	因不含氯盐，故可用于素混凝土、钢筋混凝土、预应力混凝土、制备高强度混凝土	1. 一般不含氯盐； 2. 低温下浇筑，凝结时间长、硬化速度慢、早期强度低

续表

品种	适 用 范 围	特 性
普通减水剂	宜在日最低气温5℃以上浇筑的混凝土。低于5℃施工时，凝结时间延长、硬化速度减缓、早期强度低，因此低温下浇筑，不宜单独使用普通减水剂，宜与早强剂复合使用。不宜单独用于蒸汽养护混凝土	引气量大，缓凝作用显著，需较长时间才能达到结构强度。故用于蒸养混凝土必须延长静停时间或减少掺量。否则易出现裂缝、酥松、起鼓及肿胀等问题
高效减水剂	宜在日最低气温0℃以上浇筑的混凝土，在实际工程中已被大量采用	引气量较低、缓凝作用较小，用于蒸养混凝土不需要延长静停时间。一般比不掺减水剂的混凝土缩短养时间约一半以上
木质素磺酸盐类	采用硬石膏或工业副产石膏作调凝剂的水泥时，会出现异常凝结，故应先做水泥适应性试验，合格后方可使用	如M型、木钙粉、W型等。具有增塑、引气及缓凝作用

5. 缓凝剂、缓凝减水剂及缓凝高效减水剂

（1）缓凝剂及缓凝减水剂共有以下五类：1）糖蜜类：糖钙、葡萄糖酸盐等。这类物质是制糖工业的副产品-蜜糖与石灰水作用后生成的物质（糖钙），或经发酵提取酒精后的废液。对混凝土具有减水、缓凝、引气作用；2）木质素磺酸盐类：木质素磺酸钙、木质素磺酸钠等；3）羟基羧酸及其盐类：柠檬酸、酒石酸钾钠等；4）无机盐类：锌盐、磷酸盐等；5）其他：胺盐及其衍生物、纤维素醚。

（2）缓凝高效减水剂：由缓凝剂和高效减水剂复合而成，将改性木钙与糖蜜类减水剂复合掺用，制成木钙糖钙缓凝高效减水剂，可以降低木钙减水剂单独掺加时因引气量过大而降低混凝土强度的危害。

（3）适用范围：缓凝剂、缓凝减水剂及缓凝高效减水剂适用范围参见表1-7。

缓凝剂、缓凝减水剂及缓凝高效减水剂适用范围　　　　　　　　　表1-7

品种	适 用 范 围	特 性
缓凝剂、缓凝减水剂、缓凝高效减水剂	大体积混凝土、大面积浇筑混凝土、碾压混凝土、炎热天气施工的混凝土、避免产生冷缝的混凝土、较长时间停放或长距离运输的混凝土、自流平免振混凝土、滑模或拉模施工的混凝土、需要延长凝结时间的混凝土 施工环境气温应在5℃以上。并应根据温度选择相应品种和调整掺量 不宜单独用于有早强要求的混凝土和蒸养混凝土	1. 延缓混凝土凝结时间，降低早期水泥水化热和放热速度，避免产生温差裂缝和冷缝 2. 控制混凝土坍落度损失 3. 使混凝土具有良好的流动性和可泵性 4. 在推荐掺量范围内的缓凝效果； 柠檬酸延缓：8～19h； 氯化锌延缓：10～12h； 糖蜜类延缓：2～4h； 木钙延缓：2～3h；
缓凝高效减水剂	制备高强性能混凝土	
羟基羧酸及其盐类	会增加混凝土泌水率，影响和易性，降低抗渗性。故不宜单独用于水泥用量较低、水灰比较大的贫混凝土	
糖类、木质素磺酸盐类	遇用硬石膏或工业副产石膏作调凝剂的水泥会引起速凝，使用前应做水泥适应性试验	

6. 早强剂及早强减水剂

（1）早强剂有以下三类：1）强电解质无机盐类：硫酸盐、硫酸复盐、硝酸盐、亚硝酸盐、氯盐等；2）水溶性有机化合物：三乙醇胺、甲酸盐、乙酸盐、丙酸盐等；3）其他：有机化合物、无机盐复合物。

（2）早强减水剂由早强剂与减水剂复合而成。

（3）适用范围：早强剂及早强减水剂适用范围参见表1-8。

早强剂及早强减水剂适用范围 表1-8

品种	适用范围	特性
早强剂、早强减水剂	1. 适用于蒸养混凝土 2. 宜在常温和≥-5℃环境中浇筑混凝土 3. 炎热环境下不宜使用 4. 含钾、钠离子的早强剂用于骨料具有碱活性的混凝土时，与其他外加剂一起带入的碱含量（Na₂O当量）每立方米混凝土不宜超过1kg	1. 常温、低温下能显著提高混凝土早期强度； 2. 可缩短蒸养混凝土的蒸养时间、降低蒸养温度。不同产品有不同最佳蒸养温度。某些产品有缓凝作用，故应先进行蒸养试验再确定最佳方案

（4）严禁使用规定：1）严禁采用危害人体健康和污染环境的化学物质做原料；2）含六价铬盐（重铬酸盐）、亚硝酸盐、硫氰酸盐等有害成分的早强剂严禁用于饮水工程及与食品相接触的工程；3）硝铵类早强剂在碱性环境中会释放出对人体有刺激性的氨，故严禁在办公、居住等工程中使用；4）含有氯盐的早强剂及早强减水剂，严禁在下列结构中使用：预应力混凝土结构；地下工程、环境相对湿度大于80%的结构、处于水位变化部位的结构、露天结构、经常受水淋和水流冲刷的结构；大体积混凝土；直接接触酸、碱或其他侵蚀性介质的结构；经常处于温度为60℃以上的结构，需经蒸养的钢筋混凝土预制结构；有装饰要求的混凝土，特别是要求色彩一致的或表面用金属材料装饰的混凝土；薄壁混凝土结构，中级和重级工作制吊车的梁、柱、屋架、落锤及锻锤混凝土基础等结构；使用冷拉钢筋或冷拔低碳钢丝的结构；骨料具有碱活性的混凝土结构；5）含有强电解质无机盐类的早强剂及早强减水剂严禁在下列混凝土结构中采用：与镀锌钢材或铝铁相接触部位的结构，以及有外露钢筋预埋铁件而无防护措施的结构；使用直流电源的结构以及距高压直流电源100m以内的结构。

7. 常用减水剂的特性和不同混凝土减水剂的性能指标

几种减水剂的特性，见表1-9。

几种减水剂的特性 表1-9

种 类		优 点	缺 点	适应范围
木质素磺酸钙 M		有增塑及引气作用，能最为显著的提高抗渗性能 有缓凝作用，可推迟水化热峰出现 可减水10%～15%，增强10%～20% 价格低廉、货源充足	分散作用不如NNO、MF、JN等高效减水剂 温度较低时，强度发展缓慢。故，温度较低天气须与早强剂复合使用	一般防水工程均可使用，更适用于大坝、大型设备基础等大体积混凝土工程 适宜夏天施工
多环芳香族磺酸钠	NNO	均为高效减水剂，减水12%～20%，增强15%～20% 可显著改善和易性，提高抗渗性 MF、JN有引气作用，抗冻性、抗渗性较NNO好 JN的减水在同类减水剂中的价格最低	货源少、价格较贵 生成气泡较大，需用高频振捣器排除气泡，以保证混凝土质量	防水混凝土工程均可使用 冬季低气温天气，使用更为适宜
	MF			
	JN FDN UNF			
糖蜜		分散作用及其他性能均同木质素磺酸钙 掺量少，经济效果显著 有缓凝作用	由于可从糖蜜中提取酒精、丙酮等副产品，所以货源日趋减少	宜就地取材，配制防水混凝土

8. 防冻剂

防冻剂有以下四类：

（1）强电解质无机盐类：1）氯盐类：以氯盐为防冻组分的外加剂；2）氯盐阻锈类：以氯盐与阻锈组分为防冻组分的外加剂；3）无氯盐类：以亚硝酸盐、硝酸盐等无机盐为防冻组分的外加剂。

（2）水溶性有机化合物类：以某些醇类等有机化合物为防冻组分的外加剂。

（3）有机化合物与无机盐类复合。

（4）复合型防冻剂：以防冻组分复合早强、引气、减水等组分的外加剂。

（5）适用范围：1）含强电解质无机盐防冻剂的应用必须符合本节"早强剂及早强减水剂（4）严禁使用规定"的要求；2）含亚硝酸盐、碳酸盐的防冻剂严禁用于预应力混凝土结构；3）含六价铬盐（重铬酸盐）、亚硝酸盐等有害成分的防冻剂严禁用于饮水工程及与食品相接触的工程，严禁使用；4）含硝铵、尿素等产生刺激性气味的防冻剂，严禁用于办公、居住等建筑工程；5）强电解质无机盐防冻剂用于骨料具有碱活性的混凝土时，与其他外加剂一起带入的碱含量（Na_2O 当量）每立方米混凝土不宜超过 1kg；6）有机化合物类防冻剂可用于素混凝土、钢筋混凝土及预应力混凝土工程；7）有机化合物与无机盐复合防冻剂及复合型防冻剂可用于素混凝土、钢筋混凝土及预应力混凝土工程，并应符合上述1）~5）条的规定；8）对水工、地下、桥梁及有特殊抗冻融性要求的混凝土工程，应通过试验确定防冻剂品种及掺量。

9. 泵送剂

泵送剂主要由普通（或高效）减水剂、缓凝剂、引气剂和保塑剂等复合而成。其质量应符合《混凝土泵送剂》JC473 标准的规定。

（1）适用范围：1）适用于工业与民用建筑及其他构筑物的泵送施工的混凝土；2）特别适用于大体积混凝土、高层建筑和超高层建筑混凝土的泵送浇筑；3）适用于滑模施工混凝土工程；4）适用于水下灌注桩混凝土。

（2）技术性能：1）掺入泵送剂的混凝土，应具有不离析泌水、和易性好、黏聚性好、可泵性好的特性；2）混凝土应具有一定的含气量、缓凝和坍落度大的性能；3）混凝土硬化后应具有足够的强度，并应满足结构的使用要求；4）拌制出的水下灌注桩混凝土的坍落度应为 180~220mm；5）大多数泵送剂氯离子含量≤0.5%，少部分含量≤1%。应满足钢筋混凝土和预应力混凝土的拌制要求。其氯离子（Cl^-）总含量的最高限值应符合《预拌混凝土》GB 14902 标准的规定。

10. 速凝剂

速凝剂一般在喷射混凝土工程中被广泛地采用，共分为粉状速凝剂和液体速凝剂两类：

（1）粉状速凝剂：以铝酸盐、碳酸盐等为主要成分的无机盐混合物等。

（2）液体速凝剂：以铝酸盐、水玻璃等为主要成分，与其他无机盐复合而成的复合物等。

适用范围：广泛用于喷射混凝土工程，亦可用于需要速凝的堵漏及其他混凝土工程；广泛用于地下工程支护、薄壳屋顶、拱顶加固、水池、预应力油罐、边坡加固、深基坑护壁、热工窑炉内衬、修复加固、地下构筑物抢险工程或灌注工程。

11. 水泥基渗透结晶型防水剂

参见"水泥基渗透结晶型防水剂（A）"。

12. 水泥品种和混凝土掺合料、外加剂的选用

混凝土外加剂具有减水、膨胀、引气、堵塞毛细孔缝等的功能。而混凝土掺合料（粉煤灰、粒化高炉矿渣、硅粉等）与水泥一起起胶凝作用，并起增加混凝土的密实性、减少混凝土的毛细孔缝、降低早期水化热（早期不参与水化反应）、提高浇筑流动性能的作用，及配制高强、薄壁、抗渗及各种性能的混凝土。故胶凝材料是掺合料和水泥的合称。

（1）水泥品种的选用：硅酸盐水泥不含任何掺合料，普通硅酸盐水泥仅含5%～10%的掺合料，而其他品种的水泥（矿渣硅酸盐、粉煤灰硅酸盐、火山灰质硅酸盐水泥）在生产时就掺有20%～50%的掺合料，这些掺合料的品种、质量、数量各不相同，使生产出的水泥性能差异很大。在一般工程特别是防水工程的应用中，混凝土主要采用硅酸盐水泥和普通硅酸盐水泥，再掺入掺合料进行配制，很少直接采用火山灰质硅酸盐水泥、粉煤灰硅酸盐水泥和矿渣硅酸盐水泥，当采用这三种水泥时要经过试验确定其配合比，以确保防水混凝土的质量。

（2）混凝土掺合料、外加剂的选用：粉煤灰可有效地改善混凝土的抗化学侵蚀性（如氯化物侵蚀、碱—骨料反应、硫酸盐侵蚀等），掺入粉煤灰后混凝土的强度发展较慢，故掺量不宜过多，以20%～30%为宜。粉煤灰对水胶比非常敏感，在低水胶比（0.40～0.45）时，粉煤灰才能充分发挥作用。用于防水工程时，粉煤灰的级别不应低于二级。

掺入硅粉可明显提高混凝土强度及抗化学腐蚀性，但随着硅粉掺量的增加，其需水量亦随之增加，混凝土的收缩也明显加大，当掺量大于8%时强度会降低，因此硅灰掺量不宜过高，以2%～5%为宜。

1.5   建筑密封、止水材料

建筑密封材料是指用于建筑物或构筑物接缝、门窗框周边接缝和玻璃镶嵌接缝等部位的密封，能起到水密和气密作用的材料。

1.5.1   不定型建筑密封材料的有关规定、分类、级别及性能特点

1. 按密封材料用途分类

（1）G类——镶嵌玻璃接缝用玻璃密封材料。

（2）F类——镶嵌玻璃以外的建筑接缝用密封材料，如屋面工程、地下工程、水利工程等接缝用密封材料。

2. 按原材料、固化机理及施工性的不同分类

（1）油性类密封材料，表现为塑性性能，如防水油膏、油灰腻子等；

（2）溶剂型建筑密封膏，如丁基、氯基、氯磺化橡胶建筑密封膏等；

（3）热塑型或热熔型防水接缝材料，如聚氯乙烯建筑防水接缝材料；

（4）水乳型建筑密封膏，如丙烯酸酯建筑密封膏；

（5）化学反应型建筑密封膏，如硅酮、聚氨酯、聚硫密封膏等。

3. 分级

根据密封材料在接缝中位移能力的大小进行分级，见表1-10。

不定型建筑密封胶（膏）的分级　　　　表1-10

级别	试验拉压幅度（%）	位移能力（%）	级别	试验拉压幅度（%）	位移能力（%）
25	±25	25	12.5	±12.5	12.5
20	±20	20	7.5	±7.5	7.5

25级和20级适用于G类和F类，12.5级和7.5级适用于F类密封胶（膏）。

25级和20级密封材料按其拉伸模量划分次级别：1）低模量，记号为LM；2）高模量，记号为HM。

如果拉伸模量测试超过下述一个或两个试验温度下的规定值，该密封材料应确定为高模量。规定模量值 k 为：在23℃时：$0.4N/mm^2$；在 -20℃时：$0.6N/mm^2$。

12.5级密封材料按其弹性恢复率又分为：弹性体（E），其弹性恢复率≥40%；塑性体（P），其弹性恢复率<40%。

总之，用于屋面及地下工程的密封材料，按结构接缝用密封材料（F），其分级为：25级：25LM级、25HM级；20级：20LM级、20HM级；12.5级：12.5E级、12.5P级；7.5级：7.5P级。

4. 性能特征

不定型建筑密封材料的性能应符合以下要求：（1）具有优良的粘结性，施工性，能使被粘结物之间形成防水的连续体。（2）具有良好的拉伸性能，能经受建筑物因温度、湿度、风力、地震等引起的接缝变形。（3）具有可变温度下的粘结性、耐水性及浸水后的粘结性，在室外长期受日照、雨雪、寒暑等条件作用下，能保持长期的粘结性。

1.5.2　按用途分类的不定型建筑密封材料

1. 混凝土建筑接缝用密封胶

混凝土建筑接缝用密封胶为弹性和塑性密封胶，适用于混凝土建筑接缝密封防水。

产品品种、分类和级别：按反应机理分类有化学反应型（其中有单组分和双组分）、水乳型、溶剂型密封胶（膏）等；按施工性分类，有用于垂直接缝的N型密封胶（膏）、用于水平接缝的L型、自流平型密封胶（膏）等。

2. 石材用建筑密封胶

适用于建筑工程中天然石材接缝及承受荷载的结构接缝的密封。

产品品种：按组分分为单组分和多组分；按固化机理，以化学反应型为主；按聚合物区分，有硅酮、聚氨酯、聚硫及其经改性后的密封胶。

分类和级别：按位移能力的大小分为25、20、12.5三个级别。

3. 彩色涂层钢板用建筑密封胶

适用于彩板屋面及彩板墙体接缝嵌填密封。其他金属板接缝密封可参照使用。

产品品种：符合本标准的密封胶品种主要有硅酮建筑密封胶、聚氨酯建筑密封胶、聚硫建筑密封胶及硅酮改性建筑密封胶。以上产品均为化学反应型，其中有单组分，也有双组分，均为非下垂型。

分类和级别：用于彩色钢板密封胶按位移能力分为25、20、12.5 三个级别与低模量（LM）和高模量（HM）两个级别。

1.5.3 按聚合物分类的建筑密封胶（膏）

1. 不同类型密封胶（膏）的性能比较

按密封胶（膏）的固化机理分为油性嵌缝膏（如建筑防水沥青嵌缝油膏）、溶剂型密封膏（如氯磺化聚乙烯建筑密封膏）、热塑型防水接缝材料（如聚氯乙烯建筑防水接缝材料）、水乳型密封膏（如丙烯酸建筑密封膏）、化学反应型密封膏（如硅酮、聚氨酯、聚硫建筑密封膏）等，其性能比较见表1-11。

不同固化机理密封胶（膏）性能比较　　　　表1-11

项目	油性嵌缝膏	溶剂型密封膏	热塑型防水接缝胶	水乳型密封膏	化学反应型密封膏
密度（g/cm³）	1.50~1.69	1~1.4	1.35~1.4	1.3~1.4	1~1.5
价格	低	低—中	低	中	高
施工方式	冷施工	冷施工	热施工	冷施工	冷施工
储存寿命	中—优	中—优	优	中—优	中—差
弹性	低	低—中	中	中	优
耐久性	差—中	差—中	中	中—优	优
充填后体积收缩	大	大	中	大	小
长期使用温度（℃）	-20~40	-20~50	-10~80 -20	-10~80 -20	-30~100 -40
施工气候限制	中—优	中—优	中	差	差—中
位移能力（%）	0±5	±7.5~±12.5	±7.5	±7.5~±12.5	±20，±25

2. 建筑防水沥青嵌缝油膏

以石油沥青为基料加入合成橡胶、再生胶粉等改性材料及其他助剂、油料、填料组成，经热熔共混后制成的冷施工嵌缝膏。适用于各种混凝土屋面、墙板的接缝防水密封及各种混凝土构件的缝隙、孔洞的嵌填。

3. 聚氯乙烯建筑防水接缝材料

以聚氯乙烯树脂为基料，加以适量的改性剂及其他添加料配制而成（简称PVC接缝材料），分801型（耐热80℃、低温-10℃）和802型（耐热80℃、低温-20℃）2个型号；按施工工艺分为热塑型（J型）和热熔型（G型）2种。适用于建筑物与构筑物的建筑防水接缝密封，具有优良的弹性、粘结性及耐高、低温性；良好的耐候性；对钢筋无锈蚀作用；采用热熔或热塑施工，或制作定型嵌缝条，热熔法施工，可有效克服环境污染。

4. 氯磺化聚乙烯建筑密封膏

以耐候性优良的氯磺化聚乙烯橡胶为基料，加入适量的助剂和填充料，经混炼、研磨而制成的黏稠膏状体。适用于装配式外墙板、屋面、混凝土变形缝和窗、门框周围缝隙及玻璃安装工程。具有优良的弹性和较高的内聚力；因不含双键的饱和合成橡胶，以其为主基的密封膏，具有优良的耐臭氧、耐紫外线、耐湿热特性，使用寿命长；由于氯含量高（29%～34%），从而具有难燃性能，属自熄性材料，而且氯原子的存在使分子结构具有很强的极性基团，因此除了对硅、氟橡胶以外的极性与非极性材料外，均具有良好的粘结性；可配制成多种色彩密封膏。

5. 丙烯酸酯建筑密封膏

具有无污染、无毒、不燃，安全可靠、具有较低的黏度，易于施工；经水分蒸发固化后的密封膏，具有优良的粘结性、弹性及低温柔性；具有良好的耐候性等特点。适用于钢筋混凝土屋面板、楼板及墙板的接缝密封防水，门、窗框与墙体四周缝隙的嵌填。

6. 硅酮建筑密封胶

以聚硅氧烷为主要成分的建筑密封胶，目前我国以单组分普通酸性密封胶和中性密封胶产品为主。具有优良的耐候性及物理力学性能，施工方便，贮存稳定性好；化学结构与玻璃、陶瓷相似，与其有极佳的粘结性能；用于其他基层时需有专用底涂料；固化后的密封胶，具有宽广的使用温度范围，在 -50℃～225℃范围内保持弹性。

硅酮建筑密封膏按用途分为 G 类（镶装玻璃用）和 F 类（建筑接缝用）两类。按固化机理分为 A 型（酸性）和 N 型（中性）两类。

按位移和拉伸模量分为 25HM（高模量）、25LM（低模量）、20HM（高模量）、20LM（低模量）。位移能力分别达到 25% 和 20%。

中性硅酮建筑密封胶适用于建筑接缝；高模量型适用于建筑物结构型密封部位及建筑接缝的背水面；低模量型适用于建筑物非结构型密封部位及建筑接缝的迎水面。

7. 聚氨酯建筑密封胶

以氨基甲酸酯为主要成分，添加各种助剂和填充料配制而成。物理力学性能执行 JC/T 482 标准。聚氨酯建筑密封膏按固化机理分为两类：按湿气固化的单组分型和由预聚体主剂和多元醇固化剂反应的双组分型。按施工性分为非下垂型（N）和自流平型（L）两个类型。产品具有良好的弹性、粘结性、拉伸性及耐候性；使用时的固化环境对聚氨酯建筑密封膏的质量至关重要，湿气过大或遇水，会使密封膏固化时产生气泡而影响密封质量。产品分为 25LM（低模量）、20LM（低模量）、和 20HM（高模量）3 个类型，位移能力分别达到 25% 和 20%。

适用于各种装配式屋面板、楼板、墙板、阳台、门窗框、卫生间等部位的防水密封，给排水管道、贮水池、游泳池、引水渠以及公路、桥梁、机场跑道的嵌缝密封。

8. 聚硫建筑密封膏

以液态聚硫橡胶为基料在常温下形成的弹性体。我国聚硫建筑密封膏以双组分为主。质量指标按《聚硫建筑密封膏》JC/T 483 行业标准执行。产品按伸长率和模量分为 A 类和 B 类；A 类是指高模量低伸长率的聚硫密封膏、B 类是指高伸长率低模量的聚硫密封膏；按流变性可分为非下垂型（N 型）和自流平型（L 型）。

按试验温度及拉伸压缩百分率分为 9030、8020、7010 三个级别。

特点：（1）具有优良的耐候性、耐水、耐燃性、耐湿热和耐低温性能，使用温度范围为 -40～90℃；（2）对金属材料及各种建筑材料有良好的粘结性，对不同基材需用专用基层处理剂；（3）无毒、无溶剂污染，使用安全，可靠。

适用于预制混凝土、金属屋面及幕墙、中空玻璃中间层、游泳池、贮水槽、道路及其他构筑物与建筑物的接缝密封防水。

1.5.4 止水材料

止水材料适用于建筑工程的各种接缝止水。如构件接缝、伸缩缝、沉降缝、门窗框密封等，除了使用不定型密封材料外，有的部位还必须使用定型密封材料。

1. 止水带

止水带又称封缝带，是用于建筑物或构筑物，尤其是用于地下工程各类接缝（如伸缩缝、变形缝、施工缝、诱导缝、拼接缝等）的制品型定型止水材料。按材质不同分为塑料止水带、橡胶止水带和带有钢边的橡胶止水带等。

止水带的尺寸公差应符合表 1-12 的规定，断面如图 1-5 所示。

止水带尺寸公差允许值（GB 18173.2—2000）　　　　表 1-12

项目	公称厚度 δ（mm）			宽度 L（%）
	4~6	>6~10	>10~20	
极限偏差	+1, 0	+1.3, 0	+2, 0	±0.3

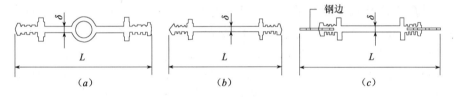

图 1-5　止水带断面示意图

塑料、橡胶止水带表面不允许有开裂、缺胶、海绵状等影响使用的缺陷，中心孔偏心不允许超过管状断面厚度的 1/3；止水带表面允许有深度不大于 2mm、面积不大于 16mm^2 的凹坑、气泡、杂质、明疤等缺陷不超过 4 处。

（1）塑料止水带：塑料止水带是以聚氯乙烯树脂为基料，加入各种助剂等原料，经塑炼、造粒、挤出等工艺加工而成。

塑料止水带具有良好的物理力学性能，耐久性好，优良的防腐、防霉性能；材料来源丰富，价格低廉，产品规格齐全。

适用于工业和民用建筑的地下防水工程、隧道、涵洞工程及坝体、泄洪道、河渠等水工构筑物的变形缝防水。

（2）橡胶止水带：橡胶止水带是以天然橡胶或合成橡胶为主要原料，添加多种助剂及填充料，经混炼、塑炼、压延、硫化、成型等工序加工成定型密封条，也可根据工程所需的异形尺寸，定型制作。

橡胶止水带按其用途分为三类：适用于变形缝用止水带，用 B 表示；适用于施工缝用止水带，用 S 表示；适用于有特殊耐老化要求的接缝用止水带，用 J 表示。

橡胶止水带具有弹性好，强度大，延伸性、耐低温性、耐候性、耐水性好等特点，该产品以优质橡胶为原料，具有高弹性和压缩性，能在各种荷载下，产生压缩变形，与混凝土构件连成一体，起到防水密封作用。

适用于建筑工程的地下构筑物、小型水坝、贮水池、游泳池、屋面及其他建筑物的变形缝。

2. 遇水膨胀止水橡胶、腻子、胶

遇水膨胀止水材料按工艺分为制品型（PZ）、腻子型（PN）和膏状体三类。按其在静态蒸馏水的体积膨胀倍率（%）可分为：制品型有150%~250%、250%~400%、400%~600%、≥600%等4类。腻子型有≥15%、≥220%、≥300%等3类。膏状体为220%~400%。

（1）橡胶型（制品型）遇水膨胀止水材料：

1）橡胶型遇水膨胀止水条：橡胶型遇水膨胀止水条是以水溶性聚氨酯预聚体、丙烯酸钠高分子吸水性树脂等吸水性材料与天然橡胶、氯丁橡胶等合成橡胶制成的。产品可制成条、圈等定型规格产品，也可以根据不同工程要求定制所要求的模式与规格。

遇水膨胀橡胶遇水后，随着体积的胀大，能充满密封基面的不规则表面空穴和间隙，同时产生阻挡压力，阻止水分渗漏，并且具有长期使用性能；具有优良的可塑性和弹性、耐久性和耐腐蚀性、优良的物理力学性能，足以长期承受阻挡外来水与化学物质的渗透。

遇水膨胀橡胶广泛应用于钢筋混凝土建筑防水工程的变形缝、施工缝、穿墙管线的防水密封，盾构法钢筋混凝土管片的接缝防水密封垫，顶管工程的接口材料，明挖法箱涵、地下管线的线口密封，水利、水电、土建工程防水密封等。

2）预埋注浆管型遇水膨胀橡胶止水条：预埋注浆管型遇水膨胀橡胶止水条是将缓膨胀型橡胶遇水膨胀止水条和预备注浆技术结合为一体的产品。在正常情况下依靠止水条自身的膨胀特性进行止水，当万一裂缝出现渗漏水时，不必在结构表面开槽钻孔进行堵漏，可直接利用预备注浆管注入浆液，均匀填充到渗漏水部位进行堵漏。具有缩短工期、节约费用、堵漏快捷的特点。其形状见图1-6。

图 1-6　注浆管型遇水膨胀橡胶止水条

（2）腻子型遇水膨胀止水条：腻子型遇水膨胀止水条是以水溶性聚氨酯预聚体等十余种材料经密练、混练、挤制而成的具有遇水膨胀特性的条状密封材料，具有腻子性状。

（3）遇水膨胀止水胶：遇水膨胀止水胶是一种单组分、无溶剂、遇水膨胀的聚氨酯类无定型膏状体，用于密封结构接缝和钢筋、道、线等部位、构件的渗漏。具有橡胶状的弹性（以压缩应力止水）和遇水体积膨胀增大（以膨胀压力止水）的双重密封止水功能，当水进入渗水通道时，在压缩应力和膨胀压力的双重作用下，堵塞毛细孔缝，起到止水作用。

遇水膨胀止水胶遇水后，膨胀倍率可达到原始体积的220%以上，在垂直面施工，不下垂，耐久性好，化学结构稳定，长期适用不回缩、不变形。

因遇水膨胀止水胶为无定型膏状体，故施工简便、可操作性强，适用于各种不规则基面接缝止水，特别适用于不同材质之间、操作空间狭窄、施工难度高、潮湿、桩头、钢筋等部位、构件的密封止水。

（4）使用要点：遇水膨胀止水材料施工前遇水会提前膨胀，失去膨胀密封性能。因此施工时应采用缓膨胀型的遇水膨胀止水材料，或采用涂有足够厚度的缓膨胀剂涂层（薄膜）的遇水膨胀止水材料。当建筑拼接缝采用止水条时，宜选用合成纤维或金属纤维网夹在或复合在止水条上的产品，以控制膨胀方向和速率；或采用其他非膨胀合成橡胶与遇水膨胀橡胶或腻子复合，以其特殊的构造形式控制膨胀方向。

盾构法隧道衬砌接缝应采用低、中膨胀率的遇水膨胀橡胶作密封衬垫；对于有酸性、碱性的地层，应参照遇水膨胀橡胶在不同介质下的膨胀倍率加以选用；也可采用普通合成橡胶与高膨胀倍率在构造形式上能控制膨胀方向的复合制品。

1.6 瓦

1.6.1 烧结瓦、混凝土瓦

烧结瓦、混凝土瓦统称为平瓦，主要是指传统的机制黏土平瓦和混凝土平瓦。

1. 烧结瓦

由黏土制成瓦形材料后经焙烧而成。

2. 混凝土瓦

是由混凝土制成的屋面瓦和配件瓦的统称，亦称水泥瓦。它是以水泥、砂子为基料，加入金属氧化物、化学增强剂并涂饰透明层涂料制成的瓦材。

混凝土瓦采用半干挤压成型和湿压工艺制成。具有防水、抗风、隔热、抗冻融、耐火、抗生物作用、耐久等特点。

瓦体密实度很高，咬接式设计使整个屋面吻合成一个整体，可阻挡风雨从左右边筋及上下搭接部分倒灌入瓦背。

1.6.2 沥青瓦

沥青瓦是以玻璃纤维毡为主要胎基材料，经浸渍和涂盖优质氧化沥青后，上表面粘结彩色矿物粒料或片料，下表面覆细砂隔离材料和自粘结点并覆防黏膜，经切割制成瓦状屋面防（排）水材料。

沥青瓦的长、宽尺寸除异型部位特殊需要外，都应符合如图1-7中所示的要求。几种常用沥青瓦的形状见图1-8。

等级：沥青瓦按规格尺寸允许偏差和物理性能，分为优等品（A）和合格品（C）。

产品标记：按下列顺序标记：产品名称、质量等级、标准号，如优等品沥青瓦标记为：沥青瓦 AJC503。

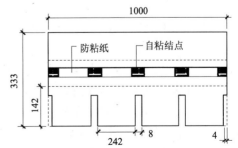

图 1-7　沥青瓦产品示意图

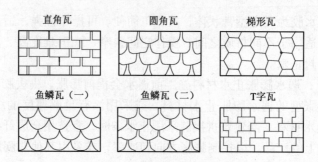

图 1-8 几种常用沥青瓦形状

1.6.3 金属瓦

金属瓦是以金属板材为基材，经辊压或冲压成型后呈瓦片形状，在表面喷涂彩色漆或粘覆彩色矿物颗粒制成的屋面瓦，其尺寸规格固定。

金属瓦屋面结构荷载只有混凝土瓦和烧结瓦的 1/10，可以减少因地震等灾害而造成的损失。金属瓦单片面积 0.465m² (2.2 片/m²)，可以提高铺设效率，缩短工期，施工方法十分简便；耐火性能好。金属瓦在 400℃ 以下，持续 10min 不会产生变形。

烤漆型金属瓦：将彩色镀铝锌板经过辊压或模压制成的金属瓦。

砾石型金属瓦：将普通镀铝锌板经过辊压或模压制成后粘覆彩色矿物颗粒制成。

形状分为普通型（有较宽的凹槽，有利排水）、高棱型（有较高的瓦棱，立体感强）、平板型（压制成仿木纹，外形自然）三种。

适用于各类工业、民用建筑，特别适合轻型结构房屋和平屋顶改建坡屋顶结构。

1.7 地下工程渗、排水材料

地下工程地下水位低于底板时，常在底板下铺设渗、排水层，将地下水位降低至底板以下，使防水层免遭地下水的长期侵蚀。常见的高分子渗排水材料有土工布（织物）、夹层塑料板（凸缘式塑料板）等；天然无机渗排水（滤水）材料有卵石、碎石、细石、砂子等；制品型排水管材有无砂混凝土管、打孔混凝土管、打孔硬塑料管等；干砌成型排水沟有干垒砖沟、干摆空心砌块等。

1.7.1 高分子渗、排水材料

1. 土工布（织物）过滤层

土工布（织物）渗排水过滤材料有聚酯无纺布、丙纶纤维或涤纶纤维织物布等。这些土工布的抗化学腐蚀能力强，能抵抗混凝土、水泥砂浆、岩石渗漏水中 Ca(OH)$_2$、碳酸盐、硫酸盐、氢离子的侵蚀。工程上常用来作土工膜防水层的缓冲层，保护土工膜不被刺破、硌穿，但也常用来作排水过滤材料。

2. 高分子排（蓄）水板

高分子排水板兼有蓄水功能，采用聚苯乙烯板、高密度聚乙烯板、橡胶板等制成。产品一般有夹层塑料排（蓄）水板、六角形蜂窝式排（蓄）水板、圆形排（蓄）水板等。

夹层塑料排（蓄）水板用聚苯乙烯制成，表面有纵横分布的小凸缘，抗压强度高、冲击力强，常用来作底板下、地下连续墙的排水层，或种植屋面的排（蓄）水层。

六角形蜂窝式排（蓄）水板、圆形排（蓄）水板用高密度聚乙烯板、橡胶板等制成，其蓄水量大，排水沟纵横交叉，常用来作种植屋面的排（蓄）水层。

3. 高分子塑料网

高分子塑料网与塑料排水板同材质，置于排水板与土工布过滤层之间，起托举过滤层的作用，以防止种植土压凹过滤层，将土工布压坏，降低排水板的排、蓄水功能，特别是当种植土较厚时，尤应选用。种植土较薄时，可以不用。

1.7.2 无机渗、排水材料

1. 天然渗排水（滤水）材料

天然渗排水（滤水）材料有卵石、碎石、细石、砂子等，是传统排水材料，其突出缺点是笨重、体大，需开采、运输量大，耗费人工。如地基下地质就是卵石、碎石、砂子，设计时可考虑作现成的防、排水层。

2. 制品型排水管材

无砂混凝土管、打孔混凝土管、打孔硬塑料管等。

3. 干摆成型排水盲沟

干垒砖盲沟、干摆空心砌块盲沟、干摆石块盲沟等。

1.8 堵漏、注浆材料

建筑物、基岩的渗漏裂缝，常采用堵漏、注浆材料，用灌浆的方法进行修复。

1.8.1 堵漏材料

堵漏材料分为无机和有机，但以无机材料为多，有的无机堵漏材料配以有机材料复合使用，在经济实用的前提下，能起到良好的堵漏效果。

1. 无机堵漏材料

由硅酸盐水泥（或特种水泥）、速凝剂及其他助剂构成，按组分可分为双组分和单组分，按作业面积大小和操作方法的不同可分为涂抹和嵌填两种产品，有的产品涂抹和嵌填合二为一。

2. 有机堵漏材料

一般是指高分子浆材，遇水后发生聚合反应，形成有弹性，不溶于水的固体，有的还具有微膨胀特性。

1.8.2 注浆材料

注浆材料由主剂（原材料）、溶剂（水或其他有机溶剂）及外加剂混合而成。通常所说的注浆材料是指的浆液中的主剂。固化是注浆材料的必要特征。

注浆材料按材质不同可分为无机系注浆材料（粉、颗粒状材料）和有机系注浆材料（化学浆料）两大类。一般将水泥中掺入有机改性材料亦称为无机注浆材料。

　　无机注浆材料主要包括单液水泥浆、黏土水泥浆、水泥－水玻璃浆。黏土水泥浆成本低，在水泥用量上比单液水泥浆节省70%～80%；注浆工期缩短40%～60%，在加固地基工程中得到广泛应用。

　　化学浆液近似真溶液，具有浆液黏度低，可注性好，凝胶时间可准确控制等特性，但价格比较昂贵，且有一定毒性，污染环境，一般用于堵塞无机粉料浆液无法注入的混凝土结构和地层的细微裂隙。

1. 无机注浆材料选择要求

　　水泥宜选用强度等级不低于32.5MPa的普通硅酸盐水泥。其他黏土、砂、粉煤灰、水玻璃模数等应符合有关规定。使用前应熟悉浆液的性能指标和基本特征，浆液的配合比、凝结时间、组成、配方等必须经现场试验后确定。

2. 有机注浆材料选择要求

　　应选择符合环保要求、无毒、不易燃烧的有机注浆材料；浆液的黏度要低，流动性、可注性要好；凝固时间可以调控；凝胶体稳定性好，常温下不改变性质；对注浆设备、橡胶管路应无腐蚀性，容易清洗；浆液凝固时无收缩现象，宜有一定的微膨胀特性；凝固后与混凝土、岩石有一定的粘结强度、抗压强度，且不受环境温湿度变化的影响；注浆工艺要简单，操作方便，安全可靠。

　　得到推广的第二代丙烯酸盐化学灌浆液采用了一种新的交联剂，替换了第一代丙烯酸盐化学灌浆液中具有中等毒性的交联剂N，N－次甲基双丙烯酰胺，浆液中不含有酰胺基团的化合物，更符合环保的要求。同时添加了促使丙烯酸盐化学灌浆液凝胶在水中膨胀的成分，进一步提高了防渗效果。

3. 根据衬砌围岩、工程情况选择注浆材料

　　注浆材料应根据工程地质、水文地质条件、注浆目的、注浆工艺、设备和成本等因素选用。

　　（1）预注浆和衬砌前围岩注浆，宜采用水泥浆液、水泥－水玻璃浆液，超细水泥浆液、超细水泥－水玻璃浆液等，必要时可采用有机系浆液；

　　（2）衬砌后围岩注浆，宜采用水泥浆液、超细水泥浆液、自流平水泥浆液等；

　　（3）回填注浆宜选用水泥浆液、水泥砂浆或掺有石灰、黏土、膨润土、粉煤灰的水泥浆液；

　　（4）衬砌内注浆宜选用水泥浆液、超细水泥浆液、自流平水泥浆液、有机系浆液。

2 屋面工程防水

屋面荷载除应符合结构承重要求外，其他各构造层次均应为防、排水服务，以有利于防、排水为目的。单就防水层来说，屋面工程防水包括大面防水和细部构造防水两大部分，其中细部构造防水尤为重要。

屋面工程应确保防、排水功能和保温性能的正常发挥，以提高其防水耐久年限。

2.1 屋面工程设计要求

2.1.1 建筑屋面所应具有的功能

建筑屋面应发挥排除、阻止雨雪水侵入建筑物内部的作用；冬季应具有保温功能；夏季应具有隔热功能；能适应主体结构的受力变形和温差变形；能承受风、雪荷载的作用；具有阻止火势蔓延的功能；满足各种面层的正常使用和建筑物外形美观的要求等。

2.1.2 屋面工程的构造层次

屋面工程一般应包括结构层、找坡层、找平层、隔汽层、保温层、防水层、隔离层、保护层等构造层次。基本构造层次见表2-1。

屋面工程基本构造层次　　　　　　　　　　表 2-1

屋　面　类　型		基本构造层次（自上而下）
卷材、涂膜屋面	防水层正置	保护层、隔离层、防水层、找平层、保温层、找平层、找坡层、结构层
	防水层倒置	保护层、保温层、防水层、找平层、找坡层、结构层
	种植屋面	种植隔热层、保护层、耐根穿刺防水层、防水层、找平层、保温层、找平层、找坡层、结构层
	架空隔热	架空隔热层、防水层、找平层、保温层、找平层、找坡层、结构层
	蓄水隔热	蓄水隔热层、隔离层、防水层、找平层、保温层、找平层、找坡层、结构层
瓦屋面	块瓦屋面	块瓦、挂瓦条、顺水条、持钉层、防水层或防水垫层、保温层、结构层
	沥青瓦屋面	沥青瓦、持钉层、防水层或防水垫层、保温层、结构层
金属板屋面	单层金属板	压型金属板、防水垫层、保温层、承托网、支承结构
	双层金属板	上层压型金属板、防水垫层、保温层、底层压型金属板、支承结构
	金属夹芯板	金属面绝热夹芯板、支承结构
玻璃采光顶	框架支承	玻璃面板、金属框架、支承结构
	点支承	玻璃面板、点支承装置、支承结构

续表

屋 面 类 型		基本构造层次（自上而下）
玻璃钢采光顶	马鞍形板屋面	玻璃钢采光带、预埋连接固定件、马鞍形屋面板
	拱形玻璃钢板屋面	拱形玻璃钢板、支承龙骨、采光带龙骨、支承结构

注：1. 表中结构层包括混凝土和木基层；防水层包括卷材和涂膜防水层；保护层包括块体材料、水泥砂浆、细石混凝土保护层；
　　2. 有隔汽要求的屋面，应在保温层与结构层之间设置隔汽层。

根据表 2-1 的要求，可以组合成如表 2-2 的节能建筑屋面构造层次。

节能建筑屋面构造层次　　　　　　表 2-2

序号	类　别	屋面构造层次
1	防水、保温上人屋面	1. 使用面层；2. 隔离层；3. 防水层；4. 找平层；5. 找坡层；6. 保温层；7. 结构层
2	防水、保温、隔汽上人屋面	1. 使用面层；2. 隔离层；3. 防水层；4. 找平层；5. 找坡层；6. 保温层；7. 隔汽层；8. 找平层；9. 结构层
3	防水、保温不上人屋面	1. 保护层；2. 隔离层；3. 防水层；4. 找平层；5. 找坡层；6. 保温层；7. 结构层
4	防水、保温、隔汽不上人屋面	1. 保护层；2. 隔离层；3. 防水层；4. 找平层；5. 找坡层；6. 保温层；7. 隔汽层；8. 找平层；9. 结构层
5	保温层在防水层之上不上人屋面	1. 保护层；2. 保温层；3. 防水层；4. 找平层；5. 找坡层；6. 结构层
6	防水、保温、架空隔热屋面	1. 架空隔热层；2. 保护层；3. 隔离层；4. 防水层；5. 找平层；6. 找坡层；7. 保温层；8. 结构层
7	防水、保温、蓄水隔热屋面	1. 蓄水隔热层；2. 保护层；3. 隔离层；4. 防水层；5. 找平层；6. 找坡层；7. 保温层；8. 结构层
8	防水、保温、种植隔热屋面	1. 种植植物层；2. 种植土层；3. 过滤层；4. 排（蓄）水层；5. 耐根穿刺防水层；6. 普通防水层；7. 找平层；8. 找坡层；9. 保温层；10. 结构层
9	混凝土瓦或烧结瓦保温屋面	1. 瓦材；2. 挂瓦条；3. 顺水条；4. 防水垫层；5. 持钉层；6. 保温层；7. 结构层
10	沥青瓦保温屋面	1. 沥青瓦；2. 防水垫层；3. 持钉层；4. 保温层；5. 结构层
11	单层金属板保温屋面	1. 压型金属板；2. 固定支架；3. 防水垫层；4. 保温层；5. 隔汽层 6. 承托网；7. 型钢檩条
12	双层金属板保温屋面	1. 上层压型金属板；2. 保温层；3. 隔汽层；4. 型钢附加檩条；5. 底层压型金属板；6. 型钢主檩条

2.1.3　屋面工程防水设计的原则、新技术的推广应用

（1）应遵循"保证功能、构造合理、防排结合、优选用材、美观耐用"的原则。

（2）应根据建筑物的类别、重要程度、使用功能要求确定防水等级，并应按相应等级进行防水设防；对防水有特殊要求的建筑屋面，应进行专项防水设计。屋面防水等级和设防要求应符合表 2-3 的规定。

屋面防水等级和设防要求 表2-3

防 水 等 级	建 筑 类 别	设 防 要 求
Ⅰ级	重要建筑和高层建筑	两道防水设防
Ⅱ级	一般建筑	一道防水设防

（3）建筑屋面设计应符合有关现行国家标准及《屋面工程技术规范》GB 50345—2012的规定。

（4）所用防水、保温材料应符合有关规定，不得使用国家明令禁止及淘汰的材料。

（5）屋面工程中推广应用的新材料、新技术，应经过科学技术成果鉴定、评估或新产品、新技术鉴定，并按有关规定编制技术指导书，按技术指导书的要求实施。

2.1.4 确定建筑屋面的结构形式

1. 确定装配式屋面结构形式

装配式屋面适宜在温差小、结构不受振动影响、抗震等级低、地质地基稳定、受风荷载影响小的地区、建筑物使用。

2. 确定整体现浇屋面结构形式

温差大、结构受振动较大、抗震等级高、地基不稳定、受风荷载影响大、种植屋面、蓄水屋面均应选择整体现浇屋面结构形式。

3. 确定金属屋面结构形式

金属屋面多用于坡度为5%～35%、构造形式复杂多变、兼有装饰要求的体育馆、展览馆、机场候机楼、火车站、厂房、重要仓库、高档商厦等跨度大的公共屋面工程。

一般彩涂钢板涂层寿命在10年左右，保质期过后，涂层会产生粉化、褪色、脱落现象，需重新涂刷彩色漆进行翻新处理。而非涂漆金属板的使用寿命是彩钢板的三倍以上，但价格较贵，在设计时，应进行综合考虑。

4. 确定种植屋面结构形式

随着城市土地的不断开发，树木被大量砍伐，植被遭到严重破坏，矿物燃料的大量燃烧，空气中的二氧化碳随之增加，氧气逐渐减少。增加了城市的"热岛效应"。一些大中型城市空气中的氧含量已从21%减少到19.5%，"氧气枯竭"已是实际发生的现实危害。人类的一切慢性病，包括癌症、心脑血管疾病、呼吸系统疾病、糖尿病等都是由慢性缺氧引起的，血液中氧含量的减少，人体细胞不能顺利地进行新陈代谢，疾病因此而产生。

向屋顶、墙面要氧气应成为奋斗的目标。将屋顶建成"空中花园"、由花盆砖砌成"绿色墙面"，与绿地共同组成立体绿化网，可大量增加绿化面积，减少"热岛效应"，植物在光合作用下，吸收二氧化碳，释放大量氧气，还能吸附空气中的尘埃、微粒，净化空气，减少PM2.5的含量，提高人们的生存质量，造福子孙后代。

5. 确定采光顶屋面结构形式

采光顶采集自然光线，既可满足人们的生理需要，又可减少室内照明用电量，寒冷季节还可采暖，节约能源，有的还具有良好的防水、防火、防震等性能，是一举多得的屋面构造形式，近年来已得到迅速发展。

（1）采用玻璃、聚碳酸酯板作采光顶的屋面工程：玻璃、聚碳酸酯板采光顶一般用于写字楼和宾馆的中庭；观光、健身和游泳池的顶层；机场、候机（车）楼、体育场馆（游泳馆）的顶盖；植物园（花卉、农作物）温室、展览观、博物馆的透明顶盖；标志性建筑的伞形透光顶盖等。

（2）采用玻璃钢作采光顶的屋面工程：

1）采用玻璃钢板和预应力马鞍形板组成复合采光顶屋面：将"∩"形玻璃钢板扣盖在相邻两块马鞍形板之间的空隙上，形成透光性好、光照充足、光线柔和无死角的采光带。我国常州天普马鞍板有限公司早在20世纪80年代就获得设计、生产专利。

混凝土马鞍形板采用结构自防水，单板独立排水，作用胜于集中排水的天沟、檐沟。一般屋面为了防水需额外设置天沟、檐沟、水落口、防水层，施工时需做出鹰嘴、滴水（线）槽，细部构造需增强等复杂的施工工艺，稍有不慎就会发生渗漏现象。

马鞍形板屋面具有结构自防水、防震、防火、防爆、经久耐用、基本不用维修、价格低廉等特点，是目前唯一将屋面结构与防水、防震、防火、防爆融为一体的经济实用的建筑材料及屋面结构形式，凡有条件的地方均可加以推广应用。

预应力混凝土马鞍形屋面板玻璃钢采光顶常用于粮库、仓库、工业厂房、装配车间、影剧院、住宅、候机（车）楼（站）、大型超市、体育场馆等建筑工程。

2）拱形、坡形支撑龙骨和玻璃钢组成复合采光带屋面：常用于压型金属板屋面、压型钢板复合保温卷材防水屋面和混凝土屋面等采光工程。

2.1.5　屋面工程防水设计所包含的内容

屋面防水等级和防水设防要求；屋面工程的结构形式，完成构造设计；屋面排水方式和排水系统的设计；找坡方式和找坡材料的选择；防水层选用的材料、厚度、规格及其主要性能指标；保温层选用的材料、厚度、燃烧性能及其主要性能指标；接缝密封防水选用的材料及其主要性能指标。

2.1.6　屋面工程防水层设计应采取的技术措施

卷材防水层易拉裂部位，应注明空铺、点粘、条粘、非固化粘结或机械固定等施工方法；结构易发生较大变形，易使防水层产生渗漏和损坏的部位，应增设卷材或涂膜附加层；在坡度较大和垂直面上粘贴防水卷材时，宜采用机械固定和对固定点进行密封的方法；卷材或涂膜防水层上应设置保护层；在刚性保护层与卷材、涂膜防水层之间应设置隔离层；与防水层相互接触的刚性接缝、卷材或涂膜相互搭接和收头部位的密封技术措施。

2.1.7　屋面工程所使用的防水材料应具有相容性

卷材或涂料与基层处理剂；卷材与胶粘剂或胶粘带；卷材与卷材复合使用；卷材与涂料复合使用；密封材料与基层材料。

2.2　屋面工程材料的选择规定

2.2.1　防水、保温材料的选择规定

（1）防水层外露使用时，应选用耐紫外线照射、耐老化、耐候性优良的防水材料；

（2）上人屋面应选择抗压强度高、拉伸强度高、耐水性能可靠的防水材料；

（3）上人屋面，应选用耐霉烂、拉伸强度高的防水材料；

（4）种植屋面应选择耐穿刺性能优良的防水材料；

（5）薄壳、装配式结构、钢结构等线性膨胀系数大、跨度大的屋面，应选用耐候性好、适用基层变形能力强的防水材料；

（6）保温层设在防水层之上的倒置式屋面，应选用适应变形能力强、接缝密封性能保证率高的防水材料；

（7）坡屋面应选用与基层粘结力强、感温性小的防水材料；

（8）屋面接缝密封防水，应选用与基层粘结力强和耐候性好、适应位移能力强的密封材料；

（9）基层处理剂、胶粘剂和涂料，应符合现行行业标准《建筑防水涂料有害物质限量》JC 1066 的有关规定；

（10）屋面工程使用的防水及保温材料标准、性能指标应符合有关规范的规定。

2.2.2 采光顶、金属屋面、马鞍形板屋面、拱形板屋面的选材规定

1. 采光顶、金属屋面的选材规定

（1）采光顶、金属屋面板材及附属材料应选用耐候、不燃或难燃材料。耐候性差的材料，应涂刷耐候性好的防腐涂料。

（2）金属屋面平板的面板材料可选用铝合金板（铝镁锰板）、铝塑复合板、铝蜂窝复合铝板、不锈钢板、铝镁锰合金板、钛合金板、锌合金板、铜合金板或彩钢板等。

（3）金属屋面压型板可选用彩钢板、不锈钢板、铝合金板、钛合金板、锌合金板、铜合金板等型材。

（4）金属屋面接缝所使用的密封材料应选用符合位移能力的中性硅酮密封胶、硅橡胶密封胶，密封橡胶制品（密封胶条）应选用耐老化的三元乙丙橡胶、氯丁橡胶、丁基橡胶或硅橡胶等。密封材料、密封胶条的材性应与所用金属板材相容。

（5）采光顶材料应选用玻璃、聚碳酸酯板、玻璃钢板等。

（6）聚碳酸酯板不能选用中性硅酮密封膏作为主要防水密封材料，而应采用带肋"U"形板、梯形飞翼板的构造防水，而不宜采用平板，且应具有良好的耐候、抗老化性能，防火等级应达到 B1 级，使用寿命不得低于 25 年，黄化指标应保证 15 年。

2. 预应力马鞍形板、玻璃钢采光顶屋面的选材规定

预应力混凝土马鞍形屋面板应用人工或机械浇筑成型，建筑强度、抗渗性能应符合设计要求。采光所用玻璃钢板可选择玻璃纤维增强聚酯树脂板或环氧树脂板。所选采光板应具有防紫外线照射、耐候、耐腐蚀、阻燃、防积灰、防积雪、防雨水等性能。

3. 拱形、坡形采光带屋面的选材规定

拱形采光屋面所采用的支撑龙骨、密封材料、紧固件、构配件、支撑件性能指标应符合设计要求，确保使用安全和防水性能。采光材料的线性膨胀系数宜与支撑龙骨相接近，以消除温度变形和结构变形的影响。

2.3 屋面工程各构造层次防水设计原则和技术措施

2.3.1 排水设计

屋面排水方式可分为有组织排水和无组织排水，有组织排水宜采用雨水收集系统。

高层建筑屋面宜采用内排水；多层建筑屋面宜采用有组织外排水；低层建筑及檐口高度小于 10m 的屋面，可采用无组织排水。多跨及汇水面积较大的屋面宜采用天沟排水，天沟找坡较长时，宜采用中间内排水和两端外排水。

采用重力式排水时，屋面每个汇水面积内，雨水排水立管不宜少于 2 根；水落口和水落管的位置，应根据建筑物的造型要求和屋面汇水情况等因素确定。固定水落管的金属件根部与墙体的间隙进行有效密封。

高跨屋面为无组织排水时，在低跨屋面的雨雪水跌落部位，应加铺一层卷材，上铺 300 ~ 500mm 宽、40 ~ 50mm 厚的 C20 细石混凝土保护层，见图 2-1；高跨屋面为有组织排水时，水落管下的受水部位应加设水簸箕，见图 2-2。

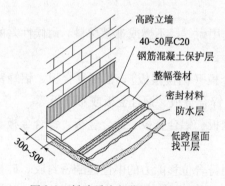

图 2-1 低跨受水部位设置保护带

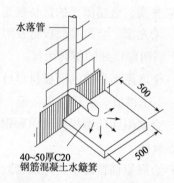

图 2-2 水落管下设置水簸箕

暴雨强度较大地区的大型屋面，宜采用虹吸式屋面雨水排水系统。严寒地区应采用内排水，寒冷地区宜采用内排水。湿陷性黄土地区宜采用有组织排水，并应将雨雪水直接排至排水管网。

钢筋混凝土檐沟、天沟净宽不应小于 300mm，分水线处最小深度不应小于 100mm；沟内纵向坡度不应小于 1%，沟底水落差不得超过 200mm。檐沟、天沟排水不得流经变形缝和防火墙。金属檐沟、天沟的纵向坡度宜为 0.5%。坡屋面檐口宜采用有组织排水，檐沟和水落斗可采用金属或塑料成品。

2.3.2 找坡层和找平层设计

1. 找坡层设计

混凝土结构层宜采用结构找坡，坡度不应小于 3%；当采用材料找坡时，宜采用重量轻、吸水率低和有一定强度的材料，如 LC5.0 轻集料混凝土，或水泥：粉煤灰：页岩陶粒 =1：0.2：3.5（重量比），或水泥：粉煤灰：浮石 =1：0.2：3.5（重量比），或水泥：

砂子：焦渣 =1：1：6（体积比）。也可采用保温层材料找坡，如发泡水泥、泡沫混凝土、加气混凝土等。找坡厚度宜为2%，最薄处≥30mm厚。

2. 找平层设计

卷材、涂膜的基层宜设置找平层。找平层宜采用水泥砂浆或细石混凝土，厚度和技术要求应符合表2-4的规定。

找平层厚度和技术要求　　　　　　　　　　　　　　表2-4

找平层分类	适用的基层	厚度（mm）	技 术 要 求
水泥砂浆找平层	整体现浇混凝土板	15～20	1：2.5 水泥砂浆
	整体材料保温层	20～25	
细石混凝土找平层	装配式混凝土板	30～35	C20 混凝土，宜加钢筋网片
	板状材料保温层		C20 混凝土

当基面刚度不够或屋面结构为易开裂变形的装配式混凝土板时，应采用细石混凝土作找平层，且宜在找平层中设置具有一定强度、耐久性良好的塑料网片或直径为φ4～φ6、纵横间距为100～200mm的钢筋网片。

对于随浇随抹整体现浇混凝土来说，如表面的平整度达到设置防水层的要求，则可直接进行防水层施工，不设找平层。

保温层上的找平层应留设分格缝，缝宽宜为5～20mm，纵横缝的间距不宜大于6m。

2.3.3 保温层设计

（1）保温层应根据屋面所需传热系数或热阻选择质轻、高效的保温材料，保温层及其保温材料应符合表2-5的规定。

保温层及其保温材料　　　　　　　　　　　　　　表2-5

保温层	保 温 材 料
板状材料保温层	聚苯乙烯泡沫塑料，硬质聚氨酯泡沫塑料，膨胀珍珠岩制品，泡沫玻璃制品，加气混凝土砌块，泡沫混凝土砌块
纤维材料保温层	玻璃棉制品，岩棉、矿渣棉制品
整体材料保温层	喷涂硬泡聚氨酯，现浇泡沫混凝土

（2）保温层设计应符合下列规定：

1）保温层宜选用吸水率低、密度和导热系数小，并有一定强度的保温材料；

2）保温层厚度应根据所在地区现行节能设计标准，经计算确定；

3）保温层的含水率，应相当于该材料在当地自然风干状态下的平衡含水率。

由于各地区的环境湿度不尽相同，不能规定统一的保温层含水率限定值。在实际应用时，可根据当地年平均相对湿度所对应的相对含水率，通过表2-6计算确定保温材料试件的含水率，再确定工程中保温材料的含水率。

保温材料试件相对含水率的确定 表 2-6

当地年平均相对湿度	相对含水率
湿度 >75%	45%
中等 50% ~75%	40%
干燥 <50%	35%

相对含水率：$$W = W_1 \div W_2$$

$$W_1 = (m_1 - m) \div m \times 100\% ; \quad W_2 = (m_2 - m) \div m \times 100\%$$

式中　W_1——试件的含水率（%）；

　　　W_2——试件的吸水率（%）；

　　　m_1——试件在取样时的质量（kg）；

　　　m_2——试件在面干潮湿状态时的质量（kg）；

　　　m——试件的绝干质量（kg）。

4）屋面为停车场等高荷载情况时，应根据计算确定保温材料的强度，一般压缩强度宜为 300~350kPa；

5）用纤维材料做保温层时，应采取防止压缩的措施，以保持保温层厚度基本不变；

6）屋面坡度较大时，保温层应采取防滑措施；

7）封闭式保温层或保温层干燥有困难的卷材屋面，宜采取排汽构造措施。

（3）屋面与天沟、檐沟、女儿墙、变形缝、伸出屋面管道等交接处的热桥部位，当内表面温度低于室内空气的露点温度时，均应作保温处理。

（4）当严寒及寒冷地区或其他屋面结构冷凝界面内侧实际具有的蒸汽渗透阻小于所需值，或其他地区室内湿气有可能透过屋面结构进入保温层时，应设置隔汽层。隔汽层设计应符合以下规定：

1）隔汽层应设置在结构层之上，保温层之下；

2）隔汽层应选用气密性、水密性好的材料；

3）隔汽层应沿屋面周边墙面或其他突出屋面结构的垂直基面向上连续铺设，高出保温层上表面不得小于 150mm，并与屋面防水层可靠搭接，形成全封闭隔汽构造，搭接宽度应符合所用防水材料的要求，如图 2-3 所示。

（5）屋面排汽构造设计应符合下列规定：

1）找平层设置的分格缝可兼作排汽道，排汽道的宽度宜为 40mm（图 2-4）；有的地方在排汽道内填充粒径较大的轻骨料，容易堵塞排汽道，使排汽不畅；

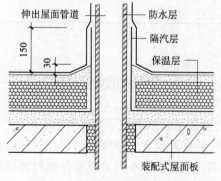

图 2-3　隔汽层与防水层搭接连接

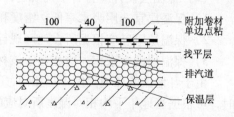

图 2-4　分格缝兼作排汽道

2）排汽道应纵横贯通，并应与大气连通的排汽孔相通。排汽孔可设在檐口下或女儿墙立面（图2-5）或纵横排汽道的交叉处，排汽孔应作防水处理；

3）排汽道纵横间距宜为6m，屋面面积每36m²宜设置一个排汽孔（图2-6），再在纵横交叉处设置排汽管，保温材料不得堵塞圆直形排汽管下端的出汽孔（图2-7）；或在交叉处的保温材料表面设置带支撑的塑料或金属板，支撑插入保温层固定，通过圆锥空腔排汽（图2-8），效果更好；

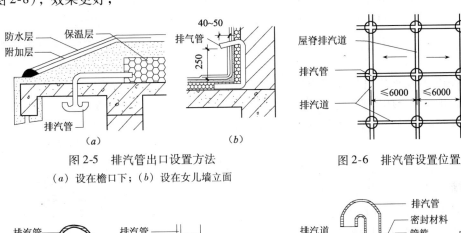

图2-5 排汽管出口设置方法　　　　图2-6 排汽管设置位置

（a）设在檐口下；（b）设在女儿墙立面

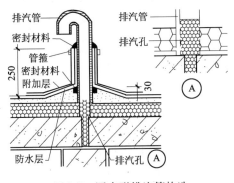
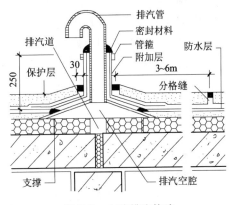

图2-7 圆直形排汽管构造　　　　图2-8 空腔排汽构造

4）在保温层下也可铺设带支点的塑料板。

（6）正置式屋面防水层设置在保温层之上，常用上人屋面构造见图2-9。

（7）倒置式屋面防水层设置在保温层之下，防水保温设计应符合下列规定：1）屋面坡度宜为3%；2）保温层应采用吸水率低，且长期浸水不腐烂、不变质的保温材料；3）板状保温材的下部纵向边缘应设排水凹缝，见图2-10；4）保温层与防水层所用材料材性应相容匹配；5）保温层上面宜采用块体材料或细石混凝土做保护层；6）檐沟、水落口部位应采用现浇混凝土堵头或砖砌堵头，并应作好保温层排水处理。

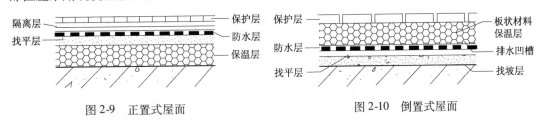

图2-9 正置式屋面　　　　图2-10 倒置式屋面

2.3.4　隔热层设计

（1）屋面隔热层设计应根据地域、气候、屋面形式、建筑环境、使用功能等条件，采用种植、架空和蓄水等隔热措施。

（2）种植隔热层设计应符合下列规定：

1）种植隔热层的构造层次应包括植被层、种植土层、过滤层和排水层等，见图2-11。设计人员可根据当地气候特点、屋面形式、植物种类等条件适当增减种植隔热层的构造层次；

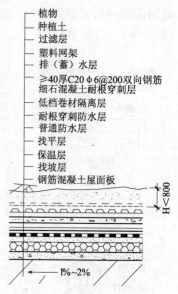

— 植物
— 种植土
— 过滤层
— 塑料网架
— 排（蓄）水层
— ≥40厚C20 Φ6@200双向钢筋细石混凝土耐根穿刺层
— 低档卷材隔离层
— 耐根穿刺防水层
— 普通防水层
— 找平层
— 保温层
— 找坡层
— 钢筋混凝土屋面板

H<800

1%~2%

图2-11　种植屋面构造层次

2）种植隔热层所用材料及植物种类等应与当地气候条件相适应，并应符合环保要求；

3）种植隔热层宜根据植物种类及环境布局的需要进行分区布置。每个分格区应设挡墙或挡板；

4）排水层材料应根据屋面功能及环境、经济条件等进行选择；过滤层宜采用200~400g/m² 土工布，过滤层应沿种植土周边向上铺设至种植土高度；

5）种植土四周应设挡墙，挡墙下部应设泄水孔，并应与排水出口连通；

6）种植土应根据种植植物的要求选择综合性能良好的材料；种植土厚度应根据不同种植土和植物种类等因素确定；

7）当种植土过厚，影响过滤层滤水和排水层排水时，可在过滤层下设置塑料网架；

8）当种植隔热层不能满足建筑物保温节能要求时，应设置保温层；

9）种植隔热层的屋面坡度大于20%时，其排水层、种植土等应采取防滑措施。

（3）架空隔热层设计应符合以下要求：

1）架空隔热层宜在屋顶有良好通风条件的建筑物上采用，不宜在寒冷地区采用；

2）当采用混凝土板作架空隔热层时，屋面坡度不宜大于5%；

3）架空隔热制品及其支座的质量应符合国家现行有关材料标准的规定；严禁有断裂和露筋等缺陷；

4）架空隔热层的高度宜为180~300mm。架空板与女儿墙的距离不应小于250mm；

5）当屋面宽度大于10m时，架空隔热层的中部应设置通风屋脊，见图2-12，且宜在通风屋脊处和靠女儿墙处增设通风排水箅子；

图2-12为开口式通风屋脊，做法简单，便于屋脊部位的日常清扫，缺点是屋脊部位未架空，吸收部分热量，但开口宽度与距女儿墙的距离一样，只有250mm，增加的热量不会太多；图Ⓐ架空式通风屋脊做法复杂，不便于日常清扫，优点是屋脊部位亦架空，阻挡阳光直射；

6）架空隔热层的进风口，宜设置在当地炎热季节最大频率风向的正压区，出风口宜设置在负压区。

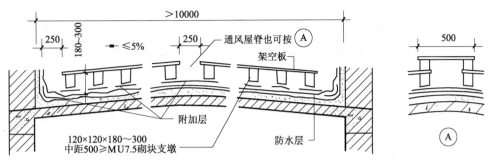

图 2-12　通风屋脊示意图

（4）蓄水隔热层设计应符合下列规定：

1）蓄水隔热层不宜在寒冷地区、地震设防地区和振动较大的建筑物上采用；

2）蓄水隔热层的蓄水池应采用强度等级不低于 C20、抗渗等级不低于 P6 的现浇钢筋混凝土，蓄水池内宜采用 20mm 厚防水砂浆抹面，见图 2-13；

3）蓄水隔热层的排水坡度不宜大于 0.5%；

4）蓄水隔热层应划分为若干蓄水区，每区的边长不宜大于 10m，在变形缝的两侧应划分成两个互不连通的蓄水区（图 2-14）；长度超过 40m 的蓄水隔热层应分仓设置，分仓隔墙可采用现浇混凝土或砌块砌筑；

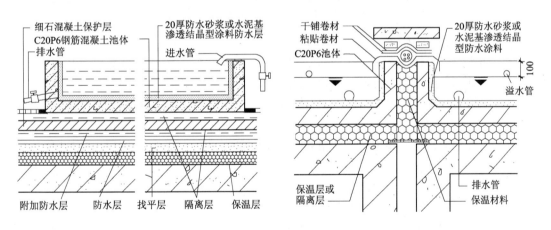

图 2-13　屋面蓄水隔热层防水构造　　　　图 2-14　屋面蓄水隔热变形缝构造

5）蓄水池应设溢水口、排水管和给水管，溢水口距分仓墙顶面的高度不得小于 100mm，排水管应与水落管或其他排水出口相连通，见图 2-15；相邻分仓隔墙底部应设置过水孔（图 2-16）；

6）蓄水池的蓄水深度宜为 150～200mm；

7）蓄水隔热层应设置人行通道，人行通道可设置在挡墙顶部；当屋面有变形缝时，人行通道宜与变形缝盖板相结合。

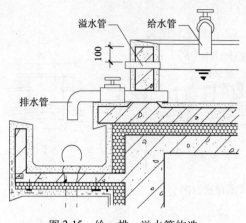
图 2-15　给、排、溢水管构造

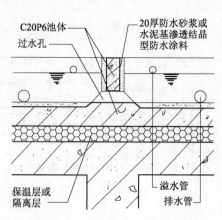
图 2-16　分仓墙底部设置过水孔

2.3.5　卷材及涂膜防水层设计

（1）卷材、涂膜屋面防水等级和防水做法应符合表2-7的规定。

卷材、涂膜屋面防水等级和防水做法　　　　　　　　　　表2-7

防水等级	防　水　做　法
Ⅰ级	卷材防水层和卷材防水层、卷材防水层和涂膜防水层、复合防水层
Ⅱ级	卷材防水层、涂膜防水层、复合防水层

注：在Ⅰ级屋面防水设防中，防水层仅作单层卷材时，应符合有关单层防水卷材屋面技术的规定。

（2）防水卷材的选择应符合下列规定：

1）防水卷材可按合成高分子防水卷材和高聚物改性沥青防水卷材选用，其外观质量和品种、规格应符合国家现行有关材料标准的规定；

2）应根据当地历年最高气温、最低气温、屋面坡度和使用条件等因素，选择耐热度、低温柔性相适应的卷材；

3）应根据地基变形程度、结构形式、当地年温差、季节温差、日温差和振动等因素，选择拉伸性能相适应的卷材；

4）应根据防水卷材的暴露程度，选择耐紫外线、耐老化、耐霉烂性能相适应的卷材；

5）种植隔热屋面的防水层应选择耐根穿刺防水卷材。

（3）防水涂料的选择应符合下列规定：

1）防水涂料可按合成高分子防水涂料、聚合物水泥防水涂料和高聚物改性沥青防水涂料选用，其外观质量和品种、型号应符合国家现行有关材料标准的规定；

2）应根据当地历年最高气温、最低气温、屋面坡度和使用条件等因素，选择耐热性、低温柔性相适应的涂料；

3）应根据地基变形程度、结构形式、当地年温差、季节温差、日温差和振动等因素，选择拉伸性能相适应的涂料；

4）应根据屋面防水涂膜的暴露程度，选择耐紫外线、耐老化性能相适应的涂料；

5）屋面坡度大于25%时，应选择成膜时间较短的涂料。

（4）复合防水层设计应符合下列规定：1）选用的防水卷材与防水涂料的材性应相

容；2）涂膜防水层宜设置在卷材防水层的下面；3）挥发固化型防水涂料不得作为防水卷材粘结材料使用；4）水乳型或合成高分子类防水涂膜上面，不得采用热熔型防水卷材；5）水乳型或水泥基类防水涂料，应待涂膜实干后再采用冷粘铺贴卷材。

（5）每道卷材防水层的最小厚度应符合表2-8的规定。

每道卷材防水层最小厚度（mm）　　　　　　　表2-8

防水等级	合成高分子防水卷材	高聚物改性沥青防水卷材		
		聚酯胎、玻纤胎、聚乙烯胎	自粘聚酯胎	自粘无胎
Ⅰ级	1.2	3.0	2.0	1.5
Ⅱ级	1.5	4.0	3.0	2.0

（6）每道涂膜防水层的最小厚度应符合表2-9的规定。

每道涂膜防水层最小厚度（mm）　　　　　　　表2-9

防水等级	合成高分子防水涂料	聚合物水泥防水涂料	高聚物改性沥青防水涂料
Ⅰ级	1.5	1.5	2.0
Ⅱ级	2.0	2.0	3.0

（7）复合防水的最小厚度应符合表2-10的规定。

复合防水层最小厚度（mm）　　　　　　　表2-10

防水等级	合成高分子防水卷材+合成高分子防水涂膜	自粘聚合物改性沥青防水卷材（无胎）+合成高分子防水涂膜	高聚物改性沥青防水卷材+高聚物改性沥青防水涂膜	聚乙烯丙纶防水卷材+聚合物水泥防水胶结料
Ⅰ级	1.2+1.5	1.5+1.5	3.0+2.0	(0.7+1.3)×2
Ⅱ级	1.0+1.0	1.2+1.0	3.0+1.2	0.7+1.3

（8）下列情况不得作为屋面的一道防水设防：1）混凝土结构层；2）Ⅰ型喷涂硬泡聚氨酯保温层；3）装饰瓦及不搭接瓦；4）隔汽层；5）细石混凝土；6）卷材或涂膜厚度不符合上述规定的防水层。

（9）附加层设计应符合下列规定：1）天沟、檐沟与屋面交接处，屋面平面与里面交接处，水落口、伸出屋面的管道根部以及所有凸出屋面结构的交接部位，均应设置卷材或涂膜附加层；2）屋面找平层分格缝等部位，宜设置卷材空铺附加层，其空铺宽度不宜小于100mm；3）附加层最小厚度应符合表2-11的规定。

附加防水层最小厚度　　　　　　　表2-11

防水材料	附加层最小厚度（mm）
合成高分子防水卷材	1.2
高聚物改性沥青防水卷材（聚酯胎）	3.0
合成高分子防水涂料、聚合物水泥防水涂料	1.2
聚合物改性沥青防水涂料	2.0

注：涂膜附加层宜夹铺胎体增强材料。

（10）防水卷材接缝应采用搭接连接，卷材搭接宽度应符合表 2-12 的规定。

表 2-12

卷材搭接宽度

卷材类别		搭接宽度（mm）
高聚物改性沥青防水卷材	胶粘剂	100
	自粘	80
合成高分子防水卷材	胶粘剂	80
	胶粘带	50
	单缝焊	60，有效焊接宽度不小于 25
	双缝焊	80，有效焊接宽度 10×2+空腔宽

（11）胎体增强材料的设计应符合下列规定：1）胎体增强材料宜采用聚酯无纺布或化纤无纺布；2）胎体增强材料长边搭接宽度不应小于 50mm，短边搭接宽度不应小于 70mm；3）上下层胎体增强材料的长边搭接缝应错开，且不得小于幅宽的 1/3；4）上下层胎体增强材料不得相互垂直铺贴。

2.3.6 接缝密封防水设计

（1）屋面接缝按位移性质分为位移接缝和非位移接缝两种形式，屋面接缝密封防水技术要求应符合表 2-13 的规定。

屋面接缝密封防水技术要求

表 2-13

位移性质	密封部位、接缝种类	密封材料
位移接缝	混凝土面层分格接缝	改性石油沥青密封材料、合成高分子密封材料
	块体面层分格缝	改性石油沥青密封材料、合成高分子密封材料
	采光顶玻璃接缝	硅酮耐候密封胶
	采光顶周边接缝	合成高分子密封材料
	采光顶隐框玻璃与金属框接缝	硅酮结构密封胶
	采光顶明框单元板块间接缝	硅酮耐候密封胶
非位移接缝	高聚物改性沥青卷材收头	改性石油沥青密封材料
	合成高分子卷材收头及接缝封边	合成高分子密封材料
	混凝土基层固定件周边接缝	改性石油沥青密封材料、合成高分子密封材料
	混凝土构件间接缝	改性石油沥青密封材料、合成高分子密封材料

（2）接缝密封防水设计应保证密封部位不渗水，并应做到接缝密封防水与主体防水层相匹配。

（3）密封材料的选择应符合下列规定：1）应根据当地历年最高气温、最低气温、屋面构造特点和使用条件等因素，选择耐热度、低温柔性相适应的密封材料；2）应根据屋面接缝变形的大小以及接缝的宽度，选择位移能力相适应的密封材料；3）应根据屋面接缝粘结性要求，选择与基层材料相容的密封材料；4）应根据屋面接缝的暴露程度，选择耐高度温、耐紫外线、耐老化和耐潮湿等性能相适应的密封材料。

（4）位移接缝密封防水设计应符合下列规定：1）接缝宽度应按屋面接缝位移量经计

算确定；2）接缝的相对位移量不应大于可供选择密封材料的最大位移能力；3）密封材料的嵌填深度宜为接缝宽度的50%~70%；4）接缝处的密封材料底部应设置背衬材料，背衬材料应大于接缝宽度20%，嵌入深度应为密封材料的设计厚度；5）背衬材料应选择与密封材料不粘结或粘结力弱的材料，并应能适应基层的伸缩变形，同时应具有施工时的不变形、复原率高和耐久性好等性能。

2.3.7 保护层和隔离层设计

（1）上人屋面保护层可采用块体材料、细石混凝土等材料，不上人屋面保护层可采用浅色涂料、铝箔、矿物粒料、水泥砂浆等材料。保护层材料的适用范围和技术要求应符合表2-14的规定。

保护层材料适用范围和技术要求   表2-14

序号	保护层材料	适用范围	技 术 要 求
1	浅色涂料	不上人屋面	丙烯酸系反射涂料
2	铝箔	不上人屋面	0.05mm厚铝箔反射膜
3	矿物粒料	不上人屋面	不透明的矿物粒料，粘结剂粘牢
4	水泥砂浆	不上人屋面	20mm厚1:2.5或M15水泥砂浆
5	块体材料	上人屋面	地砖或30mmC20细石混凝土预制块
6	细石混凝土	上人屋面	40mmC20细石混凝土
7	配筋细石混凝土	上人屋面	40~60mmC20细石混凝土（Φ4@100双向钢筋网片）
		停车、行车屋面	80~100mmC30细石混凝土（Φ4@100双向钢筋网片）

（2）采用块体材料做保护层时，宜设分格缝，其纵横向间距不宜大于10m，分格缝宽度宜为20mm，并应用密封材料嵌填。

（3）采用水泥砂浆做保护层时，表面应抹平压光，并应设表面分格缝，分格面积宜为1m²，见图2-17。

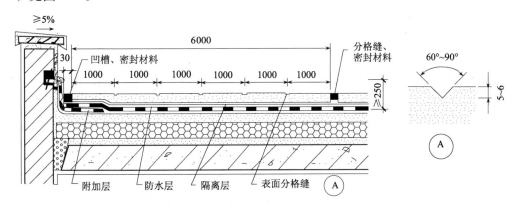

图2-17 凹槽、隔离层、分格缝、表面分格缝示意图

（4）采用细石混凝土做保护层时，表面应抹平压光，并应留设分格缝，其纵横间距不宜大于6m，分格缝宽度宜为10~20mm，并应用密封材料嵌填。

（5）采用浅色涂料做保护层时，应与防水层粘结牢固，厚薄应均匀，不得漏涂。

（6）块体材料、水泥砂浆、细石混凝土保护层与女儿墙或山墙及凸出屋面结构之间，应预留 30mm 的凹槽，槽内宜填塞聚苯乙烯泡沫塑料，并应用密封材料嵌填。

（7）需经常维护的设施周围和屋面出入口至设施之间的人行道，应铺设块体材料或细石混凝土保护层。

（8）块体材料、水泥砂浆、细石混凝土保护层与卷材、涂膜防水层之间，应设置隔离层。隔离层材料的适用范围和技术要求宜符合表 2-15 的规定。

隔离层材料的适用范围和技术要求　　　　　表 2-15

隔离层材料	适用范围	技　术　要　求
塑料膜	块体材料、水泥砂浆保护层	0.4mm 厚聚乙烯膜或 3mm 厚发泡聚乙烯膜
土工布	块体材料、水泥砂浆保护层	200g/m² 聚酯无纺布
卷材	块体材料、水泥砂浆保护层	石油沥青卷材一层
低强度等级砂浆	细石混凝土保护层	10mm 厚黏土砂浆，石灰膏：砂：黏土 =1:2.4:3.6
		10mm 厚石灰砂浆，石灰膏：砂 =1:4
		5mm 厚掺有纤维的石灰砂浆

2.3.8　瓦屋面设计

（1）瓦屋面防水等级和防水做法应符合表 2-16 的规定。

瓦屋面防水等级和防水做法　　　　　表 2-16

防水等级	防水做法	防水等级	防水做法
Ⅰ 级	瓦 + 防水层	Ⅱ 级	瓦 + 防水垫层

注：防水层厚度应符合表 2-8 或表 2-9 中 Ⅱ 级防水的规定。

（2）瓦屋面应根据瓦的类型和基层种类采取相应的构造做法。

（3）瓦屋面与山墙及凸出屋面结构的交接处，均应做不小于 250mm 高的泛水处理。

（4）在大风及地震设防地区或屋面坡度大于 100% 时，瓦片应采取固定加强措施。

（5）严寒及寒冷地区瓦屋面，檐口部位应采取防止冰雪融化下坠和冰坝形成等措施。

（6）防水垫层宜采用自粘聚合物沥青防水卷材、聚合物改性沥青防水卷材，其最小厚度和搭接宽度应符合表 2-17 的规定。

防水垫层的最小厚度和搭接宽度　　　　　表 2-17

防水垫层品种	最小厚度（mm）	搭接宽度（mm）
自粘聚合物沥青防水垫层	1.0	80
聚合物改性沥青防水垫层	2.0	100

（7）在满足屋面荷载的前提下，瓦屋面持钉层厚度应符合下列规定：1）持钉层为木板时，厚度不应小于 20mm；2）持钉层为人造板时，厚度不应小于 16mm；3）持钉层为细石混凝土时，厚度不应小于 35mm。

（8）瓦屋面天沟、檐沟的防水层，可采用防水卷材或防水涂膜，也可采用金属板材。

1. 烧结瓦、混凝土瓦屋面

（1）烧结瓦、混凝土瓦屋面的坡度不应小于30%。

（2）采用的木质基层、顺水条、挂瓦条，均应做防腐、防火和防蛀处理；采用的金属顺水条、挂瓦条，均应做防锈蚀处理。

（3）烧结瓦、混凝土瓦应采用干法挂瓦，瓦与屋面基层应固定牢固。

（4）烧结瓦和混凝土瓦铺装的有关尺寸应符合下列规定：1）瓦屋面檐口挑出墙面的长度不宜小于300mm；2）脊瓦在两坡面瓦上的搭接宽度，每边不应小于40mm；3）脊瓦下端距坡面瓦的高度不宜大于80mm；4）瓦头伸入檐沟、天沟内的长度宜为50~70mm；5）金属檐沟、天沟伸入瓦内的宽度不应小于150mm；6）瓦头挑出檐口、封檐板的长度宜为50~70mm；7）突出屋面结构的侧面瓦伸入泛水的宽度不应小于50mm。

2. 沥青瓦屋面

（1）沥青瓦屋面的坡度不应小于20%。

（2）沥青瓦应具有自粘胶带或相互搭接的连锁构造。矿物粒料或片料覆面沥青瓦的厚度不应小于2.6mm；金属箔面沥青瓦的厚度不应小于2.0mm。

（3）沥青瓦的固定方式应以钉为主，粘结为辅。每张瓦片上不得少于4个固定钉；在大风地区或屋面坡度大于100%时，每张瓦片不得少于6个固定钉。

（4）天沟部位铺设的沥青瓦可用搭接式、编织式、敞开式。搭接式、编织式铺设时，沥青瓦下应增设不小于1000mm宽的附加层；敞开式铺设时，在防水层或防水垫层上应铺设厚度不小于0.45mm厚的防锈金属材料，沥青瓦与金属板材应用沥青基胶结材料粘结，其搭接宽度不应小于100mm。

（5）沥青瓦铺装的有关尺寸应符合下列规定：1）脊瓦在两坡面瓦上的搭接宽度，每边不应小于150mm；2）脊瓦与脊瓦的压盖面不应小于脊瓦面积的1/2；3）沥青瓦挑出檐口的长度宜为10~20mm；4）金属泛水板与沥青瓦的搭盖宽度不应小于100mm；5）金属泛水板与突出屋面墙体的搭接高度不应小于250mm；6）金属滴水板伸入沥青瓦下的宽度不应小于80mm。

2.3.9 金属板屋面设计

（1）金属板屋面的防水等级和防水做法应符合表2-18的规定。

金属板屋面防水等级和防水做法 表2-18

防水等级	防水做法	防水等级	防水做法
Ⅰ级	压型金属板 + 防水垫层	Ⅱ级	压型金属板、金属面绝热夹芯板

注：1. 当防水等级为Ⅰ级时，压型铝合金板基板厚度不应小于0.9mm；压型钢板基板厚度不应小于0.6mm；
　　2. 当防水等级为Ⅰ级时，压型金属板应采用360°咬口锁边连接方式；
　　3. 在Ⅰ级屋面防水做法中，仅作压型金属板时，应符合《金属压型板应用技术规范》等相关技术的规定。

（2）金属板屋面可按建筑设计要求，选用镀层钢板、涂层钢板、铝合金板、不锈钢板和钛锌板等金属板材。金属板材及其配套的紧固件、密封材料，其材料的品种、规格和性能等指标应符合现行国家有关材料标准的规定。

（3）金属板屋面应按围护结构进行设计，并应具有相应的承载力、刚度、稳定性和变形能力。

（4）金属板屋面设计应根据当地风荷载、结构形式、热工性能、屋面坡度等情况，采用相应的压型金属板板型及构造系统。

（5）金属板屋面在保温层的下面宜设置隔汽层，在保温层的上面宜设置防水透气膜。

（6）金属板屋面的防结露设计，应符合现行国家标准《民用建筑热工设计规范》GB 50176 的有关规定。

（7）压型金属板采用咬口锁边连接时，屋面的排水坡度不宜小于 5%；压型金属板采用紧固件连接时，屋面的排水坡度不宜小于 10%。

（8）金属檐沟、天沟的伸缩缝间距不宜大于 30mm，内檐沟及内天沟应设置溢流口或溢流系统，沟内宜按 0.5% 找坡。

（9）金属板的伸缩变形除应满足咬口锁边连接或紧固件连接的要求外，还应满足檩条、檐口及天沟等使用要求，且金属板最大伸缩变形量不应超过 100mm。

（10）金属板在主体结构的变形缝处宜断开，变形缝上部应加扣带伸缩变形量的金属盖板。

（11）金属板屋面的下列部位应进行细部构造设计：1）屋面系统的变形缝；2）高低跨处泛水；3）屋面板缝、单元体构造缝；4）檐沟、天沟、水落口；5）屋面金属板材收头；6）洞口、局部凸出体收头；7）其他复杂的构造部位。

（12）压型金属板采用咬口锁边连接的构造应符合下列规定：1）在檩条上应设置与压型金属板波形相配套的专用固定支座，并应用自攻螺钉与檩条可靠连接；2）压型金属板应搁置在固定支座上，两片金属板的侧边应确保在风吸力等因素作用下扣合或咬合连接可靠；3）在大风地区或高度大于 30m 的屋面，压型金属板应采用 360° 咬口锁边连接；4）大面积屋面和弧状或组合弧状屋面，压型金属板的立边咬合宜采用暗扣直立锁边屋面系统；5）单坡尺寸过长或环境温差过大的屋面，压型金属板宜采用滑动式支座的 360° 咬口锁边连接。

（13）压型金属板采用紧固件连接的构造应符合下列规定：

1）铺设高波压型金属板时，在檩条上应设置固定支架，固定支架宜用自攻螺钉与檩条连接，连接件宜每波设置一个；

2）铺设低波压型金属板时，可不设固定支架，应在波峰处采用带防水密封胶垫的自攻螺钉与檩条连接，连接件可每波或隔波设置一个，且每块板不得少于 3 个；

3）压型金属板的纵向搭接应位于檩条处，搭接端应与檩条有可靠的连接，搭接部位应设置防水密封胶带。压型金属板的纵向最小搭接长度应符合表 2-19 的规定；

压型金属板的纵向最小搭接长度　　　　　　　　表 2-19

压型金属板		纵向最小搭接长度（mm）
高波压型金属板		350
低波压型金属板	屋面坡度≤10%	250
	屋面坡度＞10%	250

4）压型金属板的横向搭接方向宜与主导风向一致，搭接不应小于一个波，搭接部位应设置防水密封胶带。搭接处用连接件紧固时，连接件应采用带防水密封胶垫的自攻螺钉设置在波峰上。

（14）金属面绝热夹芯板采用紧固件连接的构造，应符合下列规定：1）应采用屋面板压盖和带防水密封胶垫的自攻螺钉，将夹芯板固定在檩条上；2）夹芯板的纵向搭接应位于檩条处，每块板的支座宽度不应小于50mm，支承处宜采用双檩或檩条一侧加焊通长角钢；3）夹芯板的纵向搭接应顺流水方向，纵向搭接长度不应小于200mm，搭接部位均应设置防水密封胶带，并应用拉铆钉连接；4）夹芯板的横向搭接方向宜与主导风向一致，搭接尺寸应按具体板型确定，连接部位均应设置防水密封胶带，并应用拉铆钉连接。

（15）金属板屋面铺装的有关尺寸应符合下列规定：1）金属板檐口挑出墙面的长度不应小于200mm；2）金属板伸入檐沟、天沟内的长度不应小于100mm；3）金属泛水板与突出屋面墙体的搭接高度不应小于250mm；4）金属泛水板、变形缝盖板与金属板的搭接宽度不应小于200mm；5）金属屋脊盖板在两坡面金属板上的搭盖宽度不应小于250mm。

（16）压型金属板和金属面绝热夹芯板的外露自攻螺钉、拉铆钉，均应采用硅酮耐候密封胶封严。

（17）固定支座应选用与支承构件相同材质的金属材料。当选用不同材质金属材料并易产生电化学腐蚀时，固定支座与支承构件之间应采用绝缘垫片或采取其他防腐蚀措施。

（18）采光带设置宜高出金属板屋面250mm。采光带的四周与金属板屋面的交接处，均匀作反水处理。

（19）金属板屋面应按设计要求提供抗风揭试验验证报告。

2.3.10　采光顶设计

（1）采光顶设计应根据建筑物的屋面形式、使用功能和美观要求，选择结构形式、材料和细部构造。

（2）采光顶的物理性能等级，应根据建筑物的类别、高度、体形、功能以及建筑物所在的地理位置、气候和环境条件进行设计。

（3）采光顶所用支承构件、透光面板及其配套的紧固件、连接件、密封材料，其材料的品种、规格和性能等应符合国家现行有关材料标准的规定。

（4）采光顶应采用支承结构找坡，玻璃采光顶屋面排水坡度不宜小于5%，聚碳酸酯板采光顶屋面坡度不应小于8%。玻璃钢板采光顶的排水坡度应与预应力马鞍形屋面板的坡度（弧度）相匹配，预应力马鞍形屋面结构应具有自防水性能。

（5）采光顶的下列部位应进行细部构造设计：1）高低跨处泛水；2）采光板板缝、单元体构造缝；3）天沟、檐沟、水落口；4）采光顶周边交接部位；5）洞口、局部凸出体收头；6）其他复杂的构造部位。

（6）采光顶的防结露设计，应符合现行国家标准《民用建筑热工设计规范》GB 50176的有关规定；对采光顶内侧及金属框的冷凝水，应采取控制、收集和排除措施。

（7）采光顶支承结构选用的金属材料应作防腐处理，铝合金型材应作表面处理；不同金属构件接触面之间应采取隔离措施。

1. 玻璃采光顶

（1）玻璃采光顶的玻璃应符合下列规定：1）玻璃采光顶应采用安全玻璃，宜采用夹层玻璃或夹层中空玻璃；2）玻璃原片应根据设计要求选用，且单片玻璃厚度不宜小于6mm；3）夹层玻璃的玻璃原片不宜小于5mm；4）上人的玻璃采光顶应采用夹层玻璃；5）点支承玻璃采光顶应采用钢化夹层玻璃；6）所有采光顶的玻璃均应进行磨边倒角处理；7）玻璃采光顶的物理性能分级指标，应符合现行行业标准《建筑玻璃采光顶》JG/T 231 的有关规定。

（2）玻璃采光顶所采用的夹层玻璃除应符合现行国家标准《建筑用安全玻璃　第3部分：夹层玻璃》GB 15763.3 的有关规定外，尚应符合下列规定：1）夹层玻璃宜为干法加工合成，夹层玻璃的两片玻璃厚度相差不宜大于2mm；2）夹层玻璃的胶片宜采用聚乙烯醇缩丁醛胶片，聚乙烯醇缩丁醛胶片的厚度不应小于0.76mm；3）暴露在空气中的夹层玻璃边缘应进行密封处理。

（3）玻璃采光顶所采用的夹层中空玻璃除应符合上述夹层玻璃的要求和现行国家标准《中空玻璃》GB/T 11944 的有关规定外，尚应符合下列规定：1）中空玻璃气体层的厚度不应小于12mm；2）中空玻璃宜采用双道密封结构。隐框或半隐框中空玻璃的二道密封应采用硅酮结构密封胶；3）中空玻璃的夹层面应在中空玻璃的下表面。

（4）采光顶玻璃组装采用镶嵌方式时，应采取防止玻璃整体脱落的措施。玻璃与构件槽口的配合尺寸应符合现行行业标准《建筑玻璃采光顶》JG/T 231 的有关规定；玻璃四周应采用密封胶条镶嵌，其性能应符合国家现行标准《硫化橡胶和热塑性橡胶　建筑用预成型密封垫的分类、要求和试验方法》HG/T 3100 和《工业用橡胶板》GB/T 5574 的有关规定。

（5）采光顶玻璃组装采用胶粘方式时，隐框或半隐框构件的玻璃与金属框之间，应采用与接触材料相容的硅酮结构密封胶粘结，其粘结宽度及厚度应符合强度要求。硅酮结构密封胶应符合现行国家标准《建筑用硅酮结构密封胶》GB 16776 的有关规定。

（6）采光顶玻璃采用点支组装方式时，连接件的钢制驳接爪与玻璃之间应设置衬垫材料，衬垫材料的厚度不宜小于1mm，面积不应小于支承装置与玻璃的结合面。

（7）玻璃间的接缝宽度应能满足玻璃和密封胶的变形要求，且不应小于10mm；密封胶的嵌填深度宜为接缝宽度的50%～70%，较深的密封槽口底部应采用聚乙烯发泡材料填塞。玻璃接缝密封宜选用位移能力级别为25级的硅酮耐候密封胶，密封胶质量应符合现行行业标准《幕墙玻璃接缝用密封胶》JC/T 882 的有关规定。

2. 聚碳酸酯板采光顶

（1）聚碳酸酯板的使用寿命不得低于25年，黄化指标应保证15年，并应具有耐燃性。

（2）聚碳酸酯板边缘固定时，板材必须有一定的嵌入深度和热膨胀预留缝。

（3）聚碳酸酯板位于支承处的拼缝，应用铝压板和不锈螺钉将两板与支承构件固定，并用密封胶条或密封胶密封；聚碳酸酯板的其他拼缝，应用专用连接夹将两板连接。

（4）聚碳酸酯板的封边处理应选用铝箔封口胶带或铝质封口型材。

3. 玻璃钢板采光顶

玻璃钢板、预应力钢筋混凝土马鞍形板、拱形（坡形）屋面复合采光顶的设计应符合以下规定：

（1）预应力钢筋混凝土马鞍形屋面板应采用人工或机械浇筑成型，其强度和抗渗性能应符合设计要求；

（2）拱形屋面支撑龙骨强度、规格、配套材料性能指标应符合设计要求；

（3）玻璃钢采光带应用专用胎模喷（刷）涂成型，其强度、透光性能应符合设计要求；

（4）普通采光板原材料可选择普通耐光型树脂与中碱玻纤制品（布或毡），高效率采光板可选择透光率更好的透明型不饱和聚酯树脂与无碱玻纤制品（布或毡）；

（5）有阻燃性能要求的采光顶应采用阻燃性树脂；

（6）玻璃钢板厚度以 1～1.5mm 为宜；

（7）玻璃钢板含树脂量不小于 45%，表面无明显气泡及树脂缺损；

（8）安装时紧固孔应用橡胶衬垫密封，或用防水自攻螺钉固定；

（9）采光带长度应符合设计、贮运要求，超出采光带长度的屋面，应采用搭接连接，搭接方法应顺水接茬或顺年最大频率方向接茬，搭接缝应嵌缝密封。

2.4 屋面工程细部构造防水设计和施工要点

（1）细部构造防水设计原则和技术措施：1）屋面工程细部构造设计应遵循"多道设防、复合用材、连续密封、局部增强、适应基面"的原则；2）细部构造设计应满足使用功能、温差变形、施工环境条件和可操作性等要求；3）细部构造所用密封材料的选择应满足"接缝密封防水设计"的规定；4）细部构造中容易形成热桥的部位均应进行保温处理；5）檐口、檐沟外侧下端及女儿墙压顶内侧下端等部位均应作滴水处理，滴水槽宽度和深度不宜小于 10mm。

（2）细部构造防水设计所包括的部位：屋面工程细部构造防水设计包括檐口、檐沟和天沟、女儿墙和山墙、水落口、变形缝、伸出屋面管道、屋面出入口、反梁过水孔、设施基座、屋脊、屋顶窗等部位。

2.4.1 檐口

（1）无组织排水檐口 800mm 范围内的卷材应采用满粘法，卷材收头应采用金属压条钉压固定，并用密封材料封严。檐口下端应做鹰嘴和滴水槽，见图 2-18。

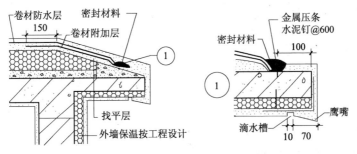

图 2-18 无组织排水檐口卷材防水收头

（2）无组织排水檐口的涂膜防水层收头，应用防水涂料多遍涂刷封严。檐口下端应做鹰嘴和滴水线，见图 2-19。

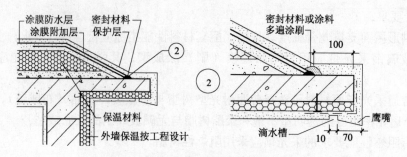

图 2-19 无组织排水檐口涂膜防水层收头

（3）烧结瓦、混凝土瓦屋面的瓦头挑出檐口的长度宜为 50~70mm，见图 2-20。

（4）沥青瓦屋面的瓦头挑出檐口的长度宜为 10~20mm；金属滴水板可采用 1mm 厚铝板或彩钢板制作，将其固定在基层上，伸入沥青瓦下宽度不应小于 80mm，向下延伸长度不应小于 60mm，板头挑出檐口的宽度宜为 50~70mm，见图 2-21。

（5）硬泡聚氨酯自由排水檐口部位厚度逐渐减薄，收头部位硬泡厚度不宜小于 20mm，并用金属压条和钢钉钉压固定，压条和钢钉部位用聚氨酯密封材料封严，下端应做鹰嘴和滴水线，见图 2-22。

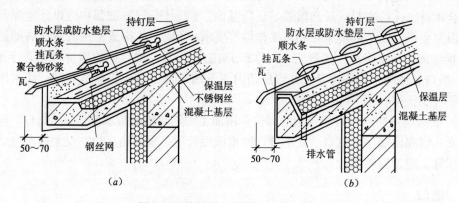

（a）　　　　　　　　　　　　　　（b）

图 2-20 烧结瓦、混凝土瓦屋面檐口

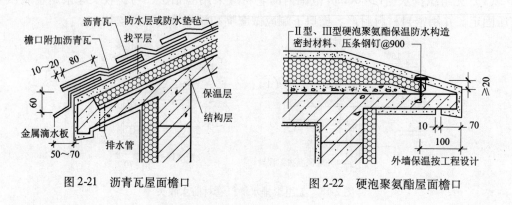

图 2-21 沥青瓦屋面檐口　　　　图 2-22 硬泡聚氨酯屋面檐口

（6）金属板屋面檐口挑出墙面的长度应不小于 200mm；屋面板与墙板交接处应设置金属封檐板（檐口挡水板）和压条，见图 2-23。

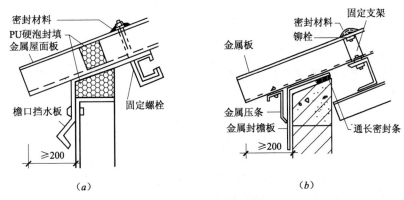

图 2-23 金属板屋面檐口

Ⅰ 主控项目

（1）檐口的防水构造应符合设计要求。检验方法：观察检查和检查隐蔽工程验收记录。

（2）檐口的排水坡度应符合设计要求；檐口部位不得有渗漏和积水现象。检验方法：用坡度尺检查和雨后观察或淋水试验。

Ⅱ 一般项目

（1）檐口 800mm 范围内的卷材应满粘。检验方法：观察检查。

（2）卷材收头应在找平层的凹槽内用金属压条钉压固定，并应用密封材料封严。检验方法：观察检查。

（3）涂膜收头应用防水涂料多遍涂刷。检验方法：观察检查。

（4）檐口端部应抹聚合物水泥砂浆，其下端应做成鹰嘴和滴水槽。检验方法：观察检查。

2.4.2 檐沟和天沟

（1）卷材或涂膜防水屋面檐沟和天沟的防水构造（图 2-24），应符合下列规定：

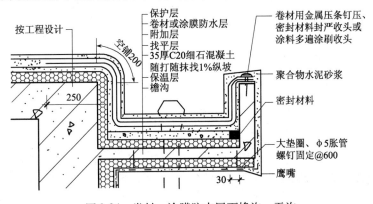

图 2-24 卷材、涂膜防水屋面檐沟、天沟

1）天沟和檐沟的防水层下应增设附加层，附加层伸入屋面的宽度不应小于 250mm；

2）檐沟防水层和附加层应由沟底翻上至外侧顶部，卷材收头应用金属压条钉压，并应用密封材料封严；涂膜收头应用防水涂料多遍涂刷收严；3）檐沟外檐板顶部及外侧面均应抹聚合物水泥砂浆，以防开裂，其下端应做成鹰嘴或滴水槽；4）檐沟外侧高于屋面结构板时，应设置溢水口。

（2）烧结瓦、混凝土瓦屋面檐沟和天沟的防水构造（图2-25），应符合下列规定：

1）檐沟和天沟的防水层下应增设附加层，附加层伸入屋面的宽度不应小于500mm；2）檐沟和天沟防水层伸入瓦内的宽度不应小于150mm，并应与屋面防水层或防水垫层顺流水方向搭接；3）檐沟防水层和附加层应由沟底翻上至外侧顶部，卷材收头应用金属压条钉压，并应用密封材料封严；涂膜收头应用防水涂料多遍涂刷收严；4）烧结瓦、混凝土瓦伸入檐沟、天沟内的长度，宜为50~70mm。

（3）沥青瓦屋面檐沟和天沟的防水构造，应符合下列规定：

1）檐沟防水层下应增设附加层，附加层伸入屋面的宽度不应小于500mm（图2-26）；2）檐沟防水层伸入瓦内的宽度不应小于150mm，并应与屋面防水层或防水垫层顺流水方向搭接；3）檐沟防水层和附加层应由沟底翻上至外侧顶部，卷材收头应用金属压条钉压，并应用密封材料封严；涂膜收头应用防水涂料多遍涂刷收严；4）沥青瓦伸入檐沟内的长度宜为10~20mm；5）天沟采用搭接式或编织式铺设时，沥青瓦下应增设不小于1000mm宽的附加层（图2-27）。在两侧屋面上同时向天沟方向铺设瓦片，铺至距天沟中心线75mm处再铺设天沟部位的瓦片；6）天沟采用敞开式铺设时，在防水层或防水垫层上应铺设厚度不小于0.45mm的防锈金属板材，用金属固定钉固定在基层上，沥青瓦片与金属板材应顺流水方向搭接，搭接缝用宽度不小于100mm的沥青基胶结材料粘结，瓦片上的固定钉应密封覆盖，见图2-28。

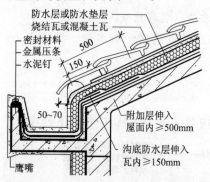

图2-25　烧结瓦、混凝土瓦屋面檐沟

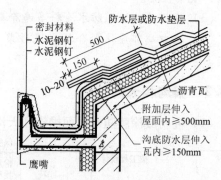

图2-26　沥青瓦屋面檐沟

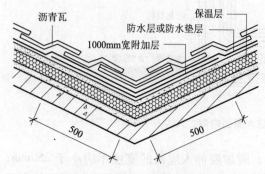

图2-27　搭接、编织式铺贴沥青瓦屋面天沟

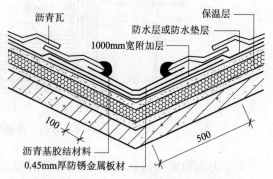

图2-28　敞开式铺贴沥青瓦屋面天沟

（4）种植屋面一般采用无组织排水或有组织排水将种植灌溉水、雨、雪水排入天沟、檐沟内，见图2-29、图2-30。金属耐根穿刺防水材料采用焊接法施工。

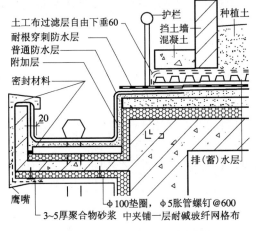

图2-29 种植屋面无组织排水檐沟

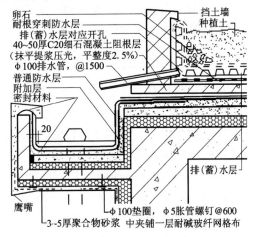

图2-30 种植屋面有组织排水檐沟

（5）硬泡聚氨酯屋面天沟、檐沟保温防水构造见图2-31。硬泡聚氨酯泡体在屋面和天沟、檐沟部位应连续喷涂，连成一体。外侧顶部应用耐碱玻纤网格布包裹，上表面应用聚合物水泥砂浆找坡。

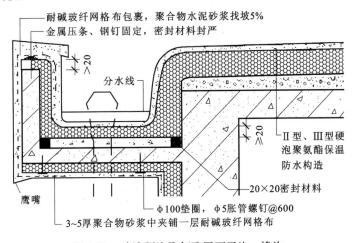

图2-31 喷涂硬泡聚氨酯屋面天沟、檐沟

Ⅰ 主控项目

（1）檐沟、天沟的防水构造应符合设计要求。检验方法：观察检查和检查隐蔽工程验收记录。

（2）檐沟、天沟的排水坡度应符合设计要求；沟内不得有渗漏和积水现象。检验方法：用坡度尺检查和雨后观察或淋水、蓄水试验。

Ⅱ 一般项目

（1）檐沟、天沟附加层铺设应符合设计要求。检验方法：观察、尺量检查和检查隐蔽工程验收记录。

（2）檐沟防水层应由沟底翻上至外侧顶部，卷材收头应用金属压条钉压固定，并应用密封材料封严；涂膜收头应用防水涂料多遍涂刷。检验方法：观察检查。

（3）檐沟外侧顶部及侧面均应抹聚合物水泥砂浆，其下端应做成鹰嘴或滴水槽。检验方法：观察检查。

2.4.3 女儿墙和山墙

（1）女儿墙的防水构造应符合下列规定：

1）女儿墙压顶可采用现浇混凝土或预制混凝土，也可采用金属制品。压顶应向内排水，坡度不应小于5%，压顶内侧下端应做滴水处理；

2）女儿墙泛水处的防水层下应增设附加层；附加层在平面和立面上的宽度均不应小于250mm；

3）低女儿墙泛水处的防水层可直接铺贴或涂刷至压顶下。卷材收头应用金属压条钉压固定，并应用密封材料封严；涂膜收头应用防水涂料多遍涂刷封严，钢筋混凝土压顶应做防水处理（图2-32），金属制品压顶的固定螺钉应用密封材料封严（图2-33）；

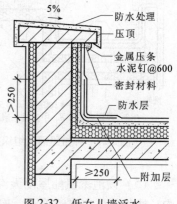

图 2-32 低女儿墙泛水

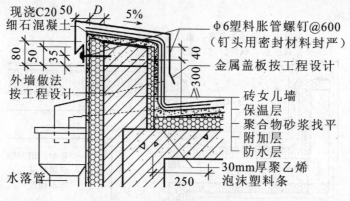

图 2-33 低女儿墙金属盖板泛水

4）女儿墙泛水部位防水层也可从屋面平面直接铺贴至女儿墙250mm高的截面，设置隔离层和保护层后，再砌筑或浇筑女儿墙至设计高度，这样可防治"抄后路"渗漏质量通病，参见图2-34。施工时，先将250mm高的女儿墙和屋面混凝土一起浇筑完成，找平后铺设女儿墙顶面防水层，留出甩茬接头，待上部女儿墙和压顶施工完毕后，再接茬铺设屋面防水层；

5）高女儿墙泛水处的防水层泛水高度不应小于250mm，卷材或涂膜防水层收头应符合上述规定；泛水上部的墙体应做防水处理（图2-35）；

6）高砌体女儿墙泛水处的防水层可设置在预留20mm×50mm的凹槽内，槽内防水层用金属压条水泥钉钉

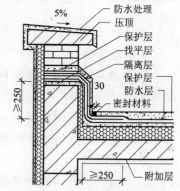

图 2-34 女儿墙截面防水层泛水

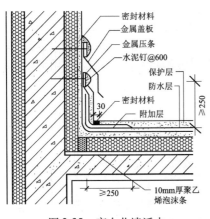

图 2-35　高女儿墙泛水

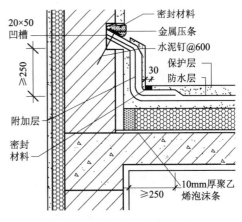

图 2-36　高砌体女儿墙泛水

压固定，卷材或涂膜防水层收头应符合上述规定（图 2-36）；

7）女儿墙泛水处的防水层表面，宜涂刷浅色涂料或浇筑细石混凝土保护。

（2）山墙的防水构造应符合下列规定：

1）山墙压顶可采用混凝土或金属制品。压顶应向内排水，坡度不应小于 5%，压顶内侧下端应做滴水处理；

2）山墙泛水处的防水层下应增设附加层；附加层在平面和立面上的宽度均不应小于 250mm；

3）烧结瓦、混凝土瓦屋面山墙泛水应采用聚合物水泥砂浆抹成，侧面瓦伸入泛水的宽度不应小于 50mm（图 2-37）；

4）沥青瓦屋面山墙泛水应采用沥青基胶结材料满粘一层沥青瓦片，收头应用金属压条钉压固定，并应用密封材料封严（图 2-38）；

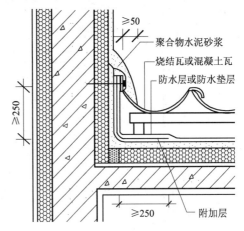

图 2-37　烧结瓦、混凝土瓦山墙泛水

5）金属板屋面山墙泛水应铺钉厚度不小于 0.45mm 的金属泛水板，并应顺流水方向搭接；金属泛水板与墙体的搭接高度不应小于 250mm，与压型金属板的搭盖宽度宜为 1～2 波，并应在波峰处采用拉铆钉固定（图 2-39）。

（3）种植屋面女儿墙、山墙四周宜采用排水沟、园路相结合的构造形式。见图 2-40。

（4）硬泡聚氨酯防水保温屋面山墙、女儿墙平面与立面应连续喷涂，喷涂高度不应小于 250mm，低女儿墙喷涂至压顶收头（图 2-41），高女儿墙可预留凹槽收头（图 2-42）。

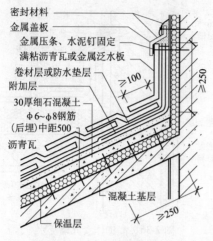

图 2-38　沥青瓦屋面山墙泛水

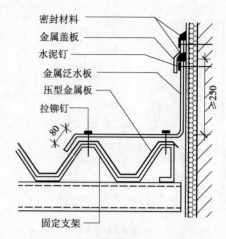

图 2-39　压型金属板屋面山墙泛水

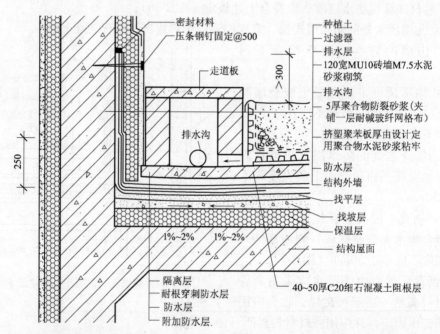

图 2-40　种植屋面女儿墙、山墙（下沉式地下顶板）排水沟、园路相结合防排水构造

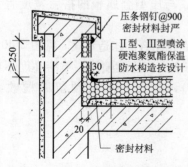

图 2-41　喷涂硬泡聚氨酯屋面女儿墙

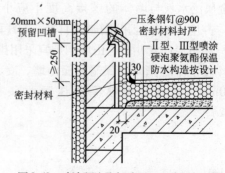

图 2-42　喷涂硬泡聚氨酯屋面山墙预留凹槽

Ⅰ主控项目

（1）女儿墙和山墙的防水构造应符合设计要求。检验方法：观察检查和检查隐蔽工程验收记录。

（2）女儿墙和山墙的压顶向内排水坡度不应小于5%，压顶内侧下端应做成鹰嘴或滴水槽。检验方法：观察和用坡度尺检查。

（3）女儿墙和山墙的根部不得有渗漏和积水现象。检验方法：雨后观察或淋水试验。

Ⅱ一般项目

（1）女儿墙和山墙的泛水高度及附加层铺设应符合设计要求。检验方法：观察、尺量检查和检查隐蔽工程验收记录。

（2）女儿墙和山墙的卷材应满粘。卷材收头应用金属压条钉压固定，并应用密封材料封严。检验方法：观察检查。

（3）女儿墙和山墙的涂膜应直接涂刷至压顶下，涂膜收头应用防水涂料多遍涂刷。检验方法：观察检查。

（4）压顶应做防水处理。检验方法：观察检查和检查施工工艺。

2.4.4 水落口

（1）重力排水的水落口防水构造应符合下列规定：1）水落口可采用金属或塑料制品，水落口的金属配件均应做防锈处理；2）水落口杯应牢固地固定在承重结构上，其埋设标高，应根据附加层、密封层的厚度及排水坡度加大的尺寸确定；3）水落口周围直径500mm范围内坡度不应小于5%，防水层下应增设涂膜附加层；其厚度应符合要求；4）防水层和附加层伸入水落口杯内不应小于50mm，并应粘结牢固。水落口杯与基层接触处，应预留20mm宽、20mm深的凹槽，嵌填密封材料。直式水落口的防水构造见图2-43。横式水落口的防水构造见图2-44。

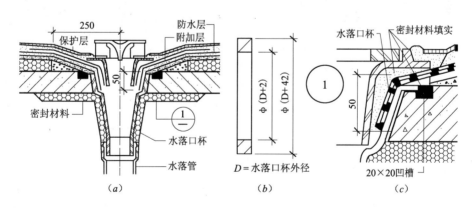

图2-43 直式水落口防水构造
(a) 防水构造；(b) 环形木垫圈；(c) 凹槽嵌缝密封

预留宽、深各20mm的凹槽是有效密封止水的必要措施。屋面技术规范认为因凹槽成型困难而取消这一措施是不恰当的。同样道理，屋面验收规范规定：在反梁过水孔的预埋管道两端周围与混凝土接触处应预留凹槽，并应用密封材料封严。同样是过水管道，水落口的过水量还稍大些，而且是垂直的，就更不能违反"密封防水"的原则。事实上，凹槽的成型既简单又方便。方法是：委托车工车一20mm厚的环形木垫圈或铸铁垫圈，内径比水落口杯的外径大2mm，外径比内径大40mm，见图2-43（b），待浇筑完水落口杯部位的混凝土后，将环形垫圈压入，挤出的浆料用抹子抹平，这样既能使该部位混凝土密实，又能在混凝土凝固后取出，使之成为理想的凹槽（图2-43（c））。

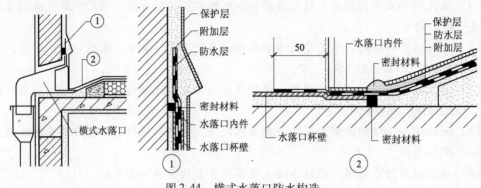

图2-44　横式水落口防水构造

（2）种植屋面应优先采用横式外排水，构造见图2-45，收头均应封严。当确需内排水时，种植土应用挡土墙围护，防水层设至水落管内，深度应≥50mm，见图2-46。

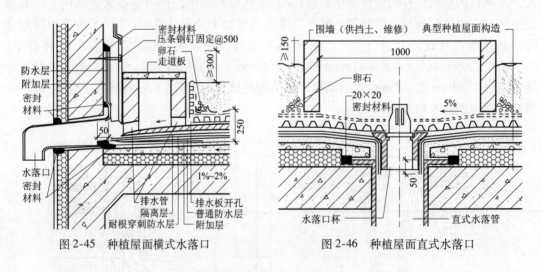

图2-45　种植屋面横式水落口　　　　图2-46　种植屋面直式水落口

（3）喷涂硬泡聚氨酯屋面水落口保温防水构造应符合下列规定：

1）水落口埋设标高，应考虑水落口设防时增加的硬泡聚氨酯厚度及排水坡度加大的尺寸；2）水落口周围直径500mm范围内的坡度不应小于5％；水落口与基层接触处应留宽20mm、深20mm凹槽，槽内嵌填密封材料，见图2-47、图2-48；3）喷涂硬泡聚氨酯距水落口500mm的范围内应逐渐均匀减薄，最薄处厚度不应小于15mm，并伸入水落口50mm。图2-47、图2-48的缺点是硬泡伸入水落口内50mm，极大地减少了水落口的横截面积，不利于迅速排水。解决的办法是：水落口500mm范围内用夹铺一层胎体增强材料的合成高分子防水涂膜代替硬泡，见图2-49、图2-50。

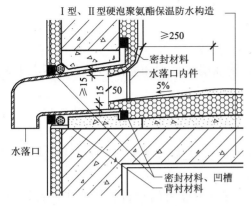

图 2-47 硬泡聚氨酯屋面横式水落口（一）

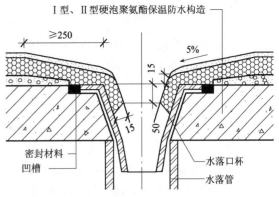

图 2-48 硬泡聚氨酯屋面直式水落口（一）

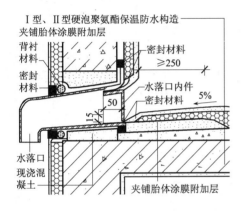

图 2-49 硬泡聚氨酯屋面横式水落口（二）

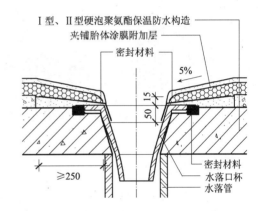

图 2-50 硬泡聚氨酯屋面直式水落口（二）

（4）虹吸式排水的水落口防水构造应进行专项设计。

Ⅰ 主控项目

（1）水落口的防水构造应符合设计要求。检验方法：观察检查和检查隐蔽工程验收记录。

（2）水落口杯上口应设在屋面排水沟的最低处，水落口处不得有渗漏和积水现象。检验方法：雨后观察或淋水、蓄水试验。

（3）水落口杯周围与基层接触处应预留凹槽，并用密封材料封严。检验方法：观察检查和检查隐蔽工程验收记录。

Ⅱ 一般项目

（1）水落口的数量和位置应符合设计要求；水落口杯应安装牢固。检验方法：观察和手扳检查。

（2）水落口周围直径500mm范围内坡度不应小于5%，水落口周围的附加层铺设应符合设计要求。检验方法：观察和尺量检查。

（3）防水层及附加层伸入水落口杯内不应小于50mm，并应粘贴牢固。检验方法：观察和尺量检查。

2.4.5 变形缝、分格缝

（1）屋面变形缝、分格缝防水构造应符合下列规定：

1）变形缝泛水处的防水层下应增设附加层，附加层在平面和立面的宽度均不应小于250mm；防水层应铺贴或涂刷至泛水墙的顶部；

2）变形缝内应预填不燃保温材料，上部应采用防水卷材封盖，并放置衬垫材料，再在其上干铺一层卷材；

3）等高变形缝顶部宜加扣钢筋混凝土或金属盖板；金属盖板应经过防锈预处理，非上人屋面也可采用简易变形缝构造，见图2-51；

4）高低跨变形缝在立墙泛水处，应采用有足够变形能力的材料和构造作密封处理，见图2-52；

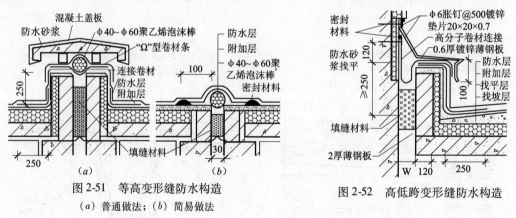

图 2-51　等高变形缝防水构造
（a）普通做法；（b）简易做法

图 2-52　高低跨变形缝防水构造

5）屋面分格缝的宽度宜为 5～20mm，兼作排汽道时可适当放宽至 40mm，纵横间距≤6m，排汽道内可填充粒径较大的轻质骨料，见图2-53。

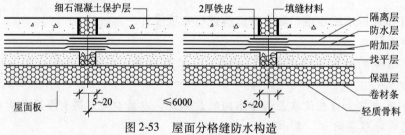

图 2-53　屋面分格缝防水构造

（2）种植屋面变形缝、分格缝防水构造应符合下列规定：

1）种植屋面变形缝宜与园路相结合。变形缝两侧都为种植层的防水构造见图2-54；一侧为种植层，另一侧为边路的防水构造见图2-55。

2）种植屋面找平层、保护层分格缝内应嵌填密封材料，并用与密封材料不粘结或粘结力弱的聚乙烯泡沫条或棒

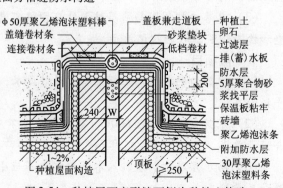

图 2-54　种植屋面变形缝两侧为种植土构造

材衬垫，控制嵌填深度为缝宽度的 0.5～0.7 倍，上表面用隔离片条隔离，见图 2-56。

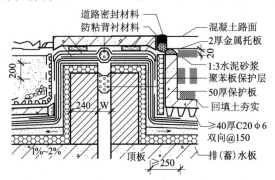

图 2-55 种植屋面变形缝一侧为边路构造

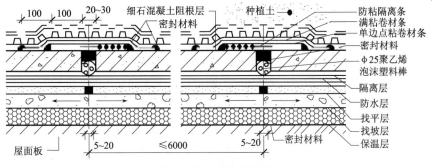

图 2-56 种植屋面分格缝防水构造

（3）硬泡聚氨酯保温防水屋面变形缝保温防水构造应符合下列规定：

1）变形缝部位的硬泡聚氨酯应直接地连续喷涂至变形缝顶部；变形缝内应预填不燃保温材料，上部应采用防水卷材封盖，并放置衬垫材料，再在其上干铺一层卷材；

2）等高变形缝顶部宜加扣钢筋混凝土或金属盖板，金属盖板应经过防锈预处理（图 2-57）；

3）高低跨变形缝在立墙泛水处，应采用有足够变形能力的材料和构造做密封处理，上部设置镀锌薄钢板，固定处用密封材料封严（图 2-58）。

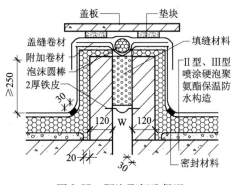

图 2-57 硬泡聚氨酯保温
防水屋面等高变形缝

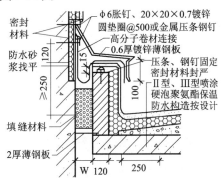

图 2-58 硬泡聚氨酯保温
防水屋面高低跨变形缝

I 主控项目

（1）变形缝的防水构造应符合设计要求。检验方法：观察检查和检查隐蔽工程验收记录。

（2）变形缝处不得有渗漏和积水现象。检验方法：雨后观察或淋水试验。

II 一般项目

（1）变形缝的泛水高度及附加层铺设应符合设计要求。检验方法：观察和尺量检查和检查隐蔽工程验收记录。

（2）防水层应铺贴或涂刷至泛水墙的顶部。检验方法：观察检查。

（3）等高变形缝顶部宜加扣混凝土或金属盖板。混凝土盖板的接缝应用密封材料封严；金属盖板应铺钉牢固，搭接缝应顺水流方向，并应做好防锈处理。检验方法：观察检查。

（4）高低跨变形缝在高跨墙面上的防水卷材封盖和金属盖板，应用金属压条钉压固定，并用密封材料封严。检验方法：观察检查。

2.4.6　伸出屋面管道

（1）伸出屋面管道的防水构造应符合下列规定：

1）管道周围的找平层应抹出高度不小于 30mm 的排水坡；

2）管道泛水处的防水层下应增设附加层，附加层在平面和立面的宽度均不应小于 250mm；

3）管道泛水处的防水层泛水高度不应小于 250mm；

4）卷材收头应用金属箍紧固和密封材料封严，涂膜收头应用防水涂料多遍涂刷封严；

5）管道与找平层间应留凹槽，并嵌填密封材料（图 2-59）。

（2）种植屋面伸出屋面的管道宜设置套管，防水层宜高出种植土≥200mm，卷材收头应用密封材料封严，并用紧固件箍紧，涂膜收头应用防水涂料多遍涂刷封严（图 2-60）。

（3）硬泡聚氨酯保温防水屋面伸出屋面管道保温防水构造应符合下列规定：

1）伸出屋面管道周围的找坡层应做成圆锥台；

2）管道与找平层间应留凹槽，并嵌填密封材料；

3）硬泡聚氨酯应直接连续喷涂至管道距屋面高度 250mm 处，收头处应采用金属箍将硬泡聚氨酯箍紧，并用密封材料封严，见图 2-61。

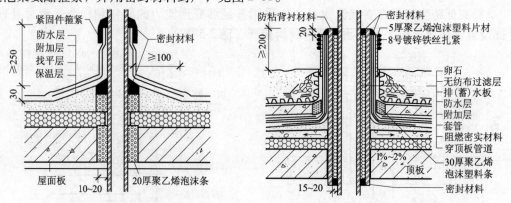

图 2-59　伸出屋面管道　　　　　　图 2-60　种植屋面伸出屋面管道

（4）烧结瓦、混凝土瓦屋面烟囱的防水构造，应符合下列规定：

1）烟囱泛水处的防水层或防水垫层下应增设附加层，附加层在平面和立面的宽度均不应小于 250mm；

2）屋面烟囱泛水应采用聚合物水泥砂浆抹成；

3）烟囱与屋面的交接处，在迎水面中部应抹出分水线，并应高出两侧各 30mm，见图 2-62。

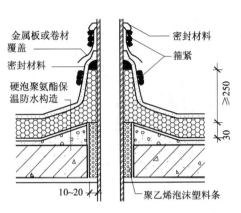

图 2-61 硬泡聚氨酯伸出屋面管道

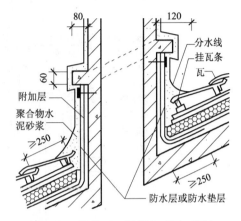

图 2-62 烧结瓦、混凝土瓦屋面烟囱

Ⅰ 主控项目

（1）伸出屋面管道的防水构造应符合设计要求。检验方法：观察检查和检查隐蔽工程验收记录。

（2）伸出屋面管道根部不得有渗漏和积水现象。检验方法：雨后观察或淋水检验。

Ⅱ 一般项目

（1）伸出屋面管道的泛水高度及附加层铺设，应符合设计要求。检验方法：观察和尺量检查。

（2）伸出屋面管道周围的找平层应抹出高度不小于 30mm 的排水坡。检验方法：观察和尺量检查。

（3）卷材防水层收头应用金属箍固定，并应用密封材料封严；卷材防水层收头应用防水涂料多遍涂刷。检验方法：观察检查。

2.4.7 屋面出入口

（1）屋面垂直出入口防水构造应符合以下要求：

1）屋面垂直出入口泛水处应增设附加层，附加层在平面和立面的宽度均不应小于 250mm；

2）防水层收头应在混凝土压顶圈下（图 2-63）；

3）混凝土压顶圈、上人孔盖板简易出入口构造仅限于在常年无大风的地区使用。如在大风地区使用，经常会出现盖板被大风

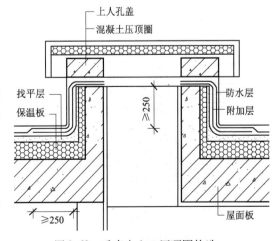

图 2-63 垂直出入口压顶圈构造

刮掉的质量事故，或者被大风刮得不断地开启、闭合，发出"啪啪"响声。为避免出现这一现象，可用厂家制成的成品盖板，安装后很牢固，且坚固耐用。此时，防水层、附加层均在连体压顶圈下缘收头，并应用密封材料封严（图2-64）。

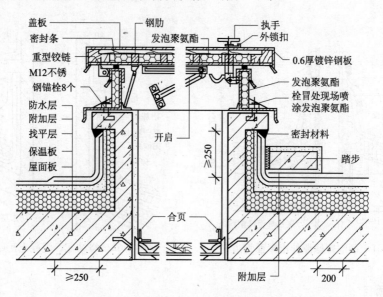

图2-64 屋面垂直出入口成品盖板构造

（2）屋面水平出入口防水构造应符合以下要求：

1）屋面水平出入口泛水处应增设附加层和护墙，附加层在平面上的宽度不应小于250mm；防水层收头应在混凝土踏步下；

2）单墙结构屋面水平出入口，防水层应压在混凝土踏步下收头，护墙和踏板可用混凝土连体浇筑或砖砌筑，砖砌踏步可用聚合物水泥砂浆挤浆座砌。护墙与防水层之间应预留30mm凹槽，槽内嵌填密封材料，并用背衬材料衬垫（图2-65），以防炎热气候条件下，护墙、结构相互膨胀而推裂防水层；

3）双墙结构屋面水平出入口，应用卷材防水层在双墙之间预留"U"形伸缩量，以满足热胀冷缩变形的需要（图2-66）。

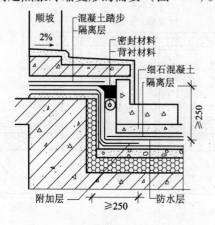

图2-65 单墙结构屋面水平出入口

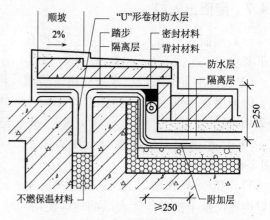

图2-66 双墙结构屋面水平出入口

Ⅰ 主控项目

（1）屋面出入口的防水构造应符合设计要求。检验方法：观察检查和检查隐蔽工程验收记录。

（2）屋面出入口处不得有渗漏和积水现象。检验方法：雨后观察或淋水试验。

Ⅱ 一般项目

（1）屋面垂直出入口防水层收头应压在压顶圈下，附加层铺设应符合设计要求。检验方法：观察检查和检查隐蔽工程验收记录。

（2）屋面水平出入口防水层收头应压在混凝土踏步下，附加层铺设和护墙应符合设计要求。检验方法：观察检查。

（3）屋面出入口的泛水高度不应小于250mm。检验方法：观察和尺量检查。

2.4.8 反梁过水孔

反梁过水孔构造应符合下列规定：

（1）应根据排水坡度留设反梁过水孔，图纸应注明孔底标高；

（2）反梁过水孔宜采用预埋管道，其管径不得小于75mm（图2-67）；

（3）过水孔可采用防水涂料、密封材料防水。预埋管道两端周围与混凝土接触处应预留凹槽，并应用密封材料封严。

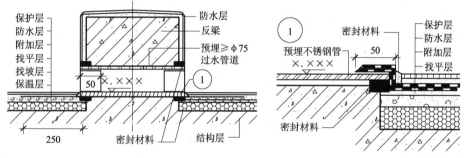

图2-67 反梁预埋管道过水孔防水构造

Ⅰ 主控项目

（1）反梁过水孔的防水构造应符合设计要求。检验方法：观察检查和检查隐蔽工程验收记录。

（2）反梁过水孔处不得有渗漏和积水现象。检验方法：雨后观察或淋水试验。

Ⅱ 一般项目

（1）反梁过水孔的孔底标高、孔洞尺寸或预埋管管径，均应符合设计要求。检验方法：尺量检查。

（2）反梁过水孔的孔洞四周应涂刷防水涂料；预埋管道两端周围与混凝土接触处应留凹槽，并应用密封材料封严。检验方法：观察检查。

2.4.9 设施基座

（1）设施基座与结构相连时，防水层应包裹设施基座的上部，并应增设附加防水层，还应在地脚螺栓周围作密封处理（图2-68）。

（2）设施直接放置在防水层上时，防水层下应增设卷材附加层（图2-69），必要时应在其上浇筑细石混凝土，其厚度不应小于50mm。

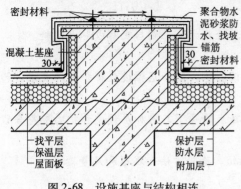

图 2-68 设施基座与结构相连

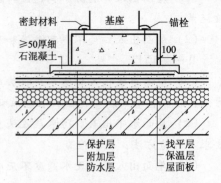

图 2-69 设施基座放置在防水层上

Ⅰ 主控项目

（1）设施基座的防水构造应符合设计要求。检验方法：观察检查和检查隐蔽工程验收记录。

（2）设施基座处不得有渗漏和积水现象。检验方法：雨后观察或淋水试验。

Ⅱ 一般项目

（1）设施基座与结构层相连时，防水层应包裹设施基座的上部，并应在地脚螺栓周围做密封处理。检验方法：观察检查。

（2）设施基座直接放置在防水层上时，设施基座下应增设附加层，必要时应在其下浇筑细石混凝土，其厚度不应小于50mm。检验方法：观察检查。

（3）需经常维护的设施基座周围和屋面出入口至设施之间的人行道，应铺设块体材料或细石混凝土保护层。检验方法：观察检查。

2.4.10 屋脊

（1）烧结瓦、混凝土瓦屋面的屋脊处，在两坡面瓦上每边均应增设宽度不小于250mm的卷材附加层。脊瓦下端距坡面瓦的高度不宜大于80mm，脊瓦在两坡面瓦上的搭盖宽度，每边不应小于40mm。脊瓦与坡瓦面之间的缝隙应采用聚合物水泥砂浆填实抹平（图2-70）。

（2）沥青瓦屋面的屋脊处应增设宽度不小于250mm的卷材附加层。脊瓦在两坡面瓦上的搭盖宽度，每边不应小于150mm（图2-71）。

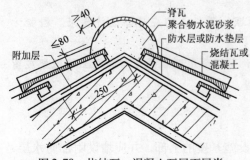

图 2-70 烧结瓦、混凝土瓦屋面屋脊

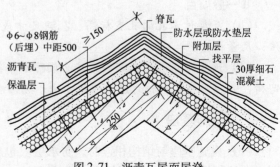

图 2-71 沥青瓦屋面屋脊

（3）金属板屋面的屋脊盖板在两坡面金属板上的搭盖宽度每边不应小于250mm，屋面板端头应设置挡水板和堵头板（图2-72）。

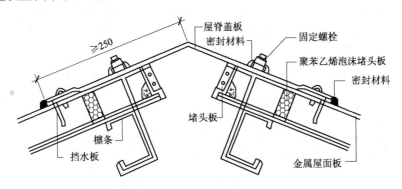

图2-72　金属板屋面屋脊

Ⅰ 主控项目

（1）屋脊的防水构造应符合设计要求。检验方法：观察检查。

（2）屋脊处不得有渗漏现象。检验方法：雨后观察或淋水试验。

Ⅱ 一般项目

（1）平脊和斜脊铺设应顺直，应无起伏现象。检验方法：观察检查。

（2）脊瓦应搭盖正确，间距应均匀，封固应严密。检验方法：观察和手扳检查。

2.4.11　屋顶窗

（1）烧结瓦、混凝土瓦与屋顶窗交接处，应采用金属排水板、窗框固定铁脚、窗口附加防水卷材、支瓦条等连接（图2-73）。

（2）沥青瓦屋面与屋顶窗交接处，应采用金属排水板、窗框固定铁脚、窗口附加防水卷材等与结构层连接（图2-74）。

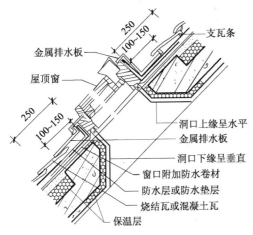

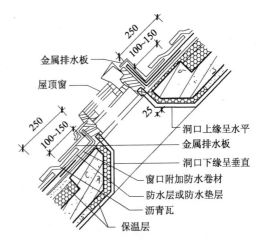

图2-73　烧结瓦、混凝土瓦屋面屋顶窗　　　　图2-74　沥青瓦屋面屋顶窗

I 主控项目

（1）屋顶窗的防水构造应符合设计要求。检验方法：观察检查。

（2）屋顶窗及其周围不得有渗漏现象。检验方法：雨后观察或淋水试验。

II 一般项目

（1）屋顶窗用金属排水板、窗框固定铁脚应与屋面连接牢固。检验方法：观察检查。

（2）屋顶窗用窗口防水卷材应铺贴平整，粘结应牢固。检验方法：观察检查。

2.4.12 马鞍形屋面板、玻璃钢板复合采光带

马鞍形屋面板的预应力钢筋混凝土马鞍形板与玻璃钢采光带之间采用预埋螺栓、扁钢、角钢、铝铆钉连接。其构造形式见图 2-75。

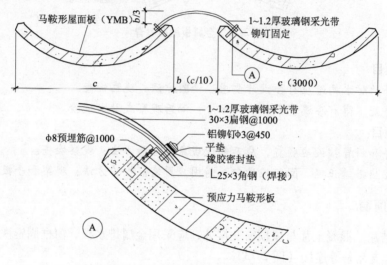

图 2-75 马鞍形屋面板玻璃钢采光带构造

I 主控项目

（1）马鞍形屋面板、玻璃钢板复合采光带的防水构造应符合设计要求。检验方法：观察检查。

（2）预应力马鞍形屋面板、玻璃钢采光带及连接部位不得有渗漏现象。检验方法：雨后观察或淋水试验。

II 一般项目

（1）马鞍形屋面板与玻璃钢采光带的连接应牢固。检验方法：观察检查。

（2）预应力马鞍形屋面板预埋钢筋处不得开裂，角钢与预埋钢筋的焊接应牢固，玻璃钢采光带与角钢的铆接不得出现松动现象。检验方法：观察和手晃动检查。

2.4.13 拱形屋面、坡屋面玻璃钢采光带

拱形屋面玻璃钢采光带与支撑龙骨之间用防水自攻螺钉固定牢固，收边滴水钢板与低跨屋面卷起泛水板、卷起防水层用防水自攻螺钉固定在结构方钢管外侧，收边钢板滴水线开φ8孔以利排水，收边滴水钢板下缘与屋面卷起泛水板端部用丁基胶粘带密封止水（图 2-76）。坡形屋面细部构造防水设计与施工要点与拱形屋面相同。

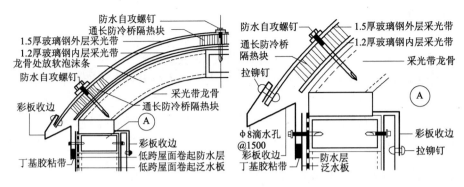

图 2-76　拱形屋面玻璃钢采光带构造

Ⅰ 主控项目

（1）拱形屋面、坡屋面玻璃钢采光带的防水构造应符合设计要求。检验方法：观察检查和检查隐蔽工程验收记录。

（2）拱形屋面、坡屋面玻璃钢采光带与龙骨的连接处不得有渗漏现象。检验方法：雨后观察或淋水试验。

Ⅱ 一般项目

（1）拱形屋面、坡屋面玻璃钢采光带与龙骨、钢结构之间的连接应牢固。检验方法：观察检查。

（2）玻璃钢采光带、结构钢梁与檐口收边彩板的连接应牢固，收边彩板与低跨屋面卷起的防水层、泛水板密封应严密，檐口彩板与玻璃钢采光带的连接应牢固，滴水孔的位置应准确。检验方法：观察和手晃动检查。

2.5　屋面工程施工规定

2.5.1　一般规定

（1）应遵照"按图施工、材料检验、工序检查、过程控制、质量验收"的原则。

（2）应由具备相应资质的专业队伍进行施工。作业人员应持证上岗。

（3）应通过图纸会审，并应掌握施工图中的细部构造及有关技术要求；施工单位应编制屋面工程的专项施工方案或技术措施，并应进行现场技术安全交底。

（4）所采用的防水、保温材料应有产品合格证书和性能检测报告，材料的品种、规格、性能等应符合设计和产品标准的要求；材料进场后，应按规定抽样检验，提出试验报告。工程中严禁使用不合格的材料。

（5）施工的每道工序完成后，应经监理或建设单位检查验收，并应在合格后再进行下道工序的施工。当下道工序或相邻工程施工时，应对已完成的部分采取保护措施。

（6）屋面工程施工防火安全应符合下列规定：1）可燃类防水、保温材料进场后，应远离火源；露天存放时，应采用不燃材料完全覆盖；2）防火隔离带施工应与保温材料施工同步进行；3）不得直接在可燃类防水、保温材料上进行热熔或热粘法施工；4）喷涂硬泡聚氨酯作业时，应避开高温环境；施工工艺、工具及服装等应采取防静电措施；5）施工作业区应配备消防灭火器材；6）火源、热源等火灾危险源应加强管理；7）屋面上需要进行焊接、钻孔等施工作业时，周围环境应采取防火安全措施。

（7）屋面工程施工必须符合下列安全规定：1）严禁在雨天、雪天和五级风及其以上时施工；2）屋面周边和预留孔洞部位，必须按防护规定设置安全护栏和安全网；3）屋面坡度大于30%，应采取防滑措施；4）施工人员应穿防滑鞋，特殊情况下无可靠安全措施时，操作人员必须系好安全带并扣好保险钩。

2.5.2　找坡层和找平层施工规定

（1）装配式钢筋混凝土板的板缝嵌填施工应符合下列规定：1）嵌填施工前，板缝内应清理干净，并应保持湿润；2）当板缝宽度大于40mm或上窄下宽时，板缝内应按设计要求配置钢筋；3）嵌填细石混凝土的强度等级不应低于C20，填缝高度宜低于板面10～20mm，且应振捣密实和浇水养护；4）板端缝应按设计要求增加防裂的构造措施。

（2）找坡层和找平层基层的施工应符合下列规定：1）应清理结构层、保温层上面的松散杂物，凸出基层表面的硬物应剔平扫净；2）抹找坡层前，应对基层洒水湿润；3）突出屋面的管道、支架等根部，应用细石混凝土堵实和固定；4）对不易与找平层结合的基层应做界面处理。

（3）找坡层和找坡层所用材料的质量和配合比应符合设计要求，并应做到计量准确和采用机械搅拌。

（4）找坡应按屋面排水方向和设计坡度要求进行，找坡层最薄处厚度不宜小于20mm。

（5）找坡材料应分层铺设和适当压实，表面宜平整和粗糙，并应适时浇水养护。

（6）找平层应在水泥初凝前压实抹平，水泥终凝前完成收水后，应进行二次压光，并应及时取出分格条。养护时间不得少于7d。

（7）卷材防水层的基层与突出屋面结构的交接处，以及基层的转角处，找平层均应做成圆弧形，且应整齐平顺。找平层圆弧半径应符合表2-20的规定。

转角处圆弧半径（mm）　　　　　　　　　表2-20

卷材种类	圆弧半径
高聚物改性沥青防水卷材	50
合成高分子防水卷材	20

（8）找坡层和找平层的施工环境温度不宜低于5℃。

Ⅰ 主控项目

（1）找坡层和找平层所用材料的质量及配合比，应符合设计要求。检验方法：检查出厂合格证、质量检验报告和计量措施。

（2）找坡层和找平层的排水坡度，应符合设计要求。检验方法：坡度尺检查。

Ⅱ 一般项目

（1）找平层应抹平、压光，不得有酥松、起砂、起皮现象。检验方法：观察检查。

（2）卷材防水层的基层与突出屋面结构的交接处，以及基层的转角处，找平层应做成圆弧形，弧度应准确，且应整齐平顺。检验方法：观察检查。

（3）找平层分格缝的位置、宽度和间距，均应符合设计要求。检验方法：观察和尺量检查。

（4）找坡层表面平整度的允许偏差为 7mm，找平层表面平整度的允许偏差 5mm。检验方法：用 2m 靠尺和楔形塞尺检查。

2.5.3 保温层和隔热层施工规定

（1）严寒和寒冷地区屋面热桥部位，应按设计要求采取节能保温等隔断热桥措施。

（2）倒置式屋面（保温层设置在防水层之上）保温层施工应符合下列规定：1）施工完的防水层，应进行淋水或蓄水试验，并应在合格后再进行保温层的铺设；2）板状保温层的铺设应平稳，拼缝应严密，板的两侧宜留设排水孔槽；3）保温层施工时，不得损坏防水层；4）保护层施工时，不应损坏保温层和防水层。

（3）隔汽层施工应符合下列规定：1）隔汽层施工前，基层应进行清理，宜进行找平处理；2）屋面周边隔汽层应沿墙面向上连续铺设，高出保温层上表面不得小于 150mm；3）采用卷材做隔汽层时，卷材宜空铺，卷材搭接边应满粘，其搭接宽度不应小于 80mm；采用涂膜做隔汽层时，涂料涂刷应均匀，涂层不得有堆积、起泡和露底现象；4）穿过隔汽层的管道周围应进行密封处理。

Ⅰ 主控项目

（1）隔汽层所用材料的质量，应符合设计要求。检验方法：检查出厂合格证、质量检验报告和进场检验报告。

（2）隔汽层不得有破损现象。检验方法：观察检查。

Ⅱ 一般项目

（1）卷材隔汽层应铺设平整，卷材搭接缝应粘结牢固，密封应严密，不得有扭曲、皱折和起泡等缺陷。检验方法：观察检查。

（2）涂膜隔汽层应粘结牢固，表面平整，涂刷均匀，不得有堆积、起泡和露底等缺陷。检验方法：观察检查。

（3）隔汽层应与屋面防水层相连接，连接宽度不得小于 150mm。检验方法：观察和尺量检查。

（4）屋面排汽构造施工应符合下列规定：1）排汽道及排汽孔的设置应符合前述要求；2）排汽道应与保温层连通，排汽道内可填入透气性好的材料；3）施工时，排汽道和排汽孔均不得被堵塞；4）屋面纵横排汽道的交叉处作为排汽孔，可埋设金属或塑料排气管，排汽管宜设置在结构层上，穿过保温层及排汽道的管壁四周应钻孔。排汽管应做好防水处理。

（5）板状材料保温层施工应符合下列规定：1）基层应平整、干燥、干净；2）相邻板块应错缝拼接，分层铺设的板块上下层接缝应相互错开，板间缝隙应采用同类材料嵌填密实；3）采用干铺法施工时，板状保温材料应紧靠在基层表面上，并应铺平垫稳；4）采用粘结法施工时，胶粘剂应与保温材料相容，板状保温材料应贴严、粘牢，在胶粘剂固化前不得上人踩踏；5）采用机械固定法施工时，固定件应固定在结构层上，固定件的间距应符合设计要求。

I 主控项目

（1）板状保温材料的质量，应符合设计要求。检验方法：检查出厂合格证、质量检验报告和进场检验报告。

（2）板状材料保温层的厚度应符合设计要求，其正偏差应不限，负偏差应为5%，且不得大于4mm。检验方法：用钢针插入和尺量检查。

（3）屋面热桥部位处理应符合设计要求。检验方法：观察检查。

II 一般项目

（1）板状保温材料铺设应紧贴基层，应铺平垫稳，拼缝应严密，粘贴应牢固。检验方法：观察检查。

（2）固定件的规格、数量和位置均应符合设计要求；垫片应与保温层表面齐平。检验方法：观察检查。

（3）板状材料保温层表面平整度的允许偏差为5mm。检验方法：用2m靠尺和楔形塞尺检查。

（4）板状材料保温层接缝高低差的允许偏差为2mm。检验方法：用直尺和楔形塞尺检查。

（6）纤维毡状材料保温层施工应符合下列规定：1）基层应平整、干燥、干净；2）纤维保温材料在施工时，应避免重压，并应采取防潮措施；3）纤维保温材料铺设时，平面拼接缝应贴紧，上下层接缝应相互错开；4）屋面坡度较大时，纤维保温材料宜采用机械固定法施工；5）在铺设纤维保温材料时，应做好劳动保护工作。

I 主控项目

（1）纤维保温材料的质量，应符合设计要求。检验方法：检查出厂合格证、质量检验报告和进场检验报告。

（2）纤维材料保温层的厚度应符合设计要求，其正偏差应不限，毡不得有负偏差，板负偏差应为−4%，且不得大于3mm。检验方法：钢针插入和尺量检查。

（3）屋面热桥部位处理应符合设计要求。检验方法：观察检查。

II 一般项目

（1）纤维保温材料铺设应紧贴基层，拼缝应严密，表面应平整。检验方法：观察检查。

（2）固定件的规格、数量和位置均应符合设计要求；垫片应与保温层表面齐平。检验方法：观察检查。

（3）装配式骨架和水泥纤维板应铺钉牢固，表面应平整；龙骨间距和板材厚度，均应符合设计要求。检验方法：观察和尺量检查。

（4）具有抗水蒸气渗透外覆面的玻璃棉制品，其外覆面应朝向室内，拼缝应用防水密封胶带封严。检验方法：观察检查。

（7）喷涂硬泡聚氨酯保温（防水）层施工应符合下列规定：1）基层应平整、干燥、干净；2）施工前应对喷涂设备进行调试，并应喷涂三块500mm×500mm、厚度不小于50mm的试块，进行材料性能检测；3）喷涂时，喷嘴与施工基面的间距应由实验确定，一般宜为800～1200mm；4）喷涂硬泡聚氨酯的配比应准确计量，发泡厚度应均匀一致；5）一个作业面应分遍喷涂完成，每遍喷涂厚度不宜大于15mm，硬泡聚氨酯喷涂后20min

内严禁上人；6）喷涂作业时，应采取防止污染的遮挡措施。

Ⅰ主控项目

（1）喷涂硬泡聚氨酯所用原材料的质量及配合比，应符合设计要求。检验方法：检查出厂合格证、质量检验报告和进场检验报告。

（2）喷涂硬泡聚氨酯保温层的厚度应符合设计要求，其正偏差应不限，不得有负偏差。检验方法：用钢针插入和尺量检查。

（3）屋面热桥部位处理应符合设计要求。检验方法：观察检查。

Ⅱ一般项目

（1）喷涂硬泡聚氨酯应分遍喷涂，粘结应牢固，表面应平整，找坡应正确。检验方法：观察检查。

（2）喷涂硬泡聚氨酯保温层表面平整度的允许偏差为5mm。检验方法：用2m靠尺和楔形塞尺检查。

（8）现浇泡沫混凝土保温层施工应符合下列规定：1）基层应清理干净，不得有油污、灰尘和积水；2）泡沫混凝土应按设计要求的干密度和抗压强度进行配合比设计，拌制时应计量准确，并应搅拌均匀；3）泡沫混凝土应按设计的厚度设定浇筑面标高线，找坡时宜采取挡板辅助措施；4）泡沫混凝土的浇筑出料口离基层的高度不宜超过1m，泵送时应采取低压送料；5）泡沫混凝土应分层浇筑，一次浇筑厚度不宜超过200mm，终凝后应进行保湿养护，养护时间不得少于7d。

Ⅰ主控项目

（1）现浇泡沫混凝土所用原材料的质量及配比，应符合设计要求。检验方法：检查原材料出厂合格证、质量检验报告和计量措施。

（2）现浇泡沫混凝土的厚度应符合设计要求，其正负偏差应为5%，且不得大于5mm。检验方法：钢针插入和尺量检查。

（3）屋面热桥部位处理应符合设计要求。检验方法：观察检查。

Ⅱ一般项目

（1）现浇泡沫混凝土应分层施工，粘结应牢固。表面应平整，找坡应正确。检验方法：观察检查。

（2）现浇泡沫混凝土不得有贯通性裂缝，以及疏松、起砂、起皮现象。检验方法：观察检查。

（3）现浇泡沫混凝土保温层表面平整度的允许偏差为5mm。检验方法：用2m靠尺和楔形塞尺检查。

（9）保温材料的贮运、保管应符合下列规定：1）保温材料应采取防雨、防潮、防火的措施，并应分类存放；2）板状保温材料搬运时应轻拿轻放，防止破损；3）纤维保温材料应在干燥、通风的房屋内贮存，搬运时应轻拿轻放，防止破损。

（10）进场的保温材料应检验下列项目：1）板状保温材料：表观密度或干密度、压缩强度或抗压强度、导热系数、燃烧性能；2）纤维保温材料：表观密度、导热系数、燃烧性能。

（11）保温层的施工环境应符合下列规定：1）干铺的保温材料可在负温度下施工；2）用水泥砂浆粘贴的板状保温材料，施工温度不宜低于5℃；3）喷涂硬泡聚氨酯施工温度宜为 15～35℃，空气相对湿度宜小于 85%。风速不宜大于三级；4）现浇泡沫混凝土施工温度宜为 5～35℃。

（12）种植隔热层施工应符合下列规定：1）种植隔热层挡墙或挡板施工时，留设的泄水孔位置应准确，并不得堵塞；2）凹凸型排水板宜采用搭接法施工，搭接宽度应根据产品的规格具体决定；网状交织排水板宜采用对接法施工；采用陶粒作排水层时，铺设应平整，厚度应均匀；3）过滤层土工布铺设应平整、无皱折，搭接宽度不应小于 100mm；搭接宜采用粘合或缝合处理；土工布应沿种植土周边向上铺设至种植土高度；4）种植土层的荷载应符合设计要求：种植土、植物等应在屋面上均匀堆放，且不得损坏防水层。

Ⅰ 主控项目

（1）种植隔热层所用材料的质量，应符合设计要求。检验方法：检查出厂合格证和质量检验报告。

（2）排水层应与排水系统连通。检验方法：观察检查。

（3）挡墙或挡板泄水孔的留设应符合设计要求，并不得堵塞。检验方法：观察和尺量检查。

Ⅱ 一般项目

（1）陶粒应铺设平整、均匀，厚度应符合设计要求。检验方法：观察和尺量检查。

（2）排水板应铺设平整，接茬方法应符合国家现行有关标准的规定。检验方法：观察和尺量检查。

（3）过滤层土工布应铺设平整、接缝严密，其搭接宽度的允许偏差为 -10mm。检验方法：观察和尺量检查。

（4）种植土应铺设平整、均匀，其厚度的允许偏差为 ±5%，且不大于 30mm。检验方法：尺量检查。

（13）架空隔热层施工应符合下列规定：1）架空隔热层施工前，应将屋面清扫干净，并应根据架空隔热制品的尺寸弹出支座中线；2）在架空隔热制品支座底面，应对卷材、涂膜防水层采取加强措施；3）铺设架空隔热制品时，应随时清扫屋面防水层上的落灰、杂物等，操作时不得损伤已完工的防水层；4）架空隔热制品的铺设应平整、稳固，缝隙应勾填密实。

Ⅰ 主控项目

（1）架空隔热制品的质量，应符合设计要求。检验方法：检查材料或构件合格证和质量检验报告。

（2）架空隔热制品的铺设应平整、稳固，缝隙勾填应密实。检验方法：观察检查。

Ⅱ 一般项目

（1）架空隔热制品距山墙或女儿墙不得小于 250mm。检验方法：观察和尺量检查。

（2）架空隔热层的高度及通风屋脊、变形缝做法，应符合设计要求。检验方法：观察和尺量检查。

（3）架空隔热制品接缝高低差的允许偏差为 3mm。检验方法：直尺和塞尺检查。

（14）蓄水隔热层施工应符合下列规定：1）蓄水池的所有孔洞应预留，不得后凿。所设置的溢水管、排水管和给水管等，应在混凝土施工前安装完毕；2）每个蓄水区的防水混凝土应一次浇筑完毕，不得留置施工缝；3）蓄水池的防水混凝土施工时，环境气温宜为5～35℃，并应避免在冬季、高温期或寒冷、炎热时段施工；4）蓄水池的防水混凝土完工后，应及时进行养护，养护时间不得少于14d；蓄水后不得断水；5）蓄水池的溢水口标高、数量、尺寸应符合设计要求；过水孔应设在分仓墙底部，排水管应与水落管连通（见"隔热层设计"图）。

Ⅰ　主控项目

（1）防水混凝土所用材料的质量及配合比，应符合设计要求。检验方法：检查出厂合格证、质量检验报告、进场检验报告和计量措施。

（2）防水混凝土的抗压强度和抗渗性能，应符合设计要求。检验方法：检查混凝土的抗压和抗渗试验报告。

（3）蓄水池不得有渗漏现象。检验方法：蓄水至规定高度观察检查。

Ⅱ　一般项目

（1）防水混凝土表面应密实、平整，不得有蜂窝、麻面、露筋等缺陷。检验方法：观察检查。

（2）防水混凝土表面的裂缝宽度不应大于0.2mm，并不得贯通。检验方法：用刻度放大镜检查。

（3）蓄水池上所留设的溢水口、过水孔、排水管、溢水管等，其位置、标高和尺寸均应符合设计要求。检验方法：观察和尺量检查。

（4）蓄水池结构的允许偏差和检验方法应符合表2-21的规定。

蓄水池结构的允许偏差和检验方法　　　　表2-21

项目	允许偏差（mm）	检验方法
长度、宽度	+15，-10	尺量检查
厚度	±5	
表面平整度	5	2m靠尺和楔形塞尺检查
排水坡度	符合设计要求	坡度尺检查

2.5.4　卷材防水层施工规定

（1）卷材防水层基层应坚实、干净、平整，应无空隙、起砂和裂缝。基层的干燥程度应根据所选防水卷材的特性确定。

（2）卷材防水层铺贴顺序和方向应符合下列规定：1）卷材防水层施工时，应先进行细部构造处理，然后由屋面最低标高处向上铺；2）天沟、檐沟卷材施工时，宜顺天沟、檐沟纵向铺贴，搭接缝应顺流水方向；3）卷材宜平行屋脊铺贴，上下层卷材不得相互垂直铺贴。

（3）立面或大坡面铺贴卷材时，应采用满粘法，并宜减少卷材短边搭接。

（4）采用基层处理剂时，其配制与施工应符合下列规定：

1）基层处理剂应与胶粘剂、卷材材性相容，基层处理剂及胶粘剂的选用应符合表2-22的规定；

卷材基层处理剂及胶粘剂的选用　　　　　　　　　表 2-22

卷材名称	基层处理剂	卷材胶粘剂
高聚物改性沥青卷材	石油沥青冷底子油或橡胶改性沥青冷胶粘剂稀释液	橡胶改性沥青冷胶粘剂或卷材生产厂家指定产品
合成高分子卷材	卷材生产厂家随卷材配套供应产品或指定的产品	

2）基层处理剂应配比准确，并应搅拌均匀；

3）喷、涂基层处理剂前，应先对屋面细部（包括周边、转角等）进行涂刷；

4）基层处理剂可选用喷涂或涂刷施工工艺，喷、涂应均匀一致，干燥后应及时进行卷材铺贴。

（5）卷材搭接缝应符合下列规定：1）平行屋脊的搭接缝应顺水流方向，搭接缝宽度应符合规定；2）同一层相邻两幅卷材短边搭接缝错开不应小于 500mm；3）上下层卷材长边搭接缝应错开，且不应小于幅宽的 1/3；4）叠层铺贴的各层卷材，在天沟与屋面的交接处，应采用叉接法搭接，搭接缝应错开；搭接缝宜留在屋面与天沟侧面，不宜留在沟底。

（6）冷粘法铺贴卷材应符合下列规定：1）胶粘剂涂刷应均匀，不得露底、堆积；卷材空铺、点粘、条粘时，应按规定的位置及面积涂刷胶粘剂；2）应根据胶粘剂的性能与施工环境、气温条件等，控制胶粘剂涂刷与卷材铺贴的间隔时间；3）铺贴卷材时应排除卷材下面的空气，并应辊压粘贴牢固；4）铺贴的卷材应平整顺直，搭接尺寸应准确，不得扭曲、皱折；搭接部位的接缝应满涂胶粘剂，并应辊压粘贴牢固；5）合成高分子卷材与基层压粘后，留出的搭接边应将搭接部位的粘合面清理干净，并应采用与卷材配套的接缝专用胶粘剂，在搭接缝粘合面上涂刷均匀，不得露底、堆积，应排除缝间的空气，并应辊压粘贴牢固；6）合成高分子卷材搭接部位采用胶粘带粘结时，粘合面应清理干净，必要时可涂刷与卷材及胶粘带材性相容的基层胶粘剂，撕去胶粘带隔离纸后应及时粘合接缝部位的卷材，并应辊压粘贴牢固；低温施工时，宜采用热风机加热；7）搭接缝口应用材性相容的密封材料封严。

（7）热粘法铺贴卷材应符合下列规定：1）熔化热熔型改性沥青胶结料时，宜采用专用导热油炉加热，加热温度不应高于 200℃，使用温度不宜低于 180℃；2）粘贴卷材的热熔型改性沥青胶结料的厚度宜为 1.0～1.5mm；3）采用热熔型改性沥青胶结料铺贴卷材时，应随刮随滚铺，并应展平压实。

（8）热熔法铺贴卷材应符合下列规定：1）火焰加热器的喷嘴距卷材面的距离应适中，幅宽内加热应均匀，应以卷材表面熔融至光亮黑色为度，不得过分加热卷材；厚度小于 3mm 的高聚物改性沥青防水卷材，严禁采用热熔法施工；2）卷材表面改性沥青热熔后应立即滚铺卷材，滚铺时应排除卷材下面的空气；3）搭接缝部位宜以溢出热熔的改性沥青胶结料为度，溢出的改性沥青胶结料宽度宜为 8mm，并宜均匀顺直；当接缝处的卷材上有矿物粒或片料时，应用火焰烘烤及清除干净后再进行热熔和接缝处理；4）铺贴的卷材应平整顺直，搭接尺寸应准确，不得扭曲。

（9）自粘法铺贴卷材应符合下列规定：1）铺粘卷材前，基层表面应均匀涂刷基层处理剂，干燥后应及时铺贴卷材；2）铺贴卷材时应将自粘胶底面的隔离纸完全撕净；3）铺贴卷材时应排尽卷材下面的空气，并应辊压粘贴牢固；4）铺贴的卷材应平整顺直，搭接尺寸应准确，不得扭曲、皱折；低温施工时，立面、大坡面及搭接部位宜采用热风机加热，加热后应随即粘贴牢固；5）搭接缝口应采用材性相容的密封材料封严。

（10）焊接法铺贴卷材应符合下列规定：1）对热塑性卷材的搭接缝可采用单缝焊或双缝焊，焊接应严密；2）焊接前，卷材应铺放平整、顺直，搭接尺寸准确，焊接缝的结合面应清扫干净；3）应先焊长边搭接缝，后焊短边搭接缝；4）应控制加热温度和时间，焊接缝不得漏焊、跳焊或焊接不牢。

（11）机械固定法铺设卷材应符合下列规定：1）固定件应与结构层连接牢固；2）固定件间距应根据抗风揭试验和当地的使用环境与条件确定，并不宜大于600mm；3）屋面周边800mm范围内的卷材应满粘，卷材收头应采用金属压条钉压固定牢固和密封处理；4）有钉铺设卷材的固定件应设置在卷材搭接缝内，当固定件必须外露时，应另加卷材封严，尺寸不应小于200mm×200mm；5）固定件数量和位置应符合设计要求。

（12）防水卷材的贮运、保管应符合下列规定：1）不同品种、规格的卷材应分别堆放；2）卷材应贮存在阴凉通风处，应避免雨淋、日晒和受潮，严禁接近火源；3）卷材应避免与化学介质及有机溶剂等有腐蚀性物质接触。

（13）进场的防水卷材应检验下列项目：1）高聚物改性沥青防水卷材：可溶物含量、拉力、最大拉力时延伸率、耐热度、低温柔度、不透水性；2）合成高分子防水卷材：断裂拉伸强度、扯断伸长率、低温弯折性、不透水性。

（14）胶粘剂和胶粘带的贮运、保管应符合下列规定：1）不同品种、规格的胶粘剂和胶粘带，应分别用密封桶或纸箱包装；2）胶粘剂和胶粘带应贮存在阴凉通风的室内，严禁接近火源和热源。

（15）进场的基层处理剂、胶粘剂和胶粘带，应检验下列项目：1）沥青基防水卷材用基层处理剂：固体含量、耐热度、低温柔度、剥离强度；2）高分子胶粘剂：剥离强度、浸水168h后的剥离强度保持率；3）改性沥青胶粘剂：剥离强度；4）合成橡胶胶粘带：剥离强度、浸水168h后的剥离强度保持率。

（16）卷材防水层的施工环境温度应符合下列规定：1）热熔法和焊接法不宜低于-10℃；2）冷粘法和热粘法不宜低于5℃；3）自粘法不宜低于10℃。

I 主控项目

（1）防水卷材及其配套材料的质量，应符合设计要求。检验方法：检查出厂合格证、质量检验报告和进场检验报告。

（2）卷材防水层不得有渗漏和积水现象。检验方法：雨后观察或淋水、蓄水试验。

（3）卷材防水层在檐口、檐沟、天沟、水落口、泛水、变形缝和伸出屋面管道等细部构造部位的防水构造，应符合设计要求。检验方法：观察检查。

II 一般项目

（1）卷材的搭接缝应粘结或焊接牢固，密封应严密，不得扭曲、皱折和翘边。检验方法：观察检查。

（2）卷材防水层的收头应与基层粘结，钉压应牢固，封闭应严密。检验方法：观察检查。

（3）卷材防水层的铺贴方向应正确，卷材搭接宽度的允许偏差为-10mm。检验方法：观察和尺量检查。

（4）屋面排汽构造的排气道应纵横贯通，不得堵塞；排汽管应安装牢固，位置应准确，封闭应严密。检验方法：观察检查。

2.5.5 涂膜防水层施工规定

（1）涂膜防水层的基层应坚实、平整、干净，以应无孔隙、起砂和裂缝。基层的干燥程度应根据所选用的防水涂料特性确定；当采用溶剂型、热熔型和反应固化型防水涂料时，基层应干燥。干燥程度的简易测试方法：将 $1m^2$ 卷材平坦地干铺在找平层上，静置 $3 \sim 4h$ 后掀开检查，找平层覆盖部位与卷材上未见水印，即视为干燥。

（2）采用基层处理剂时，其配制与施工应符合下列规定：

1）基层处理剂应与涂料的材性相容，基层处理剂的选用应符合表 2-23 的规定；

涂膜基层处理剂的选用 表 2-23

涂料名称	基层处理剂
高聚物改性沥青涂料	石油沥青冷底子油
水乳型涂料	在水乳型涂料内，掺入 0.2% ~0.3% 乳化剂的水溶液或软水进行稀释，质量比为 1：0.5 ~ 1：1，切忌用天然水或自来水
溶剂型涂料	直接采用相应的溶剂稀释后的涂料进行薄涂
聚合物水泥涂料	用聚合物乳液与水泥在施工现场随配随用

2）基层处理剂应配比准确，搅拌均匀；

3）喷、涂基层处理剂前，应先对屋面细部进行涂刷；

4）基层处理剂可选用喷涂或涂刷施工工艺，喷、涂应均匀一致，干燥后应及时进行涂膜施工。

（3）双组分或多组分防水涂料应按配合比准确计量，应采用电动机具搅拌均匀，已配制的涂料应及时使用。配料时，可加入适量的缓凝剂或促进剂调节固化时间，但不得混合已固化的涂料。

（4）涂膜防水层施工应符合下列规定：1）防水涂料应多遍涂布，涂膜总厚度应符合设计要求；2）涂膜间夹铺胎体增强材料时，宜边涂布边铺胎体；胎体应铺贴平整，排除气泡，并应与涂料粘结牢固。在胎体上涂布涂料时，应使涂料浸透胎体，并应覆盖完全，不得有胎体外露现象。最上面的涂膜厚度不应小于 1.0mm；3）涂膜施工应先做好细部处理，再进行大面积涂布；4）屋面转角及立面的涂膜应采用薄涂多遍工艺，不得流淌和堆积。

（5）采用的胎体增强材料应符合下列规定：

1）胎体增强材料宜采用聚酯无纺布或化纤无纺布，其质量见表 2-24；

胎体增强材料质量要求 表 2-24

项目		质量要求	
		聚酯无纺布	化纤无纺布
外观		均匀，无团状，平整无皱折	
拉力（N/50mm）	纵向	≥150	≥45
	横向	≥100	≥35
延伸率（%）	纵向	≥10	≥20
	横向	≥20	≥25

注：1. 聚酯无纺布，国内俗称涤纶纤维，是纤维分布无规则的毡，它的拉伸强度最高，属高抗拉强高延伸率的胎体材料。要求布面平整、纤维均匀，无折皱、分层、空洞、团状、条状等缺陷。

2. 化纤无纺布是以尼龙纤维为主的胎体增强材料，特点是延伸率大，但拉伸强度低。其外观质量要求与聚酯无纺布相同。

2）屋面坡度小于15%时，胎体增强材料宜平行屋脊铺设，大于15%时应垂直于屋脊铺设；

3）胎体增强材料长边搭接宽度不应小于50mm，短边搭接宽度不应小于70mm；

4）采用两层胎体增强材料时，上下层不得相互垂直铺设，搭接缝应错开，其间距不应小于幅宽的1/3。

（6）涂膜防水层施工工艺应符合下列规定：1）水乳型及溶剂型防水涂料宜选用滚涂或喷涂施工工艺；2）反应固化型防水涂料宜选用刮涂或喷涂施工工艺；3）热熔型防水涂料及聚合物水泥防水涂料宜选用刮涂施工工艺；4）所有防水涂料用于细部构造时，宜选用刷涂或喷涂施工。

（7）防水涂料和胎体增强材料的贮运、保管，应符合下列规定：1）防水涂料包装容器必须密封，容器表面应标明涂料名称、生产厂家、执行标准号、生产日期和产品有效期，并应分类存放；2）反应型和水乳型涂料贮运和保管环境温度不宜低于5℃；3）溶剂型涂料贮运和保管环境温度不宜低于0℃，并不得日晒、碰撞和渗漏；保管环境应干燥、通风，并应远离火源、热源；4）胎体增强材料贮运、保管环境应干燥、通风，并应远离火源、热源。

（8）进场的防水涂料和胎体增强材料应检验下列项目：1）高聚物改性沥青防水涂料：固体含量、耐热性、低温柔性、不透水性、断裂伸长率或抗裂性；2）合成高分子防水涂料和聚合物水泥防水涂料：固体含量、低温柔性、不透水性、拉伸强度、断裂伸长率；3）胎体增强材料：拉力、延伸率和单位面积质量。

（9）涂膜防水层的施工环境温度应符合下列规定：1）水乳型、反应型和聚合物水泥涂料宜为5~35℃；2）溶剂型涂料宜为−5~35℃；3）热熔型涂料不宜低于−10℃。

Ⅰ 主控项目

（1）防水涂料和胎体增强材料的质量，应符合设计要求。检验方法：检查出厂合格证、质量检验报告和进场检验报告。

（2）涂膜防水层不得有渗漏和积水现象。检验方法：雨后观察或淋水、蓄水试验。

（3）涂膜防水层在檐沟、檐口、天沟、水落口、泛水、变形缝和伸出屋面管道等细部构造部位的防水构造，应符合设计要求。检验方法：观察检查。

（4）涂膜防水层的平均厚度应符合设计要求，且最小厚度不得小于设计厚度的80%。检验方法：针测法或取样量测。

Ⅱ 一般项目

（1）涂膜防水层与基层应粘结牢固，表面应平整，涂布应均匀，不得有流淌、皱折、起泡和露胎体等缺陷。检验方法：观察检查。

（2）涂膜防水层的收头应用防水涂料多遍涂刷封严。检验方法：观察检查。

（3）铺贴胎体增强材料应平整顺直，搭接尺寸应准确，应排除气泡，并应与涂料粘结牢固；胎体增强材料搭接宽度的允许偏差为−10mm。检验方法：观察和尺量检查。

2.5.6 复合防水层施工规定

（1）卷材与涂膜复合使用时，选用的防水卷材和防水涂料材性应相容。

（2）卷材与涂膜复合使用时，涂膜防水层应设置在卷材防水层的下面。

（3）卷材与涂膜复合使用时，防水卷材的粘结质量应符合表 2-25 的要求。

防水卷材的粘结质量　　　　　　　　　　　　表 2-25

项目	自粘聚合物改性沥青防水卷材和带自粘层防水卷材	高聚物改性沥青防水卷材胶粘剂	合成高分子防水卷材胶粘剂
粘结剥离强度（N/10mm）	≥10 或卷材断裂	≥8 或卷材断裂	≥15 或卷材断裂
剪切状态下的粘结强度（N/10mm）	≥20 或卷材断裂	≥20 或卷材断裂	≥20 或卷材断裂
浸水 168h 后粘结剥离强度保持率（%）	—	—	≥70

（4）防水涂料作为防水卷材粘结材料复合使用时，应符合相应的防水卷材胶粘剂规定。

（5）涂膜和卷材复合防水层施工应分别符合涂膜和卷材的施工规定。

（6）挥发固化型防水涂料不得作为防水卷材粘结材料使用；水乳型或合成高分子类防水涂料不得与热熔型防水卷材复合使用；水乳型或水泥基类防水涂料应待涂膜实干后方可铺贴卷材。

Ⅰ 主控项目

（1）复合防水层所用防水材料及其配套材料的质量，应符合设计要求。检验方法：检查出厂合格证、质量检验报告和进场检验报告。

（2）复合防水层不得有渗漏和积水现象。检验方法：雨后观察或淋水、蓄水试验。

（3）复合防水层在天沟、檐沟、檐口、水落口、泛水、变形缝和伸出屋面管道等细部构造部位的防水构造，必须符合设计要求。检验方法：观察检查。

Ⅱ 一般项目

（1）卷材与涂膜应粘贴牢固，不得有空鼓和分层现象。检验方法：观察检查。

（2）复合防水层的总厚度应符合设计要求。检验方法：针测法或取样量测。

2.5.7 接缝密封防水施工规定

（1）密封防水部位的基层应符合下列规定：1）基层应牢固，表面应平整、密实，不得有裂缝、蜂窝、麻面、起皮和起砂等现象；2）基层应清洁、干燥，应无油污、无灰尘；3）嵌入的背衬材料与接缝壁间不得留有空隙；4）密封防水部位的基层宜涂刷基层处理剂，涂刷应均匀，不得漏涂。

（2）改性沥青密封材料防水施工应符合下列规定：1）采用冷嵌法施工时，宜分次将密封材料嵌填在缝内，并应防止裹入空气；2）采用热灌法施工时，应由下向上进行，并宜减少接头；密封材料熬制及浇灌温度，应按不同材料要求严格控制。

（3）合成高分子密封材料防水施工应符合下列规定：1）单组分密封材料可直接使用；多组分密封材料应根据规定的比例准确计量，并应拌合均匀；每次拌合量、拌合时间和拌合温度，应按所用密封材料的要求严格控制；2）采用挤出枪嵌填时，应根据接缝的宽度选用口径合适的挤出嘴，应均匀挤出密封材料嵌填，并应由底部逐渐充满整个接缝；3）密封材料嵌填后，应在密封材料表干前用腻子刀修整。

（4）密封材料嵌填应密实、连续、饱满，应与基层粘结牢固；表面应平滑，缝边应顺直，不得有气泡、孔洞、开裂、剥离等现象。

（5）对嵌填完毕的密封材料，应避免碰损及污染；固化前不得踩踏。

（6）密封材料的贮运、保管应符合下列规定：1）运输时应防止日晒、雨淋、撞击、挤压；2）贮运、保管环境应通风、干燥，防止日光直接照射，并应远离火源、热源；乳胶型密封材料在冬季时应采取防冻措施；3）密封材料应按类别、规格分别存放。

（7）进场的密封材料应检验下列项目：1）改性石油沥青密封材料：耐热性、低温柔性、拉伸粘结性、施工度；2）合成高分子密封材料：拉伸模量、断裂伸长率、定伸粘结性。

（8）接缝密封防水的施工环境温度应符合下列规定：1）改性沥青密封材料和溶剂型合成高分子密封材料宜为 0～35℃；2）乳胶型及反应型合成高分子密封材料宜为 5～35℃。

Ⅰ 主控项目

（1）密封材料及其配套材料的质量，应符合设计要求。检验方法：检查出厂合格证、质量检验报告和进场检验报告。

（2）密封材料嵌填必须密实、连续、饱满，粘结牢固，不得有气泡、开裂、脱落等缺陷。检验方法：观察检查。

Ⅱ 一般项目

（1）密封防水部位的基层应牢固、干净、干燥、无油污、无灰尘，表面应平整、密实，不得有裂缝、蜂窝、麻面、起皮和起砂现象。检验方法：观察检查。

（2）接缝宽度和密封材料的嵌填深度应符合设计要求，接缝宽度的允许偏差为 ±10%。检验方法：尺量检查。

（3）嵌填的密封材料表面应平滑，缝边应顺直，应无明显不平和周边污染现象。检验方法：观察检查。

2.5.8 保护层和隔离层施工规定

（1）施工完的防水层应进行雨后观察、淋水或蓄水试验，并应在合格后再进行隔离层和保护层的施工。

（2）隔离层和保护层施工前，防水层或保温层的表面应平整、干净。

（3）隔离层施工时，应避免损坏防水层。

（4）保护层施工时，不应损坏隔离层、防水层或保温层。

（5）块体材料、水泥砂浆、细石混凝土保护层表面的坡度应符合设计要求，不得有积水现象。

（6）块体材料、水泥砂浆、细石混凝土保护层与女儿墙之间应预留宽度为 30mm 的缝隙，缝内宜填塞聚苯乙烯或聚乙烯泡沫塑料条，并应用密封材料嵌填严密。

（7）块体材料保护层铺设应符合下列规定：

1）块体材料保护层宜设置分格缝，分格缝纵横间距不应大于 10m，分格缝宽度宜为 20mm；

2）在砂结合层上铺设块体时，砂结合层应平整，块体间应预留 10mm 的缝隙，缝内应填砂，并应用1：2水泥砂浆勾缝；

3）在水泥砂浆结合层上铺设块体时，应先在防水层上做隔离层，块体间应预留10mm的缝隙，缝内应用1：2水泥砂浆勾缝；

4）块体表面应洁净、色泽一致，应无裂纹、掉角和缺楞等缺陷。

（8）水泥砂浆及细石混凝土保护层铺设应符合下列规定：

1）水泥砂浆及细石混凝土保护层铺设前，应先在防水层上做隔离层；

2）水泥砂浆保护层表面应设表面分格缝，分格面积宜为1m²；

3）细石混凝土施工应振捣密实，并应设分格缝，分格缝纵横间距不应大于6m；分格缝宽度宜为10~20mm；每个分格板块内不宜留施工缝，当施工间歇超过时间规定时，应对板块内接茬进行处理；

4）水泥砂浆及细石混凝土表面应抹平压光，不得有裂纹、脱皮、麻面、起砂等缺陷。

（9）浅色涂料保护层施工应符合下列规定：

1）浅色涂料应与卷材、涂膜相容，材料用量应根据产品说明书的规定使用；

2）浅色涂料应多遍涂刷，当防水层为涂膜时，应在涂膜固化后进行；

3）浅色涂料保护层应与防水层粘结牢固，厚薄应均匀，不得漏涂；

4）涂层表面应平整，不得流淌和堆积。

（10）保护层材料的贮运、保管应符合下列规定：

1）水泥贮运、保管时应采取防尘、防雨、防潮等措施；

2）块体材料应按类别、规格分别堆放；

3）浅色涂料贮运、保管的环境温度，反应型及水乳型不宜低于5℃，溶剂型不宜低于0℃；

4）溶剂型涂料保管环境应干燥、通风，并应远离火源和热源。

（11）保护层的施工环境温度应符合下列规定：

1）块体材料干铺不宜低于-5℃，湿铺不宜低于5℃；

2）水泥砂浆及细石混凝土宜为5~35℃；

3）浅色涂料不宜低于5℃。

Ⅰ 主控项目

（1）保护层所用材料的质量及配合比，应符合设计要求。检验方法：检查出厂合格证、质量检验报告和计量措施。

（2）块体材料、水泥砂浆或细石混凝土保护层的强度等级应符合设计要求。检验方法：检查块体材料、水泥砂浆或细石混凝土抗压强度试验报告。

（3）保护层的排水坡度，应符合设计要求。检验方法：坡度尺检查。

Ⅱ 一般项目

（1）块体材料保护层表面应干净，接缝应平整、周边应顺直，镶嵌应正确，应无空鼓现象。检查方法：观察检查。

（2）水泥砂浆、细石混凝土保护层不得有裂纹、脱皮、麻面和起砂等现象。检验方法：观察检查。

（3）浅色涂料保护层应与防水层粘结牢固，厚薄应均匀，不得漏涂。检验方法：观察检查。

（4）保护层的允许偏差和检验方法应符合表2-26的规定。

保护层的允许偏差和检验方法　　　　　　表2-26

项目	允许偏差（mm）			检验方法
	块体材料	水泥砂浆	细石混凝土	
表面平整度	4.0	4.0	5.0	2m靠尺和塞尺检查
缝格平直	3.0	3.0	3.0	拉线和尺量检查
接缝高低差	1.5	—	—	直尺和塞尺检查
板块间隙宽度	2.0	—	—	尺量检查
保护层厚度	设计厚度的10%，且不得大于5mm			钢针插入和尺量检查

（12）隔离层铺设应符合下列规定：1）隔离层应在防水层施工完毕，并应验收合格后，方可铺设；2）隔离层铺设不得有破损和漏铺现象；3）干铺塑料膜、土工布、卷材隔离层时，其搭接宽度不应小于50mm；铺设应平整，不得有皱折；4）在不平整的基层上铺设隔离层时，应先铺抹低强度等级的砂浆，待砂浆干燥后，再在其上干铺一层塑料膜、土工布或卷材；5）铺设低强度等级砂浆隔离层时，其表面应平整、压实，不得有起壳和起砂等质量缺陷；6）隔离层铺设时，不得损坏防水层。

（13）隔离层材料的贮运、保管应符合下列规定：1）塑料膜、土工布、卷材贮运时，应防止日晒、雨淋、重压；2）塑料膜、土工布、卷材保管时，应保证室内干燥、通风；3）塑料膜、土工布、卷材保管环境应远离火源、热源。

（14）隔离层的施工环境温度应符合下列规定：1）干铺塑料膜、土工布、卷材可在负温度下施工；2）铺抹低强度等级砂浆宜为5~35℃。

I 主控项目

（1）隔离层所用材料的质量及配合比，应符合设计要求。检验方法：检查出厂合格证和计量措施。

（2）隔离层不得有破损和漏铺现象。检验方法：观察检查。

II 一般项目

（1）塑料膜、土工布、卷材应铺设平整，其搭接宽度不应小于50mm，不得有皱折。检验方法：观察和尺量检查。

（2）低强度等级砂浆表面应压实、平整，不得有起壳、起砂现象。检验方法：观察检查。

2.5.9 瓦屋面施工规定

（1）瓦屋面采用的木质基层、顺水条、挂瓦条的防腐、防火及防蛀处理，以及金属顺水条、挂瓦条的防锈蚀处理，均匀符合设计要求。

（2）屋面木质基层应铺钉牢固、表面平整；钢筋混凝土基层的表面应平整、干净、干燥。

（3）防水层和防水垫层的铺设应符合下列规定：1）防水层和防水垫层可采用空铺、满粘或机械固定；2）防水层和防水垫层在瓦屋面构造层次中的位置应符合设计要求；3）防水层和防水垫层宜自下而上平行屋脊铺设；4）防水层和防水垫层应顺流水方向搭接，搭接宽度应符合规定；5）防水层和防水垫层应铺设平整，下道工序施工时，不得损坏已铺设完成防水层和防水垫层。

（4）持钉层的铺设应符合下列规定：1）无保温层的屋面，木基层或钢筋混凝土基层可视为持钉层；钢筋混凝土基层不平整时，宜用1:2.5的水泥砂浆进行找平；2）有保温层的屋面，保温层上应按设计要求做细石混凝土持钉层，内配钢筋网应骑跨屋脊，并应绷直与屋脊和檐口、檐沟部位的预埋锚筋连牢；预埋锚筋穿过防水层或防水垫层时，破损处应进行局部密封处理；3）水泥砂浆或细石混凝土持钉层可不设分格缝；持钉层与突出屋面结构的交接处应预留30mm宽的凹槽。

1. 烧结瓦、混凝土瓦屋面施工规定

（1）顺水条应顺流水方向固定，间距不宜大于500mm，顺水条应铺钉牢固、平整。钉挂瓦条时应拉通线，挂瓦条的间距应根据瓦片尺寸和屋面坡长经计算确定，挂瓦条应铺钉牢固、平整，上棱应成一直线。

（2）铺设瓦屋面时，瓦片应均匀分散堆放在两坡屋面基层上，严禁集中堆放。铺瓦时，应由两坡从下向上同时对称铺设。

（3）瓦片应铺成整齐的行列，并应彼此紧密搭接，应做到瓦榫落槽、瓦脚挂牢、瓦头排齐，且无翘角和张口现象，檐口应成一直线。

（4）脊瓦搭盖间距应均匀，脊瓦与坡面瓦之间的缝隙应用聚合物水泥砂浆填实抹平，屋脊或斜脊应顺直。沿山墙一行瓦宜用1:2.5的聚合物水泥砂浆做出披水线。

（5）檐口第一根挂瓦条应保证瓦头挑出檐口50~70mm；屋脊两坡最上面的一根挂瓦条，应保证脊瓦在坡面瓦上的搭盖宽度不小于40mm；钉檐口条或封檐板时，均应高出挂瓦条20~30mm。

（6）烧结瓦、混凝土瓦屋面完工后，应避免屋面受物体冲击，严禁任意上人或堆放物件。

（7）烧结瓦、混凝土瓦的贮运、保管应符合下列规定：1）烧结瓦、混凝土瓦运输时应轻拿轻放，不得抛扔、碰撞；2）进入现场后应堆垛整齐。

（8）进场的烧结瓦、混凝土瓦应检验抗渗性、抗冻性和吸水率等项目。

Ⅰ主控项目

（1）烧结瓦、混凝土瓦屋面防水构造、瓦材及防水垫层的质量，应符合设计要求。检验方法：观察检查、检查出厂合格证、质量检验报告和进场检验报告。

（2）烧结瓦、混凝土瓦不得有渗漏现象。检验方法：雨后观察或淋水试验。

（3）瓦片必须铺置牢固。在大风及地震设防地区或屋面坡度大于100%时，应按设计要求采取固定加强措施。检验方法：观察或手扳检查。

Ⅱ一般项目

（1）挂瓦条应分档均匀，铺钉应平整、牢固；瓦面应平整，行列应整齐，搭接应紧密，檐口应平直。检验方法：观察检查。

（2）脊瓦应搭盖正确，间距应均匀，封固应严密；正脊和斜脊应顺直，应无起伏现象。检验方法：观察检查。

（3）泛水做法应符合设计要求，并应顺直整齐、结合严密。检验方法：观察检查。

（4）烧结瓦和混凝土瓦铺装的有关尺寸，应符合设计要求。检验方法：尺量检查。

2. 沥青瓦屋面施工规定

（1）铺设沥青瓦前，应在基层上弹出水平及垂直基准线，并应按线铺设。

（2）檐口部位宜先铺设金属滴水板或双层檐口瓦，并应将其固定在基层上，再铺设防水层或防水垫层和起始瓦片，檐口沥青瓦应满涂沥青基胶结材料。

（3）沥青瓦应自檐口向上铺设，起始层瓦应由瓦片经切除垂片部分后制得，且起始层瓦沿檐口应平行铺设，瓦切口指向屋脊，并伸出檐口10mm，再用沥青基胶结材料与基层粘结；第一层瓦应与起始瓦叠合，但瓦切口应向下指向檐口；第二层瓦应压在第一层瓦上，且露出瓦切口，但不得超过切口长度。相邻两层沥青瓦的拼缝及切口应均匀错开。

（4）檐口、屋脊等屋面边沿部位的沥青瓦之间、起始层沥青瓦与基层之间，应采用沥青基胶粘材料满粘牢固。

（5）在沥青瓦上钉固定钉时，应将钉垂直钉入持钉层内，固定钉穿入细石混凝土持钉层的深度不应小于20mm，穿入木质持钉层的深度不应小于15mm，固定钉的钉帽不得外露在沥青瓦表面。

（6）每片脊瓦应用两个固定钉固定；脊瓦应顺年最大频率风向搭接，并应搭盖住两坡面沥青瓦每边不小于150mm；脊瓦与脊瓦的压盖面不应小于脊瓦面积的1/2。

（7）沥青瓦屋面与立墙或伸出屋面的烟囱、管道的交接处应做泛水，在其周边与立面250mm的范围内应铺设附加层，然后在其表面用沥青基胶结材料满粘一层沥青瓦片。

（8）铺设沥青瓦屋面的天沟应顺直，瓦片应粘结应牢固，搭接缝应密封严密，排水应通畅。

（9）沥青瓦的贮运、保管应符合下列规定：1）不同类型、规格的产品应分别堆放；2）贮存温度不应高于45℃，并应平放贮存；3）应避免雨淋、日晒、受潮，并应注意通风和避免接近火源。

（10）进场的沥青瓦应检验可溶物含量、拉力、耐热度、柔度、不透水性、叠层剥离强度等项目。

Ⅰ 主控项目

（1）沥青瓦屋面水构造、沥青瓦及防水垫层材料的质量，应符合设计要求。检验方法：观察检查、检查出厂合格证、质量检验报告和进场检验报告。

（2）沥青瓦屋面不得有渗漏现象。检验方法：雨后观察或淋水试验。

（3）沥青瓦铺设搭接应正确，瓦片外露部分不得超过切口长度。检验方法：观察检查。

Ⅱ 一般项目

（1）沥青瓦所用固定钉应垂直钉入持钉层，钉帽不得外露。检验方法：观察检查。

（2）沥青瓦应与基层粘钉牢固，瓦面应平整，檐口应平直。检验方法：观察检查。

（3）泛水做法应符合设计要求，并应顺直整齐，结合紧密。检验方法：观察检查。

（4）沥青瓦铺装的有关尺寸，应符合设计要求。检验方法：尺量检查。

2.5.10 金属板屋面施工规定

（1）金属板屋面施工应在主体结构或支撑结构验收合格后进行。

（2）金属板屋面施工前应根据施工图纸进行深化排板图设计。金属板铺设时，应根据金属板板型技术要求和深化设计的排板图进行。

（3）金属板屋面施工测量应与主体结构测量相配合，其误差应及时调整，不得积累；施工过程中应定期对金属板的安装定位基准点进行校核。

（4）金属板屋面的构件及配件应有产品合格证和性能检测报告，其材料的品种、规格、性能等应符合设计要求和产品标准的规定。

（5）金属板的长度应根据屋面排水坡度、板型连接构造、环境温差及吊装运输条件等综合确定。

（6）金属板的横向搭接方向宜顺主导风向；当在多维曲面上雨水可能翻越金属板板肋横流时，金属板的纵向搭接应顺流水方向。

（7）金属板铺设过程中应对金属板采取临时固定措施，当天就位的金属板材应及时连接固定。

（8）金属板安装应平整、顺滑，板面不应有施工残留物；檐口线、屋脊线应顺直，不得有起伏不平现象。

（9）金属板屋面施工完毕，应进行雨后观察、整体或局部淋水试验，檐沟、天沟应进行蓄水试验，并应填写淋水和蓄水试验记录。

（10）金属板屋面完工后，应避免屋面受物体冲击，并不宜对金属面板进行焊接、开孔等作业，严禁任意上人和堆放物件。

（11）金属板应边缘整齐、表面光滑、色泽均匀、外形规则，不得有扭翘、脱膜和锈蚀等缺陷。

（12）金属板的吊运、保管应符合下列规定：1）金属板应用专用吊具安装，吊装和运输过程中不得损伤金属板材；2）金属板堆放地点宜选择在安装现场附近，堆放场地应平整、坚实，且便于排除地面水。

（13）进场的彩色涂层钢板及钢带应检验屈服强度、抗拉强度、断裂伸长率、镀层重量、涂层厚度等项目。

（14）金属面绝热夹芯板的贮运、保管应符合下列规定：1）夹芯板应采取防雨、防潮、防火措施；2）夹芯板之间应用衬垫隔离，并应分类堆放，应避免受压或机械损伤。

（15）进场的金属面绝热夹芯板应检验剥离性能、抗弯承载力、防火性能等项目。

1. 金属平板施工规定

（1）屋面与立面墙体及突出屋面结构等交接处，均应做泛水处理。两板间放置通长密封条；螺栓拧紧后，两板的搭接部位应用密封材料封严，对接拼缝与外露钉帽应做密封处理。

（2）屋面应平整顺滑，不得有凹凸现象，并应与屋面基层紧密钉牢。

（3）金属平板拼缝搭接处咬合应紧密、连续平整，平行咬口应互相平行，间距正确，高度一致，不应出现扭曲和裂口现象。咬口高度与间距的允许偏差不大于3mm。

（4）相邻两块金属平板应顺年最大频率风向搭接；上下两排板的搭接长度应根据板型和屋面坡长确定，并应符合板型的要求。

（5）金属平板屋面的檐口线、泛水段应顺畅。檐口或屋脊5m长度内局部起伏不大于10mm。

（6）铺设时应先铺装檐口金属平板，以檐口为准，伸入檐沟不少于50mm；无檐沟者挑出120mm。无组织排水屋面檐口,金属板挑出墙面至少200mm。檐口收边与山墙收边应安装牢固、包封严密、棱角顺直。

2. 压型金属板施工规定

(1) 压型金属板的铺装除应符合上述规定外,还应符合下列规定:

1) 压型金属板应先从檐口开始向上铺设,挑出部分应按设计规定。设计无规定时,无檐沟的,挑出墙面不应小于200mm,距檐口不应小于120mm;有檐沟的应伸入檐沟150mm,檐口应用异型金属板材的堵头封檐板,山墙应用异型金属板材的包角板和固定支架封严。

2) 压型金属板铺设相邻两块应顺主导风向搭接,横向搭接宽度不应少于一个波,纵向搭接(即上排搭接下排长度)不应小于200mm。搭接部位应采用密封材料封严,对接拼缝与外露钉帽应做密封处理。

3) 压型金属板的固定应采用螺栓和弯钩螺栓锁牢于檩条上,左右折叠处的螺栓中距可为300~450mm,上下接头的螺栓每隔三个凸陇拴一根,上下排压型金属板搭接应位于檩条上。

4) 压型金属板应采用带防水垫圈的镀锌螺栓固定,固定点应设在波峰上。螺栓的数量在波瓦四周的每一搭接边上,均不应少于3个,波中央不应少于6个。所有外露的螺栓,均应涂抹密封材料保护。

5) 屋脊、斜脊、天沟和突出屋面结构等与屋面的连接处的泛水均应用镀锌平铁皮制作,每块泛水板的长度不宜大于2m,泛水板的安装应顺直。其与压型金属板的搭接宽度不少于200mm,泛水高度不应小于150mm。压型金属板与平型金属板搭接处,均应将波峰打平后,再与平板咬口衔接牢固。

6) 压型金属板的板与板之间采用拉铆钉连接。屋脊板、封檐板、包角板、泛水板、盖缝板、压顶板、变形缝盖板等各种配件间的连接,应顺主导风向,搭接长度应不小于150mm,可采用用拉铆钉连接,拉铆钉横向中距应不大于200mm,外露钉头应满涂密封胶。

(2) 彩钢压型夹芯板的横向搭接宽度应根据板型确定;纵向连接采用搭接方式,上下板搭接应位于檩条上,两块板均应伸至支撑物上,每块板支座长度不应小于50mm。

(3) 压型金属板屋面的有关尺寸应符合下列要求:1) 压型金属板的横向搭接不小于一个波,纵向搭接不应小于200mm;2) 压型金属板挑出墙面的长度不应小于200mm;3) 压型金属板伸入檐沟内的长度不应小于150mm;4) 压型金属板与泛水的搭接宽度不应小于200mm。

Ⅰ 主控项目

(1) 金属平板、压型金属板及辅助材料的质量,必须符合设计要求。检查方法:检查出厂合格证和质量检验报告。

(2) 金属平板、压型金属板的连接和密封处理符合设计要求,不得有渗漏现象。检查方法:观察检验和雨后或淋水检查。

Ⅱ 一般项目

(1) 金属平板、压型金属板铺装应平整、顺滑,排水坡度应符合设计要求。检验方法:观察和尺量检查。

（2）压型金属板的咬口锁边连接应严密、连续、平整，不得扭曲和裂口。检验方法：观察检查。

（3）压型金属板的紧固件连接应采用带防水垫圈的自攻螺钉，固定点应设在波峰上；所用自攻螺钉外露的部分均应密封严密。检验方法：观察检查。

（4）金属面绝热夹芯板的纵向和横向搭接，应符合设计要求。检验方法：观察检查。

（5）金属板的屋脊、檐口、泛水、直线段应顺直，曲线段应顺直。检验方法：观察检查。

（6）金属板材铺装的允许偏差和检验方法，应符合表2-27的规定。

金属板材铺装的允许偏差和检验方法   表 2-27

项目	允许偏差（mm）	检验方法
檐口与屋脊的平行度	15	拉线和尺量检查
金属板对屋脊的垂直度	单坡长度的1/800，且不大于25	
金属板咬缝的平整度	10	
檐口相邻两板的端部错位	6	
金属板铺装的有关尺寸	符合设计要求	尺量检查

2.5.11 采光顶施工规定

（1）采光顶施工应在主体结构验收合格后进行；采光顶的支承构件与主体结构连接的预埋件应按设计要求埋设。

（2）采光顶的施工测量应与主体结构测量相配合，测量偏差应及时调整，不得积累；定期应对采光顶的安装定位基准进行校核。

（3）进场安装的采光顶支承构件、玻璃组件及附件，其材料的品种、规格、色泽和性能应符合设计要求。

（4）采光顶排水坡度应符合设计要求；采光顶的排水系统应确保水的顺利排除，且对屋面内部金属框及玻璃板、聚碳酸酯板的冷凝水进行控制、收集和排除。

（5）采光板与支座固定方法应正确。孔洞、接缝部位均应密封严密，注胶平顺，粘结牢固；外露钉帽应做密封处理。

（6）采光板应根据其热膨胀性能、板厚及板宽在固定部位预留收缩空间。

（7）采光板与支承结构的连接应符合下列要求：1）连接件、紧固件的规格、数量应符合设计要求；2）连接件应安装牢固，螺栓应有防脱落措施；3）连接件与预埋件之间使用钢板或型钢焊接时，构造形式和焊缝应符合设计要求；4）预埋件、连接件表面防腐涂层应完整、无破损。

（8）采光板的铺装应符合下列规定：1）采光板应采用金属压条压缝和不锈钢螺钉固定；板缝密封应用密封胶或密封胶条；2）采光板的接缝应用专用连接夹连接，板材被夹持的部分至少要含有一条筋肋，且被夹持长度不宜小于25mm；3）采光板的封边处理应用铝箔封口胶带或铝质封口材料；4）铺装采光板板时，应将UV（防紫外线标志）面朝向阳光方向。

（9）采光顶施工完毕，应进行现场淋水试验和天沟或排水槽蓄水试验。

（10）采光顶施工的气候条件应符合下列规定：1）雨天、雪天和五级风及其以上时不得施工；2）密封胶的现场施工温度应符合产品说明书要求。

Ⅰ 主控项目

（1）采光顶防水构造必须符合设计要求，不得有渗漏现象。检验方法：观察检查和雨后或淋水检验。

（2）采光板及其配套密封材料的质量，必须符合设计要求。检验方法：检查出厂合格证和质量检验报告。

（3）采光板与支承结构的连接必须符合设计要求。检验方法：观察检查和检查隐蔽工程验收记录。

Ⅱ 一般项目

（1）屋面内部金属框及采光板的冷凝水收集、排除和处理应符合设计要求。检验方法：观察检查。

（2）采光板的连接、固定和密封，均应符合设计要求和本规范的规定。检验方法：观察检查。

（3）采光板的密封注胶应严密平顺，粘结牢固，且不得污染采光板表面。检验方法：观察检查。

1. 玻璃采光顶施工规定

（1）玻璃采光板的铺装应符合下列规定：1）铺装前玻璃板表面应平整、干净、干燥；2）玻璃板的接缝宽度不应小于12mm，接缝密封深度宜与接缝宽度一致；3）当玻璃板块平接时，接缝应进行两道密封处理，第一道应用低模量密封胶；第二道应用高模量密封胶；4）玻璃板嵌入结构框架内时，玻璃板四周与密封胶条应结合紧密，镶嵌平整；5）密封胶注胶前应保证注胶面干净、干燥。注胶温度应符合设计和产品要求。

（2）框支承玻璃采光顶的安装施工应符合下列要求：1）根据采光顶分格测量，确定采光顶各分格点的空间定位；2）支承结构应按顺序安装，采光顶框架组件安装就位、调整后应及时紧固。不同金属材料的接触面应用隔离材料；3）采光顶的周边封堵收口、屋脊处压边收口、支座处封口处理，均应铺设平整且可靠固定；4）采光顶天沟、排水槽、通气槽及雨水排出口等节点做法应符合设计要求；5）装饰压板应顺水流方向设置，表面应平整，接缝应符合设计要求。

（3）点支承玻璃采光顶的安装施工应符合下列要求：1）根据采光顶分格测量，确定采光顶各分格点的空间定位；2）钢桁架、网架结构安装就位、调整后应及时紧固。钢索杆结构的拉索、拉杆预应力施加应符合设计要求；3）点支承采光顶应采用不锈钢驳接组件装配，爪件安装前应精确定出其安装位置；4）玻璃宜采用机械吸盘安装，并应采取必要的安全措施；5）玻璃接缝应用硅酮耐候胶，胶缝应平整、光滑流畅，缝宽均匀一致；6）中空玻璃钻孔周边应采取多道密封措施。

（4）采光顶使用的玻璃应符合下列规定：1）采光顶应使用安全玻璃，玻璃的品种、规格、颜色、光学性能应符合设计要求；2）夹层玻璃宜采用干法加工合成，夹层玻璃的两片玻璃厚度相差不宜大于2mm；3）夹层玻璃的胶片宜采用聚乙烯醇缩丁醛（PVB）胶片，胶片厚度不应小于0.76mm；4）采光顶所采用夹层中空玻璃的夹层面应在中空玻璃的下表面。中空玻璃宜采用双道密封结构。隐框玻璃的二道密封应采用硅酮结构密封胶；

5) 钢化玻璃表面不得有损伤，8.0mm以下的钢化玻璃应进行引爆处理；6) 所有采光顶玻璃均应进行边缘处理。

（5）玻璃采光顶框架组件安装应符合下列规定：1) 明框采光顶玻璃与槽口的配合尺寸应符合有关要求，玻璃与框料之间的间隙应采用压模成型的氯丁橡胶密封条；2) 明框采光顶组件的导气孔及排水孔设置应符合设计要求，组装时应保证其通畅；3) 明框采光顶组件应拼装严密，框缝应采用中性硅酮耐候密封胶密封；4) 隐框采光顶玻璃和金属框表面的尘埃、油渍和其他污物应使用溶剂清洁，并及时注胶；5) 隐框玻璃组件应采用硅酮结构密封胶，注胶宽度和厚度应符合设计要求；6) 结构胶固化期间，不得使其长期处于单独受力状态。

（6）采光顶玻璃接缝密封胶的施工应符合下列规定：1) 玻璃接缝密封胶的施工厚度应大于5mm，施工宽度不宜小于施工厚度的2倍。较深的密封槽口底部应采用聚乙烯发泡材料填塞；2) 硅酮建筑密封胶在接缝内应两对面粘结，不应三面粘结；3) 硅酮建筑密封胶不宜在夜晚、雨天打胶。打胶温度应符合设计要求和产品要求，打胶前应使打胶面清洁、干燥。

（7）玻璃采光顶材料的质量及贮运、保管应符合下列规定：1) 采光玻璃的技术性能、尺寸、颜色均应符合设计要求；2) 采光顶部件在搬运时应轻拿轻放，严禁发生互相碰撞；3) 采光玻璃在运输中应采用有足够承载力和刚度的专用货架。部件之间应用衬垫固定，并相互隔开；4) 部件应放在专用货架上，存放场地应平整、坚实、通风、干燥，并严禁与酸碱等类的物质接触。

2. 聚碳酸酯板采光顶施工规定

（1）聚碳酸酯板的裁切及钻孔应符合下列规定：1) 中空板可用锋利的刀切开，并将所有的敞开的孔端用铝材封口带封住；空心板可用普通的圆锯、带锯和手锯进行切割，切割后应将锯屑清除，并保持板材清洁；2) 钻孔采用普通钻头，钻孔直径应略大于螺钉直径；距板边40mm范围内不宜钻孔。

（2）聚碳酸酯板可冷弯成型或真空成型，但不得采用板材胶粘成型。

（3）聚碳酸酯板边缘固定时，板材嵌入深度不应小于25mm，嵌入时预留缝应根据板材长度或宽度来确定。

（4）聚碳酸酯板在安装完成前不得损坏保护膜。在安装过程中，板材边缘部分可揭开50mm左右，以便固定和密封。

（5）安装聚碳酸酯板时，必须将有防紫外线标志的一面向外安装。

（6）聚碳酸酯板板面清洗时，可用中性洗涤剂及柔软织物进行清洗，清水冲净，也可直接用高压水龙头进行冲洗；聚碳酸酯板表面严禁用硬质器具刮擦，且应避免与不相容的化学物质直接接触。

（7）聚碳酸酯板的质量及运输、保管应符合下列规定：1) 聚碳酸酯板的物理力学性能应符合设计要求，不得有划痕、缺边及板面损伤；2) 聚碳酸酯板搬运时应轻拿轻放，严禁抛、扔；3) 聚碳酸酯板应平放在平整、坚实、干净的地坪上、地面上不得有凸凹不平或局部突出硬物。存放地应远离火源、通风、干燥，并不得与酸碱等类的物质接触。

3. 玻璃钢板采光顶施工规定

（1）玻璃钢板采用优质聚酯树脂，无碱玻璃纤维毡或无捻玻纤短切纱为原料，经全自动连续机组牵引，匀速通过电脑控温的烘炉加热，高温凝胶固化成型。也可用专用胎模喷（刷）涂成型，喷（刷）涂遍数、厚度应符合设计要求。

（2）玻璃钢与预应力马鞍形板复合采光顶施工规定：1）玻璃钢板两条长边的弧形应与马鞍形板相匹配；2）马鞍形板的预埋 $\phi8$ 钢筋位置应准确，所有外露的钢筋头应在同一斜面内。如采用钻孔 $\phi8$ 膨胀螺栓时，螺栓根部宜用聚硫或硅酮密封胶封严；3）角钢与预埋 $\phi8$ 钢筋的焊接应牢固，扁钢与角钢焊接应牢固，焊接后角钢表面的弧度应与马鞍板表面的弧度基本一致，扁钢的弧度应与玻璃钢板弧度相一致；4）玻璃钢与马鞍板铆固应牢固，不得松动，使橡胶密封垫有效密封。

（3）拱形、坡形屋面玻璃钢采光带施工规定：1）外层、内层玻璃钢板与支撑龙骨应用防水自攻螺钉固定牢固，螺钉根部打中性硅酮密封胶，使其不渗水；2）防水自攻螺钉部位、龙骨部位设置防冷桥隔热垫块；3）收边板上端用拉铆钉与玻璃钢板固定；下端与屋面卷起泛水板、卷起防水层用防水自攻螺钉固定在结构方钢管外侧，与泛水板之间用丁基胶粘带密封止水；4）相邻玻璃钢板之间采用搭接连接，搭接宽度为200mm，搭接缝用中性硅胶作密封处理；5）所用支撑龙骨可采用方钢管、角钢、槽钢；6）所用配套密封材料、紧固件、构配件、支撑件应符合设计要求。

（4）玻璃钢采光板的质量及运输、保管应符合下列规定：1）玻璃钢采光板的原材料质量、物理力学、透光性能应符合设计要求，不得有划痕、缺边及板面损伤；2）玻璃钢板板搬运时应轻拿轻放，严禁抛、扔；3）玻璃钢板应码放在专用货架上，存放场地应远离火源、通风、干燥，并避免与不相容的化学物质接触。

I 主控项目

（1）采光顶所用玻璃板、聚碳酸酯板、玻璃钢板及其配套材料的质量，应符合设计要求。检验方法：检查出厂合格证和质量检验报告。

（2）采光顶不得有渗漏现象。检验方法：雨后观察或淋水试验。

（3）硅酮耐候密封胶的打注应密实、连续、饱满，粘结应牢固，不得有气泡、开裂、脱落等缺陷。检验方法：观察检查。

II 一般项目

（1）采光顶铺装应平整、顺直；排水坡度应符合设计要求。检验方法：观察和坡度尺检查。

（2）玻璃采光顶的冷凝水收集和排水构造，应符合设计要求；玻璃、聚碳酸酯板、玻璃钢板的连接、固定和密封，应符合设计要求。检验方法：观察检查。

（3）明框玻璃采光顶的外露金属框或压条应横平竖直，压条安装牢固；隐框玻璃采光顶的玻璃分格拼缝应横平竖直，均匀一致。检验方法：观察和手扳检查。

（4）点支承玻璃采光顶的支承装置应安装牢固，配合应严密；支撑装置不得与玻璃直接接触。检验方法：观察检查。

（5）采光顶玻璃的密封胶应横平竖直，深浅应一致，宽窄应均匀，并应光滑顺直。检验方法：观察检查。

（6）明框玻璃采光顶铺装的允许偏差和检验方法，应符合表2-28的规定。

明框玻璃采光顶铺装的允许偏差和检验方法 表 2-28

项目		允许偏差（mm）		检验方法
		铝构件	钢构件	
通长构件水平度（纵向或横向）	构件长度≤30m	10	15	水准仪检查
	构件长度≤60m	15	20	
	构件长度≤90m	20	25	
	构件长度≤150m	25	30	
	构件长度>150m	30	35	
单一构件直线度（纵向或横向）	构件长度≤20m	2	3	拉线和尺量检查
	构件长度>2m	3	4	
相邻构件平面高低差		1	2	直尺和塞尺检查
通长构件直线度（纵向或横向）	构件长度≤35m	5	7	经纬仪检查
	构件长度>35m	7	9	
分格框对角线差	对角线长度≤2m	3	4	尺量检查
	对角线长度>2m	3.5	5	

（7）隐框玻璃采光顶铺装的允许偏差和检验方法，应符合表 2-29 的规定。

隐框玻璃采光顶铺装的允许偏差和检验方法 表 2-29

项目		允许偏差（mm）	检验方法
通长接缝水平度（纵向或横向）	接缝长度≤30m	10	水准仪检查
	接缝长度≤60m	15	
	接缝长度≤90m	20	
	接缝长度≤150m	25	
	接缝长度>150m	30	
相邻板块的平面高低差		1	直尺和塞尺检查
相邻板块的接缝直线度		2.5	拉线和尺量检查
通长接缝直线度（纵向或横向）	接缝长度≤35m	5	经纬仪检查
	接缝长度>35m	7	
玻璃间接缝宽度（与设计尺寸比）		2	尺量检查

（8）点支承玻璃采光顶铺装的允许偏差和检验方法，应符合表 2-30 的规定。

点支承玻璃采光顶铺装的允许偏差和检验方法 表 2-30

项目		允许偏差（mm）	检验方法
通长接缝水平度（纵向或横向）	接缝长度≤30m	10	水准仪检查
	接缝长度≤60m	15	
	接缝长度>60m	20	
相邻板块的平面高低差		1	直尺和塞尺检查
相邻板块的接缝直线度		2.5	拉线和尺量检查

项目		允许偏差（mm）	检验方法
通长接缝直线度 （纵向或横向）	接缝长度≤35m	5	经纬仪检查
	接缝长度＞35m	7	
玻璃间接缝宽度（与设计尺寸比）		2	尺量检查

3 地下工程防水

3.1 地下工程防水层设防高度、设防原则、设计内容

（1）地下工程迎水面主体结构应采用防水混凝土，并应根据防水等级的要求采取其他防水措施。

（2）地下工程防水层的设防高度，应视工程类型的不同来确定。1）市政工程隧道、坑道等单建式地下工程应采用全封闭、部分封闭的防排水设计，部分封闭只在地层渗透性较好时或有自流排水条件时采用；2）房屋建筑全地下工程应采用全封闭防排水设计；3）附建式的全地下或半地下工程的设防高度，应高出室外地坪高程500mm以上；4）遵循"防、排、截、堵相结合，刚柔相济，因地制宜，综合治理"的设防原则。

（3）地下工程防水设计，应包括下列内容：1）防水等级和设防要求；2）防水混凝土的抗渗等级和其他技术指标、质量保证措施；3）其他防水层选用的材料及其技术指标、质量保证措施；4）地下工程的变形缝（诱导缝）、施工缝、后浇带、穿墙管（盒）、预埋件、预留通道接头、桩头等细部构造的防水措施，选用的材料及其技术指标、质量保证措施；5）地下工程的防排水系统、地面挡水、截水系统及工程的排水管沟、地漏、出入口、窗井、风井等各种洞口应采取防倒灌措施；寒冷及严寒地区的排水沟应采取防冻措施。

3.2 地下工程防水标准和防水等级

（1）地下工程防水标准，根据允许渗漏水量划分四个等级，见表3-1。

地下工程防水等级标准 表3-1

防水等级	标　　　　准
一级	不允许渗水，结构表面无湿渍
二级	不允许漏水，结构表面可有少量湿渍； 房屋建筑地下工程： 总湿渍面积不应大于总防水面积（包括顶板、墙面、地面）的1/1000；任意100m² 防水面积上的湿渍不超过2处，单个湿渍的最大面积不大于0.1m²； 其他地下工程：总湿渍面积不应大于总防水面积的2/1000；任意100m² 防水面积上的湿渍不超过3处，单个湿渍的最大面积不大于0.2m²；其中，隧道工程还要求平均渗水量不大于0.05L/m²·d，任意100m² 防水面积上的渗水量不大于0.15L/m²·d
三级	有少量漏水点，不得有线流和漏泥砂； 任意100m² 防水面积上的漏水或湿渍点数不超过7处，单个漏水点的最大漏水量不大于2.5L/d，单个湿渍的最大面积不大于0.3m²
四级	有漏水点，不得有线流和漏泥砂； 整个工程平均漏水量不大于2L/m²·d；任意100m² 防水面积上的平均漏水量不大于4L/m²·d

（2）地下工程防水等级的确定，应根据工程的重要性和使用防水要求按表3-2确定。

不同防水等级的适用范围　　　　　　　　　　　　　　　　表3-2

防水等级	适 用 范 围
一级	人员长期停留的场所；因有少量湿渍会使物品变质、失效的贮物场所及严重影响设备正常运转和危及工程安全运营的部位；极重要的战备工程、地铁车站
二级	人员经常活动的场所；在有少量湿渍的情况下不会使物品变质、失效的贮物场所及基本不影响设备正常运转和工程安全运营的部位；重要的战备工程
三级	人员临时活动的场所；一般战备工程
四级	对渗漏水无严格要求的工程

（3）房屋建筑分区分级设防时应注意防止防水等级低的部位出现的渗漏水现象而影响防水等级高的部位正常使用。若无法防止，应统一按防水等级高的部位的要求设防。

3.3 地下工程防水设防要求

地下工程结构主体防水主要分为两大部分，一是钢筋混凝土结构防水，二是细部构造特别是施工缝、变形缝、诱导缝、后浇带等部位的防水。

为提高防水混凝土的抗裂性，采用刚柔相结合的设防方法，加强细部构造等薄弱部位的防水设计与做法，是确保地下工程防水质量的有效保证。

1. 设防要求

地下工程防水设防要求，必须根据工程使用功能、结构形式、环境条件、施工方法及材料性能等因素综合考虑合理确定。

明挖法、暗挖法地下工程防水设防要求分别按表3-3和表3-4选用。

明挖法地下工程防水设防要求　　　　　　　　　　　　　　表3-3

工程部位		结构主体							施工缝							后浇带				变形缝、诱导缝					
防水措施		防水混凝土	防水卷材	防水涂料	塑料防水板	膨润土防水材料	防水砂浆	金属防水板	遇水膨胀止水条（胶）	外贴式止水带	中埋式止水带	外抹防水砂浆	外涂防水涂料	水泥基渗透结晶型防水涂料	预埋注浆管	补偿收缩混凝土	外贴式止水带	预埋注浆管	遇水膨胀止水条（胶）	中埋式止水带	外贴式止水带	可卸式止水带	防水密封材料	外贴防水卷材	外涂防水涂料
防水等级	一级	应选	应选1至2种						应选2种							应选	应选2种			应选	应选2种				
	二级	应选	应选1种						应选1~2种							应选	应选1~2种			应选	应选1至2种				
	三级	应选	宜选1种						宜选1~2种							应选	宜选1~2种			应选	宜选1至2种				
	四级	宜选	—						宜选1种							应选	宜选1种			应选	宜选1种				

暗挖法地下工程防水设防要求　　　　　　　　　　表3-4

工程部位		初砌结构						内衬砌施工缝						内衬砌变形缝(诱导缝)			
防水措施		防水混凝土	塑料防水板	防水砂浆	防水卷材	膨润土防水材料	金属板	外贴式止水带	预埋注浆管	遇水膨胀止水条(胶)	防水密封材料	中埋式止水带	水泥基渗透结晶型防水涂料	中埋式止水带	外贴式止水带	可卸式止水带	防水密封材料
防水等级	一级	必选	应选1至2种					应选1~2种						应选	应选1至2种		
	二级	应选	应选1种					应选1种						应选	应选1种		
	三级	宜选	宜选1种					宜选1种						宜选	宜选1种		
	四级	宜选	宜选1种					宜选1种						宜选	宜选1种		

2. 多道设防

采用刚柔结合的设防措施，可相互取长补短，提高防水防腐能力。

3. 局部加强

为了使某些重点结构部位的钢筋混凝土不裂不渗、对地下工程的垫层进行局部加厚、加强、加筋处理，虽然工程量相对于结构主体来说要小得多，增加的成本也不多，但对保证防水层的正常使用起到了事半功倍的效果。

4. 侵蚀性介质的设防要求

应采用耐侵蚀的防水混凝土、防水砂浆、卷材或涂料等防水材料。

5. 冻土基础的抗冻融要求

混凝土的抗冻融循环不得少于100次。

6. 结构刚度较差或受振动作用工程的设防要求

应采用卷材、涂料等柔性材料做外防水层。

3.4　钢筋混凝土结构主体防水设防要求

钢筋混凝土结构主体防水包括刚性与柔性防水材料两大部分。防水设计可根据工程特点、防水等级、材料特性等要求，贯彻"刚柔相济"的设防原则。

1. 防水混凝土设防要求

（1）防水混凝土的抗渗等级不得小于P6。

（2）防水混凝土的施工配合比由试验确定，试配抗渗等级应比设计要求提高0.2MPa。

（3）应满足抗压、抗冻和抗侵蚀性等耐久性要求。

2. 确定抗渗等级

按埋置深度选取防水混凝土的抗渗等级，见表3-5。

抗渗等级按埋置深度选用表　　　　　　　　　　表3-5

地下工程埋置深度 H（m）	设计抗渗等级
$H < 10$	P6
$10 \leqslant H < 20$	P8
$20 \leqslant H < 30$	P10
$H \geqslant 30$	P12

3. 防水混凝土的使用要求

防水混凝土的使用环境温度不得高于80℃；处于侵蚀性介质中防水混凝土的耐侵蚀系数不应小于0.8，耐侵蚀系数是指防水混凝土试块在侵蚀性介质中和在饮用水中分别养护6个月后的抗折强度之比。

防水混凝土的抗渗性随温度升高而降低，参见表3-6。温度越高抗渗性越低，当温度超过250℃时，几乎失去抗渗能力。因此，规定最高使用温度不得高于80℃。

不同温度下的防水混凝土抗渗性能 表3-6

加热温度（℃）	抗渗压力（MPa）	加热温度（℃）	抗渗压力（MPa）
常温	1.8	200	0.7
100	1.1	250	0.6
150	0.8	300	0.4

4. 结构底板对混凝土垫层的要求

结构底板的混凝土垫层，强度等级不应小于C15，厚度不应小于100mm，在较弱土层中不应小于150mm。

5. 防水混凝土结构设计要求

（1）结构厚度不应小于250mm。

（2）裂缝宽度不得大于0.2mm，并不得贯通。

（3）迎水面钢筋保护层厚度一般不应小于50mm。当地下水无侵蚀作用时，可适当减小，《混凝土结构设计规范》GB 50010规定不应小于40mm。

实际施工中，外墙一般较厚，拆模也较早，养护较困难，当钢筋保护层较厚，保护层范围内的混凝土在无钢筋限位的情况下容易开裂，反而对主体结构的钢筋有害。所以，在规定了钢筋保护层大厚度的同时，对于保护层厚度大于40mm墙体，为防止保护层开裂，危及主体结构钢筋，施工单位常在40~50mm厚的钢筋保护层内加设$\phi 4@150$的双向钢筋网片（一般设置在保护层厚度的中部）。

（4）钢筋混凝土的配筋要求：地下工程的温、湿度较稳定，温差裂缝不易出现。所以，主要解决的是混凝土硬化早期出现的干缩裂缝和混凝土水化热产生时的冷缩裂缝。结构底板配筋较多，一般不会出现贯通裂缝。由于外墙长且薄，保温保湿养护较难，容易出现竖向裂缝，在结构设计上，应采用细而密的配筋原则，水平构造筋间距不宜大于150mm，配筋率宜大于0.4%，在墙的中部或顶端300~400mm范围内，水平筋间距宜为50~100mm，形成一道"暗梁"，以平衡墙体受底板约束产生的收缩应力，墙柱连接处因应力集中易出现竖向裂缝，该处宜增设10%~15%附加筋，外墙后浇带间距30~50m，释放部分收缩应力，40~50d后再用膨胀混凝土回填。

（5）地下结构采用普通防水混凝土，底板和外墙较长时，应设后浇带。采用掺膨胀剂的补偿收缩混凝土，底板后浇带可延长至50~60m分段，也可采用膨胀带（2m宽）取代后浇缝，膨胀带可连续浇筑100~150m，不留缝，膨胀带内的填充性膨胀混凝土既可与带外混凝土同时连续浇筑，也可14d后用大膨胀混凝土回填。但对于墙柱合一的外墙，仍须以30~50m分段浇筑，或以柱为间隔，分段浇筑。

3.5 水泥砂浆防水设防要求

（1）防水砂浆包括聚合物水泥防水砂浆、掺外加剂或掺合料的防水砂浆。

（2）防水砂浆可用于地下工程主体结构的迎水面或背水面，不应用于环境有侵蚀性、受持续振动或温度高于80℃的地下工程防水。

（3）防水层厚度应符合要求。

（4）基层混凝土强度或砌体用的砂浆强度均不应低于设计强度的80%。

（5）改性后防水砂浆的性能应符合表3-7的规定。

改性后防水砂浆的主要性能　　　　　　表 3-7

改性剂种类	粘结强度（MPa）	抗渗性（MPa）	抗折强度（MPa）	干缩率（%）	吸水率（%）	冻融循环（次）	耐碱性	耐水性（%）
外加剂、掺合料	>0.6	≥0.8	同普通砂浆	同普通砂浆	≤3	>50	10% NaOH 溶液浸泡 14d 无变化	—
聚合物	>1.2	≥1.5	≥8.0	≤1.5	≤4	>50		≥80

注：耐水性指标是指砂浆浸水168h后材料的粘结强度及抗渗性的保持率。

3.6 卷材防水设防要求

（1）卷材防水层适用于受侵蚀性介质作用或受振动作用的地下工程，应铺贴在混凝土结构主体的迎水面上，自底板至外墙顶端（顶板），在外围形成封闭、半封闭的防水层。

（2）高聚物改性沥青类防水卷材、合成高分子类防水卷材的物理性能应符合要求。

（3）卷材防水层可采用一层或二层，其厚度按表3-8采用。

不同品种卷材的使用厚度（mm）　　　　　　表 3-8

卷材品种	高聚物改性沥青类防水卷材			合成高分子类防水卷材			
	弹性体改性沥青防水卷材、改性沥青聚乙烯胎防水卷材	本体自粘聚合物沥青防水卷材		三元乙丙橡胶防水卷材	聚氯乙烯防水卷材	聚乙烯丙纶复合防水卷材	高分子自粘胶膜防水卷材
		聚酯毡胎体	无胎体				
单层厚度（mm）	≥4	≥3	≥1.5	≥1.5	≥1.5	卷材：≥0.9 粘结料：≥1.3 芯材厚度≥0.6	≥1.2
双层总厚度（mm）	≥(4+3)	≥(3+3)	≥(1.5+1.5)	≥(1.2+1.2)	≥(1.2+1.2)	卷材：≥(0.7+0.7) 粘结料：≥(1.3+1.3) 芯材厚度≥0.5	—

注：带有聚酯毡胎体的本体自粘聚合物沥青防水卷材现执行《自粘聚合物改性沥青聚酯胎防水卷材》JC-898标准；无胎体的本体自粘聚合物沥青防水卷材现执行《自粘橡胶沥青防水卷材》JC-840标准。

（4）阴阳角应做成圆弧，尺寸视卷材品种而确定，在阴阳角等细部构造部位应增设1~2层相同卷材加强层，宽度不宜小于500mm。

（5）采用与卷材材性相容的胶粘材料粘贴卷材，粘结质量应符合表3-9的要求。

防水卷材粘结质量要求 表3-9

项 目		本体自粘聚合物沥青防水卷材粘合面		三元乙丙橡胶和聚氯乙烯防水卷材胶粘剂	合成橡胶胶粘带	高分子自粘胶膜防水卷材粘合面
		聚酯毡胎体	无胎体			
剪切状态下的粘结性（卷材－卷材）	标准试验条件（N/10mm）≥	40 或卷材断裂	20 或卷材断裂	20 或卷材断裂	20 或卷材断裂	40 或卷材断裂
粘结剥离强度（卷材＝卷材）	标准试验条件（N/10mm）≥	15 或卷材断裂		15 或卷材断裂	4 或卷材断裂	—
	浸水168h后保持率（%）≥	70		70	80	—
与混凝土粘结强度（卷材－混凝土）	标准试验条件（N/10mm）≥	15 或卷材断裂		15 或卷材断裂	6 或卷材断裂	20 或卷材断裂

（6）聚乙烯丙纶复合防水卷材应采用的粘结材料应符合要求。

（7）钠基膨润土防水毯用在结构主体的迎水面，应紧贴在结构外墙上。采用钉铺施工，膨润土防水毯防水层两侧的加持力不应小于0.014MPa，回填土的密实度应≥85%。

3.7 涂料防水设防要求

（1）无机防水涂料和有机防水涂料的物理性能指标应符合有关规范的规定。

（2）无机防水涂料宜用在结构主体的背水面。品种包括掺外加剂、掺合料的水泥基防水涂料和水泥基渗透结晶型防水涂料。

（3）有机防水涂料宜用在结构主体的迎水面。用于背水面时，应具有较高的抗渗性，且与基层有较强的粘结性。品种包括反应型、水乳型、聚合物水泥等涂料，聚合物水泥防水涂料应选用Ⅱ型产品。

（4）潮湿基层宜选择与潮湿基面粘结力大的无机涂料或有机涂料，或采用先涂水泥基类无机涂料而后涂有机涂料的复合涂层。

（5）冬期施工宜选择反应型涂料，如选用水性涂料，施工环境温度不得低于5℃。

（6）埋置较深的重要工程、有振动或有较大变形的工程宜选用高弹性防水涂料。

（7）有腐蚀性的地下工程宜选用耐腐蚀性较好的改性沥青有机防水涂料，并做刚性保护层。

（8）采用有机防水涂料时，宜夹铺胎体增强材料，并应符合以下规定：

1）基层阴阳角应做成圆弧形，阴角直径不小于50mm，阳角直径不小于10mm。

2）在阴阳角及底板表面增加一层胎体增强材料，并增涂2~4遍防水涂料。

3）同层相邻胎体材料的搭接宽度应不小于100mm，上下层和相邻两幅胎体的接缝应错开1/3~1/2幅宽。

4）夹铺胎体时，外墙采用外防外涂施工工艺，胎体宜铺贴于防水涂层表层，外防内做和底板下涂膜防水层，宜铺贴于涂层的中间层，最大限度地发挥涂膜良好的延伸性能。

5）如因夹铺胎体而严重影响涂膜的延伸性能，在基层变形时会导致涂膜断裂，宜不设胎体。

（9）掺外加剂、掺合料的水泥基防水涂膜的厚度不得小于 3.0mm；水泥基渗透结晶型防水涂料的用量不应小于 $1.5kg/m^2$，且厚度不应小于 1.0mm；有机防水涂料的涂膜厚度不得小于 1.2mm。

3.8 地下工程柔性防水材料及混凝土材料的选择

地下工程因常年埋置于地下，柔性防水材料受紫外线照射、温差变化的影响都较小，故耐老化性能已降为次要指标，而耐水性、抗渗压力、耐侵蚀性是主要指标。因此，选择防水材料有两个原则：一是根据建筑物的地基类型、环境条件、气温气候、水文地质状况等因素进行选择；另一个是根据建筑物的防水等级进行选择。

1. 根据建筑物地基类型、环境因素、水文地质状况选择防水材料

（1）地基易沉降、地下水位高地区：可选择三元乙丙橡胶防水卷材、氯化聚乙烯－橡胶共混防水卷材、SBS 聚酯胎改性沥青防水卷材、硅橡胶防水涂料、丙烯酸酯防水涂料等。

（2）地基易沉降、年降雨量少、地下水位低地区：可选择聚酯胎改性沥青防水卷材、聚乙烯胎改性沥青防水卷材、塑料型防水卷材、聚合物水泥防水涂料等。当选择卷材做防水层时，尽量采用空铺、点铺或条铺，以适应基层变形的需要。

（3）地基较稳定、地下水位高、严寒地区：可选择 SBS 玻纤胎改性沥青防水卷材、氯化聚乙烯－橡胶共混防水卷材、聚氯乙烯防水卷材、聚乙烯丙纶复合防水卷材或其他塑料防水板、钠基膨润土防水毯（防水板）、聚合物水泥防水涂料、聚氨酯防水涂料作防水层、水泥基渗透结晶型防水涂料等。

（4）地基较稳定、地下水位低地区：可选择延伸率、弹性较低的卷材、有机（无机）涂料或刚性材料作防水层。

（5）严寒、寒冷地区：可选择三元乙丙橡胶防水卷材、氯化聚乙烯－橡胶共混（等橡胶类）防水卷材、弹性体 SBS 改性沥青防水卷材（涂料）、膨润土防水材料、聚氨酯防水涂料、无机防水涂料、改性刚性材料作防水层。

（6）炎热地区：可选择三元乙丙橡胶防水卷材、氯化聚乙烯－橡胶共混防水卷材、塑性体 APP（APAO、APO）改性沥青防水卷材、钠基膨润土防水毯（防水板）、聚合物乳液防水涂料、聚合物水泥防水涂料、硅橡胶防水涂料、丙烯酸酯防水涂料、无机防水涂料、改性刚性防水材料等。

（7）潮湿（无明水）基层：可选用水乳型、水性防水涂料、无机防水涂料、刚性材料作防水层。在经过调整工艺方案、技术处理后亦可采用卷材作防水层，将卷材空铺。卷材铺贴后，白天因潮气受热膨胀使垫层表面的卷材防水层鼓泡，此时，不能浇筑底板混凝土，可在傍晚气温下降，鼓泡消失时再浇筑底板混凝土。

（8）侵蚀性介质基层：对化工车间、盐渍地基、污水池、防腐池等含侵蚀性介质的基层，应选择耐侵蚀的防水材料作防水层。如高聚物改性沥青防水卷材（涂料）、合成高分子防水卷材及聚氨酯等耐腐蚀性较好的反应型、水乳型、聚合物水泥防水涂料等。涂料防水层应做刚性保护层。

（9）振动作用基层：应选择高弹性防水卷材或涂料作防水层，不宜选择刚性材料作防水层。

2. 根据建筑物的防水等级选择防水材料

一级建筑应选择高档防水材料作防水层。二、三级建筑可选择中档防水材料作防水层，防水层可做二道或一道。四级建筑宜采用防水混凝土，迎（背）水面可不设柔性防水层，亦可选择低档材料作防水层，如改性沥青防水卷材（涂料）、水泥砂浆等。

3. 如何选择混凝土材料

正确选用混凝土材料及采用裂缝控制技术和重视养护工作对提高混凝土的抗渗性能都十分重要。首先应正确选择防水混凝土的原材料（基准材料）。

（1）水泥的要求：宜采用硅酸盐水泥、普通硅酸盐水泥。使用其他品种水泥时应由试验确定。不得使用过期或受湿结块的水泥，并应按冻融条件、是否存在侵蚀性介质等情况，按表3-10选用。

防水混凝土水泥的选用   表3-10

环境条件	优先选用	可以使用	不宜使用
常温下不受侵蚀性介质作用	普通硅酸盐水泥、硅酸盐水泥、矿渣硅酸盐水泥（必须掺入高效减水剂）	粉煤灰硅酸盐水泥	火山灰质硅酸盐水泥
严寒地区露天、寒冷地区在水位升降范围内	硅酸盐水泥、普通硅酸盐水泥	矿渣硅酸盐水泥（必须掺入高效减水剂）	火山灰质硅酸盐水泥、粉煤灰硅酸盐水泥
严寒地区在水位升降范围内	普通硅酸盐水泥	—	火山灰质硅酸盐水泥、粉煤灰硅酸盐水泥、矿渣硅酸盐水泥
侵蚀性介质	按侵蚀性介质的性质选择相应水泥		

注：1. 常温系指最冷月份里的月平均温度 > -5℃；寒冷系指最寒冷月份里的月平均温度为 -5℃ ~ -15℃；严寒系指最寒冷月份里的月平均温度 < -15℃。
    2. 所用水泥不得过期或受湿结块，不同品种、不同强度等级的水泥不得混用。

（2）所选矿物掺合料要求：1）粉煤灰质量应符合《用于水泥和混凝土中的粉煤灰》GB 1596的规定，级别不应低于Ⅱ级，烧失量不应大于5%，用量宜为胶凝材料总量的20% ~ 30%，当水胶比小于0.45时，用量可适当提高；2）硅粉的品质应符合表3-11的要求，用量宜为胶凝材料总量的2% ~ 5%；3）粒化高炉矿渣粉的品质要求应符合《用于水泥和混凝土中的粒化高炉矿渣粉》GB/T 18096的规定；4）使用复合掺合料时，品种和用量应通过试验确定。

硅粉品质要求   表3-11

项目	指标
比表面积（m^2/kg）	≥15000
二氧化硅含量（%）	≥85

（3）粗骨料（石子）要求：坚固耐久、粒形良好、表面洁净，最大粒径为≤40mm，泵送时其最大粒径不应大于输送管道的1/4，吸水率不应大于1.5%。不得使用碱性骨料，质量应符合《普通混凝土用砂、石质量及检验方法标准》JGJ 52—2006的有关规定。钢筋较密集或防水混凝土的厚度较薄时，应采用5 ~ 25mm粒径的细石料作混凝土的骨料。

103

相应的混凝土称细石混凝土。

（4）细骨料要求：坚硬、抗风化性强、洁净的中粗砂，不应选用海砂。其质量应符合《普通混凝土用砂、石质量及检验方法标准》JGJ 52—2006 的规定。

（5）拌合水要求：应符合《混凝土用水标准》JGJ 63—2006 的规定。

（6）外加剂要求：为提高混凝土的抗渗性，可掺入减水剂、膨胀剂、防水剂、密实剂、引气剂、复合型外加剂及水泥基渗透结晶型材料；为提高混凝土的抗裂防渗性能，可掺入膨胀剂或膨胀剂和钢纤维（或化学纤维）；为提高混凝土的防冻融性能，可掺入防冻剂等。这些外加剂的品质和用量应经试验确定，技术性能应符合国家有关标准的质量要求。

（7）总碱量、氯离子含量要求：防水混凝土中各类材料的总碱量（Na_2O 当量）不得大于 $3kg/m^3$；氯离子含量不应超过胶凝材料总量的 0.1%。

3.9　地下工程结构主体细部构造防水设计及施工要点

地下工程结构主体在细部构造部位，须用卷材或涂膜附加层、胎体材料、密封材料、止水带、膨胀或橡胶止水条等材料进行防水密封增强处理。

1. 施工缝

（1）水平施工缝：应避免设在剪力与弯矩最大处或底板与侧墙的交接处，一般留在高出底板表面不少于 300mm 的墙体上；拱（板）墙结合的水平施工缝，宜留在拱（板）墙接缝线以下 150～300mm 处。距预留孔洞边缘不应小于 300mm. 但水池宜只留在顶板梁下皮处；游泳池则不留，整体连续浇筑。水平施工缝的止水措施大致有四种：

预埋中埋式止水带（钢板止水带）、设置外贴式止水带、敷设缓膨型遇水膨胀止水条、预埋注浆管，如图 3-1 所示。浇筑施工缝上部混凝土前，先浇筑 30～50mm 厚 1:1 或与混凝土同比的掺水泥基渗透结晶防水剂的水泥砂浆，再浇筑混凝土。

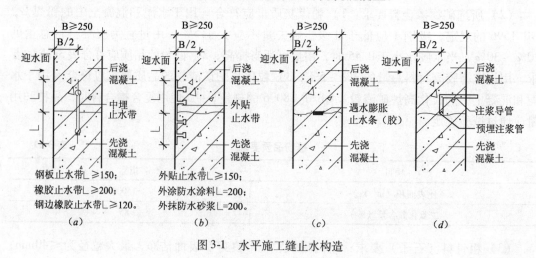

图 3-1　水平施工缝止水构造

1）中埋式止水带、注浆管应定位准确、固定牢固：①钢板止水带应采用搭接焊，焊缝部位用淋水，或涂刷机油的方法观察是否向背面渗透，如渗透应重焊，按施工缝留设部位的设计高程作为假想基面，用锚固筋将钢板焊接在横向钢筋上，假想基面的上下（水平缝）各占1/2板宽的钢板。②橡胶止水带用细铁丝悬挂在设计施工缝高程两侧的横向钢筋上。③注浆管的安装，需事先在设计施工缝高程的横向钢筋上绑扎细铁丝，待下部混凝土浇筑后，再行固定。

2）外贴式止水带的材性宜与柔性防水材料相容：①止水带的接缝宜为一处，应设在边墙较高的部位，不得设在结构的转角处。乙烯－共聚物沥青（ECB）止水带及塑料型止水带的接头应采用热熔焊接连接，橡胶型止水带的接头应采用热压硫化焊接；②利用止水带与柔性防水材料的相容特性，在止水带表面涂刷涂料或卷材胶粘剂进行粘结，塑料型防水卷材与塑料型止水带之间采用热熔焊接；③当柔性防水材料与外贴式止水带的材性不相容时，两者之间可采用卤化丁基橡胶防水胶粘剂粘结。

3）遇水膨胀止水条（胶）施工：①用钢丝刷、凿子、小扫帚、吹风机等工具将混凝土基层的施工缝基层凸起部分凿平，扫去或吹尽浮灰等杂物；②粘贴遇水膨胀止水条（胶）；③用水泥钉将止水条钉压固定，钉间距宜为800~1000mm。平面部位的钉压间距可宽些，立面、拐角部位的间距可窄些；④对遇水不具有缓膨胀特性的止水条涂刷缓膨胀剂。

4）浇筑下部混凝土：混凝土浇筑的高度偏离施工缝留设基面（即假想基面）的误差不宜大于±20mm。浇筑高度的确定，可在模板上画线做记号，作为浇筑时的高度依据。也可用模板的模数来作为施工缝的浇筑高度。

5）浇筑上部混凝土：将基面清理干净，铺设净浆（充分湿润基面）或涂刷混凝土界面处理剂、水泥基渗透结晶型防水涂料，再浇筑30~50mm厚的1:1或与混凝土同比的水泥砂浆接浆层，紧接着浇筑混凝土。接浆层砂浆拌制用量按下式计算：

$$m_B = (0.03 \sim 0.05) \, k \cdot B \cdot L \cdot (m_C + m_S + m_W)$$

式中　m_B——待浇施工缝长度范围内接浆层砂浆的所需拌制用量（kg）；

B——施工缝宽度（m）；

L——施工缝长度，环形施工缝为周长（m）；

m_C——每立方米混凝土的水泥用量（kg）；

m_S——每立方米混凝土的砂子用量（kg）；

m_W——每立方米混凝土的用水量（kg）；

k——系数，一般取1.1~1.2。

（2）垂直施工缝：一般中小型地下工程结构主体不设垂直施工缝，整个工程作业平面内的混凝土整体连续浇筑；但有的大型或特大型地下工程采用"小节拍流水段"方式作业，整个工程作业平面内的混凝土被间隔成若干"段"地进行浇筑，形成大量的垂直施工缝。垂直施工缝的位置，应避开地下水和裂隙水较多的地段。

垂直施工缝的位置，应避开地下水和裂隙水较多的地段，并宜与变形缝相结合。一般在侧壁基面留设凹槽，凹槽宽约为30mm，深约为7mm，槽内嵌塞10mm×30mm的缓膨型遇水膨胀止水条，用混凝土钉固定，见图3-2。浇筑混凝土前，应清理干净基面，喷水湿润侧壁基面，再喷涂水泥基渗透结晶型防水涂料，或涂刷（喷涂）混凝土界面处理剂，紧接着浇筑混凝土。

（3）施工缝防水施工应符合下列规定：1）水平施工缝浇筑混凝土前，应将其表面浮浆和杂物清除，铺水泥砂浆或涂刷混凝土界面处理剂并及时浇筑混凝土；2）垂直施工缝浇筑混凝土前，应将其表面清理干净，涂刷混凝土界面处理剂并及时浇筑混凝土；3）施工缝采用遇水膨胀止水条时，应将止水条牢固地安装在缝表面预留槽内；4）施工缝采用中埋止水带时，应确保止水带位置准确、固定牢靠。

（4）施工缝质量检查：1）检查施工缝的留设位置是否准确，离拱（板）墙接缝线以下是否在150～300mm范围内，距孔洞边缘是否在300mm以上；2）止水带、注浆管、膨胀止水条（胶）的位置是否位于施工缝中央，膨胀止水条混凝土的保护层厚度是否≥100mm；3）施工缝表面的浮灰、碎片等杂物是否已清理干净，对有凿毛工艺要求的基层，检查凿毛质量是否符合要求，基面是否已充分浇水湿润；4）涂刷（或喷涂）水泥剂渗透结晶型防水涂料、水泥净浆或混凝土界面处理剂涂刷质量是否符合要求，是否有漏涂（白斑）处；5）水平施工缝接浆层砂浆的配比是否符合要求，检查接浆层砂浆的拌制用量是否符合工程的实际用量；6）检查接浆层砂浆与混凝土之间是否连续浇筑；7）墙体混凝土拆模后，检查施工缝部位混凝土是否密实。孔眼、裂缝等质量缺陷应修复。

2. 后浇带、膨胀带

（1）一般后浇带：后浇带应设在温度收缩应力较大、变截面或钢筋变化较大等部位，间距为30～60m，宽度宜为700～1000mm。防水构造基本形式见图3-2。实际上，后浇带的两条侧壁缝就是两条垂直施工缝。因此，缝的侧壁防水措施与垂直施工缝基本相同。

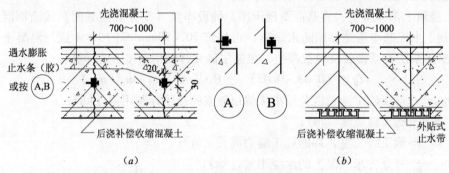

图3-2 后浇带止水构造

（a）预埋遇水膨胀止水条（胶）；（b）预埋外贴式止水带

后浇带应采用补偿收缩混凝土浇筑，其强度等级不应低于两侧混凝土。后浇带应在两侧混凝土收缩变形基本稳定后再施工。混凝土的收缩变形在龄期为6周后才能基本稳定，因此规定龄期达6周后再施工。条件许可时，间隔时间越长越好。

（2）超前止水后浇带：后浇带混凝土浇筑间隔时间很长，带内建筑垃圾不易清理，对已经铺设的防水层不能有效保护。这些缺陷可以采用超前止水的办法加以解决。

超前止水后浇带部位的混凝土应局部加厚，并增设外贴式止水带或中埋式止水带。如图3-3所示。中埋式止水带适用于厚底板（1000～2000mm），底板在后浇带下延伸部分的板厚可为250mm，止水带偏上埋置。这一做法较繁琐，一般工程不宜采用。

采用预制钢筋混凝土板，是简易的超前止水构造，见图3-4（a）。地下水无侵蚀性时，可用5mm厚钢板代替预制钢筋混凝土板，见图3-4（b）；有侵蚀性时，表面刷防锈漆。

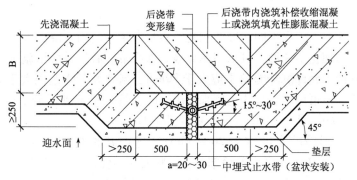

图 3-3 底板超前止水后浇带

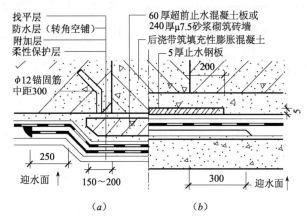

图 3-4 简易超前止水后浇带
(a) 预制板；(b) 防锈钢板

（3）后浇带防水施工应符合下列规定：

1）后浇带应在其两侧混凝土龄期达到 42d 后再施工；

2）后浇带的接缝处理应符合（1）条的规定；

3）后浇带应采用补偿收缩混凝土，其强度等级不得低于两侧混凝土；

4）后浇带混凝土养护时间不得少于 28d。

（4）膨胀带：膨胀带的留设位置与后浇带相同，一般每隔 20～40m 左右设置一条，宽度 2000

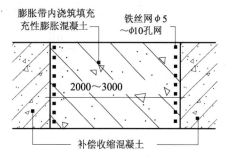

图 3-5 膨胀带构造

～3000mm，带内适当增加 10%～15% 的水平温度钢筋，带的两侧分别架设孔径 $\phi 5$～10mm 的钢丝网，以防两侧混凝土滚入膨胀带，钢丝网用竖向 $\phi 16$ 钢筋（间距 200～300mm）加以固定，钢丝网与上下水平钢筋及竖向筋绑扎牢固，并留出足够的保护层，见图 3-5。

膨胀带的两侧采用限制膨胀率为 0.025%～0.05%、自应力值为 0.2～0.7MPa 的补偿收缩混凝土浇筑，当浇筑到膨胀带位置时，改换成限制膨胀率为 0.04%～0.06%、自应力值为 0.5～1.0MPa 的填充性膨胀缩混凝土浇筑。带内、外混凝土浇筑一气呵成，不留施工缝。膨胀剂的具体掺量视产品的性能指标由试配确定。

3. 变形缝

变形缝设置在地下工程不同区域两侧建筑容易产生不均匀沉降的部位。一般的伸缩变形、温度变形、物理化学变形，可采用诱导缝、膨胀带、后浇带等措施加以解决。用于沉降的变形缝，其最大允许沉降差值不应大于 30mm。当计算沉降差值大于 30mm 时，应在设计上采取措施，不可用增加缝的宽度来解决沉降差较大的问题。变形缝处混凝土结构的厚度不应小于 300mm，小于 300mm 时，应局部加厚。

用于沉降的变形缝的宽度宜为 20～30mm，缝内几种复合防水的构造形式分别见图 3-6～图 3-8。止水带在水平变形缝部位呈盆状安装，使带下不易积聚气泡。

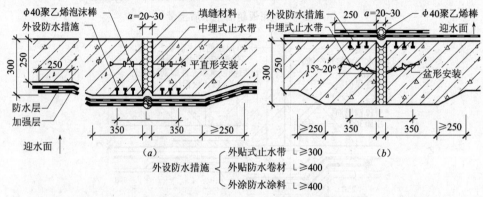

图 3-6 中埋式止水带与外设防水措施复合使用
（a）外墙；（b）顶板

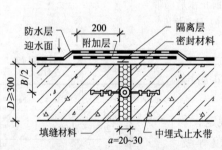

图 3-7 中埋式止水带与嵌缝材料复合使用

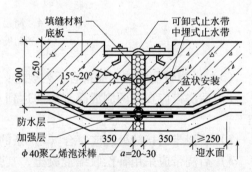

图 3-8 中埋式止水带与可卸式止水带复合使用

（1）安装止水带：一般有五种方法，平直形安装有三种，见图 3-9～图 3-11。盆形安装有两种，见图 3-12、图 3-13。

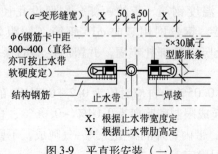

图 3-9 平直形安装（一）

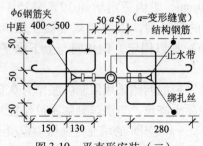

图 3-10 平直形安装（二）

其中，图 3-9 平直形安装和图 3-12 盆形安装施工方法简单、省料、稳定性好。施工时，预先将 $\phi6$ 钢筋弯成一定角度并焊接在结构钢筋上，待止水带就位后，用套筒将 $\phi6$ 钢筋弯成钢筋卡，止水带便稳固在钢筋卡中。

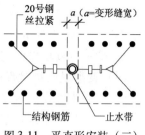

图 3-11 平直形安装（三）

图 3-10 用钢筋夹固定平直形止水带，施工复杂、费料，效果好。如采用焊接工艺将钢筋夹焊接在结构钢筋上时，应防止电火花将止水带灼伤、灼穿或灼成麻面。

图 3-11 用钢丝固定止水带，施工简单、省料，但稳定性差。浇筑、振捣混凝土时，很可能会碰断固定用钢丝，使止水带掉落。

图 3-12、图 3-13 为盆形安装止水带方法，稳定性很好。但费工费料，需五金件，且螺栓须穿过止水带，一旦锈蚀，孔眼就是渗水通路，留下隐患。焊接固定时，电火花可能会灼伤、灼穿止水带。

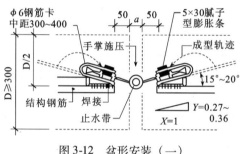

图 3-12 盆形安装（一）

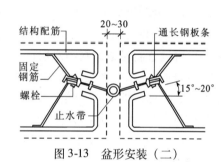

图 3-13 盆形安装（二）

（2）浇筑混凝土：在止水带上部设置 3mm 厚 "U" 形钢板，见图 3-14。这是为了防止浇筑平面部位结构混凝土时，变形缝内因填充柔性填缝材料而导致两侧的混凝土不易振捣密实而采取的有效措施，待混凝土养护完毕再取出 "U" 形钢板，见图 3-15。

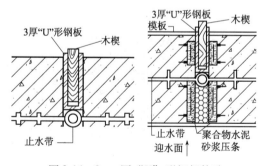

图 3-14 3mm 厚 "U" 形钢板构造

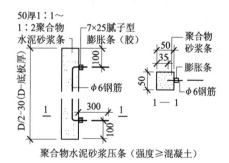

图 3-15 聚合物水泥砂浆压条支撑系统

（3）变形缝防水施工应符合下列规定：

1）止水带宽度和材质的物理性能均应符合设计要求，且无裂缝和气泡；接头应采用热接，不得叠接，接缝平整、牢固，不得有裂口和脱胶现象；

2）中埋式止水带中心线应和变形缝中心线重合，止水带不得穿孔或用铁钉固定；

3）变形缝设置中埋式止水带时，混凝土浇筑前应校正止水带位置，表面清理干净，止水带损坏处应修补；顶、底板止水带的下侧混凝土应振捣密实，边墙止水带内外侧混凝土应均匀，保持止水带位置正确、平直，无卷曲现象；

4）变形缝处增设的卷材或涂料防水层，应按设计要求施工。

（4）变形缝质量检查：

1）止水带埋设位置是否准确，其中心圆环是否与变形缝中心线重合；

2）止水带固定是否牢固，顶、底板止水带是否呈盆形安装，盆形斜度是否符合设计要求；

3）止水带的接缝是否在边墙较高位置上，并只有一处，转角处不得有接缝，接头是否用热压焊；

4）采用与膨胀止水条复合的止水带，膨胀止水条的粘结是否牢固；

5）中埋式止水带变形缝先施工一侧混凝土时，端模支撑是否牢固，模板拼缝是否严密，是否存在漏浆现象；

6）变形缝两侧的混凝土凝固后是否密实；

7）嵌缝材料与两侧基面粘结是否牢固，底部是否设有背衬材料，缝表面是否先设置隔离层后再设置卷材或涂料防水层；

8）可卸式止水带的预埋金属配件、紧固件、螺栓、螺母是否有防止锈蚀的措施，是否定期涂刷机油，拆卸、安装是否容易；

9）变形缝是否有渗漏现象，渗漏部位应予修复，修复前后均应按要求绘制"背水内表面的结构工程展开图"。

4. 穿墙螺栓

防水混凝土结构内部设置的各种钢筋或绑扎铁丝，均不得接触模板，以防金属与混凝土之间细微的收缩缝隙形成贯通的渗水通路。

固定模板的螺栓必须穿过混凝土结构时，可采用工具式螺栓、木堵头或塑料、金属套管的构造形式。待拆模后，将留下的凹槽、孔洞封堵严实，塑料套管用电钻钻拉去除后堵严。其构造形式分别见图3-16、图3-17、图3-18。

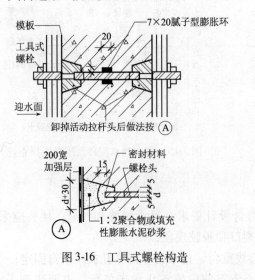

图3-16 工具式螺栓构造

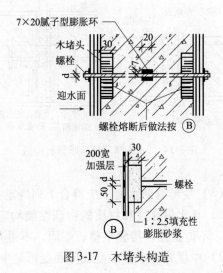

图3-17 木堵头构造

5. 穿墙管道、盒

（1）穿墙管道：穿墙管道和盒应在浇筑混凝土前预埋、安装完毕。而不应当采用留洞口、装管后封堵混凝土或凿洞安装的方法。为了便于操作，穿墙管与内墙角、凹凸部位的距离应不小于250mm。管线较多时，宜采取穿墙盒的办法集中安装。安装时应采取适当措施，防止管道被撞击移位。

1）直埋式穿墙管道：结构变形较小或管道伸缩量较小时，采用直接埋入混凝土中的方法进行防水，穿墙管与混凝土交界处的迎水面基面应预留凹槽，槽内用低模量密封材料嵌实，管中部加设金属止水环或腻子型遇水膨胀止水条、止水胶，其构造形式如图 3-19 所示。

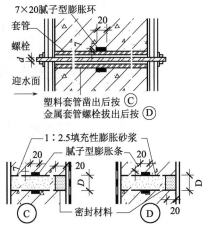

图 3-18　塑料、金属套管构造

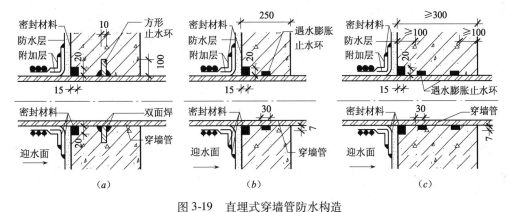

图 3-19　直埋式穿墙管防水构造
（a）方形金属止水环止水；（b）遇水膨胀止水条单圈止水；（c）遇水膨胀止水条双圈止水

止水环选用外方内圆的形状可避免管道被外力撞击后引起转动。止水环需与穿墙管满焊密实。大管径的止水环可改为多边形。直径较小的穿墙管（管径 $\phi \leqslant 50$mm）宜选用遇水膨胀胶条，且居管中偏外设置，但距混凝土表面不宜小于 100mm。单独使用遇水膨胀止水条时，要采取防止管道转动之措施。

止水环与遇水膨胀止水条复合使用，止水效果更好。这时，膨胀止水条应安装在止水环迎水面一侧，并紧贴止水环与穿墙管的焊接处。

直埋式金属管道进入室内时，为防止电化学腐蚀作用，还应在管道伸出室外段加涂树脂涂层，其宽度为管径的 10 倍。树脂涂层也可用缠绕自粘防腐带来代替。

2）套管式穿墙管道：结构变形较大或管道伸缩量较大及管道有更换要求时，应采用套管，套管应加焊止水环，如图 3-20 所示。套管外侧的翼环也应满焊密实，管与管之间的净距应大于 300mm。

3）大直径的预埋套管，管底宜适当开口，防止混凝土在此处虚空，如图 3-21 所示。

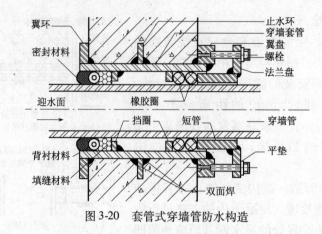

图 3-20 套管式穿墙管防水构造

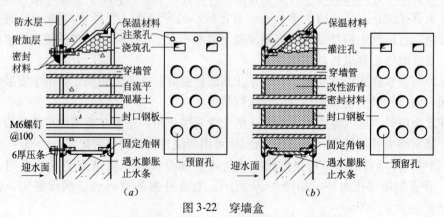

图 3-21 预埋大管径套管

套管底部预开孔径的大小，视套管大小而定。在浇筑混凝土时，密切注意开孔处混凝土的浇筑状态，及时调整振捣操作，涌入套管内的混凝土应及时修平。墙体采取自流平混凝土浇筑时，管底无需开孔。

（2）穿墙盒：穿墙盒适用于管径小、管线多而密的情况。

穿墙盒的封口钢板应与墙上的预埋角铁焊严，并从钢板上的预留浇筑孔注入改性沥青柔性密封材料或自流平细石混凝土，如图 3-22 所示。

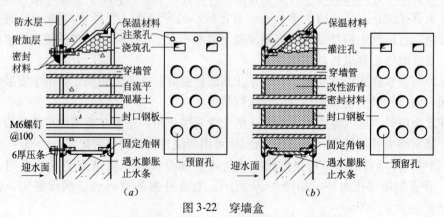

图 3-22 穿墙盒
（a）浇筑自流平混凝土；（b）灌注改性沥青密封材料

小盒注入改性沥青密封材料；大盒浇筑补偿收缩自流平细石混凝土或水泥砂浆，也可掺入水泥基渗透结晶型防水剂。如结构专业另有要求，墙体钢筋可在盒内或盒外作加强处理。

小型地下室，可以预制钢筋混凝土孔板，并且用聚合物水泥砂浆随墙砌入或直接浇入混凝土墙体之中。预制板按排管要求预埋钢套管，如图 3-23 所示。

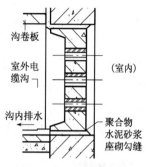

图 3-23 预制孔板构造

室外直埋电缆入户前宜设置接线井，室内电缆出户时，做好密封防水，室内外电缆在接线井内连接。

（3）穿墙管道（盒）的防水施工应符合下列规定：

1）穿墙管止水环与主管或翼环与套管应连续满焊，并做好防腐处理；

2）穿墙管（盒）处防水层施工前，应将套管（盒）内表面清理干净；

3）套管内的管道安装完毕后，应在两管间嵌入内衬填料，端部用密封材料填缝。柔性穿墙时，应在内侧用法兰压紧；

4）穿墙盒应焊严，不渗水，待管道安装完毕后，用填充料灌严，确认不渗水后，上部剩余空隙处用保温材料塞严，以防出现冷桥现象；

5）穿墙管外侧防水层应铺设严密，不留接茬；增铺附加层时，应按设计要求施工。

6. 沟、孔、槽、埋设件

（1）预留孔槽、埋设件：少量在结构主体上的埋设件，宜预埋。只有采用滑模式施工，确无预埋条件时方可后埋，但必须采取有效的防水措施。

埋设件端部或预留孔（槽）底部的混凝土厚度不得小于 250mm，否则应局部加厚。见图 3-24。采用刚性内防水时，预留孔（槽）内的防水层宜与结构防水层有效连接。

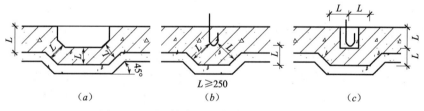

| (a) | (b) | (c) |

图 3-24 预埋件或预留孔（槽）处理示意图
(a) 预留槽；(b) 预埋件；(c) 留孔后埋件

（2）预留孔槽、埋设件防水施工应符合下列规定：

1）埋设件端部或预留孔（槽）底部的混凝土厚度不得小于 250mm；当厚度小于 250mm 时，必须局部加厚或采取其他防水措施；

2）预留地坑、孔洞、沟槽内的防水层，应与孔（槽）外的结构防水层保持连续；

3）固定模板用的螺栓必须穿过混凝土结构时，螺栓或套管应满焊止水环或翼环；采用工具式螺栓或螺栓加堵头做法，拆模后应采取加强防水措施将留下的凹槽封堵密实。采用塑料套管穿墙做法，须用电钻钻拉去除后堵严。

7. 预留通道接头

分两次浇筑的地下工程通道，应按变形缝的构造做好接头的防水。先做的部分，应对防水层、防水构件做好预留与保护工作；后做的部分，应对预留的防水层、防水构件做好衔接工作。预留通道接头两侧结构的最大沉降差不得大于30mm。接头采用复合防水措施，典型防水构造见图3-25、图3-26。

图3-25中固定可卸式止水带的螺栓应预埋，否则，用金属或尼龙膨胀螺栓固定，金属螺栓可选用不锈钢产品或用金属涂膜、环氧涂层、防锈涂料等进行防锈处理。图3-26的接头混凝土施工前应将先浇结构混凝土表面的混凝土凿毛，露出预埋的钢筋或接驳器钢板，与后浇混凝土内的钢筋焊接（连接）牢固后再行浇筑。

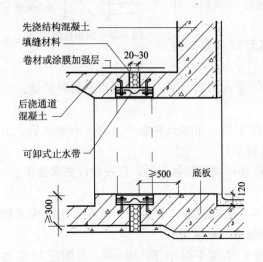

图3-25　预留通道可卸式止水带止水

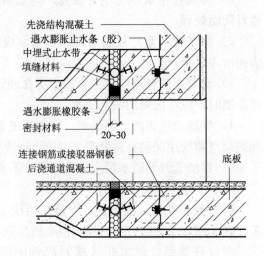

图3-26　预留通道中埋式止水带止水

8. 桩顶

单纯竖向抗压桩可以断桩顶的钢筋和混凝土，将防水层连成一片。而复合受荷桩、竖向抗拔桩、水平受荷桩的桩顶一般不能断筋断混凝土，可采用刚性防水材料作防水层，如聚合物水泥砂浆、环氧砂浆、水泥基渗透结晶型防水涂料和水泥基渗透结晶型防水剂水泥砂浆等。其中以喷涂30厚1：1（或与混凝土同比）水泥基渗透结晶型防水剂水泥砂浆的防水效果较为理想，且施工又简便，水泥基渗透结晶型防水剂的掺量由试验确定。

刚性防水层从桩头经由桩壁与底板下的柔性防水层在垫层基面进行搭接，搭接宽度≥100mm，柔性防水层的收头用腻子型遇水膨胀止水条（胶）压实，如图3-27所示。

9. 孔口、窗井（风井）

（1）孔口

地下工程通向地面的各种孔口应设计防止地表水倒灌的措施。

人员出入口，应设计高出地坪不小于500mm的台阶，且在门上方设计雨篷。民防规范要求出入口设置坚固的带顶棚架，可同时满足设计雨篷的要求，见图3-28。

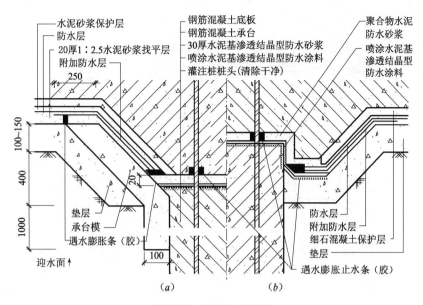

图 3-27 桩顶防水构造
(a) 灌注桩；(b) 预制桩

地铁出入口，一般不存在临时封盖的问题。其高出地面的台阶，要求较宽松，为 150～500mm。

地下车库车道出入口处，应在地坪设计排水明沟，高出洞口防水层高程 150mm，沟后设反坡（防雨水倒灌措施），反坡高度不宜小于 100mm。入口上方设置采光棚罩，减少雨水汇集面积，减轻地下室排水系统的运行。明沟只为排除暴雨积水而设，并不作为路面及广场的雨水口使用，见图 3-29。

（2）风井、窗（采光）井

风井、窗井的防水构造按地下水位的高低不同，规范有以下要求：

1）风井或窗井的底部在最高地下水位以上时，底板和墙应作防水处理，并宜与主体结构断开。

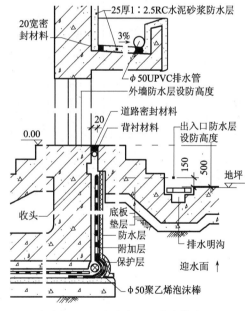

图 3-28 人员出入口防水构造

2）底部在最高地下水位以下时，井体结构和主体结构连同防水层都应连成一体，如图 3-30、图 3-31 所示。窗井内应设集水井。

有专家认为，窗井宜设在室内而不宜附设。且无论风井或窗井的底板是否在最高地下水位之上还是下，都宜积极利用主体结构底板和外墙的防水层，均将两者在平面上连成一体。

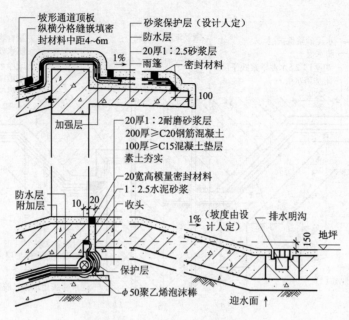

图 3-29 车道出入口防水构造

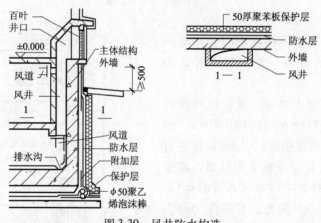

图 3-30 风井防水构造

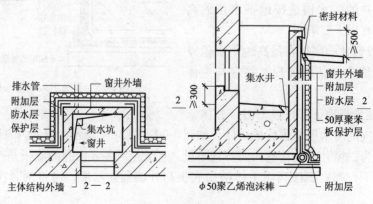

图 3-31 窗井防水构造

116

10. 坑、池

坑、池结构应用防水混凝土一次浇筑完成,不留施工缝,并应避开变形缝、地基易开裂等部位。任何情况下,抗渗等级均应≥P6,并应根据埋设深度,按表3-5确定坑、池结构抗渗等级。

地下坑、池的壁厚与结构主体一样应大于250mm;位于底板以下的坑、池,其局部底板必须相应降低,厚度必须大于250mm;池体裂缝宽度不得大于0.2mm,并不得贯通;坑、池的垫层强度应大于C15,底板强度应大于C20。

地上水池的壁厚不应小于200mm。对刚度较好的小型水池,池体混凝土厚度不应小于150mm。

(1)一般坑、池:用防水混凝土整体浇筑,内设刚性防水层;受振动作用时,可设柔性防水层,但宜加做钢筋混凝土内衬。设置在底板以下的坑、池,其防水层应保持连续,并应增设附加防水层,见图3-32。与地下室结构连在一起的水池,应在做好内防水的同时,做好外防水。

(2)饮用水池:地下饮用水池不宜与消防水池合用。

饮用水池钢筋混凝土池壁的内外都应设置防水层,水池外宜设置柔性外防水层,所选材料应符合饮用水要求;水池内设置刚性防水层,应首选水泥基渗透结晶型防水涂料,

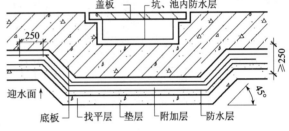

图3-32　底板下坑、池防水构造

并加做防菌无毒涂层,该涂层做成后呈瓷釉状,憎水,清洗起来十分方便。

(3)泳池:

1)地下泳池:池底板直接与地层接触,池四壁直接与回填土接触。应按地下室防水要求做好池体防水,可按二级设防标准选用。

重要的是泳池内防水。鉴于池内壁(包括底板内表面),一般是以硬质块材做饰面,因此,考虑内防水时,必须将块材的粘贴一并考虑。目前常用的做法是:池底、池壁防水混凝土按清水工艺浇筑,螺栓孔按图3-16~图3-18方法封堵;整个内壁涂水泥基渗透结晶型防水涂层,然后直接做7mm厚纤维聚合物水泥砂浆找平;最后用3mm厚聚合物水泥砂(细砂)浆满浆粘贴面砖,聚合物水泥砂浆勾缝。聚合物建议选用丙烯酸系列。

寒冷地区的泳池,或者冬冷夏热地区的室外泳池,可根据需要,采用设置诱导缝的方法解决表面温度变形的问题。

泳池水下灯,适宜用成品,预先埋设。预埋的位置应保证不影响混凝土侧壁的有效防水厚度,如图3-33所示。

2)地上泳池:池四壁或四壁及底板外表面均为室内空间的泳池称为地上泳池。地上泳池内防水与地下泳池完全相同。

地上泳池池底、池壁应为清水防水混凝土。为便于维修,室内空间一侧池壁外表面不应做任何防水层,也不应做任何饰面层,而只设内防水层。

需要指出的是,地上泳池的池底,池壁外表面,在施工及整个使用期间,均不宜随意埋设挂件、螺栓孔;必须埋设时,也只能在梁底埋设,并对钻孔进行防水处理;如需在侧

壁上埋设，则应在设计时就预先考虑好，比如将埋件部位混凝土局部加厚（向外），且在埋设时做好防水处理。

地上水池的水下观察窗（或水下灯），应预埋专用窗框（图3-34）。

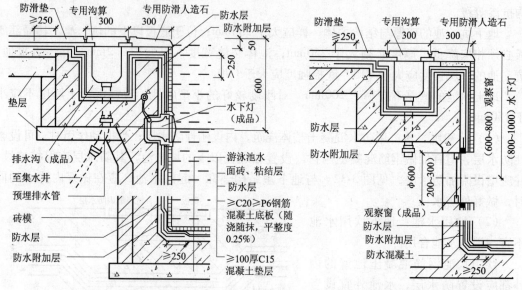

图 3-33　地下泳池防水构造　　　　图 3-34　地上泳池防水构造

观察窗安装节点还有其他防水构造形式。不管采取哪种构造形式，均应订制、预埋。而不能采用先留洞口或只筑 50mm 厚的窗框池壁后凿洞，再装窗封堵的不规范做法。

（4）污水池：地上、地下污水（对混凝土无腐蚀性作用的生活废水）池池壁内表面可不设防水层，外表面可用防污染柔性防水材料做防水层。

1）地上污水池：池壁外防水层应做至地坪以上高程 500mm 处，防水材料可选用高聚物改性沥青防水卷材或涂料、0.5mm 厚一次热压成型的聚乙烯丙纶复合防水卷材（用聚合物水泥粘结铺贴）等柔性防水材料作防水层，见图3-35。

2）地下污水池：池体应用防水混凝土浇筑，并应高出地坪以上 500mm，壁外可选用高聚物改性沥青防水卷材、膨润土防水毯或 0.5mm 厚一次热压成型的聚乙烯丙纶复合防水卷材（用聚合物水泥粘结铺贴）等柔性防水材料作防水层，见图3-36。

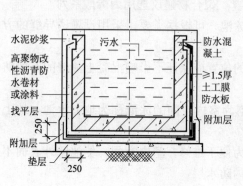

图 3-35　地上污水池防水构造

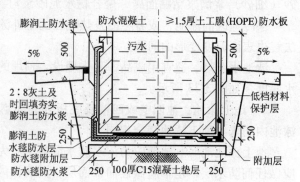

图 3-36　地下污水池防水构造

（5）防腐池：防腐池盛有腐蚀性化工废水，一般应设在地下，为防止化学废液腐蚀池壁，池壁内应设防腐层，池壁外应设防水层。壁外防水材料与地下污水池所选材料相同；壁内防腐材料可选择高聚物改性沥青防腐、防水涂料或卷材，防腐层厚度应符合防腐性质的专用要求，见图3-37。

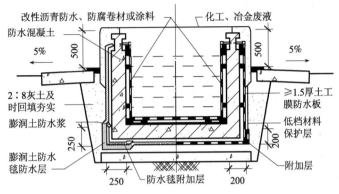

图 3-37　防腐池防水构造

（6）化粪池：粪池埋设在地下，有条件时，设置内、外防水防腐层，无条件时，可只设内防水防腐层。防水防腐材料的选择与防腐池相同，涂膜厚度应≥3mm。一般应在防水防腐层外表面铺抹20厚1：2.5水泥砂浆刚性保护层。施工时，在涂刷最后一遍涂料时，稀撒米粒大小砂粒，固化后再铺抹砂浆保护层（图3-38）。

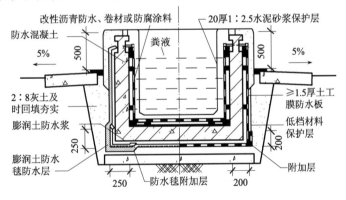

图 3-38　化粪池防水构造

11. 防水混凝土结构细部构造施工质量检验规定

防水混凝土结构细部构造的施工质量检验应按全数检查。

Ⅰ 主控项目

（1）细部构造所用止水带、遇水膨胀橡胶腻子止水条和接缝密封材料必须符合设计要求。检验方法：检查出厂合格证、质量检验报告和进场抽样试验报告。

（2）变形缝、施工缝、后浇带、穿墙管道、埋设件等细部构造做法，均符合设计要求，严禁有渗漏。检验方法：观察检查和检查隐蔽工程验收记录。

Ⅱ 一般项目

（1）中埋式止水带中心线应与变形缝中心线重合，止水带应固定牢靠、平直，不得有扭曲现象。检验方法：观察检查和检查隐蔽工程验收记录。

（2）穿墙管止水环与主管或翼环与套管应连续满焊，并做防腐处理。检验方法：观察检查和检查隐蔽工程验收记录。

（3）接缝处混凝土表面应密实、洁净、干燥；密封材料应嵌填严密、粘结牢固，不得有开裂、鼓泡和下塌现象。检验方法：观察检查。

4 室内工程防水

4.1 室内工程防水设防要求

室内防水工程应遵循"以防为主、防排结合、迎水面防水"的设计原则。

1. 厕浴间、厨房防水设防要求

（1）应以耐穿刺、耐老化的刚性无机防水材料为主，亦可选择自愈合能力强、耐久性较好的卷材及涂料。

（2）墙体宜设置高出楼地面150mm以上的与地面联体的现浇混凝土泛水。

（3）装配式结构厕浴间、厨房等楼板的混凝土应现浇。

（4）厕浴间、厨房四周墙根防水层泛水高度不应小于250mm，其他墙面防水以可能溅到水的范围为基准向外延伸不应小于250mm。浴室花洒喷淋的临墙面防水高度不得低于2m，见图4-1。

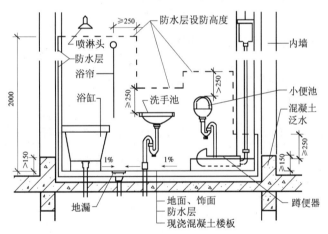

图4-1　厕浴间防水层构造

（5）有填充层的厨房、下沉式卫生间，宜在结构板面和地面饰面层下设置两道防水层。设一道防水层时，应设置在混凝土结构板面上。填充层应选用压缩变形小、吸水率低的轻质材料，表面应浇筑不小于40mm厚的钢筋细石混凝土地面。排水沟应采用现浇钢筋混凝土结构，坡度不应小于1%，沟内应设防水层。

（6）组装式厕浴间的结构地面与墙面均应设置防水层，结构地面应设排水措施。

（7）墙体为现浇钢筋混凝土时，在防水设防范围内的施工缝应作防水处理。

（8）长期处于蒸汽环境下的室内，所有的墙面、楼地面和顶面均应设置防水层。

2. 室内防水层设置保护层的规定

（1）地面饰面层为石材、厚质地砖时，柔性防水层上应用不小于20mm厚的1：3水泥砂浆做保护层。

（2）地面饰面为瓷砖、水泥砂浆时，柔性防水层上应用不小于30mm厚的水泥砂浆或细石混凝土做保护层。

（3）室内地面向墙面翻转的防水层高程＞250mm时，防水层上应采取防止饰面层起壳剥落的措施。

（4）楼地面向地漏处的排水坡度不宜小于1%，地面不得有积水现象。

（5）地漏应设在人员不经常走动且便于维修和便于组织排水的部位。

（6）铺贴墙（地）面砖宜用专用胶粘剂或符合粘贴性能要求的聚合物防水砂浆。

3. 游泳池、水池防水设防规定

游泳池、水池防水设防与地下工程相同。池体水温高于60℃时，防水层表面应做刚性或块体保护层。

4. 室内工程防水材料的选择

室内工程楼地面、顶面及立面防水材料选用，见表4-1、表4-2。

室内工程楼地面、顶面防水材料选用　　　　　　　　　　　　　表4-1

序号	部位	保护层、饰面层	楼地面（池底）防水层	顶面
1	浴厕间、厨房间	防水层表面直接贴瓷砖或抹灰	刚性防水材料、聚乙烯丙纶卷材	聚合物水泥防水砂浆、刚性无机防水材料
		柔性材料用砂浆或细石混凝土做保护层	刚性防水材料、合成高分子涂料、改性沥青涂料、渗透结晶防水涂料、自粘卷材、弹（塑）性体改性沥青卷材、合成高分子卷材	
2	蒸汽浴室、高温水池	防水层表面直接贴瓷砖或抹灰	刚性防水材料	
		柔性材料用砂浆或细石混凝土做保护层	刚性防水材料、合成高分子涂料、聚合物水泥防水砂浆、渗透结晶防水涂料、自粘橡胶沥青卷材、弹〈塑）性体改性沥青卷材、合成高分子卷材	
3	游泳池、水池（温常）	无饰面层	刚性防水材料	
		防水层表面直接贴瓷砖或抹灰	刚性防水材料、聚乙烯丙纶卷材	
		柔性材料用砂浆或细石混凝土做保护层	刚性防水材料、合成高分子涂料、改性沥青涂料、渗透结晶防水涂料、自粘橡胶沥青卷材、弹（塑）性体改性沥青卷材、合成高分子卷材	

室内工程立面防水材料选用　　　　　　　　　　　　　　表4-2

序号	部位	保护层、饰面层	立面（池壁）
1	厕浴间厨房间	防水层表面直接贴瓷砖或抹灰	刚性防水材料、聚乙烯丙纶卷材
		防水层表面经处理或钢丝网抹灰	刚性防水材料、合成高分子防水涂料、合成高分子卷材
2	蒸汽浴室	防水层表面直接贴瓷砖或抹灰	刚性防水材料、聚乙烯丙纶卷材
		防水层表面经处理或钢丝网抹灰、脱离式饰面层	刚性防水材料、合成高分子防水涂料、合成高分子卷材

续表

序号	部位	保护层、饰面层	立面（池壁）
3	游泳池 水池 （常温）	无保护层和饰面层	刚性防水材料
		防水层表面直接贴瓷砖或抹灰	刚性防水材料、聚乙烯丙纶卷材
		混凝土保护层	刚性防水材料、合成高分子防水涂料、改性沥青防水涂料、渗透结晶防水涂料、自粘橡胶沥青卷材、弹（塑）性体改性沥青卷材、合成高分子卷材
4	高温 水池	防水层表面直接贴瓷砖或抹灰	刚性防水材料
		混凝土保护层	刚性防水材料、合成高分子防水涂料、渗透结晶防水涂料、合成高分子卷材

注：1. 防水层外钉挂钢丝网的钉孔应进行密封处理，脱离式饰面层与墙体间的拉结件在穿过防水层的部位也应进行密封处理。钢丝网及钉子宜采用不锈钢质或进行防锈处理后使用。挂网粉刷可用钢丝网也可用树脂网格布；

2. 长期潮湿环境下使用的防水涂料必须具有较好的耐水性能；

3. 刚性防水材料主要指外加剂防水砂浆、聚合物水泥防水砂浆、刚性无机防水材料。

5. 室内工程防水层最小厚度

室内防水工程防水层最小厚度，见表4-3。

室内防水工程防水层最小厚度（mm）　　　　　表4-3

序号	防水层材料 类型		厕所、卫生间、厨房	浴室、游泳池、水池	两道设防或复合防水
1	聚合物水泥、合成高分子涂料		1.2	1.5	1.0
2	改性沥青涂料		2.0	—	1.2
3	合成高分子卷材		1.0	1.2	1.0
4	弹（塑）性体改性沥青防水卷材		3.0	3.0	2.0
5	自粘橡胶沥青防水卷材		1.2	1.5	1.2
6	自粘聚酯胎改性沥青防水卷材		2.0	3.0	2.0
7	刚性防水材料	掺外加剂、掺合料防水砂浆	20	25	20
		聚合物水泥防水砂浆Ⅰ类	10	20	10
		聚合物水泥防水砂浆Ⅱ类、刚性无机防水材料	3.0	5.0	3.0

6. 室内工程细部构造防水做法

（1）墙面与楼地面交接部位防水做法

宜用防水涂料或易粘贴的卷材进行加强处理，附加防水层在平、立面的宽度均不应小于100mm；见图4-2。

（2）穿楼板管道防水做法

穿楼板管道与套管间的空隙用阻燃密实材料填实，上口留厚度≥20mm的凹槽，嵌填高分子弹性密封材料，平面涂膜附加层的宽度不应小于150mm，见图4-3。用于热水管道防水处理的防水材料和辅料，应具有相应耐热性能。

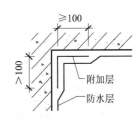

图4-2 阴阳角防水做法

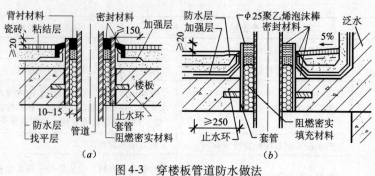

图 4-3 穿楼板管道防水做法

(a) 离墙安装；(b) 临墙安装

（3）管道临墙安装要求

1）穿楼板管道应临墙安装，单面临墙的管道套管离墙净距不应小于 50mm；双面临墙的管道一面临墙不应小于 50mm，另一面不应小于 80mm；套管与套管的净距不应小于 60mm，见图 4-4。

2）穿楼板管道应设置止水套管或其他止水措施，套管直径应比管道大 1～2 级标准；套管高度应高出装饰地面 20～50mm。

（4）地漏防水做法

地漏与地面混凝土间应留置凹槽，用合成高分子密封胶进行密封防水处理。地漏四周应设附加防水层，附加层宽度不应小于 150mm。防水层在地漏收头处，用合成高分子密封胶进行密封防水处理，见图 4-5。

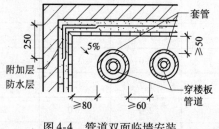

图 4-4 管道双面临墙安装

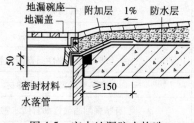

图 4-5 室内地漏防水构造

（5）脸盆台板、浴盆与墙交接角防水做法

洗脸盆台板、浴盆与墙的交接角应用合成高分子密封材料进行密封处理。

4.2 室内工程防水施工

1. 常用防水材料

常用的防水材料见表 4-1、表 4-2。防水层最小厚度见表 4-3。

2. 主要工具、施工条件、涂布防水涂料、涂刷水泥基渗透结晶型防水涂料、铺贴卷材施工

详见"7 防水材料施工方法"。

5 外墙墙面防水

5.1 外墙墙面防水设防要求

节能型外墙的防水功能是确保保温、节能效果的关键环节。

外墙按保温与否可分为非保温外墙和保温外墙两类。保温外墙按保温类型的不同可分为复合材料保温外墙和单一材料保温外墙（或称外墙自保温体系）两大类。

复合材料保温外墙按保温材料所处位置的不同可分为内保温外墙、外保温外墙和夹芯保温外墙三类。

外墙砌块一般可分为非保温砌块和保温砌块两种。保温砌块通常用单一材料制成，如蒸压粉煤灰砖、蒸压加气混凝土砌块和陶粒砌块等。

5.1.1 非保温外墙防水设防要求

1. 现浇钢筋混凝土墙

（1）将所有的孔洞按地下工程的封堵方法嵌填严密；（2）铺抹20厚1:2.5水泥砂浆找平层（宜掺入化学纤维）；（3）涂刷有机或无机防水涂料。

如在找平砂浆中掺入防水剂，也可不涂刷防水涂料。如墙面按清水混凝土工艺浇筑，墙身无0.2mm以上的裂缝，也可不铺抹找平层，直接涂刷防水涂料。

2. 装配式混凝土墙板，在板缝中嵌填密封材料

（1）在接缝内嵌填聚乙烯泡沫棒作背衬材料，调整密封材料的嵌填深度；（2）按要求嵌填密封材料。

3. 用加气混凝土砌块、混凝土空心砌块、陶粒空心砌块砌筑的墙面

（1）用灰浆填实砌体墙的空心垂直柱；（2）在砌块与梁柱的接缝内嵌填密封材料；（3）铺抹20厚1:2.5水泥砂浆找平层（宜掺入化学纤维）；（4）涂刷有机或无机防水涂料。

如在找平砂浆中掺入防水剂，也可不涂刷防水涂料。

4. 按基面情况选择防水材料

（1）当墙面易开裂时，应选择高延伸率的有机防水涂料，且在细部构造部位应铺贴耐碱玻纤网格布；（2）墙面不易开裂时，可选择无机防水涂料；（3）当外墙面找平层砂浆配比低于1:2.5时，可选择高渗透性环氧树脂防水涂料；（4）当外墙面找平层砂浆配比高于1:2.5时，可选择有机硅乳液型憎水剂；（5）找平层内掺聚合物时，采用同种聚合物防水涂料。

5.1.2 内保温外墙防水设防要求

内保温墙的外侧为细石混凝土薄板、埃特板（纤维水泥板、不燃 A1 级材料）、空心砖、砌块等材料，保温层在内侧，再在室内做装饰层。墙体重量轻、刚度差。防水材料应选择具有高弹性、高延伸率、耐老化、耐酸碱性、优异的耐高低温特性和粘结强度高的有机防水涂料和密封材料，内保温墙防水设防要求如下：（1）在垂直缝和水平缝内嵌填密封材料；（2）铺抹 20mm 厚 1：2.5 水泥砂浆找平层（宜掺入化学纤维和防水剂）；（3）涂刷高延伸率（延伸率达 500%）防水涂料；（4）如采用瓷砖饰面，则应用聚合物水泥砂浆粘贴，采用空挂花岗石块材时，挂钩根部应用密封材料封严。

5.1.3 外保温外墙防水设防要求

外保温墙的保温材料设置在外墙主体结构的外基面，要求防水层不裂不渗。

1. 保温材料的选择

设置在外墙外表面的保温材料可选择聚苯乙烯泡沫塑料板（EPS 板、XPS 板）、喷涂或制品型硬泡聚氨酯保温板（PU 板）、胶粉聚苯颗粒复合型保温板和岩棉保温板（MW 板）、酚醛树脂板（PF 板）等。

2. 防水材料的选择

保温层表面的防水层具有防水和保护双重功能，一般可采用内增塑型丙－苯系列聚合物水泥砂浆、外墙耐水腻子、外墙防裂防水砂浆、华鸿高分子益胶泥、RG 聚合物水泥防水涂料和外墙高延伸率有机防水涂料等。

3. 保温、防水设防要求

（1）保温材料应通过喷涂、浇注、胶粘剂粘结、机械锚固、粘结＋机械锚固等方法与墙体以及各构造层之间牢固的结合为一体，应无脱层、空鼓及裂缝。

（2）防水层与保温层之间应粘结牢固，无脱皮、空鼓及虚粘现象，表面无裂缝。

（3）保温层表面抹抗裂砂浆时，应在门窗洞口四角铺压耐碱玻纤网格布进行增强。

（4）饰面砖用聚合物防水砂浆粘结牢固，无空鼓和裂缝。

4. 外墙窗框防水设防要求

窗框防水设防应有利于排水，窗台面应做成顺坡，窗楣外檐做滴水线。窗框四周与墙体的接缝用喷涂硬泡聚氨酯、防水砂浆填实后再用密封材料封严。

5. 外墙窗框主体结构防水设防要求

外墙窗框室内窗户四周常因渗漏而出现黑圈、黑斑，严重影响室内装饰质量。怎样来解决呢？可用防水设计的方法来加以解决。把质量通病消灭在设计阶段。

（1）砌体外墙窗框主体结构防水设计：

窗框的防水设计应有利于排水，特别是对于砌体结构更应如此。砌体墙的窗台平面应设计成顺坡，窗台下缘采用预制窗台或现浇窗台，内窗台比外窗台高出约 10mm，见图 5-1。如果整个窗框都采用预制或现浇，防水方法与下述"（2）钢

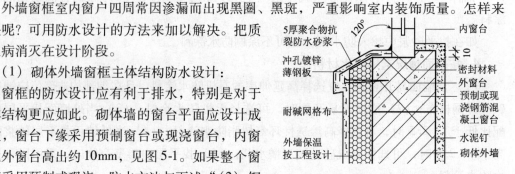

图 5-1　砌体墙窗台防水构造

筋混凝土外墙窗框主体结构防水设计"相同，防水效果将更好。

（2）钢筋混凝土外墙窗框主体结构防水设计

钢筋混凝土外墙窗框两侧内窗边、内窗台混凝土结构设计时，凸出两侧外窗边、外窗台约10mm。这样就不致因设计原因而导致倒坡渗漏。也不会因支模板原因、施工原因导致倒坡渗漏。外窗台宜找坡10%，以迅速排水。见图5-2。

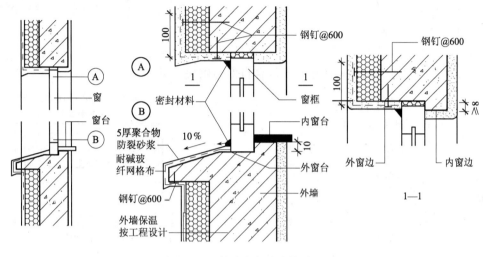

图5-2 外墙窗框防水构造

5.1.4 夹芯保温外墙防水设防要求

夹芯保温墙是在墙体中间设置保温层，其保温构造有许多优点。内保温墙需在外墙表面做装饰层，外保温墙需在柔性保温层表面做防水层，保温性能随防水层性能变化而变化，还易出现消防事故，固定内、外侧保温层需用五金件，施工工艺较复杂。而保温层作为芯材设置在外墙中间，就可以克服上述缺点，因为墙体的内侧和外侧均为刚性基面，可直接找平，刚性材料之间的线性膨胀系数比较接近，找平后再做装饰层和防水层。有的夹芯保温砌块还集承重、保温、装饰于一身，施工完外墙体，保温、装饰即告完成，工艺简单，只要选材合理，质量就容易保证。夹芯保温墙有复合保温板墙和混凝土砌块夹芯保温墙两种。

1. 复合夹芯保温墙防水设防要求

复合夹芯保温墙用复合夹芯保温砌块砌筑而成。砌块（或称复合保温板）的芯材内设置保温材料，其构造大致有以下两种：

（1）复合夹芯保温砌块：复合夹芯保温板（保温砌块）是用水泥、砂、硅酸质材料、粉煤灰等粗细刚性粉料、粒料与水按配比搅拌均匀后，将聚苯乙烯泡沫塑料板等轻质保温材料浇注在一起，两侧基面粘贴耐碱玻纤网格布（或植入钢丝网）增强，见图5-3。这一构造符合可燃保温材料应采用不燃材料进行封闭的防火规定。

复合保温板用来作保温材料的聚苯乙烯泡沫塑料

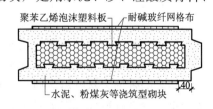

图5-3 复合夹芯保温砌块构造

的密度应为 18~20kg/m³，导热系数应小于 0.041W/（m·K），当聚苯板的厚度为 50mm 厚时，其热阻相当于 1m 厚的红砖墙的热阻，节能隔热效果显著。常用于建筑物外墙和屋面。

保温砌块具有质量轻、强度高、保温性能好、不燃和现场可锯等优点。用保温砌块砌筑的外墙，防水设防要求如下：1）砌块砌筑后，拼接缝应用砌筑砂浆嵌严，随砌随勾缝。不得使用过期灰浆勾缝；2）墙体外侧表面用聚合物水泥砂浆找平，不得开裂；3）墙体内侧表面用普通水泥砂浆找平。

（2）复合自保温砌块：复合自保温砌块是用 C20 混凝土浇筑，空腔内包裹无机泡沫保温材料和有机泡沫保温材料而形成的复合自保温砌块，见图 5-4。

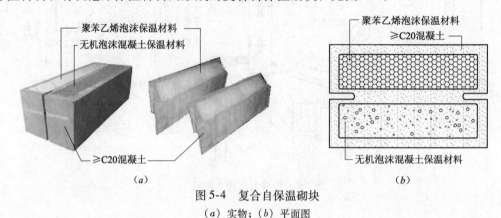

图 5-4　复合自保温砌块
（a）实物；（b）平面图

泡沫混凝土为无机泡沫保温材料，是先将发泡剂通过发泡机制出泡沫，再将泡沫加入水泥浆内发生物理反应而形成气孔。有机泡沫保温材料一般可采用模塑聚苯板（EPS 板）。

复合自保温砌块墙体砌筑完成时，保温层也同时设置完毕，工艺简洁，效果好。另外，由于保温材料位于砌块空腔内，有利于防火，使用寿命与建筑物大致相同，故保温措施优于外墙外保温系统需要定期维护维修、25 年后需要更换的缺点。

2. 混凝土砌块夹芯保温墙防水设防要求

混凝土砌块夹芯保温墙可分为双层砌块保温墙和集承重、保温、装饰为一体的复合空心砌块墙两种构造。

（1）双层砌块保温墙防水设防要求：双层砌块保温墙由结构层、保温层、保护层构成。结构层一般采用 190mm 厚的主砌块，保温层采用聚苯板、岩棉板或现场发泡聚氨酯等材料，保护层（外墙外侧迎水面）采用 90mm 厚的劈裂装饰混凝土砌块。

劈裂装饰砌块具有承重、装饰、防水、隔热等功能。厂家生产时，先把两块或三块、四块小的混凝土砌块合并成一块大的砌块进行造型、养护，当砌块的强度达到设计强度的 70%~80% 时，用劈裂机沿原先的拼接缝将其一分为二、三、四地劈开，成为一面、两面、三面、四面劈裂的砌块。劈裂的断面因组成材料内聚力的不同，形成凹凸不平的形态，掺入的各种天然颜料，使之具有天然石材的色泽和纹理，形成粗犷、古朴、典雅的装饰效果。劈裂砌块的外形见图 5-5。

双层砌块保温墙体内、外侧墙体需用拉结筋、镀锌钢筋网片进行加强，构造比传统墙

图 5-5 劈裂装饰砌块外形

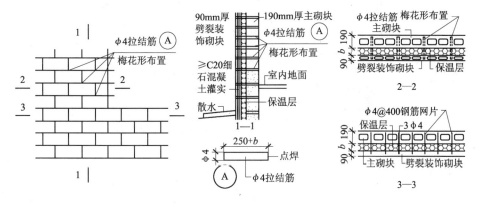

图 5-6 双层砌块保温墙构造

体复杂些,见图5-6。保温材料选择较广泛,聚苯乙烯、岩棉、玻璃棉以及脲醛、硬泡聚氨酯现场浇注材料等均可使用,施工条件不受气候影响。

主砌块结构层与劈裂装饰砌块保护层之间采用 $\phi4$ 镀锌钢筋网片或 $\phi4$ 拉结钢筋连接。每三皮砌块放一层网片。

劈裂装饰砌块的防水性能由混凝土决定,须采用防水混凝土进行浇筑、养护。保温层应形成环形封闭圈,以防出现"热桥"现象。双层砌块保温墙防水设防要求如下:

1)劈裂砌块保护层位于外墙外侧,其自身具有防水性能,应用聚合物防水砂浆对砖缝进行勾填,通过勾缝将整个防水墙面连成一片。

2)为了提高劈裂装饰墙面的整体防渗性能,同时为了不影响墙面的装饰效果,在其表面可增设水性环氧树脂、有机硅乳液型憎水剂作防水层。

(2)承重保温装饰复合空心混凝土砌块墙防水设防要求:承重保温装饰空心砌块具有承重、保温、装饰三种功能,装饰面即为劈裂面。形状可分为主砌块、辅助块、圈梁主块、圈梁辅助块和L形辅助块等。按照砌块空腔内设置保温材料方法的不同,可分为施工时设置保温材料和砌块浇注成型时设置保温材料两种砌块。

1)施工时设置保温材料:主砌块形状见图5-7,砌块在施工过程中随时把聚苯板插入复合砌块的空腔内,见图5-8。

2)砌块浇筑成型时设置保温材料:主砌块形状见图5-9。

承重保温装饰复合空心混凝土砌块墙的防水设防与劈裂装饰砌块相同。

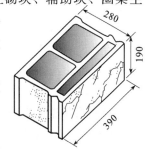

图 5-7 施工时设置
保温材料的砌块

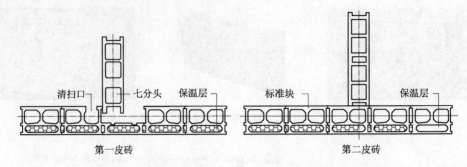

图 5-8 施工时把保温板插入复合砌块空腔内（复合砌块丁字墙）

（a） （b）

图 5-9 浇筑成型时设置保温材料

（a）实物；（b）平面图

5.1.5 自保温体系外墙防水设防要求

自保温墙体采用各类加气多孔无机砌块砌筑。加气砌块具有保温、隔音性能，并能锯、刨、钉、铣、钻，在制造过程中还能植入钢筋，从而使砌块与墙柱间可以用拉结筋连接，以增加整个墙体结构的稳定性。自保温墙体的砌块由单一材料制成。

墙体自保温体系采用蒸压粉煤灰砖、蒸压加气混凝土砌块和陶粒砌块等作墙体材料，辅以节点保温构造措施砌筑的自保温外墙。可满足夏热冬冷地区和夏热冬暖地区节能50%的设计要求。

蒸压加气混凝土砌块的规格尺寸：一般长度为600mm，高度为200mm、240mm，宽度为50～300mm等，外形见图5-10。

图 5-10 蒸压加气砌块成品外形

外墙自保温体系防裂、防水设防要求如下：

（1）自保温砌块应用专用砂浆砌筑，墙面和框架结构之间应无裂缝。

（2）应选择与自保温砌块有良好粘结性能的聚合物砂浆、干粉砂浆等作抹面材料，砂浆层抹压平整，与墙体之间应粘结牢固，不得有鼓包、空鼓、裂缝等渗漏隐患。

（3）抹面前，内墙细部构造部位应增设耐碱玻纤网格布作增强材料，外墙细部构造部位应增设镀锌钢丝网作增强材料。

5.2 外墙保温防水施工

5.2.1 非保温外墙防水施工

1. 墙面施工要求

（1）墙面孔洞、裂缝按大小分别用密封材料、聚合物水泥、聚合物水泥砂浆嵌填密实，修补平整。

（2）露出墙面的铁件预埋件、水落管的固定件嵌入墙内部位的根部，用密封材料嵌填严实，以防渗漏。

2. 清水混凝土墙施工方法

外墙无饰面层的清水混凝土墙或表面平整度达到 2.5%、无尖锐突起物、光滑平整的墙面可直接涂刷有机或无机防水涂料，如图 5-11（a）所示。

3. 普通混凝土墙施工方法

墙面在铺抹 20mm 厚掺化学纤维的 1：2.5 聚合物水泥砂浆找平层，再涂刷防水涂料，如图 5-11（b）所示。

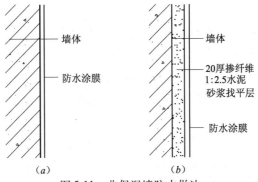

图 5-11 非保温墙防水做法
（a）清水混凝土墙面；（b）普通混凝土、砌体墙面

4. 砌体墙施工方法

（1）砌体由下向上铺砌时，砖间水平接缝、垂直接缝控制在 15mm，将砌块砌至梁下或顶板下皮，等待 7d 以上，待砌体充分沉降，形成收缩裂缝后再用砂浆嵌塞严密；（2）墙体内、外表面用聚合物砂浆双面勾缝，不形成盲缝，隔断渗水通道；（3）各层构造柱位置的砖砌体留马牙槎，保证砖砌体与混凝土有效咬合。在结构柱浇筑混凝土时，采用三道丁字螺栓加固；（4）铺抹找平层，涂刷防水涂料。

5.2.2 内保温外墙防水施工

（1）在垂直缝和水平缝内嵌填高弹性密封材料。

（2）墙面铺抹 20mm 厚掺化学纤维和防水剂的 1：2.5 聚合物水泥砂浆找平层后。

（3）涂刷高性能（延伸率达500%）的弹性防水涂料。

（4）采用瓷砖饰面时，可不涂刷防水涂料，直接用聚合物防水砂浆粘贴饰面，如图5-12所示。采用空挂花岗岩块材时，挂钩根部应用密封材料封严。

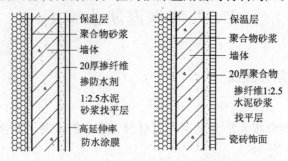

图5-12　内保温墙防水做法

5.2.3　外保温外墙防水施工

外墙外保温系统被称为薄抹灰外墙外保温系统或外墙保温复合系统。所用保温材料包括模塑聚苯板（EPS板）、挤塑聚苯板（XPS板）、矿物棉板（MW板，以岩棉为代表）、硬泡聚氨酯板（PU板）、酚醛树脂板（PF板）等。保温材料通过喷涂、浇注、粘结、机械锚固、粘结+机械锚固、榫嵌等方法铺设在墙体外表面。

1. 各类外保温外墙基本形式

按墙体材料、保温材料及其所处位置及饰面材料的不同，外墙保温防水构造分为粘锚聚苯乙烯泡沫塑料板或改性酚醛泡沫板，见图5-13；粘锚岩棉板，见图5-14；铺抹胶粉聚苯颗粒，见图5-15；喷涂硬泡聚氨酯，见图5-16。另外还有现浇混凝土外墙外保温系统和TCC建筑保温模板系统等。工程上还有一些其他构造形式，如彩钢板夹芯保温板构造形式等。

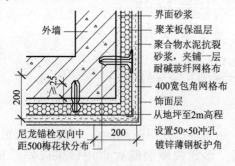

图5-13　聚苯板外墙外保温防水构造

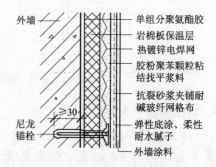

图5-14　岩棉板外墙外保温防水构造

2. 外墙粘锚聚苯乙烯泡沫塑料板、铺抹胶粉聚苯颗粒、喷涂硬泡聚氨酯、粘锚岩棉板保温防水施工方法

外墙外保温材料通过外粘、外贴、锚固、喷涂、铺抹等方法进行铺设。

聚苯乙烯泡沫塑料板、岩棉板采用粘结和粘锚结合的方法进行铺设，胶粉聚苯颗粒采用铺抹的方法进行铺设、硬泡聚氨酯采用喷涂的方法进行铺设。其中，胶粉颗粒胶浆层的燃烧性能可达到 B1 级；聚苯板保温材料的燃烧性能采用 B2 级以上的模塑聚苯板（EPS 板）或挤塑聚苯板（XPS 板），采用 XPS 板时，表面宜拉毛；改性酚醛泡沫板燃烧性能达 B1 级；硬泡聚氨酯的燃烧性能采用能达到 B1 级的产品；岩棉板具有不燃性，为 A 级保温材料。这些保温材料的施工方法如下：

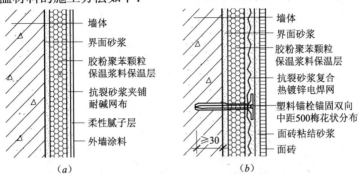

图 5-15 胶粉聚苯颗粒外保温防水构造
（a）涂料饰面；（b）面砖饰面

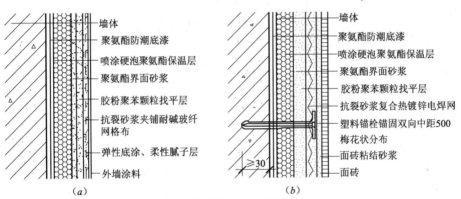

图 5-16 喷涂硬泡聚氨酯外保温防水构造
（a）涂料饰面；（b）面砖饰面

（1）施工条件

1）结构墙面应清理干净，无油渍、浮灰等；施工孔洞、模板穿墙管眼、脚手架眼以及阳台板、墙板缺省处、凹坑处用聚合物水泥砂浆抹压平整；旧墙面松动、风化部分以及大于 10mm 的凸起物应剔除干净，并用聚合物砂浆修补平整。

2）外墙门窗或辅框应施工验收完毕，各种进户管线、设备穿墙管道、预埋件、水落管固定管卡、空调支架固定应安装完毕，这些细部构造部位的管根、螺栓根部应嵌缝密封，确保不渗水，并按外保温系统厚度留出充足间隙，以便于保温层顺利施工。

3）外保温作业环境温度不应低于 5℃，风力不应大于 5 级。严禁雨天施工，雨季施工应做好防雨措施。冬季一般不宜施工。施工作业面应满足安全条件。

（2）施工机具

强制式电动搅拌器、手提式搅拌机、手推车、垂直运输机械、开槽器、电锤、手锤、钳子、铁锹、扫帚、喷涂设备、抹子（抹灰专用检测工具）、经纬仪、托板、密齿手锯、壁纸刀、拉线、粗砂纸、计量工具、卷尺、2 米靠尺、阴阳角抹子、墨斗（粉线袋）、聚苯板开孔器、电动吊篮（或脚手架）、外接电源设备等。

（3）施工所需材料

1）按外墙的实际面积计算设计所标示的保温主材和配套材料及其用量。

2）结合产品使用说明书，准备、配制所需要的材料并在规定时间内用完。

（4）施工流程

聚苯板（或改性酚醛板）保温层、胶粉聚苯颗粒保温层、硬泡聚氨酯保温层、岩棉板保温层施工流程参见图5-17。

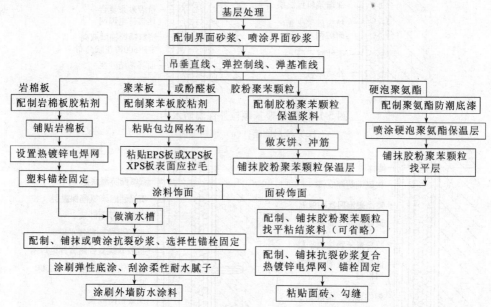

图5-17 外墙粘锚聚苯板、铺抹胶粉聚苯颗粒、喷涂硬泡聚氨酯、粘锚岩棉板施工流程图

（5）施工方法

1）基层处理：清理基面至无浮灰、油渍，松动、风化部分应剔除干净。墙面平整度用2m靠尺检查，最大偏差不大于5mm，剔除10mm以上的凸起物。凹坑部位用聚合物水泥砂浆抹压平整。

2）配制、涂刷界面砂浆：按使用要求配制聚合物界面砂浆。用喷枪或滚刷在基层表面满涂界面砂浆。为提高XPS板的粘结强度，设计要求时，亦应在XPS板的粘结面上涂刷界面砂浆。

3）弹基准线：根据设计要求，在墙面弹出外墙门窗洞口水平，及变形缝线、装饰线条、装饰缝等基准线。

4）吊垂线、弹厚度控制线：吊垂直线，弹厚度控制线。在外墙大角（阴角、阳角）及其他细部构造部位挂垂直基准钢线，每个楼层适当位置挂水平线，以控制聚苯板的垂直度、平整度和厚度。

5）保温层施工：设置外墙保温材料一般可分为固定预制保温板、现场喷涂保温板和现场铺抹保温板三种施工方法。

① 粘贴、锚固预制聚苯板保温层施工方法：

a. 配制聚苯板胶粘剂：按配制要求严格计量，机械搅拌均匀（搅拌至色泽一致），一次搅拌量以能在 1h 内用完为宜，超过可操作时间后不准使用。拌好的料应注意防晒避风。

b. 预先粘贴翻包（包边）网格布：因聚苯板在安装到门窗洞口、变形缝、阳台栏板等细部构造的顶点、边缘时，要用耐碱玻纤网格布作包边（翻包）增强处理，见图 5-18 变形缝做法。故应在这些部位预先粘贴包边网格布，布宽为聚苯板宽 + 200mm，长度根据具体情况确定。耐碱型玻纤网格布的各项性能指标应符合有关规定。

阴角增设 200 宽翻包布，见图 5-19。阳角增设 400 宽翻包布，见图 5-13。

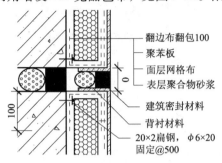

图 5-18　变形缝翻包网格布做法

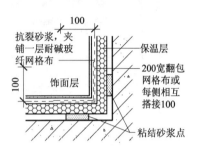

图 5-19　阴角增设 200 宽翻包布

门窗洞口靠近窗台 100mm 宽的翻边布无需翻包保温层，直接粘贴在窗台表面，保温层将更加牢固稳定，见图 5-24。

粘贴变形缝保温层端面翻边布的方法是：在墙面涂抹 2mm 厚胶粘砂浆，将翻遍布 100mm 宽的一端压入胶粘砂浆中，在变形缝端边用 2mm 厚 20mm 宽的镀锌钢板压边，用 $\phi6 \times 20$ 的钢钉固定，余出的网格布甩出备用，并保持其清洁，留待为保温层包边。

c. 涂布胶粘剂：在聚苯板表面涂布胶粘剂的方法分为条粘法和点框法两种。

（a）条粘法：当基面平整度 ≤5mm 时，聚苯板宜采用条粘法铺贴。条粘法涂布胶粘剂的条带宽度分为窄带和宽带两种，见图 5-20。

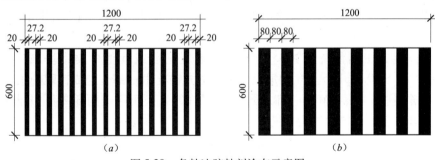

图 5-20　条粘法胶粘剂涂布示意图
（a）窄带；（b）宽带

窄带胶粘剂的涂布宽度为 20mm，空腔宽度为 27.2mm，用专用分挡齿距刮刀刮涂，刮刀与聚苯板之间的夹角为 60°～70°，胶粘剂厚度约为 10mm。

宽带胶粘剂的涂布宽度、空腔宽度同为 80mm，用锯尺镘刀刮涂，刮刀与聚苯板之间的夹角为 60°～70°，胶粘剂厚度约为 5～8mm。

（b）点框法：当基面平整度 >5mm 时，宜采用点框法涂布铺贴。在板的四周边缘刮抹 50mm 宽、10mm 厚的胶粘剂，在板的上口留 50mm 宽的排气口，在板的中间视聚苯板的宽度进行点涂，当宽为1200mm时，为6点；当宽为900mm时，为梅花点，点与点间距不大于200mm，直径不大于100mm，见图5-21。

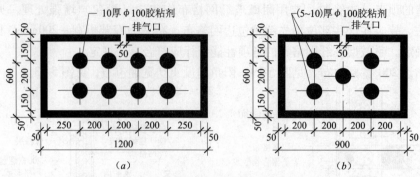

图5-21　点框法胶粘剂涂布示意图
(a) 1200mm 长聚苯板；(b) 900mm 长聚苯板

胶粘剂的涂布粘结面积率按饰面材料的不同而不同。当饰面为涂料时，粘结面积率应不小于40%；当饰面为面砖时，粘结面积率应不小于50%。

d. 粘贴聚苯板：按水平顺序由下向上排板粘贴，相邻两板应错开1/2幅宽铺贴，拼缝不得留在门窗洞口的四个角，阴阳角处做错茬搭接。

粘板时应轻柔均匀挤压板面，随时用托线板检查平整度。每粘完一块板，用木杠将相邻板面拍平，及时清除板边缘挤出的胶粘剂。板间拼缝应严密，如缝隙超过2mm，应用同种等厚度聚苯片填平，严禁通缝，以防冷桥。

粘贴完的板面平整度应为2~3mm，超出部分，应在粘贴12h后，用砂纸或专用打磨机磨平，操作要轻巧。

e. 安装锚固件：聚苯板粘贴完成24h后，按设计要求的布图位点用电钻向保温层、墙体内钻孔，塞入锚固件进行锚固。当设计没指明时，涂料饰面或墙体高度在20~50m时，每平方米钻孔不宜少于4个；面砖饰面或墙体高度在50m以上时，每平方米钻孔不宜少于6个。

钻入加气混凝土墙的深度≥45~50mm，混凝土墙或其他各类砌块墙深度不小于30mm，埋入 $\phi8\times80$~$\phi10\times100$ 的尼龙锚栓。尼龙锚栓由三部分组成，即膨胀尼龙外套，材质一般为聚酰胺PA6、PA6.6（即尼龙6、尼龙66），还可用聚丙烯树脂PP制成；镀锌螺钉和圆形压帽盖。锚栓性能指标见表5-1。

尼龙锚栓技术性能指标　　　　　　　　　　　　　　　　　　　　　表 5-1

项目	外管直径	镀锌螺钉	埋入混凝土深度	单个抗拔力	
				打孔安装式	预埋式
指标	10mm	镀锌厚度≥5μm	30~50mm	≥1.0kN	≥1.5kN

注：1. 单个抗拔力所示荷载为使用荷载，安全系数为4；
　　2. 预埋膨胀螺栓的埋入深度应为50mm。

② 铺抹胶粉聚苯颗粒保温层施工方法：

a. 按厚度控制线用保温浆料或 EPS 板做标准厚度灰饼、冲筋。

b. 铺抹胶粉聚苯颗粒保温浆料施工不应少于两遍，每遍间隔24h以上。每遍厚度不宜大于30mm，最后一遍厚度宜为10mm，达到灰饼或冲筋的厚度。门窗洞口平整度和垂直度应达到质量控制要求。

③ 喷涂硬泡聚氨酯保温层施工方法

a. 粘贴、锚固硬泡聚氨酯预制件：喷涂硬泡聚氨酯适宜在大面积墙面施工，而墙体阴阳角、门窗洞口、宽度不足900mm的墙面等细部构造部位，不宜喷涂施工，应采用厚度达到设计要求的硬泡聚氨酯的预制件进行铺贴施工。先用胶粘剂在硬泡聚氨酯预制件的粘结面进行点框法涂布，厚度为3～5mm，再沿门窗洞口、装饰线角、女儿墙等细部构造部位的边口粘贴。拼缝应严密，缝宽超出2mm时，用等厚硬泡片材塞严。

粘贴完成24h后，用电钻打孔，钻入混凝土结构墙面的深度应大于25mm，以保证尼龙锚栓的有效锚固深度不小于25mm，每个预制件一般为两个锚栓。钻孔后，拧或钉入锚栓锚固，钉头不得超出板面。

b. 喷涂前应用布、塑料薄膜遮挡门窗洞口，缠绕架子管、铁艺等物品进行防护。

c. 喷涂（刷）防潮底漆，应均匀不露底。

d. 用喷涂机喷涂硬泡聚氨酯保温层，当厚度达到约10mm时，插定厚度标杆，梅花状分布，间距300mm，每平方米9～10支。然后按每遍不大于10mm的厚度喷涂至标杆上端，隐约可见标杆头。

e. 喷涂20min后，用裁纸刀、手锯等工具修整超过保温层规定厚度的凸起部分及遮挡部分。

f. 修整完毕4h后，用喷斗或滚刷在硬泡聚氨酯保温层表面喷刷聚氨酯界面砂浆。

g. 抹胶粉聚苯颗粒找平层，先吊找平层垂直厚度控制线，用胶粉聚苯颗粒粘结找平浆料做标准厚度灰饼。

h. 抹胶粉聚苯颗粒砂浆进行找平，分两遍成活。每边间隔24h以上。抹头遍浆料应压实，厚度不宜超过10mm，抹第二遍浆料找平，平整度应达到要求。

④ 粘贴、锚固岩棉板保温层施工方法

岩棉是以玄武岩、辉绿岩为主要原料，外加一定数量的辅助材料，经高温熔融喷吹制成的人造纤维，具有不燃、无毒、质轻、导热系数低、吸声性能好、绝缘、化学稳定性能好、使用周期长等特点。岩棉板的规格一般为1200mm×600mm，其外形见图5-22。岩棉板的粘锚方法如下：

a. 岩棉板粘贴面去除油污、浮尘，用锯齿形刮刀或刮板在粘贴面涂刷单组分聚氨酯胶粘剂。为加快固化时间，涂布胶粘剂后，立即在胶面上喷洒少量水雾，随即把岩棉板铺贴到墙上，在胶粘剂表干前，以约0.5kg/cm^{2}的压力轻轻施压，轻柔挤压，严禁拍打岩棉板，并随时用托线板检验、校正岩棉板的垂直度和平整度。每贴完一块板，应及时清除挤出的胶粘剂。铺贴时应根据岩棉板的定位线布置板块，拼接缝应错开约1/2幅宽。铺贴后的岩棉板见图5-23。如采用专用界面砂浆铺贴，可采用点框法涂布。

图5-22　岩棉板外形　　　　　　　　图5-23　铺贴到墙上后的岩棉板

b. 在岩棉板上铺设热镀锌电焊网，用尼龙锚栓锚固岩棉板和热镀锌电焊网。锚固数量由计算确定，每平方米不得少于 4 个。呈梅花状分布，从距离墙角、门窗洞口侧壁 100 ~ 150mm 处以及从檐口与窗台下方 150mm 处开始锚固。锚入结构墙体内的有效深度不得小于 30mm。沿窗户四周，每边至少应设置三个锚栓。用 U 形热镀锌电焊网片把门窗侧壁及墙体底部包边，用 L 形镀锌电焊网片把墙体转角部位包边。包边网片应随同岩棉板一起锚固。电焊网采用单孔搭接，并用镀锌铅丝将搭接处绑扎牢固，每米绑扎不得少于 4 处。

c. 用喷枪将配制好的界面砂浆均匀地喷涂到岩棉板表面，岩棉板表面及热镀锌电焊网上都应喷满界面砂浆。

d. 抹胶粉聚苯颗粒找平层，先吊找平层垂直厚度控制线，用胶粉聚苯颗粒粘结找平浆料做标准厚度灰饼。

e. 抹胶粉聚苯颗粒粘结找平浆料，平整度应满足要求。

6）做滴水槽：按设计要求，弹或拉滴水槽控制线，用壁纸刀沿线划割滴水槽，槽深约 15mm，用抗裂砂浆填满凹槽，埋入塑料成品滴水槽，应与抗裂砂浆粘牢。

7）抗裂砂浆层及饰面层施工：保温层施工完成 3 ~ 7 天，经验收合格后，即可铺抹抗裂砂浆及铺贴饰面层。

① 抗裂砂浆 + 涂料饰面层施工：

a. 抹抗裂砂浆，夹铺耐碱玻纤网格布。抗裂砂浆一般分两遍抹完，总厚度为 3 ~ 5mm。按基面尺寸将 3m 长的网格布裁剪成需要的形状，先铺抹与网格布面积相当的砂浆，立即用铁抹子压入网格布，从一侧压向另一侧，排尽空气，使网格布平整服帖，无皱折，抹压后隐约可见网格布，砂浆饱满度达 100%。局部不饱满处用砂浆补抹平整。相邻两网格布的搭接宽度不小于 50mm，阴阳角处搭接宽度不小于 150mm，严禁干搭。阴阳角处应方正垂直，门窗洞口沿 45°方向增贴 300mm × 400mm 的网格布，见图 5-24。

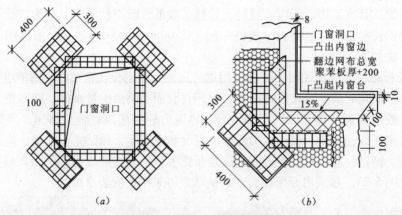

图 5-24 门窗洞口网格布增强图
(a) 平面效果；(b) 立体效果

楼房首层墙角应铺贴两层网格布，第一层对接，拼缝应严密，第二层搭接。还应在两层网格布之间设置 2m 高、50mm × 50mm 的冲孔镀锌薄钢板金属护角。也可先设置护角，再铺抹两遍网格布，在抹完砂浆后将护角调直拍压入砂浆内，使砂浆挤出孔眼。抗裂砂浆的质量应符合表 5-2 的要求。

抗裂聚合物水泥砂浆面层允许偏差和检验方法　　　　表 5-2

项次	项目	允许偏差（mm）	检查方法
1	表面平整度	4	2m 靠尺板和楔尺
2	表面垂直度	4	2m 靠尺板和楔尺
3	阴阳角方正度	4	方尺
4	分格条平直度	4	拉 5m 线和尺检
5	墙裙、勒脚上口直线度	4	拉 5m 线和尺检

b. 抗裂砂浆验收合格后，按要求批刮耐水腻子，应多遍成活，批刮遍数视抗裂砂浆平整度而定，一般批刮 2～3 遍，每遍厚度控制在 0.5mm 左右，第一遍批刮完成 4h 后方可进行第二次批刮。

c. 批刮耐水腻子层完成约 5～7d 后，即可涂刷弹性防水涂料。如需提前涂刷，应先涂刷抗碱底漆，固化后再涂刷防水涂料，涂层表面应平整光滑。

② 面砖饰面施工：

a. 抹第一遍 2～3mm 厚抗裂砂浆。按结构尺寸裁剪热镀锌电焊网，分段铺设，最长不超过 3m，阴阳角部位预先折成直角，裁剪时不得出现死折，铺贴时不得出现网兜，应依次平整铺贴，用 12 号钢丝制成"U"形卡子，卡住镀锌网，使其紧贴抗裂砂浆表面，局部不平整处用"U"形卡夹平，再用尼龙锚栓将镀锌网锚固在墙体上，锚栓按双向中距 500mm 梅花状分布。有效锚固深度应符合规定。网之间搭接连接，搭接宽度不小于 50mm，搭接层数不得大于 3 层，搭接处用"U"形卡、钢丝或锚栓固定。镀锌网在窗口内侧面、女儿墙、变形缝等细部构造部位用加垫片的水泥钉钉压收头，不得翘起。网铺设检查合格后，铺抹第二遍砂浆，将网完全包裹在砂浆中，砂浆层的总厚度控制在 10±2mm 之内，喷水养护 7d。

b. 铺贴面砖：参见"华鸿高分子益胶泥防水施工"的粘贴方法。面砖粘结砂浆厚度为 3～5mm。

8）外墙门窗框防水施工

门窗框四周与墙体间的接缝用防水砂浆或喷涂硬泡聚氨酯填实后再用密封材料嵌严。无论是钢筋混凝土外墙，还是砌体外墙，都应封严。窗框上缘窗楣外檐、外窗台外侧下缘都应用聚合物抗裂防水砂浆做滴水线，以防雨水"爬"向室内。防水构造见图 5-2。施工方法如下：

① 为使窗下框与混凝土墙体结合密实，在安装窗框前，先在外窗台表面涂刷聚合物水泥浆，封堵外窗台混凝土表面的毛细孔缝，在聚合物水泥浆还未固化前，就应安装窗框。门窗框两侧与墙体间留约 10mm 的空隙，待聚合物水泥浆表干后，将窗框洞口四周用水冲洗干净，再用掺有适量膨胀剂、聚合物的防水砂浆分两层挤实、压光；也可用喷涂硬泡聚氨酯膨胀挤严，不得用落地灰堵缝；然后在外侧涂刷两道高延伸率柔性防水涂料。门

窗框与墙体间缝隙的填堵严密，是防止水、风、灰尘进入的关键。也就不会使窗框内墙四周发黑。

②外窗台、外墙铺抹夹铺耐碱玻纤网格布的聚合物抗裂防水砂浆（细砂），厚度由设计定。外窗台安装窗框后剩余的宽度应抹出顺水坡（图5-2）。外墙窗楣、雨篷、阳台、压顶和突出腰线等，均在上面做流水坡度，下面做滴水槽或鹰嘴，滴水槽的宽度和深度均不小于10mm。

③待聚合物抗裂防水砂浆固化后，在窗框四周外侧嵌填密封材料，进一步封严。

④门窗框的所有接缝、螺丝腿均要涂玻璃胶。

⑤质量检查：a. 加强对窗框四周堵缝工作的交接检查，每个窗框堵缝完工后，由专职质检员验收，合格后经质检员签字，方可进入下一道程序。b. 施工结束，每个窗户用高压喷水枪做压力水冲击试验，检查抗渗能力，如果出现渗漏，返工修缮，直到不渗漏为止。

9）整体墙面质量检查：外墙防水层施工完成后，采用高压喷淋方式或雨后进行检查，如发现渗水，应查明原因及时修缮。

3. 现浇混凝土外墙外保温系统施工方法

现浇混凝土外墙外保温系统是将模塑聚苯板（EPS 板）或挤塑聚苯板（XPS 板）或其他预制板保温板材直接设置在外墙模板内侧，待浇筑外墙混凝土后，拆除模板，保温层就与墙体连成一体，按保温板与混凝土的连接方式不同可分为无网体系和有网体系，见图 5-25 无网体系、图 5-26 有网体系。图 5-25 无网系统的模塑聚苯板（EPS 板）应预制成燕尾槽，见图 5-25（c）、（d），转角部位的 EPS 板应预制成专用的阴阳角配件，EPS 板燕尾槽的质量要求见表 5-3。

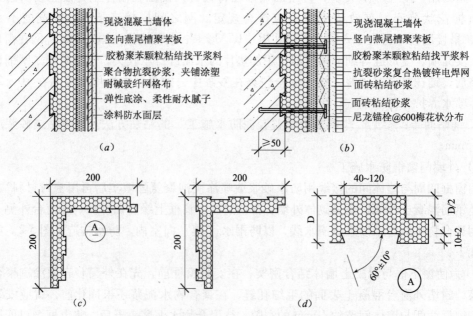

图 5-25　现浇混凝土外墙外保温无网体系基本构造

（a）涂料饰面；（b）面砖饰面；（c）EPS 阳角结构预制板；（d）EPS 阴角结构预制板

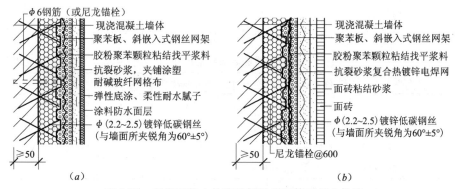

图 5-26 现浇混凝土外墙外保温有网体系基本构造
（a）涂料饰面；（b）面砖饰面

EPS 板燕尾槽质量要求   表 5-3

项目	质 量 要 求
槽	燕尾槽角度为 60°±10°，槽宽 40~120mm，槽深 10±2mm，间距 40~120mm
企口	EPS 板两长边设高低槽，宽（20~25）mm，深 1/2 板厚
界面处理	EPS 板双面均匀喷涂界面砂浆，界面砂浆与 EPS 板应粘结牢固，涂层均匀一致，不得露底，干擦不掉粉

现浇混凝土外墙外保温系统当采用 XPS 板时，表面应事先进行拉毛、开槽、内外板面涂刷配套的界面粘结砂浆等增强粘结性能的处理。原则上无网体系和有网体系都分为涂料饰面和面砖饰面两种构造。但，一般来说无网体系适用于涂料饰面，有网体系适用于面砖饰面。

现浇混凝土外墙外保温系统由于受混凝土浇筑时不均匀的侧压力影响，不易保证保温板的平整度，故施工时应将保温板固定牢固。该保温体系不适用于非现浇混凝土墙体。施工主要材料如下：

（1）聚苯板（EPS 板或挤 XPS 板）：采用燃烧性能为 B1 级的阻燃型聚苯板，其材料性能应符合《隔热用聚苯乙烯泡沫塑料》GB 10801 的各项性能指标

（2）聚合物水泥砂浆：聚合物水泥砂浆用聚合物有机粘结材料、水泥、砂、水、外加剂按一定比例配制而成，具有较好的粘结和抗裂性能，用于有网体系及无网体系表面的防护层。

（3）所用水泥为硅酸盐水泥或普通硅酸盐水泥；砂为中细砂，细度模数为 2.0~2.8，筛除大于 2.5mm 的颗粒，含泥量小于 1%，无杂质。

（4）低碳钢丝：用于有网体系的面层钢丝，斜插钢丝应为镀锌钢丝。

（5）聚苯板胶粘剂：用于聚苯板之间粘结用胶，其性能指标为：1）对聚苯板的溶解性应≤0.5mm；2）聚苯板之间的粘结抗拉强度应≥0.1MPa。

（6）胶粉聚苯颗粒保温浆料：用于窗口外侧面保温、无网体系中局部找平和堵孔等，聚苯颗粒保温浆料的性能指标应符合有关规定，与聚苯板的粘结抗拉强度应≥0.1MPa。

（7）尼龙锚栓锚入深度：因现浇混凝土外墙外保温系统锚固聚苯板的尼龙锚栓为预埋，其抗拔力比钻孔锚固小，故锚固深度应为 50mm。

（8）保温板制品：

1）无网体系保温板：规格尺寸见表 5-4；规格尺寸允许偏差见表 5-5。

无网体系保温板规格尺寸   表 5-4

项次	长（mm）	宽（mm）	厚（mm）
1	2825～2850（按层高 2800mm）	1220	根据保温要求
2	2925～2950（按层高 2900mm）	1220	根据保温要求
3	3025～3050（按层高 3000mm）	1220	根据保温要求
其他	其他规格可根据实际层高协商确定		

注：1. 在板的一面有直口凹槽，间距100mm，深10mm，要求尺寸准确、均匀；
　　2. 两长边设高低槽，长25mm，深1/2板厚，要求尺寸准确；
　　3. 上表规格尺寸也适用有网体系保温板。

无网体系保温板规格尺寸允许偏差   表 5-5

厚度（mm）	偏差（mm）	长度、宽度（mm）	偏差（mm）
<50	±2	<1000	±5
50～75	±3	1000～2000	±8
>75～100	±4	>2000～4000	±10
>100	买卖双方决定	>4000	-10，正偏差不限

2）有网体系保温板：钢丝网架质量要求见表 5-6；规格尺寸允许偏差见表 5-7。斜插钢丝（腹丝）宜为每平方米 100 根，不得大于 200 根。

有网体系保温板钢丝网架质量要求   表 5-6

项次	项目	质量要求
1	外观	保温板正面有梯形凹凸槽，槽中距100mm，板面及钢丝均匀喷涂界面剂
2	焊点强度	抗拉力≥330N，无过烧现象
3	焊点质量	网片漏焊脱焊点不超过焊点数的8%，且不应集中在一处。连续脱焊不应多于2点，板端200mm区段内的焊点不允许脱焊虚焊，斜筋脱焊点不超过3%
4	钢丝挑头	网边挑头长度≤6mm，插丝挑头≤5mm，穿透聚苯板挑头≥30mm
5	聚苯板对接	≤3000mm长度中聚苯板对接不得多于两处，且对接处需用聚氨酯胶粘牢
6	重量	≤4kg/m²

注：1. 横向钢丝应对准凹槽中心；
　　2. 界面剂与钢丝和聚苯板应粘结牢固，涂层均匀一致，不得露底，厚度不小于1mm；
　　3. 在60kg（600N）/m²压力下聚苯板变形<10%。

有网体系保温板规格尺寸允许偏差   表 5-7

项次	项目	允许偏差（mm）
1	长	±10
2	宽	±5
3	厚（含钢网）	±3
4	两对角线差	≤10

说明：1. 聚苯板凹槽线应采用模具成型，尺寸准确，间距均匀；
　　　2. 两长边设高低槽，长25mm，深1/2板厚，要求尺寸准确。

（9）现浇混凝土外墙外保温系统施工流程，见图5-27。

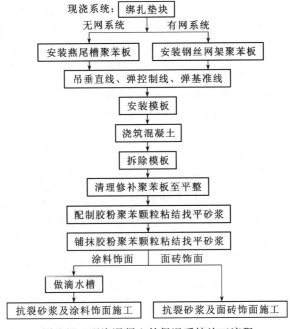

图 5-27　现浇混凝土外保温系统施工流程

（10）无网系统施工要点

1）施工所需材料

① 保温材料：

a. 无网系统：表观密度为 18～20kg/m³ 自熄型聚苯板（EPS 板或 XPS 板），在聚苯板内外表面喷涂界面剂（砂浆）。

b. 有网系统：表观密度为 18～20kg/m³ 阻自熄型单层钢丝网架聚苯板（EPS 板或 XPS 板），在聚苯板内外表面及钢丝网架上喷涂界面剂（砂浆）。

② 保温板与墙体连接材料：ϕ10 尼龙锚栓或 L 形 ϕ6 钢筋，长度为保温板设计厚度加 50mm。

③ 保温板之间专用聚合物聚苯胶粘剂。

④ 抗裂层材料：聚合物抹面砂浆、耐碱型玻纤网格布、冲孔镀锌铁皮护角。

⑤ 面层材料：按设计要求

⑥ 其他材料：聚苯颗粒保温砂浆、塑料滴水线槽、泡沫塑料棒，分格条和嵌缝材料等。

2）施工机具

切割聚苯板操作平台、电热丝、接触式调压器、电烙铁、钢卷尺、钢锯子、小型钢筋剪刀、壁纸刀、墨斗、砂浆搅拌机、靠尺及常规抹灰、饰面工具及检测工具等。

3）施工步骤

① 绑扎钢筋：绑扎墙体钢筋时，靠保温板一侧的横向分布筋宜弯成 L 形，以免戳破保温板。

② 绑扎垫块：围护结构钢筋验收合格后，按钢筋的混凝土保护层厚度，绑扎 50mm ×

50mm 水泥砂浆垫块（不得使用塑料卡），垫块应固定于 EPS 板、XPS 板燕尾槽凸起面，垫块数量每平方米不少于 4 个。并确保保护层厚度均匀一致。垫块的布置参见图 5-28。

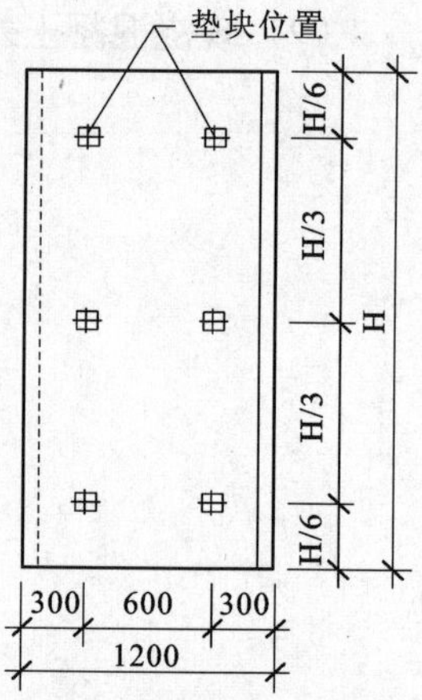

③ 安装保温板：

a. 无网系统安装燕尾槽聚苯板：

（a）先根据外墙平面排列保温板。先安装阴阳角板，再根据墙面尺寸、细部节点形状裁剪角板之间的保温板，接着进行安装。

（b）安装时在保温板竖向高低槽口处均匀涂刷聚苯胶，将保温板竖缝相互粘结在一起。

（c）楼房首层燕尾槽板安装必须控制在一条水平线上，使与上层板的缝隙对缝紧密、顺直，且在同一平面内。

（d）安装完毕在板缝处设置"U"形塑料卡钉，间距 600mm，并将塑料卡钉用钢丝绑扎固定在钢筋上。底部保温板应扎紧，使底部内收 3~5mm，待拆模后使燕尾槽板底部与上口平齐。板缝处也可用尼龙锚栓固定，见以下方法：

图 5-28　保护垫块位置

（e）在安装好的保温板面上弹线，标出锚栓的位置，见图 5-29。用电烙铁或其他工具在锚栓定位处穿孔，然后在孔内塞入尼龙锚栓，锚入混凝土内的长度不得小于 50mm，并将螺丝拧紧，尾部与墙体钢筋用 20 号铁丝绑扎牢固，锚栓的位置也可紧靠着垫块进行设置。如用 LΦ6 钢筋锚固，则深入墙内长度不得小于 100mm，钢筋应做防锈处理，并与钢筋绑扎牢固。

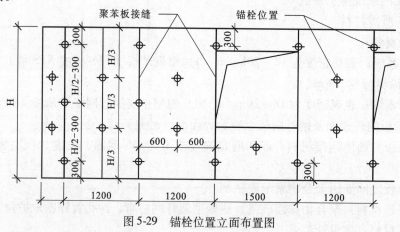

图 5-29　锚栓位置立面布置图

（f）用 100mm 宽、10mm 厚的聚苯板片材满涂聚苯胶，填补在门窗洞口两边齿槽形缝隙的凹槽处，以免在浇灌混凝土时跑浆（冬季施工时，保温板上可先不开门窗洞口，待全部保温板安装完毕后再锯出洞口）。

b. 有网系统安装钢丝网架保温板：

（a）按照墙体设计厚度在首层地板面上弹墙厚线，以确定外墙厚度。

（b）拼装保温板。从边角处开始安装，板与板之间高低槽用专用聚苯胶粘结，垂直缝表面低碳钢丝网片之间用镀锌钢丝绑扎，间距 ≤150mm，或用宽带不小于 100mm 的附加网片左右对称搭接，并绑扎牢固。

（c）参照图 5-29 的位置或垫块的位置设置尼龙锚栓，锚入混凝土内的长度不得小于

50mm，并将螺丝拧紧，尾部用20号铁丝将其与钢丝网片及墙体钢筋绑扎牢固。

（d）保温板外侧低碳钢丝网片均按楼层层高断开，互不连接，断开宽度约为20mm，为设置变形缝作准备。

（e）外墙阳角及窗口、窗台底边处，须附加角网及连接平网，搭接长度不小于100mm。板缝处附加网片用"U"形8号镀锌铅丝穿过有网板绑扎在钢筋上。

（f）楼房首层钢丝网架聚苯板安装必须控制在一条水平线上，使与上层板的缝隙对缝紧密、顺直，且在同一平面内。

c. 后挂网系统采用钢塑复合插接锚栓或其他满足要求的锚栓在浇筑混凝土、拆模后再安装。

④ 安装窗口侧面保温板：窗口侧面四周墙体应安装保温板，以免产生"热桥"现象，保温板安装后不能影响窗户的开启。

⑤ 安装模板：应采用钢质大模板，按保温板的厚度确定模板配制尺寸、数量。安装前，应将墙身控制线以内的杂物清理干净。

a. 在楼地面上弹出墙线位置后安装大模板。当底层混凝土强度不低于7.5MPa时，开始安装上一层模板。并利用下一层外墙螺栓孔挂三角平台架。

b. 在安装外墙外侧模板前，须在现浇混凝土墙体的根部或保温板外侧采取可靠的定位措施，以防模板挤靠保温板。模板放在三角平台架上，将模板就位，穿螺栓紧固校正，连接必须严密、牢固，以防出现错台和漏浆现象。

⑥ 浇筑混凝土：

a. 墙体混凝土浇筑前，保温板顶面企口必须采取遮挡措施，应在保温板槽口处扣上镀锌铁皮保护套，形状如"Π"形，宽度为保温板厚度加模板厚度，高度视实际情况而定，扣合时，应将保温板和模板一同扣住，遇到模板吊环可在保护套上部开口，将吊环放在开口内。

b. 新、旧混凝土接茬处（施工缝）应均匀浇筑30～50mm厚同强度等级的细石混凝土。混凝土应分层浇筑，分层厚度控制在500mm，一次浇筑高度不宜超过1000mm。混凝土下料点应分散布置，连续进行，间隔时间不超过2h。

c. 振捣棒振动间距一般应小于500mm，每一振动点的持续时间，以表面呈现浮浆和不再沉落为度。严禁将振捣棒紧靠保温板。

d. 洞口处浇灌混凝土时，应沿洞口两边同时下料，使两侧浇筑高度大体一致，振捣棒应距洞边300mm以上。

e. 施工缝留置在门洞口过梁跨度1/3范围内，也可留在纵横墙的交接处。

f. 墙体混凝土浇筑完毕后，须整理上口甩出钢筋，并用木抹子抹平混凝土表面。采用预制楼板时，宜采用硬架支模，墙体混凝土顶面标高低于板底30～50mm。

⑦ 模板拆除：

a. 在常温条件下，墙体混凝土强度不低于1.0MPa，冬期施工墙体混凝土强度不低于7.5MPa及达到混凝土设计强度标准值的30%时，才可以拆除模板，拆模时应以同条件养护试块抗压强度为准。

b. 先拆外墙外侧模板，再拆外墙内侧模板。并及时修整墙面混凝土边角和板面余浆。

c. 穿墙套管拆除后，应用干硬性砂浆捻塞孔洞，保温板孔洞应用保温材料堵塞，其深度应进入混凝土墙体≥50mm。

d. 拆模后，有网体系保温板上的横向钢丝，必须对准凹槽，钢丝距槽底应≥8mm。

⑧ 混凝土养护：常温施工时，模板拆除后12h内喷水或用养护剂养护，不少于7昼夜，次数以保持混凝土具有湿润状态为准。冬期施工时应定点、定时测定混凝土养护温度，并做好记录。拆模后的混凝土表面应覆盖。

⑨ 做滴水槽：涂料饰面在保温层表面做滴水槽。用壁纸刀沿线划出滴水槽，槽深15mm左右，用抗裂砂浆填满凹槽，将塑料滴水槽（成品）嵌入凹槽与抗裂砂浆粘结牢固。

⑩ 外墙外保温板板面抹灰：

a. 待混凝土墙体检验合格后，进行抹灰前的准备工作。凡保温板有余浆与板面结合不好，如有酥松空鼓现象者均应清除干净，用保温砂浆或聚苯板加以修复。板面应无灰尘、油渍和污垢。

有网体系绑扎阴阳角、窗口四角加强网，拼缝网之间的钢丝应用火烧丝绑扎，附加窗口角网，尺寸为200mm×400m，与窗角呈45°。楼层层间保温板、钢丝网应断开，不得相连。

b. 抹聚合物抗裂砂浆：

（a）无网体系板面及有网体系钢丝网上界面剂如有缺损，应修补，要求均匀一致，不得露底。

（b）无网体系按细部构造形状，事先裁剪好耐碱玻璃纤维网格布。

（c）聚合物抗裂砂浆原材料：普通硅酸盐水泥42.5级、中砂（含泥量≤1%）、拌合水、聚合物抗裂剂。水泥砂浆按1∶3比例配置，并按要求掺入聚合物抗裂剂。抗裂砂浆的收缩量应≤1%。

（d）抹灰层应分层铺抹，待底层抹灰层初凝后方可进行面层铺抹，每层抹灰厚度不大于10mm，如超过10mm应分层铺抹。总厚度不宜大于30mm（从保温板凸槽表面起始），每层抹完后均需采用洒水或喷养护剂养护。

无网体系在铺抹第一层聚合物砂浆后，应立即粘贴玻纤网格布，细部构造按要求铺贴，面层网格布垂直铺贴，用木抹子压入聚合物砂浆内，网格布之间搭接宽度宜≥50mm，紧接着再抹一层抗裂聚合物砂浆，将网格布全部覆盖住，网格布表面砂浆层厚度不大于1mm。在首层和窗台部位用同样的方法压入二层网格布。网格布在各楼层之间应断开，断开宽度与下述所设层间变形缝宽度相同。

（e）抹灰层与抹灰层之间及抹灰层与保温板之间必须粘结牢固，无脱层、空鼓现象。凹槽内砂浆应饱满，并全面包裹住无网体系的耐碱玻纤网格布和有网体系的横向钢丝，抹灰层表面应光滑洁净，接茬平整，线条须垂直、清晰。

（f）设置层间横向变形缝。为消除因温度变化而导致在温差应力最大的各楼层间产生胀缩裂缝，应在各楼层间设置横向变形缝。施工时需在设置变形缝的部位事先断开保温层、网格布、钢丝网。变形缝的宽度宜为10～20mm，深度应贯穿聚合物抗裂砂浆找平层和面层，如深度＜20mm，应用壁纸刀沿变形缝侧壁画线，再剔除少许保温板。

变形缝部位在抹灰时，宜采用10～20mm宽定型塑料条镶嵌，施工完可不取出，待面层施工结束，再在变形缝内嵌填建筑密封膏，密封深度应为宽度的0.5～0.7倍，如深度不够，镶嵌塑料条时进行调整；也可取出塑料条，在变形缝底部嵌塞聚乙烯泡沫塑料条，表面嵌填建筑密封膏，此时，塑料条可用木条代替。

（g）设置竖向分格缝。在聚合物抗裂砂浆层的垂直方向应设置装饰分格缝。其纵横间距宜按墙面面积而定。一般板式建筑的分格面积宜≤30m²，塔式建筑视具体情况而定，一般宜留在阴角部位。装饰分格缝部位的保温板不断开，在板上开槽后镶嵌入塑料分格条，表面与聚合物砂浆层平齐。

分格条的宽度、深度应均匀一致，平整光滑，棱角整齐，滴水线、滴水槽流水坡间应正确、顺直，槽宽和深度不小于10mm。

变形缝、分格缝应做到棱角整齐，横平竖直，交接部位平顺，深浅宽窄一致。

（h）涂料、面砖饰面层施工：参见"7 防水材料施工方法"。

⑪其他：施工应避免大风天气，气温低于5℃时，停止面层施工，气温低于–10℃时，停止保温板安装。

4）成品保护措施

① 抹完水泥砂浆面层后的保温墙体，不得随意开凿孔洞，如确有开洞需要，如安装物件等，应在砂浆达到设计强度后方可进行，安装施工完毕，应修补洞口，达到保温、防火、防水要求。

② 翻拆架子时应防止撞击已装修好的墙面，门窗洞口，边、角、垛处应采取保护措施。其他作业也不得污染墙面，严禁踩踏窗台。

4. TCC 建筑保温模板系统施工方法

TCC 建筑模板保温体系，见图5-30，以传统剪力墙施工技术为基础，将保温板在支架支撑作用下，作为外墙模板使用，与内侧模板一起组成模板体系。按剪力墙要求浇筑混凝土，待养护凝固后，拆除保温模板支架和内墙模板，结构层便与保温层结合为一体。其施工方法如下：

（1）施工流程

TCC 建筑模板保温体系施工流程见图5-31。

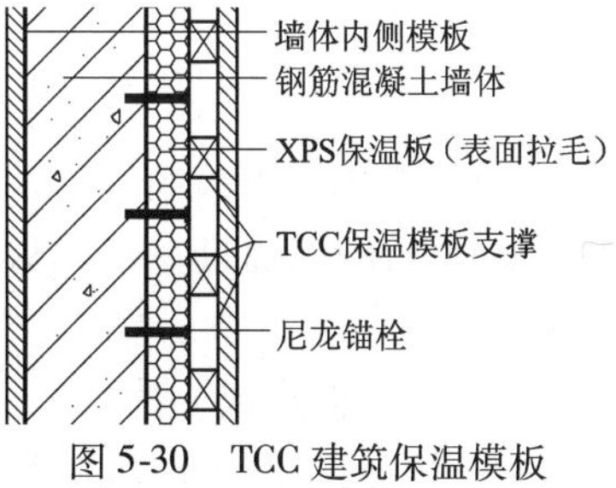

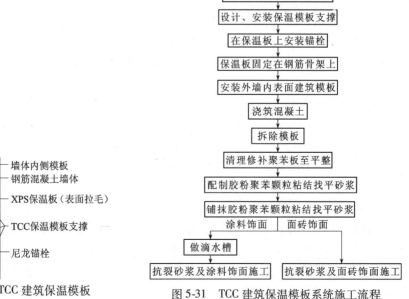

图 5-30 TCC 建筑保温模板
系统基本构造

图 5-31 TCC 建筑保温模板系统施工流程

（2）主要技术内容

1）选用弯曲性能合格的挤塑聚苯乙烯板（XPS板），表面应事先拉毛，厚度根据节能设计确定。

2）保温板采用锚栓与混凝土相连，固定施工方法与"5.2.3 3.现浇混凝土外墙外保温系统施工方法"相同。

3）保温板排版设计应与保温模板支架设计相结合，确保保温板拼缝处有模板背衬和支架支撑。

4）须同时设计墙体不需要保温一侧的建筑模板，使之与保温模板配合使用。如设计为两侧保温，则墙体两侧均采用保温模板。

5）保温模板安装精度与普通模板相同，质量要求应符合《混凝土结构工程施工质量验收规范》GB 50204的规定。

（3）技术措施

1）通过试验测试保温板的弯曲性能。

2）根据墙体尺寸对保温层进行排版设计。

3）根据保温板弯曲性能测试结果和排版结果设计保温模板支撑。

4）设计墙体不需要保温的一侧模板，使之与保温模板配合使用。

5）在保温板上安装尼龙锚栓，然后将保温板固定在钢筋骨架上。锚栓安装方法与现浇混凝土外墙外保温系统施工方法相同。

6）安装保温模板拼缝部位的背衬支架和固定支架，安装另一侧普通建筑模板，完成模板支设和加固。

7）浇筑混凝土，养护至凝固。拆除保温模板支架和普通模板。

8）找平层、抗裂层、饰面层施工与外贴式、现浇混凝土外墙外保温系统施工方法相同。

5.2.4 夹芯保温外墙防水施工

1. 复合夹芯保温砌块墙防水施工要求

（1）砌块砌筑后，墙体内外拼接缝部位应用聚合物水泥砂浆嵌填抹平，再用耐碱玻纤网格布补贴平整。

（2）墙体外侧表面用聚合物水泥砂浆找平后，再做防水层和饰面层。

（3）墙体内侧表面用普通水泥砂浆找平后，再做装饰层。

2. 复合自保温砌块墙

复合自保温砌块墙的防水设防与非保温外墙防水设防相同。

3. 混凝土砌块夹芯保温墙防水施工

（1）双层砌块保温墙防水施工要求：由于双层砌块保温墙的外侧是劈裂装饰砌块，其本身就具有防水性能，为提高整体墙面的防水性能，还应对砌筑后的墙面进一步作如下防水处理。

1）用聚合物防水砂浆对砖缝进行勾填，通过勾缝将整个防水墙面连成一片。

2）为了不影响墙面的装饰效果，在其表面应增设水性环氧树脂、有机硅乳液型憎水剂作防水层，施工要点是连续两遍不间断地喷涂施工，否则，如果前后两遍间隔时间过长，第一遍喷涂干燥固化后，第二遍就不能再吸收。

（2）承重保温装饰复合空心混凝土砌块墙防水施工要求：防水施工方法与双层砌块保温墙防水施工要求相同。

5.2.5 自保温砌块外墙防水施工

外墙自保温体系防裂、抗渗、防水设防要求如下：

1. 墙体砌筑要求

（1）为消除主体框架结构与砌体围护墙之间由温度变化而产生的胀缩裂缝，由荷载变化而产生的位移裂缝，砌块与墙柱相接处应留拉结筋，竖向间距为 500～600mm，压埋 $2\phi6$ 钢筋，两端伸入墙内不小于 800mm；每砌筑 1.5m 高度时，应采用 $2\phi6$ 通长钢筋连接。

（2）在跨度或高度较大的砌体墙中设置构造梁、柱。当墙体长度超过 5m 时，可在中央设置钢筋混凝土构造柱，当墙体高度超过 3m（墙厚≥120mm）或 4m（墙厚≥180mm）时，应在中腰处设置钢筋混凝土腰梁。构造梁、柱分隔墙体后，可有效减小墙体的胀缩变形量。

（3）砌筑砂浆宜选用粘结性能良好的专用砂浆，强度等级不应小于 M5，所用砂浆应具有良好的保水性，可在砂浆中掺入无机或有机塑化剂。重要的或有条件的工程应使用专用的加气混凝土砌筑砂浆、聚合物砂浆或干粉砂浆。

（4）砌筑采用铺浆法，每次铺浆长度不超过两块砖长，随铺随砌。

（5）砌筑砂浆必须饱满，水平灰缝和垂直灰缝饱满度分别应不小于 90% 和 80%，砌好后随手原浆勾平缝，以防止砂浆形成空洞渗水和墙体开裂，水平灰缝采用铺浆法砌筑容易饱满，垂直灰缝两边用专用模具挡住再用灰刀塞满砂浆。纵横灰缝应压出 1cm 深的凹槽，以便墙面抹灰前嵌入建筑密封胶。已落地的灰沾有污物，不得再使用。

（6）每次砌筑高度不应超过 1.2m，待前次砂浆终凝后，再继续砌筑，一日砌筑高度不宜大于 1.8m。

（7）框架填充墙砌至接近梁、板底面时，预留约 220mm 空隙，待砌体砌筑完毕至少间隔 7d 后方可用 200mm×200mm×100mm 专用砌块将其补砌顶紧，相互间的接触面应用粘结砂浆塞实，灰缝刮平。对局部凹凸不平的墙面用 1：3：9 水泥白灰砂浆分层抹平，并保证有足够的分层干燥时间。

（8）窗台与窗间墙交接处是应力集中部位，常因砌体收缩而产生裂缝，因此，应在窗台处设置钢筋混凝土现浇带以抵抗变形。在设置过梁的门窗洞口上部的边角处也容易产生裂缝和空鼓现象，故应用圈梁取代过梁，圈梁两侧的墙体砌至超过圈梁上表面时，应停留 7d 后再往上砌筑，以防应力不同而出现"八"字缝。

（9）同一工程应使用强度等级相同的砌块。

（10）砌块在贮存和运输过程中应做好防雨措施。搬运时轻装、轻卸。在施工现场应按品种规格分别堆放整齐，严禁抛掷和倾斜，应靠近施工作业面，堆放场地应坚实、平坦、干燥，堆置高度不宜超过 2.0m，并用布遮盖，以防淋雨。

2. 墙体表面抹灰要求

（1）蒸压加气混凝土砌块墙体表面有一层薄薄的粉料和微小气孔，影响底灰与墙面的粘结力，隔离抹面砂浆层，经常使抹面砂浆出现鼓包、空鼓、虚粘、开裂、渗漏等质量缺陷。为防止出现这些质量隐患，提高砌体墙面与抹面砂浆的粘结强度，抹灰时应按以下两种方法中的任一种方法对墙面进行处理：

1）将墙面的砂粒、浮灰、灰尘、污垢清扫干净，待墙面干燥后，连续两遍不间断地喷涂水性环氧树脂混凝土界面处理剂，以增强墙面的强度，固结墙面砂粒、浮灰，封闭砌体表面毛细孔缝，增加与抹面砂浆与墙体的粘结力，起防裂、抗渗、防水作用。

2）加气混凝土砌块为多孔封闭型砌块，吸水速度先快后慢，比普通黏土砖吸水量大，延续吸水时间长。故在抹底子灰的 2d 前，对清扫干净的墙面进行均匀地深度喷水，使墙面湿润，每天喷水 2 遍以上，湿润量以水渗入砌块内深度 8~10mm 为度，以保证抹灰层有良好的水化、凝结、硬化条件，使抹灰层不致在水化过程中，因水分被砌块吸走，导致水化不彻底而失去预期强度，引起空鼓、开裂。

（2）加气混凝土砌块吸湿则膨胀，干燥则收缩，因此要选择与加气混凝土材料线性膨胀系数相适应的抹灰砂浆，特别是底子灰标号不宜过高，底子灰通常采用 1:3 白灰砂浆或 1:1:6 水泥白灰砂浆。抹底子灰前，先刷一道掺环保型 108 胶的水泥素浆，随即抹底子灰，不得在素水泥干燥后再抹灰。也可选择聚合物水泥砂浆或干粉砂浆铺抹。

（3）砌体墙与钢筋混凝土构件的线性膨胀系数不一致，应在两者的连接处增设400mm 宽网格尺寸为 10mm×10mm 的镀锌钢丝网补强带，用聚合物砂浆铺抹，抹灰前在砌体墙表面涂刷水性环氧树脂界面剂，以增强砂浆与墙面的粘结；干粉聚合物砂浆中宜掺入化学纤维，以防止产生裂缝。塑钢窗框与窗洞之间采用弹性密封材料嵌缝，防止窗边渗水。

（4）砂浆应采用机械搅拌，拌合时间不得少于 90s；掺有聚丙烯化学纤维的砂浆，搅拌时间不得少于 120s，应随拌随用，拌合成的砂浆在 3~4h 内用完。

（5）外墙墙面水平方向的凹凸部位，如线脚、雨罩、檐口、窗台等细部构造部位，应做泛水、鹰嘴和滴水线，以顺利排水。

（6）内墙抹灰前，细部构造部位应增设网格尺寸为 5mm×5mm 的耐碱玻纤网格布。

5.2.6 生物混凝土、植被（植生）混凝土、有土栽培外墙防水

我国空气污染极其严重，正在肆虐地吞噬人体健康。一般来说，建筑物外墙扣除门窗洞口面积，剩余面积要大于占地面积，如能将建筑物立面进行大面积的绿化，就能弥补因占地而损失的绿地面积，必将产生巨大的健康效应，是造福子生万代的健康事业。

种植墙面具有四种功能：保持墙体的整体效果；吸收二氧化碳和空气中的有害微粒，释放氧气；美化墙体和提高建筑物的保温性。传统植物爬山虎也能起到类似的效果。种植外墙可采用生物混凝土或植被（植生）混凝土（以下简称植被混凝土）浇筑。

1. 生物混凝土外墙

国外科学家用两种水泥为原料研发出了新型的申请有专利的与植被混凝土有差异的生物混凝土。一种材料是 pH 值约为 8 的硅酸盐水泥；另一种材料是磷酸镁水泥，无须进行任何处理以降低其 pH 值，这种材料是弱酸性的，具有速干性，不会对环境构成任何危害。

用生物混凝土建造的建筑外墙为微型藻类、菌类、苔藓和地衣等植物提供了天然的生物生长基面。为有利于植物生长，除了调整有利于植物生长的 pH 值外，建筑物外墙还应具有多孔性和一定的表面粗糙度。

将植物的生长期缩短至一年内，以便使建筑物外墙能够随着季节的更替呈现出不同的外貌。种植随气候变化的植物，一年四季都有不同的植物景观。

（1）生物混凝土外墙防水构造

这种生物混凝土具有多层结构，见图 5-32。第一层是防水层，能够防止水渗入建筑结构内部造成危害；第二层是生物层，能够收集雨水以供植物生长；第三层是覆盖层，能够让雨水通过这一覆盖层渗入生物层，并可防止水分流失。

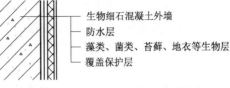

图 5-32 生物混凝土外墙防水构造

（2）生物混凝土外墙防水材料的选择

因微型藻类、菌类、苔藓和地衣等植物直接种植在生物混凝土外墙表面，故因选择刚性材料作防水层，如水泥基渗透结晶型防水涂料。如在主体结构外墙表面另外浇筑 ϕ（4～6）@100 配筋生物混凝土，则不受此限制。

2. 植被混凝土外墙

植被混凝土一般用于斜面，由底层和表层经喷射而成，常用于河道护岸、水库（蓄水湖）护坡、公路护坡、山体护坡等有一定坡度的工程，底层为在岩土基层内植有锚钉、铺设铁丝网的喷射植被混凝土，表层为拌有植物种子的喷射混合料客土。

植被混凝土用于建筑物外墙，一般采用粒径为 5～8mm 的天然矿物废渣、普通硅酸盐水泥、矿物掺合料、高效减水剂、水拌合浇筑而成。浇筑成的植被混凝土，强度在 5～15MPa，表观密度在 1000～1400kg/m³，孔隙率在 15%～20%。混凝土体形成庞大的毛细管网络，成为提供蓄水、养分的植物生长基材。客土在垂直面难以牢固粘结，不宜采用。直接在垂直面植被混凝土毛细管空隙内种植，宜采用不需追肥、不需浇水就能发芽生长的草本植物。

（1）植被混凝土外墙防水构造

植被混凝土外墙的强度低、表观密度质量低、孔隙率大，无法承担承重和防水重任。一般可预制成植被细石混凝土板块，将其挂靠在已涂刷防水层后的钢筋混凝土外墙表面，再种植草本植物。

为保护主体结构外墙表面防水层的整体性，不宜采用钻孔后用锚栓固定板块的方法来固定预制植被混凝土板块。而宜在主体结构外墙表面架设金属龙骨框架，只在外墙凹凸部位用螺栓固定框架，并在所有的螺栓根部

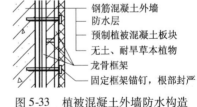

图 5-33 植被混凝土外墙防水构造

用结构密封材料切实封严，将外墙防水层连成一体，不得留下渗漏隐患。其防水构造见图 5-33。

（2）植被混凝土外墙防水材料的选择

因植被混凝土板块挂靠在主体结构的外墙表面，植物根系不植入结构外墙，故防水材料的选择范围较多，有机和无机防水材料可任意选择。施工时，应将外墙基面的所有孔洞、缝隙用防水砂浆填补修缮严密，再涂刷防水涂料。

3. 有土栽培外墙

为克服外墙无土栽培选择植物种类少的缺点，可采用有土栽培技术。在主体结构外墙表面架设金属龙骨框架后，再固定钢筋混凝土"花盆槽"或"花盆砖"，在"槽、盆"内

埋设种植土，即可种植草本植物。"花盆砖"如用塑料制作，虽能减轻种植层重量，但容易老化开裂，需定期更换。

（1）有土栽培外墙防水构造

有土栽培外墙防水构造与植被混凝土外墙防水构造基本相同。不同的只是框架用来固定"花盆槽"或"花盆砖"，见图5-34。

（2）有土栽培外墙防水材料的选择

有土栽培外墙防水材料的选择和施工要求与植被混凝土外墙防水材料的选择和施工要求相同。

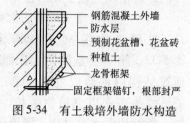

图5-34　有土栽培外墙防水构造

（钢筋混凝土外墙／防水层／预制花盆槽、花盆砖／种植土／龙骨框架／固定框架锚钉，根部封严）

6 盾构法隧道防水

盾构法隧道防水分为管片自身防水和管片间的接缝防水两大部分，管片自防水是根本，接缝防水是关键。

隧道防水是隧道工程的一个重要质量指标，通常以隧道中地下水渗漏量的大小来衡量。施工时应严格按设计及有关规范要求进行，对涉及与防水有关的材料、机具、工艺进行严格控制，并且认真确认。除应对管片自身的防水和管片接缝防水进行重点处理外，还应对隧道口、旁通道、螺栓孔和注浆孔等局部位置进行特殊处理，以确保建成的隧道不渗不漏。

6.1 防水标准

英国是制订隧道防水等级标准较早的国家。英国 CIRIA（建筑工业研究和信息协会）按照最大允许漏水量，把隧道防水等级分为 7 个级别，见表 6-1。

英国 CIRIA 隧道防水等级 表 6-1

CIRIA 级	O	A	B	C	D	E	U
最大允许漏量（L/d·m²）	无漏水或无明显漏水	1	3	10	30	100	不限量

根据上海地铁的具体情况，按隧道不同部位及渗漏标准分为 A，B，C，D 4 个防水等级，见表 6-2。

上海隧道防水等级表 表 6-2

防水标准	工程部位	渗漏标准
A	隧道上半部	不允许出现湿渍和滴水
B	隧道下半部	隧道内表面的潮湿面积≤0.4%总内表面积 任意100m²内表面积上的湿渍不超过4处，而任一湿迹≤0.15m²
C	管片	抗渗等级≥P10
D	其他	在0.6MPa的水压下，环纵缝张开6mm时，完全止水

6.2 盾构法隧道防水技术

1. 管片自身防水

管片自身防水是隧道防水的重要环节。它不仅可以消除地下水的渗透，而且可以提高结构的耐久性，延长隧道的使用寿命。管片自身防水必须从提高管片的制作精度，完善制作方法、合理选用原材料以及制作机具及合理科学的设计混凝土配比等方面加以控制。在管片的生产、运输和存放过程中必须注意如下几点：

（1）选用符合国家质量标准的各种原材料，并通过进场检验，确保满足要求。

（2）选用科学合理的防水混凝土配合比。

（3）完善制作工艺和养护措施，加强生产过程中的计量装置的检验校正和品质监督控制。

（4）对每个单块成品管片都要进行外观质量检验和制作精度检验，不合格的产品应作处理或报废。

（5）为确保管片的抗渗性能，除对管片混凝土进行抗渗检测外，还必须按国家强制性规范要求的管片抗渗检漏频率，对单块管片进行抗渗检测。方法是：将被检管片置于专用测试架上，在管片外表面施以 1.0MPa 水压，恒压 3h，渗透深度小于 5mm 为合格。抽检不合格严禁出厂，作报废处理。

（6）加强管片堆放、运输过程中的管理和检查，防止管片开裂或运输中碰掉边角，确保管片完好；对管片破损的部位，表面用界面处理剂处理后，再用高强度等级防水砂浆进行修补。

（7）管片进洞后应作外观检查。

2. 单层衬砌防水

单层衬砌防水是在管片本体满足抗渗设计要求和几何尺寸的精度要求的前提下进行的。其防水措施是在管片所有防水部位（纵缝、环缝、螺孔、沟槽等）采取设防水槽（内粘贴弹性密封垫），内装防水密封垫、环面内弧设填缝槽（内设传力衬垫）及预设接缝墙堵漏技术等措施，见图 6-1。

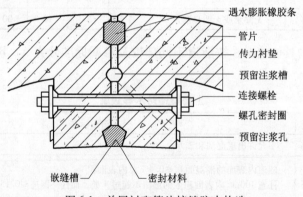

图 6-1　单层衬砌管片接缝防水构造

3. 双层衬砌防水

双层衬砌是在单层管片衬砌内侧再浇筑整体钢筋混凝土内衬，可解决外衬管片防水不足的问题，包括整条隧道全部浇筑和局部浇筑两种方式，见图 6-2。管片内侧可设置防水层，以提高隧道防水的可靠性。防水层的设置分以下几种：

（1）清除干净管片内表面，喷厚 15～20mm 的找平层，再贴防水卷材。

（2）喷涂或刷涂环氧沥青涂料、环氧呋喃涂料、聚氨酯涂料等涂膜防水层。

（3）潮湿外衬的内壁可喷涂聚合物水泥砂浆防水。

（4）喷射混凝土防水层，混凝土中还可掺入有防水性能的化学外掺剂。

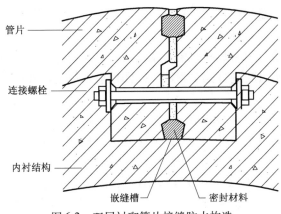

图 6-2 双层衬砌管片接缝防水构造

4. 防水密封垫

防水密封垫是在施工现场装贴在管片密封槽内的弹性垫。常用于防水密封垫的材料有：

（1）氯丁橡胶、丁基橡胶、天然胶或乙丙胶改性的橡胶等。垫的形状有抓斗形、齿槽形等。

（2）丁基胶及异丁胶制成的致密自粘性腻子带，内有海绵橡胶为芯材的复合带状品。

（3）遇水膨胀性防水橡胶密封垫，其膨胀率约 40% ~ 250%。

法国研制出一种格栅型密封垫，特点是当外道密封垫损坏后，渗进来的水被限制在一个格栅内而不至沿缝漫流。为提高密封垫的密封效果，可在管片拼装后将交联型合成树脂密封剂经预留注浆孔注入环缝中，密封剂固化后起止水作用。

国内盾构法隧道管片常用弹性橡胶密封垫，剖面构造如图 6-3 所示。

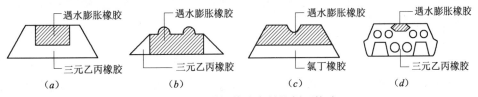

图 6-3 常用弹性橡胶密封垫剖面构造

（a）深圳地铁 2A 标段弹性密封垫剖面构造（环纵缝通用）；（b）深圳地铁 2B 标段弹性密封垫剖面构造（环纵缝通用）；（c）上海地铁二号线弹性橡胶密封垫剖面构造（环纵缝通用）；（d）南京地铁弹性橡胶密封垫剖面构造（环纵缝通用）

5. 填缝防水

填缝防水是接缝防水的又一道防线。是用止水材料的填嵌密实来达到防水的目的。常用的填缝材料有石棉水泥系、聚硫、聚氨酯改性的环氧焦油系、预制橡胶条。填缝槽的形状，一般槽底呈斜楔口，槽深 25 ~ 40mm，单面宽度为 8 ~ 10mm。

6. 螺栓孔及注浆孔防水

螺栓孔的密封圈采用遇水膨胀橡胶材料，利用压实和膨胀双重作用加强防水，使用寿命终结时可以进行更换。管片连接件（连接螺栓）的防腐蚀处理是延长使用寿命、防止隧道渗漏的重要方面。地下水对钢铁结构有弱腐蚀性，不能忽视对连接螺栓的防腐蚀处理。

管片连接件采用在其表面加锌基铬酸盐涂层的方法防锈蚀。连接件的防腐蚀处理应进行盐雾实验，实验次数为每个连接件做 2 次。

注浆孔的防水封堵采用密封圈和密封塞（参见图 6-1），密封圈用遇水膨胀橡胶制作。必要时也应用聚氨酯密封胶进行完全封闭，封闭前应彻底清除孔内的残留污物。

7. 管片外防水

管片外防水是在管片迎水面铺贴防水卷材、涂刷防水涂料方法形成复合防水层。常用防水材料有合成高分子防水卷材、合成高分子防水涂料、改性沥青防水卷材、改性沥青防水涂料等，复合防水材料的材性应相容。外防水材料一般用量较大，故仅用于工程重点地段或地层情况复杂多变的地段。防水层施工要点如下：

（1）施工前应对管片基面上的蜂窝、麻面、裂缝、渗水部位进行修缮处理。

（2）防水涂料、防水卷材的施工应符合要求。

（3）在防水层表面设置保护层。保护层材料可采用水泥砂浆或在涂料中加入填料（滑石粉、石英粉）等刚性材料。涂膜和卷材复合防水层构造如图 6-4 所示。

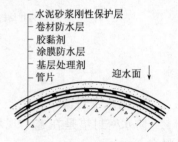

图 6-4　管片外防水构造

8. 堵漏防水技术

堵漏前，对管片渗漏范围和形式先作调查并将调查结果标注在管片渗漏水平面展开图上。针对不同情况采取相应的措施：

（1）单层衬砌管片接缝漏水，可松动该部位的连接螺栓，将漏水从孔内引出，然后进行堵漏，最后堵螺孔；

（2）双层衬砌管的一般性滴漏，主要采用水泥胶浆封堵，情况严重的可灌浆堵水；

（3）单层衬砌的两道密封槽之间渗漏，可预留注浆堵漏用沟槽，接缝渗漏时从预留孔或螺栓孔注浆到沟槽中去。

9. 嵌缝防水堵漏

（1）常用嵌缝材料、嵌缝方法：1）环氧－聚氨酯弹性密封膏；2）微膨胀水泥；3）密封膏；密封膏嵌入内层，外封嵌聚合物砂浆（氯丁胶乳水泥砂浆或氯乙烯-偏氯乙烯砂浆）；4）利用遇水膨性橡胶（包括腻子胶）嵌缝，并预制成特殊形式嵌缝胶条（内镶蕊材）。采用遇水膨性橡胶嵌缝时应注意控制橡胶的体积、膨胀率（小于 80%）和膨胀方向（采用膨胀抑制材料）。

（2）管片嵌缝槽内嵌填方式：1）嵌填工字型遇水膨胀腻子胶；2）嵌填 φ3 遇水膨性橡胶；3）嵌填遇水膨性腻子胶；4）嵌填齿形复合型橡胶条。嵌缝施工流程见图 6-5。

（3）隧道管片混凝土裂缝修补：

1）结构裂缝采用树脂类（环氧、聚酯）涂抹、嵌填，必要时辅以玻璃纤维布处理。贯通性裂缝用甲凝（甲基丙烯酸甲酯）、环氧-糠醛-丙酮系灌浆补强。

2）一般性碎裂可对碎裂面采用凿、剔、打毛等进行表面处理，然后涂刷界面处理剂，以提高修补材料与混凝土的粘结力。

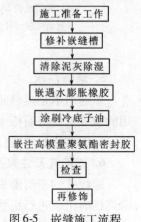

图 6-5　嵌缝施工流程

碎裂、缺损修补以无机材料为主，适当辅以有机材料，加强其物理力学性能。双快水泥、超早强膨胀水泥、SH 水泥、掺外加剂水泥、微膨胀预应力水泥都是基料，而聚乙烯醇缩丁醛、氯乙烯-偏氯乙烯-醋酸乙烯类共聚材料、氯丁胶乳等为主要改性剂。此修补材料可起补强、防锈蚀和适应轻微变形作用。

3）细微裂缝可采取喷涂或手工涂刷高渗透无机防渗剂的方法。国内有 M-1500、XY-FEX、CR-909、SWF 等几种牌号的无机水性水泥密封防水剂，可渗透到水泥混凝土内部，并和碱性物质起化学反应，在水泥内部生成乳胶体，填充堵塞水泥内的毛细管道起到防水作用。喷涂前应将基面清理干净。

（4）在漏水量大的地方及双层衬砌施工部分采取导水管排水，即设置各种导水管（又称水落管）及管道将水引到隧道下部排水沟中。导水管材料有不锈钢、铝合金、橡胶、塑料（PVC、AB、HDPE）。形状有 Ω 形、圆形、矩形等。

10. 盾构进、出洞及联络通道接口防渗、防水

（1）盾构出、进洞方法：盾构进、出洞口方法，应根据现场地质条件、施工方法进行选择：

1）临时基坑法 如施工场地宽敞，盾构临时进、出洞口上部或周围无建筑物，可采用板桩围设基坑，或大放坡开挖基坑。然后在基坑内完成盾构安装、后座施工和垂直运输进、出口通道的施工，再拔除板桩，回填土，将盾构机械埋置在回填土中，仅留出垂直运输进、出口通道。这样盾构机械便能在土中掘进施工了。这一方法没有洞门拆除等问题，适用于埋置较浅的盾构始发端。

2）逐步掘进法 将盾构置于与地面直接连通的斜坡通道的始端，以已建敞开式引道为后座，按较大的纵向坡度，由浅入深地掘进，直至进入设计隧道土层。

逐步掘进法没有盾构进、出洞的技术问题，其防水技术即为管片的密封技术。而轴线控制技术是隧道由浅入深纵向坡度变化过程中的关键问题。

3）工作井进、出洞法 在隧道设计地层中浇筑闭合地下连续墙，或将沉井或沉箱置于隧道设计地层中，地下连续墙、沉井或沉箱的壁上开有进、出洞口，并用临时封门封堵，盾构设备在井内安装就位，准备工作结束后，拆除临时封门，即可掘进施工。这是上海市地铁盾构隧道经常采用的进、出洞方法。

（2）盾构进洞防渗做法：盾构进洞时，应特别重视防止地下水、流砂或泥砂等流体喷、涌入接受井及已开掘的隧道内，杜绝发生重大塌陷施工质量事故。故应对进洞区为砂性土或有可能发生喷、涌现象的土体采用降水、注浆、局部冻结等方法进行加固处理，以稳定进洞部位的土体，防止喷涌流水、泥砂。

当进洞区上部无法实施土体改良时，可在接受井一定范围内回填改良土体或低强度砂浆，使盾构进入接受井内的改良土体（过渡区），待后部管片的注浆材料具备封水条件后，再清除井内的改良土体，使盾构安全进洞。对进洞土体进行改良处理，做法如图 6-6 所示。

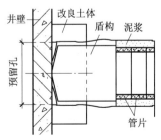

图 6-6 盾构进洞

当进洞区土体为黏性土，不会发生流砂现象时，可按出洞时图 6-8 的方法进洞。

（3）盾构出洞防渗做法：当建筑物存在拼接裂缝时可

能会发生喷泥砂、涌水的地区，出洞前应对紧靠出洞井预留孔20m左右的范围内作井点降水处理，使地下水位降至井底高程300mm以下。

盾构不同出洞形式的密封防渗构造如图6-7所示。

图6-7（a）中，采用化学注浆的方法对紧靠出洞井预留孔周围的土体进行加固处理。以提高土体的抗剪、抗压强度，减小透水性，保持出洞时的短期稳定能力。

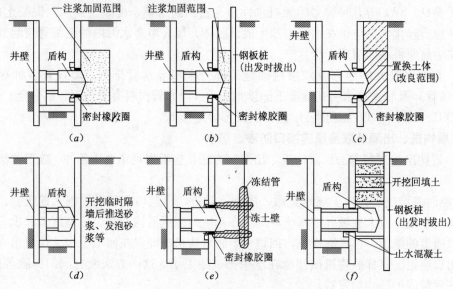

图6-7 盾构出洞密封防渗构造

图6-7（b）采用化学注浆和钢板桩相结合的方法对紧靠出洞井预留孔周围的土体进行加固处理。因钢板桩的抗剪、抗压作用，故化学注浆的范围可适当减少，用于井洞施工现场比较狭窄的工程。

图6-7（c）采用置换土体的方法对紧靠出洞井预留孔周围的土体进行加固处理。

图6-7（d）采用推送砂浆、发泡砂浆的方法对紧靠出洞井预留孔周围的土体进行加固处理。

图6-7（e）采用插入冷冻管使紧靠出洞井预留孔周围的土体冻结的方法进行临时加固处理。

图6-7（f）采用预埋钢板桩和回填2：8灰土、黏土等非砂质土、流砂土的方法对紧靠出洞井预留孔周围的土体进行加固处理。

图6-7（a）~图6-7（f）出洞井壁上的预留孔内径与盾构外径之间的间隙用密封橡胶圈、橡胶帘布环状板、扇形板封严，如图6-8所示。或用混凝土密封圈封严，严防渗漏，如图6-9所示。

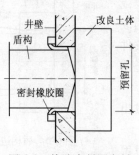

图6-8 橡胶密封圈密封

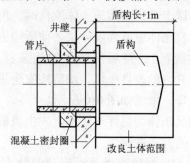

图6-9 混凝土密封圈密封

11. 盾构变形缝防水施工

在软土地层中建造圆形隧道，沿隧道结构纵向，每隔一定距离（30～50m）需设置变形缝。特别是竖井的隧道区段，由于刚度差别很大，宜较密地设置变形缝，以防止纵向变形而引起环缝开裂漏入泥水。

（1）变形缝的防水要求：由于变形缝的构造必须能适应一定量的线变形与角变形，同时在变形前后都能防水。

对单层衬砌来说，应按预计的沉降曲率设置间距较小的、有足够厚度的环缝变形缝密封垫以达到纵向变形后的防水要求。

对双层衬砌来说，变形缝前后环的管片（砌块）不应直接接触，间隙中应留有传力衬垫材料，其厚度应按线变位与角度量决定，它既能满足隧道纵向变形要求与防水要求，又可传递横向剪力。

（2）变形缝的防水材料：变形缝的防水材料根据变形缝构造的不同，分为单层衬砌变形缝与双层衬砌变形缝两类防水材料。这里只介绍常用的单层衬砌变形缝防水材料。

单层衬砌变形缝因衬入了环缝衬垫片而应加厚弹性密封垫，具体做法：

1）在原接缝密封垫表面（或底面）加贴橡胶薄片，这橡胶薄片可以是普通合成橡胶（与密封垫同样材质），也可以是遇水膨胀橡胶薄片，其厚度都应与环缝衬入的衬垫片相对应。

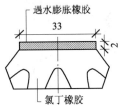

图 6-10　盾构变形缝用弹性密封垫

2）直接加工一种厚型橡胶弹性密封垫，如图 6-10 所示，用在变形缝环。考虑到整条隧道中变形缝数量较少，专门开设变形缝环用弹性密封垫经济上不甚合算，所以采用 1）的做法。

6.3　盾构隧道质量验收

1. 验收内容及要求

（1）不同防水等级盾构隧道衬砌防水措施应按表 6-3 选用。

盾构隧道衬砌防水措施　　　　　　　　　　　　　　　　　　表 6-3

防水等级	高精度管片	接缝防水				混凝土或其他内衬	外防水涂层
		弹性密封垫	嵌缝	注入密封剂	螺孔密封圈		
1 级	必选	必选	应选	宜选	必选	宜选	宜选
2 级	必选	必选	宜选	宜选	应选	局部宜选	部分区段宜选
3 级	应选	应选	宜选	—	宜选	—	部分区段宜选
4 级	宜选	宜选	宜选	—	—	—	—

（2）钢筋混凝土管片制作应符合下列规定：

1）混凝土抗压强度和抗渗压力应符合设计要求。

2）表面应平整，无缺棱、掉角、麻面和露筋。

3）单块管片制作尺寸允许偏差应符合表 6-4 的规定。

单块管片制作尺寸允许偏差　表 6-4

项目	允许偏差（mm）	项目	允许偏差（mm）
宽度	±1.0	厚度	+3，－1
弧长、弦长	±1.0		

（3）钢筋混凝土管片同一配合比每生产 5 环应制作抗压强度试件一组，每 10 环制作抗渗试件一组；管片每生产 2 环应抽查一块做检漏测试，检验方法按设计抗渗压力保持时间不小于 2h，渗水深度不超过管片厚度的 1/5 厚为合格。若检验管片中有 25% 不合格时，应按当天生产管片逐块检漏。

（4）钢筋混凝土管片拼装应符合下列规定：

1）管片验收合格后方可运至工地，拼装前应编号并进行防水处理。

2）管片拼装顺序应先就位底部管片，然后自下而上左右交叉安装，每环相邻管片应均布摆匀并控制环面平整度和封口尺寸，最后插入封顶管片成环。

3）管片拼装后螺栓应拧紧，环向及纵向螺栓应全部穿进。

（5）钢筋混凝土管片接缝防水应符合下列规定：

1）管片至少应设置一道密封垫沟槽，粘贴密封垫前应将槽内清理干净。

2）密封垫应粘贴牢固，平整、严密，位置正确，不得有起鼓、超长和缺口现象。

3）管片拼装前应逐块对粘贴的密封垫进行检查，拼装时不得损坏密封垫。有嵌缝防水要求的，应在隧道基本稳定后进行。

4）管片拼装接缝连接螺栓孔之间应按设计加设螺孔密封圈。必要时，螺栓孔与螺栓间应采取封堵措施。

（6）盾构法隧道的施工质量检验数量，应按每连续 20 环抽查 1 处，每处为一环，且不得少于 3 处。

Ⅰ 主控项目

（1）盾构法隧道采用防水材料的品种、规格、性能必须符合设计要求。检验方法：检查出厂合格证、质量检验报告和现场抽样试验报告。

（2）钢筋混凝土管片的抗压强度和抗渗压力必须符合设计要求。检验方法：检查混凝土抗压、抗渗试验报告和单块管片检漏测试报告。

Ⅱ 一般项目

（1）隧道的渗漏水量应控制在设计的防水等级要求范围内。衬砌接缝不得有线流和漏泥砂现象。检验方法：观察检查和渗漏水量测。

（2）管片拼装接缝防水应符合设计要求。检验方法：检查隐蔽工程验收记录。

（3）环向及纵向螺栓应全部穿进并拧紧，衬砌内表面的外露铁件防腐处理应符合设计要求。检验方法：观察检查。

7 防水材料施工方法

1. 防水施工基本原则

（1）执行国家和地方的防水标准和规范；（2）按施工图要求进行施工；（3）"按级选料、就地取材"；（4）遵守环境保护、建筑节能和消防的有关规定；（5）采用新材料、新设备、新技术、新工艺；

2. 防水、保温施工环境气温条件

防水、保温材料施工的环境气温条件参见表7-1。

防水、保温材料施工的环境气温条件　　　　　　　　　　表7-1

防水材料名称	施工环境气温
高聚物改性沥青防水卷材	冷粘法不低于5℃，热熔法不低于 -10℃
合成高分子防水卷材	冷粘法不低于5℃，热风焊接、热楔焊接法不低于 -10℃
高聚物改性沥青防水涂料	溶剂型宜为0~35℃；水乳型宜为5~35℃；热熔型不低于 -10℃
合成高分子防水涂料	溶剂型 -5~35℃，反应型和水溶型5~35℃，热熔型不低于 -10℃
聚合物水泥防水涂料	宜为5~35℃
改性石油沥青密封材料	宜为0~35℃
合成高分子密封材料	溶剂型宜为0~35℃；乳胶型、反应固化型宜为5~35℃
板状保温材料粘贴	有机胶粘剂不低于 -10℃，无机胶粘剂不低于5℃
喷涂硬质聚氨酯泡沫塑料	15~30℃
防水混凝土、水泥砂浆	5~30℃

7.1 刚性材料施工方法

7.1.1 防水混凝土施工

1. 防水混凝土的种类

混凝土的抗渗等级等于或大于 P6 时，称为抗渗混凝土，亦称防水混凝土。

（1）普通防水混凝土：通过提高水泥用量（上限）和砂率、振捣密实、加强养护等措施来达到防水目的，纯粹由水泥、砂、石、水拌合浇筑成的基准混凝土称为普通防水混凝土。

（2）外加剂防水混凝土：将混凝土膨胀剂、防水剂、渗透型结晶剂、引气剂、各类减水剂、缓凝剂、早强剂、防冻剂、泵送剂、速凝剂、密实剂、复合型外加剂、掺合料等外加剂掺入基准混凝土材料中浇筑成的防水混凝土，称为掺外加剂防水混凝土。一般来说，

161

混凝土中可同时掺入数种外加剂，组成复合型外加剂防水混凝土。

（3）补偿收缩防水混凝土：混凝土掺入膨胀剂后，产生适度膨胀，在限制条件下，建立起预压应力，可大致抵消混凝土收缩时的拉应力，使收缩得到补偿，从而防止混凝土产生收缩裂缝，提高混凝土的抗裂、抗渗性。掺入膨胀剂的混凝土称为补偿收缩混凝土，是掺外加剂防水混凝土的一种。

（4）防水混凝土的种类：防水混凝土种类、抗渗强度、特点和使用范围见表7-2。

防水混凝土的种类、抗渗强度、特点及使用范围　　　　　　表7-2

序号	种类		最高抗渗强度（MPa）	特点	适用范围
1	外加剂防水混凝土	补偿收缩防水混凝土	≥3.6	微膨胀补偿收缩，提高混凝土的抗裂、防渗性能	适用于地下、隧道、水工、地下连续墙、逆作法、预制构件及坑槽回填及后浇带、膨胀带等防裂防渗工程。 尤其适用于超长和大体积混凝土的防裂防渗工程
2		掺纤维补偿收缩防水混凝土	≥3.0	高强、高抗裂、高韧性，提高耐磨、抗渗性	在混凝土中掺入钢纤维或化学纤维。 适用于对抗拉、抗剪、抗折强度和抗冲击、抗裂、抗疲劳、抗震、抗爆性能等要求均较高的工业与民用建筑地下防水工程
3		引气剂防水混凝土	≥2.2	改变毛细管性质，抗冻性好含气量：3%~5%	适用于高寒、抗冻性要求较高、处于地下水位以下遭受冰冻的地下防水工程和市政工程
4		减水剂防水混凝土	≤2.2	拌合物流动性好。 引气型减水剂，含气量控制为：3%~5%	适用于钢筋密集或捣固困难的薄壁型防水结构、对混凝土凝结时间（促凝或缓凝）和流动性有特殊要求的防水工程（如泵送） 缓凝型：适宜暑期施工，推迟水化热峰值出现，亦适用于大体积混凝土，减小内外温差 早强型：冬期施工，早期强度高 高效型：减水率高、坍落度大、冬期施工
5		防水剂防水混凝土	≥3.5	增加密实性，提高抗渗性	适用于游泳池、基础水箱、水电、水工等工业与民用地下防水工程
6		掺水泥基渗透结晶型掺合剂防水混凝土	在原有基础上提高抗渗能力	结晶体渗透性堵塞渗水通道，提高强度、抗渗性	适用于需提高混凝土强度、耐化学腐蚀、抑制碱骨料反应、提高冻融循环的适应能力及迎水面无法做柔性防水层的地下工程
7	普通防水混凝土		≥2.0	提高水泥用量和砂率	适用于一般工业、民用建筑地下工程

2. 防水混凝土抗渗性能、坍落度允许偏差、施工质量的规定

（1）防水混凝土抗渗性能的规定：防水混凝土抗渗性能，应采用标准条件下养护混凝土抗渗试件的试验结果评定。试件应在浇筑地点制作。

连续浇筑混凝土每500m³应留置1组抗渗试件（1组为6个抗渗试件），且每项工程不得少于两组。

（2）混凝土坍落度的允许偏差：混凝土在浇筑地点的坍落度，每工作班至少检查两次。混凝土实测的坍落度与要求坍落度之间的偏差应符合表7-3的规定。

混凝土坍落度允许偏差　　　　　　　　　　　　　　　　表 7-3

要求坍落度（mm）	允许偏差（mm）
≤40	±10
50～90	±15
>90	±20

（3）防水混凝土的施工质量检查：防水混凝土的施工质量检验数量，应按混凝土外露面积，每 $100m^2$ 抽查 1 处，每处 $10m^2$，且不得少于 3 处；细部构造应按全数检查。

Ⅰ 主控项目

（1）防水混凝土的原材料、配合比及坍落度必须符合设计要求。检验方法：检查出厂合格证、质量检验报告、计量措施和材料进场检验报告。

（2）防水混凝土的抗压强度和抗渗性能必须符合设计要求。检验方法：检查混凝土抗压、抗渗性能检验报告。

（3）防水混凝土的变形缝、施工缝、后浇带、穿墙管道、埋设件等设置和构造，均须符合设计要求。检验方法：观察检查和检查隐蔽工程验收记录。

Ⅱ 一般项目

（1）防水混凝土结构表面应坚实、平整，不得有露筋、蜂窝等缺陷；埋设件位置应正确。检验方法：观察和尺量检查。

（2）防水混凝土结构表面的裂缝宽度不应大于 0.2mm，并不得贯通。检验方法：用刻度放大镜检查。

（3）防水混凝土结构厚度不应小于 250mm，其允许偏差为 +8mm、-5mm；迎水面钢筋保护层厚度不应小于 50mm，其允许偏差为 ±5mm。检验方法：尺量检查和检查隐蔽工程验收记录。

3. 防水混凝土的配合比计算

（1）防水混凝土的配合比规定

1）施工配合比应通过试验确定，试配混凝土的抗渗等级应比设计要求提高 0.2MPa；

2）胶凝材料用量应根据混凝土的抗渗等级和强度等级等选用，其总量不宜小于 $320kg/m^3$；当强度要求较高或地下水有腐蚀性时，胶凝材料用量可通过试验调整；

3）在满足混凝土抗渗等级、强度等级和耐久性条件下，水泥用量不宜小于 $260kg/m^3$；

4）应采用硅酸盐水泥或普通硅酸盐水泥的强度等级不应低于 42.5 级；砂率宜为 35% ~40%，泵送时可增至 45%；灰砂比宜为 1∶1.5～1∶2.5；水胶比不得大于 0.50，有侵蚀性介质时水胶比不宜大于 0.45；

5）普通防水混凝土坍落度不宜大于 50mm。防水混凝土采用预拌混凝土时，入泵坍落度宜控制在 120～160mm，入泵前坍落度每小时损失值不应大于 20mm，坍落度总损失值不应大于 40mm；

6）掺加引气剂或引气型减水剂时，混凝土含气量应控制在 3% ~5%。

（2）防水混凝土配合比计算步骤

1）确定水灰比：确定水灰比的主要依据是满足主体结构的抗渗性、施工的和易性和强度要求。供试配用的防水混凝土的最大水灰比见表7-4。

防水混凝土最大水灰比允许值（W/C = B）　　　　表7-4

混凝土抗渗强度（等级）（MPa）	最大水灰比	
	C20 ~ C30	> C30
P6	≤0.60	<0.55
P8 ~ P12	≤0.55	<0.50
> P12	≤0.50	≤0.45

注：1. 混凝土抗渗强度是指混凝土试块在渗透仪上做抗渗试验时，试块未发现渗水湿渍的最大水压值。如 P8 表示该试块在 0.8N/mm^2 的水压下没有出现渗水湿渍。

2. 试块 P 值应比设计抗渗等级提高 0.2N/mm^2。

2）选取每立方米混凝土的用水量：用水量应根据主体结构横截面尺寸、钢筋稀密度和搅拌时的和易性及施工时的坍落度等因素来确定。一般截面厚度≥250mm 的结构，坍落度可选用30mm；截面厚度 <250mm 或钢筋稠密的结构，坍落度可选在 30 ~ 50mm 范围内；厚大、少筋的结构控制在30mm 以内。坍落度也可按工程需要来确定。根据坍落度的大小和砂率来确定用水量，见表7-5；也可根据坍落度的大小和粗骨料的最大粒径来确定用水量，见表7-6。

混凝土拌合用水量选用表　　　　表7-5

坍落度（mm）	砂率（%）		
	35	40	45
10 ~ 30	175 ~ 185	185 ~ 195	195 ~ 205
30 ~ 50	180 ~ 190	190 ~ 200	200 ~ 205

注：1. 表中石子粒径为5 ~ 20mm。若石子最大粒径为40mm 时，用水量应减少 5 ~ 10kg/m^3；

2. 表中石子是指卵石，若为碎石，应增加 5 ~ 10kg/m^3；

3. 表中采用火山灰质水泥，若采用普通水泥，用水量可减少 5 ~ 10kg/m^3。

塑性混凝土用水量（kg/m^3）选用表　　　　表7-6

所需坍落度（mm）	卵石最大粒径（mm）				碎石最大粒径（mm）			
	10	20	31.5	40	16	20	31.5	40
10 ~ 30	190	170	160	150	200	185	175	165
35 ~ 50	200	180	170	160	210	195	185	175
55 ~ 70	210	190	180	170	220	205	195	185
75 ~ 90	215	195	185	175	230	215	205	195

注：1. 表中用水量系采用中砂时的平均取值。如采用细砂，每立方米混凝土用水量可增加 5 ~ 10kg，采用粗砂则可减少 5 ~ 10kg；

2. 表中用水量系不掺减水剂等外加剂的用水量，如拌制减水剂防水混凝土，则应扣除减水剂的减水量；掺其他外加剂或掺合料时，应相应调整用水量；

3. 混凝土的坍落度小于10mm 或大于 90mm 时，用水量可按各地现有经验或经试验取用；

4. 本表不适用于水灰比小于 0.4（或大于 0.8）的混凝土。防水混凝土的水灰比不得大于 0.55。

3）计算水泥用量：根据用水量和水灰比按下式计算水泥用量：

$$m_{co} = m_{wo}/W/C \tag{7-1}$$

式中　m_{co}——每立方米防水混凝土的水泥用量（kg）；

m_{wo}——每立方米防水混凝土的用水量（kg）；

W/C——防水混凝土最大水灰比的确定值；

W——每立方米混凝土的用水量（kg）；

C——每立方米混凝土的水泥用量（kg）。

计算所得的每立方米水泥用量应满足表 7-7 的要求。当掺加掺合料时，胶凝材料的总量不宜小于 320kg。

混凝土的最大水灰比和最小水泥用量　　　　　　　表 7-7

环境条件		结构物类别	最大水灰比			最小水泥用量（kg）		
			素混凝土	钢筋混凝土	预应力混凝土	素混凝土	钢筋混凝土	预应力混凝土
干燥环境		正常的居住或办公用房室内部件	不作规定	0.65	0.60	200	260	300
潮湿环境	无冻害	高湿度室内部件 室外部件 在非侵蚀性土和（或）水中部件	0.70	0.60	0.60	225	280	300
	有冻害	经受冻害的室外部件 在非侵蚀性土和（或）水中且经受冻害的部件 高湿度且经受冻害的室内部件	0.55	0.55	0.55	250	280	300
有冻害和除水剂的潮湿环境		经受冻害和除水剂作用的室内和室外部件	0.50	0.50	0.50	300	300	300

注：1. 当采用活性掺合料取代部分水泥时，表中最大水灰比和最小水泥用量即为替代前的水灰比和水泥用量；
　　2. 配制 C15 级及其以下等级的混凝土，可不受本表限制。

4）选取砂率：防水混凝土细骨料的作用是填充石子间的空隙并包裹石子，并应和水泥一起具有一定厚度的砂浆层。一般砂率可取 35% ~ 40%，灰砂比可取 1：2 ~ 1：2.5。坍落度为 10 ~ 60mm 的混凝土砂率，可按粗骨料品种、规格及混凝土的水灰比按表 7-8 选用。

混凝土砂率参考选用表（%）　　　　　　　　　表 7-8

水灰比（W/C）	卵石最大粒径（mm）			碎石最大粒径（mm）		
	10	20	40	16	20	40
0.4	26 ~ 32	25 ~ 31	24 ~ 30	30 ~ 35	29 ~ 34	27 ~ 32
0.5	30 ~ 35	29 ~ 34	28 ~ 33	33 ~ 38	32 ~ 37	30 ~ 35
0.6	33 ~ 38	32 ~ 37	31 ~ 36	36 ~ 41	35 ~ 40	33 ~ 38
0.7	36 ~ 41	35 ~ 40	34 ~ 39	39 ~ 44	38 ~ 43	36 ~ 41

注：1. 表中数值系中砂的选用砂率. 对细砂或粗砂，可相应地减少或增加砂率；
　　2. 只用一个单粒级粗骨料配制混凝土时，砂率应适当增加；
　　3. 对薄壁构件，砂率取偏大值；
　　4. 表中的砂率系指砂与骨料总重的重量比；
　　5. 坍落度大于 60mm 的混凝土砂率，可经试验确定，也可在表中数值的基础上，按坍落度每增大 20mm，砂率增大 1% 的幅度予以调整；
　　6. 坍落度小于 10mm 的混凝土，其砂率应通过试验确定；
　　7. 如结构钢筋密集，金属埋件较多，厚度较薄，浇捣困难时，可适当提高砂率。

砂率也可根据砂子的平均粒径和石子空隙率来选用，见表7-9。

砂率选择参考表

表 7-9

砂子平均粒径 (mm)	石子空隙率（%）				
	30	35	40	45	50
0.30	35	35	35	35	36
0.35	35	35	35	36	37
0.40	35	35	36	37	38
0.45	35	36	37	38	39
0.50	30	37	38	39	40

注：本表是按石子粒径为 3~30mm 计算，若砂子粒径为 5~20mm 时，砂率可增加 2%。

石子的空隙率按下式计算：

$$n_g = (1 - \rho_{gm}/\rho_g) \times 100\%$$

式中　n_g——石子的空隙率（%）；

　　　ρ_{gm}——石子的质量密度（t/m³）；

　　　ρ_g——石子的表观密度（t/m³）。

5）计算粗细骨料：防水混凝土一般用绝对体积法计算混凝土的配合比。即假设混凝土组成材料的绝对体积的总和等于混凝土的体积，从而得出以下方程式：

$$m_{co}/\rho_c + m_{gs}/\rho_{gs} + m_{wo}/\rho_w = 1000$$

粗细骨料混合密度按下式计算：

$$\rho_{gs} = \rho_g (1 - \beta_s) + \rho_s\beta_s \tag{7-2}$$

粗细骨料混合用量按下式计算：

$$m_{gs} = \rho_{gs} (1000 - m_{co}/\rho_c - m_{wo}/\rho_w) \tag{7-3}$$

则粗细骨料用量为：

$$m_{so} = m_{gs}\beta_s \tag{7-4}$$

$$m_{go} = m_{gs} - m_{so} \tag{7-5}$$

式中　m_{co}——每立方米防水混凝土的水泥用量（kg）；

　　　m_{gs}——每立方米防水混凝土中粗细骨料的混合重量（kg）；

　　　m_{wo}——每立方米防水混凝土拌合水的重量（kg）；

　　　ρ_c——水泥的密度（t/m³），一般取 2.9~3.1；

　　　ρ_{gs}——粗、细骨料的混合密度（t/m³）；

　　　ρ_w——水的密度（t/m³），取 $\rho_w = 1$；

　　　ρ_g——粗骨料的表观密度（t/m³）；

　　　ρ_s——细骨料的表观密度（t/m³）；

　　　β_s——砂率（%）；

　　　m_{so}——每立方米防水混凝土的细骨料用量（kg）；

　　　m_{go}——每立方米防水混凝土的粗骨料用量（kg）。

6）确定配合比：混凝土的重量比为：

$$水泥：砂：石子：水 = m_{co} : m_{so} : m_{go} : m_{wo}$$
$$= 1 : m_{so}/m_{co} : m_{go}/m_{co} : m_{wo}/m_{co}$$

7）混凝土的试配与调整：

① 试配时应采用工程中实际使用的原材料。混凝土的搅拌方法，应与生产时使用的方法相同；

② 混凝土试配时，每盘混凝土的最小搅拌量应符合表 7-10 的规定，当采用机械搅拌时，搅拌量不应小于搅拌机额定搅拌量的 1/4。

混凝土试配用最小搅拌量 表 7-10

骨料最大粒径（mm）	拌合物的拌合量（L）
31.5 及以下	15
40	25

③ 按计算所得初步配合比首先应进行试拌，以检查拌合物的性能。当试拌所得到的拌合物坍落度不能满足要求，或黏聚性和保水性能不好时，应在保证水灰比不变的条件下相应调整用水量或砂率，直到符合要求为止。然后应提出供混凝土进行强度试验和抗渗试验用的基准配合比。

④ 做混凝土强度试验时，应至少采用三个不同的配合比，其中一个应按③得出的基准配合比，另外两个配合比的水灰比，宜较基准配合比分别增加或减少 0.05，其用水量与基准配合比基本相同，砂率可分别增加或减小 1%。

当不同水灰比的混凝土拌合物坍落度与要求值相差超过允许偏差时，可以适当增减用水量进行调整。

⑤ 制作混凝土强度试件时，应检验混凝土的坍落度、黏聚性、保水性及拌合物表观密度，并以此结果作为代表相应配合比的混凝土拌合物的性能。

⑥ 进行混凝土强度试验时，每种配合比应至少制作一组（三块）试件，并应经标准条件养护到 28d 时试压。混凝土立方体试件的边长不应小于表 7-11 的规定。

混凝土立方体试件的边长 表 7-11

骨料最大粒径（mm）	试件边长（mm）
≤30	100×100×100
≤40	150×150×150
≤60	200×200×200

⑦ 试块进行抗渗试验时，抗渗水压值应比设计要求提高一级（0.2N/mm²）。

⑧ 试配混凝土的抗渗性能时，应采用水灰比最大的配合比作抗渗试验，其试验结果应符合下式要求：

$$p_t \geq P/10 + 0.2$$

式中 p_t——6 个试件中 4 个未出现渗水时的最大水压值（N/mm²）或（MPa）；

P——设计要求的抗渗等级。

8）混凝土配合比的确定：

① 由试验得出的各水灰比及其相对应的混凝土强度关系，用作图法或计算法求出与

混凝土配制强度（F_{cu}，0）相对应的水灰比，并按下列原则确定每立方米混凝土的材料用量。a. 用水量（W 或 W'）应取基准配合比中的用水量，并根据制作强度试件时测得的坍落度进行调整；b. 不掺外加剂时，水泥用量（C）应以用水量除以选定出的水灰比计算确定。掺外加剂时，水泥和外加剂的干粉用量之和（C'）应以用水量（W'）除以选定出的水灰比（B）计算确定；c. 粗骨料和细骨料用量（G 和 S）应取基准配合比中的粗骨料和细骨料用量，并按选定的水灰比进行调整。

② 配合比经试配确定后，尚应按下列步骤校正：

a. 根据①确定的材料用量，按下式计算混凝土的表观密度计算值 $\rho_{c,c}$：

$$\rho_{c,c} = W' + C' + S + G$$

b. 计算混凝土配合比校正系数（δ）：$\delta = \rho_{c,t} / \rho_{c,c}$

式中 $\rho_{c,t}$——混凝土表观密度实测值（kg/m^3）；

$\rho_{c,c}$——混凝土表观密度计算值（kg/m^3）。

c. 当混凝土表观密度实测值与计算值之差的绝对值不超过计算值的 2% 时，按①条确定的配合比应为确定的计算配合比；当二者之差的绝对值超过 2% 时，应将配合比中每项材料用量均乘以校正系数 δ 值，即为确定的混凝土设计配合比。

（3）防水混凝土配合比计算方法举例

有一钢筋混凝土地下工程，采用 C25、P10 防水混凝土浇筑，42.5 级普通硅酸盐水泥，$\rho_c = 3.1$（t/m^3）；中砂，平均粒径 0.35mm，$\rho_s = 2.6$（t/m^3）；碎石，用二级级配，$5 \sim 10mm : 10 \sim 30mm = 30 : 70$，$\rho_g = 2.7$（$t/m^3$），石子空隙率为 45%；要求混凝土坍落度为 $30 \sim 50mm$，用振动器捣实，试计算确定配合比。

解：1）选取水灰比、用水量和砂率

根据所要求的强度等级、抗渗等级、坍落度及所用材料，由表 7-4 初步确定水灰比为 0.55；查表 7-5，确定用水量为 $190kg/m^3$；查表 7-8，确定砂率为 36%。

2）计算水泥 m_{co} 用量。由式（7-1）得：$m_{co} = m_{wo} / W/C = 190 / 0.55 = 345kg/m^3$

符合普通防水混凝土水泥用量不小于 $260kg/m^3$ 的要求。

3）计算砂石混合密度。由式（7-2）得：

$$\rho_{gs} = \rho_g (1 - \beta_s) + \rho_s \beta_s$$
$$= 2.7 (1 - 0.36) + 2.6 \times 0.36$$
$$= 0.935 + 1.728 = 2.66 t/m^3$$

4）计算砂石混合重量。由式（7-3）得：

$$m_{gs} = \rho_{gs} (1000 - m_{co}/\rho_c - m_{wo}/\rho_w)$$
$$= 2.66 (1000 - 190/1 - 345/3.1) = 1859kg/m^3$$

5）计算砂子用量。由式（7-4）得：

$$m_{so} = m_{gs}\beta_s = 1859 \times 0.36 = 669kg/m^3$$

6）计算石子用量。由式（7-5）得：

$$m_{go} = m_{gs} - m_{so} = 1859 - 669 = 1190kg/m^3$$

7）计算初步配合比为：

$$水泥：砂：碎石：水 = 345 : 669 : 1190 : 190$$
$$= 1 : 1.94 : 3.45 : 0.55$$

试拌后，得到坍落度为 30 ~ 40mm 的防水混凝土，满足工程要求。

4. 防水混凝土的施工（计量、搅拌、运输、浇筑、养护）

（1）降排水：施工前应做好降排水工作，不得在有积水的环境中浇筑混凝土。

（2）材料要求：参见"3.8 地下工程柔性防水材料及混凝土材料的选择"。

（3）减水剂使用要求：使用减水剂时，减水剂宜预先配制成规定浓度的溶液。

（4）支撑模板：应拼缝严密、支撑牢固。结构钢筋或绑扎钢丝，不得接触模板。

（5）搅拌、运送：

1）应采用机械搅拌，搅拌时间不应小于 2min。掺外加剂时，应根据外加剂的技术要求确定搅拌时间。

2）预拌混凝土的初凝时间宜为 6 ~ 8h。配料应按配合比准确称量，其计量允许偏差应符合表 7-12 的规定。

防水混凝土配料计量允许偏差 表 7-12

混凝土组成材料	每盘计量允许偏差（%）	累计计量允许偏差（%）
水泥、掺合料	±2	±1
粗、细骨料	±3	±2
水、外加剂	±2	±1

注：累计计量仅适用于微机控制计量的搅拌站。

3）搅拌、运送有以下四种方法：

① 现场搅拌、运送：现场搅拌时，如地下工程距地面的落差较大，可采用溜槽将混凝土运送至基坑底面，溜槽底部应封严，防止漏浆。用料斗吊运时，料斗底部亦应封严。用小车运送时，小车的支腿应用橡胶皮绑扎，以防扎坏柔性防水层。

② 搅拌站搅拌、运送：如在搅拌站搅拌后运至施工地点，则应符合浇筑时规定的坍落度，当有离析现象时，必须在浇筑前加入原水灰比的水泥浆或二次加入减水剂进行二次搅拌且混凝土应以最少的转载次数和时间，从搅拌站运送至施工作业面。非掺缓凝剂混凝土从搅拌机中卸出到浇筑完毕的延续时间不宜超过表 7-13 的规定。

混凝土从搅拌机中卸出到浇筑完毕的延续时间（min） 表 7-13

混凝土强度等级	气 温	
	≤25℃	>25℃
不高于 C30	120	90
高于 C30	90	60

注：1. 对掺用混凝土外加剂或采用快硬水泥拌制的混凝土，其延续时间应按试验确定；
    2. 对轻骨料混凝土，其延续时间应适当缩短。

③ 搅拌运送车搅拌、运送：减水剂水溶液可在搅拌运送车到达施工现场时加入，高速运转 2min 后即可得到浇筑所需要的坍落度。

④ 泵送混凝土的运送：a. 混凝土的供应，必须保证输送混凝土的泵能连续工作；b. 输送管线宜直，转弯宜缓，接头应严密，如管道向下倾斜，应防止混入空气，产生阻塞；c. 泵送前应先用适量的与混凝土内成分相同的水泥浆或水泥砂浆润滑输送管内壁；如泵送间歇时间超过 45min 或当混凝土出现离析现象时，应立即用压力水或其他方法冲洗管内残留的混凝土；d.

169

在泵送过程中，受料斗内应具有足够的混凝土，以防止吸入空气产生阻塞。

（6）运输后混凝土坍落度的要求：运输后如出现离析，必须进行二次搅拌。当坍落度损失后不能满足施工要求时，应加入原水胶比的水泥浆或二次掺加同品种的减水剂进行搅拌，严禁直接加水。加入同品种减水剂应经试验确定，因有些减水剂（尤其是木质素类）如超量加入会使混凝土强度降低，减水率增幅却不大，且出现长期不凝固的工程质量事故；高效减水剂过量掺入会出现泌水。

（7）混凝土的浇筑：混凝土自高处倾落的自由高度，不应超过 2m。非施工缝部位的混凝土应连续浇筑。从混凝土运输、浇筑及间歇算起，其全部时间不应超过混凝土的初凝时间。同一施工段的混凝土应连续浇筑。

1）大体积混凝土的浇筑，应采取以下措施：①在设计许可的情况下，采用混凝土 60d 的强度作为设计强度；②采用低热或中热水泥，掺加粉煤灰、磨细矿渣粉等掺合料；③除掺入减水剂外，还应掺入膨胀剂、缓凝剂等外加剂，以便在和上述水泥、掺合料的共同作用下，延缓混凝土最高热化峰值的出现；④在炎热季节施工时，采取降低原材料温度、减少混凝土运输时吸收外界热量等降温措施；⑤混凝土内部预埋管道，进行水冷散热。

浇筑平面部位大体积混凝土，厚度超≥1m 时，应采用"斜面布料、分层振捣"的方法进行浇筑（图7-1）；当厚度方向如需分层浇筑时，应在底层混凝土初凝之前就将上层混凝土浇筑振捣完毕；当"斜面布料"浇筑的混凝土或墙体底层的混凝土在初凝之后再浇筑后续混凝土时，应按施工缝技术方案进行处理。

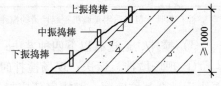

图 7-1　振捣棒分层插入

2）非大体积混凝土的浇筑：应连续浇筑。即后浇混凝土应在先浇混凝土初凝之前就浇筑振捣完毕，否则按施工缝处理。

3）底板混凝土的浇筑：底板厚度小于1m 时，可一次浇筑完成；厚度≥1m 时，可分二、三层浇筑。浇筑时，可采用"斜面布料、分层振捣"的施工方法。

4）楼板混凝土的浇筑：一次浇筑完成。浇筑时为防止上层钢筋往下沉，可将上层钢筋架在用钢筋做成的各种形状的支撑钢筋（俗称"马凳"、"铁马"）上（图7-2）。清单计价时，"马凳"所用钢筋应并入钢筋工程量内。

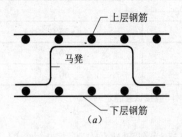
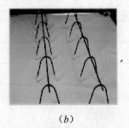
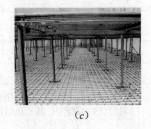

（a）　　　　　　（b）　　　　　　（c）

图 7-2　钢筋"马凳"

（a）"马凳"示意图；（b）"马凳"实物；（c）"马凳"架起上层钢筋

5）振捣：底板、顶板混凝土较薄时，用平板式振动器振捣密实，振捣时，应确保钢筋位置的准确，保证保护层的厚度。分层浇筑的混凝土，每层应采用机械振捣（振捣时间宜为 10～30s，以混凝土泛浆和不冒气泡为准），避免漏振、欠振和超振。掺加引气剂或引气型减水剂时，应采用高频插入式振捣器振捣。

6）压光：振捣后，用辊筒来回滚压，直至混凝土表面出现浮浆且不再沉落。浮浆后先用特制的 250mm×300mm 的大铁压板压平，再用铁抹子抹压数遍，使防水混凝土面层光滑平整。抹压时，不得在混凝土表面洒水、加水泥浆或撒干水泥，因这种处理方法只能使混凝土表面产生一层浮浆，硬化后混凝土内部和表层因应力及干缩不一致，致使面层产生不均匀收缩、龟裂和脱皮等现象，破坏面层的平整度，降低防水性能。

7）二次压光：待混凝土收水（初凝）后，用铁抹子将面层的沉缩、干缩裂缝第二次压实抹光，以保证防水层表面致密，封闭毛细孔、微缝，提高抗渗性能，这是至关重要的一道工序，应认真操作。

如需在底板混凝土表面涂刷内防水层、顶板混凝土表面设置外防水层，则混凝土的平整度应≤0.25%。

（8）细部构造浇筑：按要求进行浇筑。

（9）大体积防水混凝土浇筑、养护：1）炎热季节施工应采取降低原材料温度、减少混凝土运输时吸收外界热量等降温措施，入模温度不应大于30℃；2）混凝土内部预埋管道，通冷水散热；3）采取保温保湿养护措施。混凝土中心温度与表面温度的差值不应大于25℃，表面温度与大气温度的差值不应大于20℃，降温梯度每天不得大于3℃，养护时间不应少于14d。

（10）冬期混凝土浇筑、养护：1）混凝土入模温度不应低于5℃；2）应采取综合蓄热法、蓄热法、暖棚法、掺化学外加剂等方法养护，并应采取保温保湿措施，不得采用电热法或蒸汽直接加热法养护。

（11）施工注意事项：1）穿过主体结构的管道、预埋件不得位于结构受力部位；2）穿结构管道、预埋件、设备基座安装应牢固，其与混凝土间应按设计要求作嵌缝密封、止水处理；3）预留孔洞、穿结构管道、预埋件的位置应准确。不得在混凝土浇筑施工完毕后再开凿孔洞；4）天气较冷时，在浇筑 12～24h 后，应及时盖上塑料薄膜和二层草席或覆盖棉被以满足保温保湿和保持混凝土表面平整度和光洁度的养护要求；5）炎热天气，最好在阴天、早上或傍晚气温较低时施工。

5. 掺膨胀剂防水混凝土（砂浆）的施工

（1）性能要求

配制补偿收缩混凝土、填充用膨胀混凝土、灌浆用膨胀砂浆的性能应分别符合表 7-14、表 7-15、表 7-16 的要求。

补偿收缩防水混凝土的性能　　　　　　　　　　　　　　表 7-14

项目	限制膨胀率（$\times 10^{-4}$）	限制干缩率（$\times 10^{-4}$）	抗压强度（MPa）
龄期	水中 14d	水中 14d，空气中 28d	28d
性能指标	≥1.5	≤3.0	≥25

填充用膨胀混凝土的性能　　　　　　　　　　　　　　表 7-15

项目	限制膨胀率（$\times 10^{-4}$）	限制干缩率（$\times 10^{-4}$）	抗压强度（MPa）
龄期	水中 14d	水中 14d，空气中 28d	28d
性能指标	≥2.5	≤3.0	≥30

灌浆用膨胀砂浆的性能　　　　　　　　　表 7-16

流动度（mm）	限制膨胀率（×10⁻⁴）		抗压强度（MPa）		
	3d	7d		3d	7d
250	≥10	≥20	250	≥10	≥20

（2）施工要求和方法

1）所选原材料的规定：①膨胀剂运到工地或混凝土搅拌站应进行限制膨胀率检测，合格的方可入库使用；②水泥应符合现行国家标准，不得使用硫铝酸盐水泥、铁铝酸盐水泥和高铝水泥。

2）掺膨胀剂防水混凝土的配合比应符合以下规定：

①胶凝材料的最少用量（包括水泥、膨胀剂和掺合料等共同起胶凝作用材料的总量）应符合表 7-17 的规定。

胶凝材料最少用量　　　　　　　　　表 7-17

膨胀混凝土种类	胶凝材料最少用量（kg/m³）	用途
补偿收缩混凝土	320	防水混凝土建（构）筑物
填充用膨胀混凝土	350	回填槽、后浇带、膨胀带、灌注、填缝等
自应力混凝土	500	制造自应力压力管等水泥制品

注：工程上将粉煤灰、矿渣粉或沸石粉等称为掺合料，而由于膨胀剂亦起胶凝作用，故将其视作特殊的掺合料。

②大体积混凝土常采用掺入粉煤灰或矿渣粉、缓凝剂、膨胀剂的"三掺法"技术。这既可降低早期水化热，防止因运输距离过长、高温下施工坍落度损失过快、硬化过快而出现"冷缝"和"温差裂缝"的问题，又可降低温控措施的成本。但需要注意的是：掺入粉煤灰后，会增加混凝土的干缩开裂现象，故必须与膨胀剂配合使用。

③补偿收缩混凝土的膨胀剂掺量不宜大于 12%，不宜小于 6%；填充用膨胀混凝土的膨胀剂掺量不宜大于 15%，不宜小于 10%。

④膨胀剂掺量的确定：

a. 当混凝土中只掺入膨胀剂，起胶凝作用的只有水泥和膨胀剂时。膨胀剂的用量 m_E 为：$m_E = m_{C0} \cdot K$；水泥用量 m_C 为：$m_C = m_{C0} - m_E$

式中　m_{C0}——基准混凝土配合比中的水泥用量（kg/m³）；

　　　K——膨胀剂取代水泥的百分率；

　　　m_E——膨胀剂的用量（kg/m³）；

　　　m_C——水泥的用量（kg/m³）。

b. 当混凝土中掺有掺合料、膨胀剂，起胶凝作用的有水泥、掺合料和膨胀剂时，膨胀剂的用量 m_E 为：$m_E = (m_{C'} + m_F) \cdot K$；掺合料的用量 m_F 为 $m_F = m_{F'} \cdot (1 - K)$；水泥用量 m_C 为：$m_C = m_{C'} \cdot (1 - K)$

式中　$m_{C'}$——基准混凝土配合比中的水泥用量（kg/m³）；

　　　K——膨胀剂取代胶凝材料的百分率；

　　　m_E——膨胀剂的用量（kg/m³）；

　　　$m_{F'}$——基准混凝土配合比中的掺合料用量（kg/m³）；

m_F——掺合料实际用量（kg/m^3）；

m_C——水泥实际用量（kg/m^3）。

3）其他外加剂用量的确定方法：膨胀剂可与其他混凝土外加剂复合使用，复合使用应有较好的适应性。膨胀剂不宜与氯盐类外加剂复合使用，与防冻剂复合使用时应慎重，外加剂的品种和掺量应通过试验确定。

4）混凝土的搅拌：粉状膨胀剂应与混凝土中其他原材料一起投入搅拌机，拌合时间应延长30s。膨胀剂的计量误差应小于±2%。

5）混凝土的浇筑：

① 在计划浇筑区段内的混凝土应以阶梯式推进的方式连续浇筑，不得中断。浇筑间隔时间不得超过混凝土的初凝时间；

② 墙体混凝土的浇筑：采用漏槽或输料管从一端逐渐移向另一端，在斜面上均匀布置振捣棒，一般以0.5m层高分层浇筑到顶；

③ 楼板、底板混凝土的浇筑、压光：与普通混凝土相同。

6）混凝土的养护应符合下列规定：

① 混凝土中膨胀结晶体钙矾石（$C_3A \cdot 3CaSO_4 \cdot 32H_2O$）的生成需要足量的水，一旦失水就要粉化。故对于大体积混凝土和大面积混凝土，在终凝前经表面抹压后，用塑料薄膜覆盖，以防水分迅速蒸发而粉化，混凝土硬化后可上人时，宜采用蓄水养护或用湿麻袋、草席覆盖，定期浇水养护，应保持混凝土表面潮湿，不得断水，养护时间不应少于14d；

② 墙体等立面混凝土的养护。立面不易采用保水养护，宜从顶部设水管进行喷淋养护。混凝土浇完1~2d后，松开模板螺栓2~3mm，从顶部用水管喷淋水，3d后再拆模板。因混凝土在浇筑完3~4d内的水化热温升最高，而抗拉强度几乎为零，如过早拆模，墙体内外温差较大，因胀缩不一致而使混凝土产生温差裂缝。拆模后应用湿麻袋、草席紧贴墙体覆盖，并浇水养护，保持混凝土表面潮湿，养护时间不宜少于14d；

③ 养护用水应和环境温度同温，不得浇冷水养护，也不得在阳光下暴晒；

④ 冬期施工，混凝土浇筑后，应立即用塑料薄膜和保温材料覆盖养护，不能浇水养护，养护时间不应少于14d。对于墙体等立面混凝土，带模板养护时间不应少于7d。

7）灌浆用膨胀砂浆的浇筑应符合以下规定：

① 灌浆用膨胀砂浆胶凝材料的最少用量不宜少于$350kg/m^3$；

② 灌浆用膨胀砂浆的水料（胶凝材料＋砂）比应为0.14~0.16，搅拌时间不宜少于3min；

③ 堵漏施工时，采用灌浆机械进行灌浆堵漏；

④ 浇筑施工时，由于膨胀砂浆的流动度大，故不得使用机械振捣，宜采用人工插捣排除气泡，每个部位应从一个方向浇筑；

⑤ 浇筑完成后，应立即用湿麻袋等覆盖暴露部分，砂浆硬化后应立即浇水养护，养护时间不宜少于7d。

6. 掺防水剂混凝土的施工

（1）防水剂的使用要求：防水剂进入工地（或混凝土搅拌站）的检验项目应包括pH值、密度（或细度）、钢筋锈蚀，符合质量要求的方可入库、使用。

（2）水泥的选择：一般应优先选用普通硅酸盐水泥，因普通硅酸盐水泥的早期强度高，泌水率低，干缩率小。但其抗水性和抗硫酸盐侵蚀的能力不如火山灰质硅酸盐水泥，故工程有抗硫酸盐侵蚀的要求时，可选择抗水性好、水化热低、抗硫酸盐侵蚀能力好的火山灰质硅酸盐水泥，但其早期强度低，干缩率大，抗冻性能较差，施工时应经过试验后再确定。矿渣硅酸盐水泥的水化热较低，抗硫酸盐侵蚀的能力亦好，但泌水率高，干缩率大，影响混凝土的抗渗性，故应与高效减水剂复合使用。

（3）防水剂的掺量：防水剂应按供货单位推荐的掺量掺加。超量掺加时应经试验确定，符合要求方可使用。如皂类防水剂、脂肪族防水剂超量掺加时，引气量增大，混凝土拌合物会形成较多的气泡，反而影响混凝土的强度和抗渗性。

（4）防水剂混凝土的粗骨料：宜采用粒径为 5~25mm 连续级配石子。

（5）防水剂混凝土的搅拌时间：应比普通混凝土搅拌时间延长 30s。对于含有引气剂组分的防水剂，搅拌时间的长短对混凝土的含气量有明显的影响。当含气量达到最大值后，如继续搅拌，则含气量开始下降。

（6）防水剂混凝土的养护：应加强早期养护，其防水性能在最初 7d 内得到提高，且随着养护龄期的增加而增强。潮湿养护时间不得少于 7d。不得采用间歇养护，以防混凝土一旦干燥，就很难再次润湿。

7. 掺引气剂或引气减水剂混凝土的施工

（1）使用要求：引气剂及引气减水剂进入工地（或混凝土搅拌站）后的检验项目应包括 pH 值、密度（或细度）、含气量，引气减水剂应增测减水率，符合质量要求的方可入库、使用。

（2）抗冻性混凝土对含气量的要求：抗冻性要求高的混凝土，必须掺入引气剂或引气减水剂。其掺量应根据混凝土的含气量要求，通过试验确定。

掺引气剂及引气减水剂混凝土的含气量，不宜超过表 7-18 的规定；对抗冻性要求高的混凝土，宜采用表中规定的含气量数值。

引气剂及引气减水剂混凝土的含气量　　　　　　　　　　表 7-18

粗骨料最大粒径（mm）	20（19）	25（22.4）	40（37.5）	50（45）	80（75）
混凝土含气量（%）	5.5	5.0	4.5	4.0	3.5

注：括号内数值为《建筑用卵石、碎石》GB/T 14685 中标准筛的尺寸。

（3）掺加方法：引气剂及引气减水剂的掺量一般都较少，为了搅拌均匀，宜预先配制成一定浓度的稀溶液，使用时再加入拌合水中，溶液中的用水量应从拌合水中扣除。

（4）溶液配制方法：引气剂及引气减水剂必须充分溶解后方可使用。大多数引气剂采用热水溶解，如采用冷水溶解产生絮凝或沉淀现象时，可加热促使其溶解。

（5）与其他外加剂复合使用的方法：引气剂可与减水剂、早强剂、缓凝剂、防冻剂复合使用。配制溶液时，如产生絮凝或沉淀等现象，应分别配制溶液并分别加入搅拌机内。

（6）影响含气量的因素：施工时，应严格控制混凝土的含气量。当材料、配合比或施工条件变化时，应相应增减引气剂或引气减水剂的掺量。

1）影响混凝土含气量的材料因素：水泥品种、用量、细度及碱含量，混合料品种、用量，骨料类型，最大粒径及级配，水的硬度，复合使用的外加剂的品种，混凝土的配合比等；

2）影响混凝土含气量的施工因素：搅拌机的类型、状态、搅拌量、搅拌速度、持续时间、振捣方式以及环境因素等。

所以，在任何情况下，均应采用与现场条件相同的材料、相同配合比、相同的环境条件、相同的施工条件进行试拌试配，以免施工时混凝土的含气量出现误差。同时，应注意随着混凝土拌合物含气量的增大其体积也随之增大，故应根据混凝土的表观密度或含气量来调整配合比，以免每立方米混凝土中水泥用量不足。

随着高性能混凝土、商品混凝土、泵送混凝土等在工程中的大量应用，在掺加外加剂的同时，还掺加膨胀剂和矿物掺合料，即采用"三掺法"技术，以制备性能优异的混凝土，为获得所需的含气量，应加大引气剂的掺量，矿物掺合料以掺加粉煤灰最为显著。

（7）含气量的测定：检验混凝土的含气量，应在搅拌机出料口进行取样，并应考虑混凝土在运输、浇筑和振捣过程中含气量的损失。对含气量有设计要求的混凝土，施工中应每间隔一定时间进行现场检验。

事实上，混凝土入模振捣后的含气量才是其实际含气量，而从搅拌机出料口输出的混凝土经运输、浇筑、入模振捣后，含气量大约损失 $1/4 \sim 1/3$。但入模后的含气量难以测定，故规定在搅拌机出料口取样检测，然后根据实际情况进行调整，以保证含气量符合设计要求。

（8）搅拌：掺引气剂及引气减水剂的混凝土，必须采用机械搅拌，混凝土的含气量与搅拌时间有关，搅拌 $1 \sim 2\text{min}$ 时含气量急剧增加，$3 \sim 5\text{min}$ 时增至最大，继续搅拌又会损失，故搅拌 $3 \sim 5\text{min}$ 较为合适。搅拌时间及搅拌量应通过试验确定。

（9）浇筑：从出料到浇筑的停放时间不宜过长。入模振捣后混凝土的含气量与振捣器的类型有关：

1）用平板振捣器或振动台振捣，由于对混凝土的扰动小，故含气量的损失也小；

2）用插入式振捣器振捣，对混凝土的扰动大，含气量的损失也大，且随振动频率的提高和振动时间的延长而损失不断增大，故规定振捣时间不宜超过 20s。

8. 掺普通减水剂或高效减水剂混凝土施工

（1）使用要求：检验项目应包括 pH 值、密度（或细度）、减水率。

（2）掺量：应根据供货单位的推荐掺量、气温高低、施工要求，通过试验确定。混凝土的凝结时间随着减水剂掺量的增加而延长。特别是木质素类减水剂若超量掺加，其减水效果不会提高多少，而混凝土的强度则随之降低，凝结时间也进一步延长，影响施工进度。高效减水剂若超量掺加，则泌水率亦随之增加，影响混凝土质量。

（3）液体减水剂的用水量计：减水剂溶液中的用水量应从拌合水中扣除，以避免使水灰比增加。

（4）减水剂的掺加方法：

1）液体减水剂宜与拌合水应同时加入搅拌机内，使减水组分尽快得到分散；

2）粉剂减水剂的掺量很小，故宜与胶凝材料同时加入搅拌机内进行搅拌，以免粉剂分散不均，影响混凝土的凝固质量，特别是木质素磺酸盐类减水剂若分散不均，会出现个别部位长期不凝固的工程质量事故；

3）减水剂必须与拌合物搅拌均匀，需二次添加外加剂时，应通过试验确定，以免因减水剂的超量掺加而影响混凝土的质量。掺减水剂的混凝土应搅拌均匀后方可出料；

4）减水剂还可采用后掺法技术掺入混凝土搅拌运输车的料罐中（配合比不变）。后掺法技术既可减少坍落度的损失，还可提高混凝土的和易性及强度，使减水剂更有效地发挥作用。当混凝土搅拌运料车抵达浇筑现场，在卸料前2min加入减水剂，并加快搅拌运料罐的转速，将减水剂与混凝土拌合物搅拌均匀，会取得良好的效果。

（5）与其他外加剂复合使用的规定：减水剂与其他外加剂复合使用的掺量应根据试验确定。配制溶液时，如产生絮凝或沉淀现象，应分别配制溶液、分别加入搅拌机内。

（6）养护：混凝土采用自然养护时，应加强初期养护；采用蒸汽养护时，混凝土应具有必要的结构强度才能升温，蒸养制度应通过试验确定。

9. 掺钢纤维混凝土施工

（1）配比：水灰比宜为0.45～0.50；砂率宜为40%～50%；每立方米混凝土的水泥和掺合料用量宜为360～400kg；钢纤维体积率宜为0.8%～1.2%。配比应经试验确定。

（2）材料：1）宜采用普通硅酸盐水泥或硅酸盐水泥；2）粗骨料最大粒径宜为15mm，且不大于钢纤维长度的2/3；细骨料宜采用中粗砂；3）钢纤维长度宜为25～50mm，直径宜为0.3～0.8mm，长径比宜为40～100，表面不得有油污或其他妨碍钢纤维与水泥浆粘结的杂质，钢纤维内的粘连团片、表面锈蚀及杂质等不应超过钢纤维质量的1%。

（3）计量：称量允许误差见表7-19。

钢纤维混凝土称量允许误差 表7-19

材料名称	钢纤维	粗、细骨料	外加剂	水泥或掺合料	水
允许偏差（%）≤	±2	±3	±2	±2	±2

（4）搅拌：1）应采用强制式搅拌机搅拌，当钢纤维体积率较高或拌合物稠度较大时，一次搅拌量不宜大于额定搅拌量的80%；2）宜先将钢纤维、水泥、粗细骨料干拌1.5min，再加入水湿拌，也可采用在混合料拌合过程中加入钢纤维拌合的方法。搅拌时间应比普通混凝土延长1～2min；3）拌合物应拌合均匀，颜色一致，不得有离析、泌水、钢纤维结团现象。

（5）分格缝：用分格板条设置分格缝，纵横向间距不宜大于10m。

（6）浇筑：

1）从搅拌机卸出到浇筑完毕的时间不宜超过30min；运输过程中拌合物如产生离析或坍落度损失，可加入原水灰比的水泥浆进行二次搅拌，严禁直接搅拌；

2）浇筑时，应保证钢纤维分布的均匀性和连续性，并用机械振捣密实。每个分格板块的混凝土应一次浇筑完成不得留施工缝；

3）振捣密实后，应先将混凝土表面抹平，待收水后再进行二次压光，混凝土表面不得有钢纤维露出；

4）取出分格缝内的板条，缝内用密封材料嵌填密实、不渗水。

（7）养护：与普通混凝土相同。

7.1.2 水泥砂浆防水层施工

掺外加剂、防水剂、掺合料的防水砂浆和聚合物水泥防水砂浆只要一、两遍就能成活，故得到推广应用。

1. 设防要求

（1）水泥砂浆品种和配合比设计应根据防水工程要求确定。

（2）水泥砂浆防水层基层，其混凝土强度等级不应小于 C15；砌体结构砌筑用的砂浆强度等级不应低于 M7.5。

2. 所用材料要求

（1）应采用强度等级不低于 42.5MPa 的普通硅酸盐水泥、硅酸盐水泥、特种水泥，严禁使用过期或受潮结块水泥；

（2）砂宜采用粒径 3mm 以下的中砂，含泥量不大于 1%，硫化物和硫酸盐含量不大于 1%；

（3）水应采用不含有害物质的洁净水；

（4）聚合物乳液的外观为均匀乳液，无杂质、无沉淀、不分层。

（5）外加剂的技术性能应符合国家或行业标准一等品及以上的质量要求。

3. 水泥砂浆防水层施工应符合下列要求：

（1）分层铺抹或喷涂，铺抹时应压实、抹平和表面压光；

（2）防水层各层应紧密粘合，每层宜连续施工，必须留施工缝时应采用阶梯坡形槎，但离开阴阳角处不得小于 200mm；

（3）防水层的阴阳角应做成圆弧形；

（4）水泥砂浆终凝后应及时进行养护，未达硬化状态不得浇水或直接雨淋。养护温度不宜低于 5℃并保持湿润，养护时间不得少于 14d。

（5）水泥砂浆防水层的施工质量检验数量，应按施工面积每 100m^2 抽查 1 处，每处 10m^2，且不得少于 3 处。

4. 普通水泥砂浆防水层（找平层）施工

（1）水泥砂浆铺抹前，基层的混凝土和砌筑砂浆强度应不低于设计值的 80%。

（2）基层表面应平整、坚实、粗糙、清洁，并充分湿润、无积水。

（3）基层表面的孔洞、凹坑，应用与防水层相同的砂浆按要求堵塞抹平。将预埋件缝隙、裂缝用密封材料嵌填封严。

（4）普通水泥砂浆防水层，配合比见表 7-20。

普通水泥砂浆防水层的配合比   表 7-20

名称	配合比（质量比）		水灰比	适用范围
	水泥	砂		
水泥浆	1		0.55~0.60	水泥砂浆防水层的第一层
水泥浆	1		0.37~0.40	水泥砂浆防水层的第三、五层
水泥砂浆	1	1.5~2.0	0.40~0.50	水泥砂浆防水层的第二、四层

（5）水泥砂浆防水层应分层铺抹或喷射，铺抹时应压实、抹平，最后一层表面应提浆压光。

（6）铺抹水泥砂浆防水层的各层应紧密粘合，每层宜连续施工；如必须留槎时，采用阶梯坡形槎，但离阴阳角处不得小于 200mm；接槎应依层次顺序操作，层层搭接紧密。如

图 7-3 所示。

（7）施工气候要求、养护要求与防水混凝土施工相同。

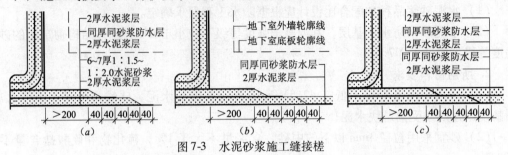

图 7-3　水泥砂浆施工缝接槎

（*a*）留阶梯坡形槎；（*b*）一、二层接槎；（*c*）三、四层接槎

5. 聚合物、掺外加剂、掺合料水泥砂浆防水层施工

（1）基层表面平整度、强度、清洁程度等要求与普通水泥砂浆要求相同。

（2）聚合物水泥砂浆防水层厚度单层施工宜为 6~8mm，双层施工宜为 10~12mm，掺外加剂、掺合料的水泥砂浆防水层厚度宜为 18~20mm。

（3）所用材料要求：1）所用水泥、中砂、搅拌水的质量与普通水泥砂浆要求相同；2）聚合物乳液质量应符合规定，宜选用专用产品；3）外加剂的技术性能应符合国家或行业产品标准一等品以上的质量要求。

（4）掺外加剂、掺合料、聚合物等改性防水砂浆的性能应符合规定。掺外加剂、掺合料防水砂浆的配合比和施工、养护方法应符合所掺材料的规定。

（5）聚合物水泥砂浆的用水量包括乳液中的含水量，拌合后应在规定时间内用完，且施工中不得任意加水。

（6）聚合物水泥砂浆防水层未达到硬化状态时，不得浇水养护或直接受雨水冲刷，硬化后应采用干湿交替的养护方法。在潮湿环境中，可在自然条件下养护。

（7）使用特种水泥、外加剂、掺合料的防水砂浆，养护应按产品有关规定执行。

Ⅰ主控项目

（1）水泥砂浆防水层的原材料及配合比必须符合设计要求。检验方法：检查出厂合格证、质量检验报告、计量措施和现场抽样试验报告。

（2）防水砂浆的粘结强度和抗渗性必须符合设计规定。检验方法：检查砂浆粘结强度、抗渗性能检测报告。

（3）水泥砂浆防水层各层之间必须结合牢固，无空鼓现象。检验方法：观察和用小锤轻击检查。

Ⅱ一般项目

（1）水泥砂浆防水层表面应密实、平整，不得有裂纹、起砂、麻面等缺陷；阴阳角处应做成圆弧形。检验方法：观察检查。

（2）水泥砂浆防水层施工缝留槎位置应正确，接槎应按层次顺序操作，层层搭接紧密。检验方法：观察检查和检查隐蔽工程验收记录。

（3）水泥砂浆防水层的平均厚度应符合设计要求，最小厚度不得小于设计值的85%。检验方法：用针测法检查。

（4）防水层表面平整度的允许偏差应为5mm。检验方法：用2m靠尺和楔形塞尺检查。

7.2 卷材防水层施工方法

卷材防水层适用于受侵蚀性介质作用或受振动作用的防水工程。按卷材种类、材性的不同，施工方法可分为冷粘、热粘、热熔、自粘结、焊接等施工方法。按铺设方法的不同可分为满粘、点铺、条铺和空铺等。

1. 找平层（基层）要求

找平层应平整牢固、清洁干燥。圆弧应符合要求。

2. 检查基层含水率

铺设地下、屋面隔汽层和非湿铺型防水卷材的基层必须干净、干燥。干燥程度的简易检验方法：将$1m^2$卷材平坦地干铺在找平层上，静置$3\sim4h$后掀开检查，找平层覆盖部位与卷材上未见水印即可铺设隔汽层或防水层。

3. 确定铺贴方法

（1）空铺法、条粘法、点粘法或机械固定法：适用于防水层上有重物覆盖、基层变形量大、日（季）温差大、易结露的潮湿基面及保温屋面工程和找平层干燥有困难的工程。屋面工程距周边800mm范围内以及叠层铺贴的各层卷材之间应满粘。

（2）满粘法：适用于立面、大坡面和基层较稳定、干湿程度符合铺贴要求的地下、屋面工程。满粘法施工时，屋面工程找平层的分格缝处宜空铺，空铺的宽度宜为100mm。

4. 屋面工程确定铺贴顺序

先高跨后低跨→先远后近→先细部后平、立面→先屋檐后屋脊。

5. 工艺流程

准备主料和辅料→准备机具和防护用品→清理、检查找平层和测定含水率→细部构造增强处理→铺贴平、立面卷材→卷材收头处理→设置保护层→试水试验（屋面工程）→竣工验收。

6. 细部构造增强处理

细部构造部位应增贴相同卷材附加层，宽度不宜小于500mm。

7. 粘结强度

改性沥青、合成高分子防水卷材的粘结质量应符合表7-21的规定。

防水卷材粘结质量要求 表7-21

项　目		本体自粘聚合物沥青防水卷材粘合面		三元乙丙橡胶和聚氯乙烯防水卷材胶粘剂	合成橡胶胶粘带	高分子自粘胶膜防水卷材粘合面
		聚酯毡胎体	无胎体			
剪切状态下的粘合性（卷材-卷材）	标准试验条件（N/10mm）≥	40或卷材断裂	20或卷材断裂	20或卷材断裂	20或卷材断裂	40或卷材断裂
粘结剥离强度（卷材=卷材）	标准试验条件（N/10mm）≥	15或卷材断裂		15或卷材断裂	4或卷材断裂	—
	浸水168h后保持率（%）≥	70		70	80	—
与混凝土粘结强度（卷材-混凝土）	标准试验条件（N/10mm）≥	15或卷材断裂		15或卷材断裂	6或卷材断裂	20或卷材断裂

8. 卷材铺贴施工要求

（1）喷、涂基层处理剂，当基面较潮湿时，应喷、涂湿固化型胶粘剂或潮湿界面隔离剂。喷、涂应均匀一致、不露底，待表面干燥后，及时铺贴卷材。

（2）卷材应自由展平压实，卷材与基面和各层卷材之间必须粘结紧密。

（3）卷材短边和长边的搭接宽度应符合要求。铺贴多层卷材时，上下层和相邻两幅卷材的接缝应错开1/3～1/2幅宽，同层内除地下工程底板折向外墙、屋面折向女儿墙相垂直的甩接茬卷材可垂直铺贴外，其余部位及上下层卷材不得相互垂直铺贴。

（4）在立面与平面的转角处，卷材的接缝宜留在立面上。如工程要求留在平面时，接缝距立面的距离一般应为500～600mm。

（5）卷材应先铺平面，后铺立面。从平面折向立面的卷材宜采用空铺法施工。

（6）地下工程卷材搭接缝应用封口条封严。

9. 卷材的搭接宽度

屋面工程卷材搭接宽度见表2-12，地下工程卷材搭接边及封口条最小宽度见表7-22。

地下工程卷材搭接边及封口条的最小宽度（mm）　　　　　表7-22

铺贴方法　　卷材种类	搭接边宽度		封口条宽度	
	满粘	空铺、点粘、条粘	满粘	空铺、点粘、条粘
弹性体改性沥青防水卷材	100		100	120
改性沥青聚乙烯胎防水卷材	100		100	120
本体自粘聚合物改性沥青防水卷材	80		100	120
三元乙丙橡胶防水卷材	100/60（胶粘剂/胶粘带）		100	100
聚氯乙烯防水卷材	60/80（单焊缝/双焊缝）		20	30
	100（胶粘剂）		100	120
聚乙烯丙纶复合防水卷材	100（粘结料）		100	120
高分子自粘胶膜防水卷材	70/80（自粘胶/胶粘带）		80	

10. 卷材防水层的施工质量检验

卷材防水层的施工质量检验数量，应按铺贴面积每100m² 抽查1处，每处10m²，且不得少于3处。

Ⅰ 主控项目

（1）卷材防水层所用卷材及主要配套材料必须符合设计要求。检验方法：检查出厂合格证、质量检验报告和现场抽样试验报告。

（2）卷材防水层及其转角处、变形缝、穿墙管道等细部做法均须符合设计要求。检验方法：观察检查和检查隐蔽工程验收记录。

Ⅱ 一般项目

（1）卷材防水层的搭接缝应粘（焊）结牢固，密封严密，不得有扭曲、皱折、翘边和鼓泡等缺陷。检验方法：观察检查。

（2）当采用外防外贴法铺贴卷材防水层时，立面卷材的搭接缝宽度，高聚物改性沥青为150mm，合成高分子为100mm，且上层卷材应盖过下层卷材。检验方法：观察和尺量检查。

（3）地下工程侧墙卷材防水层的保护层与防水层应粘结牢固，结合紧密、厚度均匀一致。检验方法：观察检查。

（4）卷材搭接宽度的允许偏差为 −10mm。检验方法：观察和尺量检查。

7.2.1 高聚物改性沥青防水卷材施工方法

高聚物改性沥青防水卷材可采用热熔、冷粘或冷热结合等方法施工。

1. 高聚物改性沥青防水卷材热熔法施工

厚度小于 3mm 的高聚物改性沥青防水卷材，严禁采用热熔法施工。

（1）施工所需材料

1）高聚物改性沥青防水卷材：厚度 ≥3mm，单层卷材防水层每平方米用量为 1.15 ~ 1.2mm^2。

2）基层处理剂（底涂料）：呈黑褐色，易于涂刷，涂液能渗入基层毛细孔缝中，起隔绝潮气和增强卷材与基层的粘结力。干燥时间晴天不大于 2h。

3）接缝密封剂（胶粘剂）：黏稠状高聚物改性沥青嵌缝膏，用于搭接缝的密封。

4）隔离层材料：聚乙烯薄膜或低档卷材。

5）防水层保护层材料：①屋面：浅色涂料、水泥砂浆、细石混凝土等；②地下：5 厚聚乙烯泡沫塑料片材或 50 厚聚苯乙烯泡沫塑料板。

6）汽油。稀释底涂料和清洗工具。

7）金属压条、水泥钢钉：卷材防水层在末端收头时钉压固定。

8）金属箍或镀锌铁丝：用于卷材防水层收头的箍扎固定。

9）水泥砂浆：填平、顺平找平层表面的凹槽、凹坑。一般采用普通水泥砂浆，也可采用聚合物水泥砂浆，如：①阳离子氯丁胶乳水泥砂浆。配合比为普通硅酸盐水泥：中砂：阳离子氯丁胶乳（含固量40%）：自来水 =1：2 ~ 2.5：0.35：0.2 ~ 0.25；②丙烯酸酯水泥砂浆。配比为水泥：砂：丙乳：水 =1：2 ~ 2.5：0.2：0.3 ~ 0.4；③其他聚合物水泥砂浆等。

（2）施工所需机具及防护用品

施工所需机具见表 7-23，防护用品见表 7-24。

热熔法施工常用机具 表 7-23

名　　称	规　　格	数　　量	用　　途
单头热熔手持喷枪		2 ~ 4	
移动式乙炔群枪	专用工具	1 ~ 2	烘烤热熔卷材
手持喷灯		2 ~ 4	
高压吹风机	300W	1	
小平铲	50 ~ 100mm	若干	清理基层
扫帚、钢丝刷、抹布	常用	若干	
铁桶、木棒	20L、1.2m	各1	搅拌、装盛底涂料
长把滚刷	φ60mm×250mm	5	涂刷底涂料
油漆刷	50 ~ 100mm	5	
裁刀、剪刀、壁纸刀	常用	各5	裁剪卷材

续表

名　称	规　格	数　量	用　途
卷尺、盒尺、钢板尺		各2	丈量工具
粉线盒、粉笔盒		各1	弹基准线、画线
手持铁压辊	φ40mm×（50～80）mm	5	压实搭接边卷材
射钉枪、铁锤		5	收头卷材钉压固定
干粉灭火器		10	消防备用
铁铲、铁抹子		各2	填平找平层及女儿墙凹槽
手推车		2	搬运机具
工具箱		2	存放工具

热熔法施工所需防护用品　　　　　　表 7-24

名　称	数　量	用　途
防火工作服	每人1套	预防火焰烧伤人体，规格应为长袖、长裤
护脚	每人1双	可用高帮球鞋代替，防护用品
安全帽	每人1顶	
软底胶鞋或球	每人1双	供施工人员在防水层上行走
墨镜	每人1副	
手套	每人1副	与衣服袖口相互搭接
口罩	每人1个	
防烫伤药膏	若干	
安全绳		高落差作业人员备用
纱布、白胶带	若干	临时包扎

（3）施工步骤

1）清理找平层：清扫干净找平层表面的砂浆疙瘩、浮灰、杂物，不得有尖锐凸起物，在涂刷底涂料前宜用高压吹风机吹尽浮灰和砂粒，或用湿抹布擦尽。

2）检查找平层含水率：用简易方法测定找平层含水率。有的地下工程垫层表面的找平层干燥较困难，达不到干燥要求。这时，可采用空铺法铺贴卷材，搭接边必须按要求热熔粘结牢固。

3）底涂料：满粘法施工时，将底涂料搅拌均匀，用长把滚刷均匀有序地涂刷在干燥的找平层表面，形涂刷成一层厚度为 1～2mm 的整体涂膜层。需要注意的是：屋面从平面折向立面的卷材应空铺。在阴阳角部位约 100～150mm 范围内的基层不涂底涂料。也可通过铺贴牛皮纸或废纸的办法来实现空铺，以适应结构沉降变形的需要。

①屋面工程：满粘法铺贴附加层、铺贴第一幅卷材，分别在基层表面、卷材表面按卷材的搭接宽度弹基准线，见图7-4、图7-5。

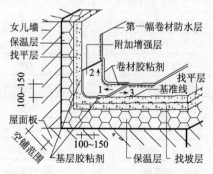

图 7-4　满粘法铺贴附加层、第一幅卷材

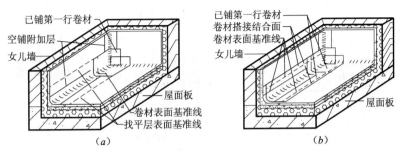

图 7-5　阴阳角部位弹基准线、铺贴卷材

（a）在找平层表面弹基准线；（b）在卷材表面弹基准线

② 地下工程甩接槎方法：底板阴阳角部位防水层常用的甩接槎方法见图 7-6（a）。这一方法，在建筑物使用期间，当结构与回填土体发生不均匀沉降时，常因垫层刚性角开裂而导致防水层被拉坏、顶裂，见图 7-6（b）。

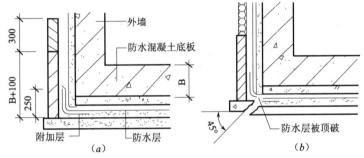

图 7-6　不均匀沉降造成转角部位防水层被顶破

（a）传统转角构造；（b）转角防水层被顶破

为避免这种情况发生，可采取两种有效的方法对刚性角部位的防水层进行保护。一是在转角部位设置 φ50 聚乙烯圆棒，附加层空铺，见图 7-7（a）。当结构与回填土体发生不均匀沉降时，聚乙烯圆棒被顶瘪，从而对防水层进行了保护，见图 7-7（b）；

另一方法是在转角部位设置聚苯乙烯泡沫塑料板条，抹找平层时，镶嵌在砂浆内，见图 7-8。

4）细部构造增强处理。

5）弹基准线、铺贴卷材。

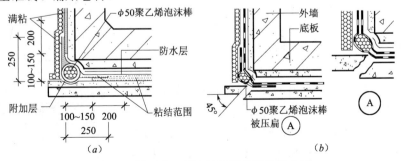

图 7-7　设置聚乙烯泡沫棒保护转角防水层

（a）设置聚乙烯泡沫棒；（b）聚乙烯泡沫棒被压扁

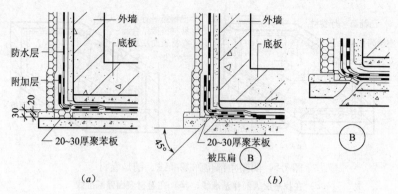

图 7-8 设置聚苯乙烯泡沫板条保护转角防水层
（a）设置聚苯板条；（b）聚苯板条被压扁

目前，越来越多的地方采用砖墙做外墙防水层的保护层。据记载，当结构与围护砖墙发生不均匀沉降时，刚性角开裂，防水层同样会被拉坏、顶破，砖表面的毛刺亦会把防水层拉裂。为此，应采取措施，对垫层进行局部加厚、加筋和加强（与底板同强度），使结构主体和围护砖墙进行同步沉降，就可解决上述问题，见图 7-9。当沉降量较大时，除采取上述措施外，还应设置连体圈梁，见图 7-10。

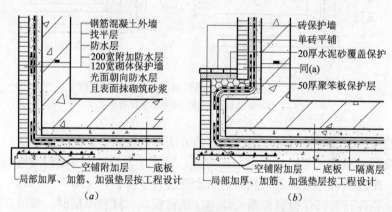

图 7-9 结构主体与围护砖墙同步沉降措施
（a）一般钢筋混凝土外墙；（b）悬桃底板钢筋混凝土外墙

6）点燃单头手持喷枪或喷灯的方法：喷嘴前方不得有障碍物，以免点燃后回火烧伤人体或手，人应站在上风口，一人先擦燃火柴或点燃打火机，从喷枪后面引火苗至喷嘴口，另一人逐渐旋开开关，将喷枪点燃（开关的开度应正好能点燃为宜），然后，再调节开关旋钮至喷出的火焰呈适宜施工的白炽火焰为止；如风势较大，用火柴或打火机点燃有困难时，可先点燃一头缠有汽油棉纱的木棍，再引燃喷枪。移动式乙炔群枪（亦称多喷头车式热熔铺毡机）一共有5个喷头，可先点燃手持喷枪，再引燃群枪。

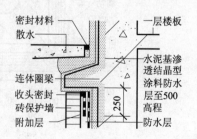

图 7-10 连体圈梁构造

改性沥青防水卷材的胎体位于卷材的 1/3 上部。热熔施工时，卷材底面应朝向基面，供火焰烘烤。厂家在生产时，成卷工艺是底面在外圈，面层在里圈。所以，将整捆卷材展开后，与基层接触的面即为底面，可直接进行烘烤铺贴。如一时难以辨别正反面，可从外观来鉴别：有细砂或贴合成膜隔离层、断面沥青层厚的一面为卷材底层，有铝箔或页岩片、断面沥青层薄的一面为卷材面层。

7）热熔施工：

① 铺贴卷材附加层：用手持喷枪对基层和附加卷材烘烤后进行铺贴。转角部位应空铺，在附加增强层的两侧底面及基层约 100～120mm 宽度的范围内进行烘烤，熔融后沿基准线铺贴，并用手持压辊滚压，使其与基层粘结牢固。也可用夹铺胎体的同材性改性沥青防水涂料作附加层，涂膜的整体性、密闭性会更好些。

② 空铺、点粘、满粘法施工：

a. 空铺法施工：空铺法施工时，立面卷材应满粘。屋面、地下工程周边、阴阳角、凸出部位的 800mm 范围内予以满粘，但在阴阳角部位要留出 200mm 的空铺宽度，参见图 3-42、图 3-45。施工时，对卷材的上下搭接边进行烘烤、压合，再用手持压辊滚压紧密。滚压时，随时用小平铲将从搭接缝内溢出的熔体刮平。搭接缝再用同材质改性沥青密封材料嵌缝，嵌缝宽度 ≥10mm。改性沥青密封材料常温下呈固态时，可用喷枪将其烘熔后再嵌缝。

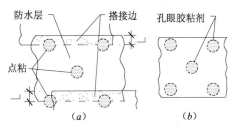

图 7-11　点粘法铺贴卷材
(a) 点粘位置；(b) 打孔卷材

b. 点粘法施工：除卷材搭接边应熔融粘结牢固外，每平方米范围内卷材与基层的粘结应不少于 5 个点，每点面积为 100mm×100mm。可呈梅花状布点，见图 7-11（a），点粘部位可采用胶粘剂粘结。或者先在基层满涂胶粘剂，然后在其上铺贴一层低档打孔薄毡，胶粘剂从孔眼部位露出（图 7-11（b）），供铺贴卷材防水层时粘结之用。

c. 满粘法施工：满粘法施工阴阳角部位的卷材应空铺，见图 7-4、图 7-5。地下工程外墙单层卷材长边平行于垫层铺贴的顺序见图 7-12，单层卷材长边垂直于垫层铺贴的顺序见图 7-13，双层卷材的铺贴顺序见图 7-14。

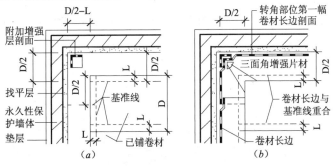

图 7-12　单层卷材长边平行于垫层铺贴顺序
(a) 弹基准线；(b) 铺贴卷材
D—卷材幅宽；L—搭接宽度

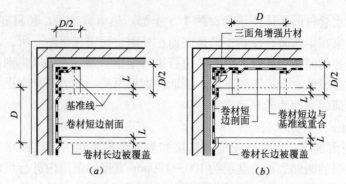

图 7-13　单层卷材长边垂直于垫层铺贴顺序

（a）弹基准线；（b）铺贴卷材

D—卷材幅宽；L—搭接宽度

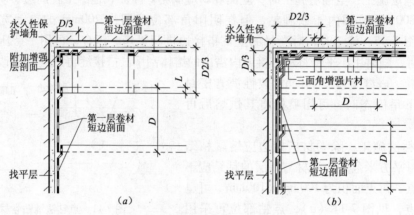

图 7-14　地下工程双层卷材铺贴顺序

（a）第一幅卷材布置；（b）第二幅卷材布置

D—卷材幅宽；L—搭接宽度

基准线　一般应按搭接宽度弹在已铺卷材的长、短边上，然后将成捆卷材抬至铺贴起始位置，拆掉外包装，置卷材长边对准长边基准线，在随后的铺贴过程中，还应将卷材的短边对准短边基准线。

③ 铺贴平面卷材：平面部位卷材用多喷头铺毡机进行烘烤铺贴，见图 7-15。

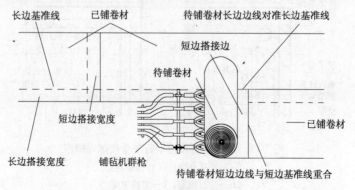

图 7-15　卷材铺贴起始位置

④ 铺贴立面卷材：屋面女儿墙、地下工程外墙等立面部位的卷材用手持喷枪进行烘烤铺贴。

⑤ 封脊、收头处理：屋面工程在最高屋脊处作封脊处理，女儿墙部位作收头处理；地下工程防水层的最高处作收头处理。

⑥ 铺贴地下工程顶板防水层：可采用空铺、点粘或满粘法铺贴。铺贴方法与平面施工方法相同。所不同的是：可直接在平整度≤0.25%的顶板表面铺贴。

⑦ 嵌缝、粘贴封口条：待卷材都铺贴完成后，屋面工程应对搭接缝用密封材料作嵌缝处理；地下工程应对搭接缝用密封材料作嵌缝处理后，还应用封口条进行封口处理，封口条四周接缝用密封材料作嵌缝处理。

⑧ 阴阳角增强处理：对阴阳角、转角部位，用增强片材作增强处理。

8）检查防水层施工质量：防水层施工完毕后，检查施工质量，合格后方能设置柔性保护层或刚性保护层。

（4）设置隔离层、保护层

1）在地下工程防水层表面设置隔离层、保护层：

① 底板卷材防水层上浇筑细石混凝土保护层时，厚度不应小于50mm。

② 顶板卷材防水层上浇筑细石混凝土保护层，采用机械碾压回填土或顶板承重时，厚度不宜小于70mm，采用人工回填土时，厚度不宜小于50mm，防水层与细石混凝土之间应设置隔离层，对于本身带有聚乙烯保护膜的改性沥青卷材可起有效的隔离作用。

③ 外墙卷材防水层采用外防内贴法铺贴时，保护墙内表面应抹厚度为20mm的1:3的水泥砂浆找平层，卷材宜先铺立面，后铺平面，并应先铺转角，后铺大面。

④ 外墙卷材防水层采用外防外贴法铺贴时，可采用柔性材料或铺抹20厚1:2.5水泥砂浆作保护层。柔性材料可采用5厚（30~40kg/m³）聚乙烯泡沫塑料片材或50mm厚（≥20kg/m³）挤塑型聚苯乙烯泡沫塑料板。

5厚聚乙烯泡沫塑料片材采用氯丁胶粘剂粘贴。为防回填土时损坏防水层，片材与片材之间应采用搭接连接，搭接宽度为20~30mm。

50mm厚聚苯乙烯泡沫塑料板材用聚醋酸乙烯乳液点粘粘贴，板与板之间拼缝应严密，以防回填土从缝隙中带入，损坏防水层。

当设计采用水泥砂浆作保护层时，由于改性沥青防水卷材为不浸润物质，不能与水泥砂浆相粘结。可通过以下两个措施来实现：a. 选择上表面材料为细砂粒的改性沥青防水卷材作防水层，使水泥砂浆和细砂粒相粘结。b. 在改性沥青卷材防水层表面涂布改性沥青胶粘剂，再在其上稀撒经清洗干净并烘烤预热的粗砂（也称石米），使胶粘剂将粗砂粘结牢固，工程上将粘牢的粗砂层称为"过渡层"。固化后，就可在粗砂层表面铺抹水泥砂浆了。

⑤ 明挖法地下工程的肥槽，在外墙防水层保护层施工完毕、满足设计要求、检查合格后，应及时回填。回填施工应符合以下要求：

a. 基坑内杂物应清理干净，无积水；b. 工程周围800mm以内宜用2:8灰土、黏土或粉质黏土回填，其中不得混有石块、碎砖、灰渣及有机杂物，也不得有冻土。800mm以外可用原土回填；c. 回填肥槽，应采用分层回填、分层夯实、均匀对称的施工方法。人工夯实每层厚度不大于250mm，机械夯实每层厚度不大于300mm，回填和夯实时，应防止损伤保护层和防水层；

2）在屋面卷材防水层表面设置保护层：先采用浇水、雨后的方法检查防水层施工质量，确认不渗漏后采用以下方法设置保护层。

① 浅色涂料或绿豆砂、云母和蛭石作保护层施工方法如下：a. 涂刷浅色涂料作保护层：涂刷银色涂料或丙烯酸酯浅色涂料。涂刷前，应将防水层表面的尘土、杂物清扫干净。涂刷应均匀、厚薄一致、全面覆盖，不得漏涂，与防水层粘结应牢固。如采用水乳型浅色涂料和着色剂时，在涂布后3h内不能浇水，更不能用水冲刷；b. 铺撒绿豆砂等散体材料作保护层：绿豆砂必须清洁（有尘土时应用水清洗干净）、干燥，粒径宜为3~5mm，色浅，耐风化，颗粒均匀。铺撒前，应将清洁的绿豆砂预热至100℃左右，在防水层表面刮抹2~3mm厚改性沥青冷胶粘剂或180℃的热玛琋脂，趁热用平铁锹将预热的绿豆砂均匀地铺撒在热玛琋脂涂层上，并用铁压辊滚压，使其与玛琋脂粘结牢固，铺撒应均匀无露底露黑现象。未粘结的绿豆砂应清扫干净。施工结束，经验收合格后方可交付使用。

② 水泥砂浆做保护层：表面应抹平压光，按要求设分格面积为 $1m^2$ 的表面分格缝。

③ 块体材料做保护层：宜留设分格缝，其纵横间距不宜大于10m，分格缝宽度不宜小于20mm。

④ 细石混凝土做保护层：混凝土应振捣密实，表面抹平压光，应留设分格缝，纵横间距不宜大于6m。

⑤ 水泥砂浆、块体材料或细石混凝土保护层与防水层之间应设置隔离层，与女儿墙、突出屋面的结构之间应预留宽度为30mm的缝隙，并用密封材料嵌填严密。

3）种植屋面、地下工程顶板设置保护层：采用耐根穿刺防水材料作保护层。当根系穿刺能力强、树身高度超过2.5m时，可采用35厚的1:2.5水泥砂浆和50厚的细石混凝土（应配φ4~φ6双向钢筋网）作保护层，以防树根扎穿防水层。

2. 高聚物改性沥青防水卷材冷粘法施工

厚度在3mm以下（含3mm）的高聚物改性沥青防水卷材应采用冷粘法施工。冷粘法施工的粘结材料为溶剂型改性沥青胶粘剂，浸透力较强，能渗透到基层的毛细孔缝中，因而可不涂布冷底子油（基层处理剂），但要求基层必须干燥。

施工所用改性沥青胶粘剂每平方米防水层用量约为1kg。卷材的收头可用金属压条、水泥钢钉钉压固定。

3. 高聚物改性沥青防水卷材冷热结合法施工

冷热结合施工法是指除卷材的搭接边采用热熔粘结以外，其余部位均采用冷粘结法。这一施工方法亦要求卷材的厚度在3mm以上。

4. 自粘改性沥青防水卷材冷自粘施工

自粘高聚物改性沥青防水卷材的粘贴面（单面或双面）涂有胶粘剂并用硅隔离膜或隔离纸隔离，施工时先在基层表面涂布基层处理剂，待基层处理剂干燥后（静置约0.5~1.0h即可干燥），立即揭起隔离材料，进行卷材与基层、卷材与卷材搭接边的粘结。气温较低时，胶粘剂粘结力降低，应对搭接边稍微加热后再粘结。

5. 湿铺法改性沥青防水卷材粘贴施工

湿铺法是用水泥净浆或水泥砂浆进行铺贴，搭接边用改性沥青胶粘剂粘结。

（1）粘结材料的配制

1）材料：硅酸盐水泥或普通硅酸盐水泥，中砂，拌合水，改性沥青胶粘剂。地下工程需裁制 120mm 宽封口条。

2）配制：

① 水泥净浆：水灰比 0.4~0.45。

② 水泥砂浆：水泥∶砂∶水＝1∶2∶0.5~0.55。稠度控制在 50~70mm 左右。也可以在砂浆中掺入减水剂、防水剂等外加剂，以提高砂浆防水性能。先将水泥与砂以 1∶2 的质量比混合均匀至色泽一致，再加入聚合物乳液或防水剂等搅拌均匀。拌制时，可边搅拌边加入适量的水，边加入聚合物乳液或防水剂，搅拌均匀。

（2）粘结材料的选择

若基层平整度达到强度到规范要求，则可选择水泥净浆作为胶粘剂；若没有达到要求，则选择水泥砂浆或防水砂浆作为胶粘剂。

（3）施工工艺

1）基层（找平层）的要求应符合规定，并按规定的搭接宽度弹基准线。

2）刮涂粘结材料：采用水泥砂浆时其厚度一般 10~20㎜，采用水泥净浆时其厚度一般 5mm 左右。

3）铺贴卷材：将卷材下层的隔离纸揭掉，铺贴在胶粘剂上。立面墙若潮湿可预先用金属压条及螺钉暂时固定，若干燥则将卷材直接贴上，并用螺钉暂时固定。

4）提浆：用抹子或橡胶板拍打卷材上表面，赶走下面的气泡，使卷材与胶粘剂粘结紧密。

5）静置 24~48h：目的是让水泥充分水化，产生早期强度，使胶粘剂与卷材相互初步粘结。静置时间的长短与外界温度、湿度有关。以外界温度 20℃，湿度 50% 为标准。静置过程中切勿到卷材上踩压，以免形成空鼓。

6）接缝压实和密封：待胶粘剂与卷材完全粘结牢固，可上人时（以脚踩胶粘层没脚印为准），即可对卷材搭接边进行密封处理。屋面工程用胶粘剂批刮接缝即可。地下工程还须用 120mm 宽的封口条封缝。

7）收头处理：将卷材压入凹槽内，用金属压条和螺钉固定，用胶粘剂和水泥砂浆封缝。

8）质量检查、验收：检查防水层施工质量，合格后方可进行保护层施工。

（4）施工注意事项

1）配制胶粘剂时应控制好用水量，若用水量过多，不利于卷材的粘结；

2）铺贴卷材时，尽量不要站在卷材上，以免粘结层踩出脚印，形成空鼓；

3）胶粘剂形成强度前，不要抠、抻拉卷材，否则卷材容易脱落；

4）卷材铺贴过程中及静置阶段不要到上面走动，防止人为损坏。

7.2.2 橡胶型合成高分子防水卷材施工方法

橡胶型合成高分子防水卷材一般采用冷粘法施工。其施工流程见图 7-16。图 7-16（a）的搭接边采用卤化丁基橡胶防水密封胶粘带（或同类型内外密封膏）封缝，地下工程搭接缝上不贴封口条。图 7-16（b）的搭接边采用丁基橡胶胶粘剂粘结，地下工程搭接边需用封口条封边，接缝需用密封材料封缝。

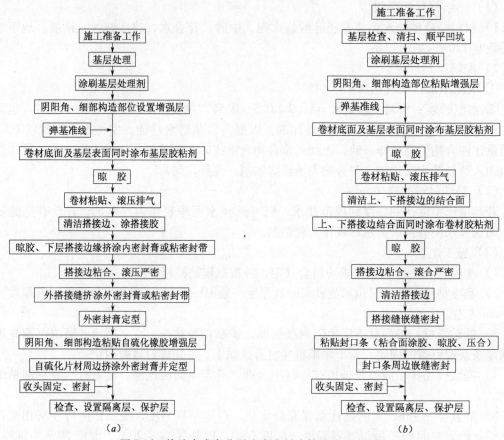

图 7-16 橡胶合成高分子防水卷材冷粘法施工流程图
（a）用卤化丁基橡胶防水密封材料密封搭接边的施工流程图；
（b）用普通丁基橡胶胶粘剂密封搭接边的施工流程图

橡胶型合成高分子防水卷材冷粘法施工所用工具见表 7-25。

橡胶型合成高分子防水卷材冷粘法施工所用工具 表 7-25

名　　称	规　　格	数　　量	用　　途
小平铲	50～100mm	各 2 把	清理基层、局部嵌填密封材料
扫帚	日用品	8 把	清理基层
钢丝刷		3 把	清理细部构造
高压吹风机	300W	1 台	清理基层
电动搅拌机	300W	1 台	搅拌胶粘剂
铁桶	20L	2 个	盛胶粘剂
铁抹子	瓦工工具	2 把	顺平基层、收头砂浆抹平
皮卷尺	50m	1 把	量基准线、卷材长度
盒尺	3m	3 把	量基准线等
粉线袋	黑色或红色	0.5kg	弹基准线
小线绳	50m	1 卷	弹基准线

名　称	规　格	数　量	用　途
粉笔		1盒	作标记
剪刀		5把	剪裁卷材
开刀		5把	划割卷材
开罐刀		2把	开料桶
小铁桶	3L	5个	盛胶粘剂、盛密封材料
油漆刷	50～100mm	各5把	涂刷胶粘剂
长把滚刷	$\phi60\times250$mm	8把/1000m²	涂刷胶粘剂
干净、松软长把滚刷	$\phi60\times250$mm	5把/1000m²	除尽已铺卷材底部空气
橡皮刮板	厚度5～7mm	各5把	刮涂胶粘剂
带凹槽刮板	专用	5把	修整外密封膏
木刮板	宽度250～300mm	各5把	驱除卷材底部空气
手持压辊	$\phi40\times50$mm	10个	压实卷材及搭接边
手持压辊	$\phi40\times5$mm	5个	压实阴角部位卷材
外包橡胶皮的铁压辊	$\phi200\times300$m	2个	压实大面卷材
嵌缝枪		若干	嵌填密封膏
铁管	$\phi30\times1500$mm	2根	铺展卷材，可用木棍代替
冲击钻	手持	2把	用金属压板固定收头卷材
手锤		5把	钉水泥钢钉
射钉枪		2把	射钉、固定压板
称量器	50kg	1台	称胶粘剂配比重量
克丝钳、扳手		各5把	穿墙管道防水层收头固定铅丝、管箍
安全绳		5条	高落差工程劳动保护用品
工具箱		2个	存放工具

1. 硫化型橡胶合成高分子防水卷材冷粘法施工

（1）施工所需材料：

1）主材——硫化型橡胶合成高分子防水卷材。

2）主要配套材料及要求：

① 基层处理剂：涂刷于基层表面，一般选用聚氨酯稀释溶液或氯丁橡胶乳液。

② 基层胶粘剂：用于卷材与基层之间的粘结。一般以氯丁橡胶为主要成分制成的溶剂型胶粘剂。

③ 卷材搭接胶粘剂：以丁基橡胶、氯化丁基橡胶或氯化乙丙橡胶为基料制成的溶剂型单组分或双组分胶粘剂，专门用于卷材搭接边的粘结。

④ 卷材接缝外用密封膏：用于卷材接缝外边缘、收头部位、细部构造附加防水层周圈边缘的密封。宜选用单组分可枪挤施工的丁基橡胶密封膏，也可采用自粘性丁基橡胶密封带。

⑤ 水泥砂浆：填平、顺平找平层表面的凹槽、凹坑。一般采用普通水泥砂浆，也可

采用聚合物水泥砂浆，如：a. 阳离子氯丁胶乳水泥砂浆。配合比为普通硅酸盐水泥：中砂：阳离子氯丁胶乳（含固量40%）：自来水 = 1 : 2~2.5 : 0.35 : 0.2~0.25；b. 丙烯酸酯水泥砂浆。配比为水泥：砂：丙乳：水 = 1 : 2~2.5 : 0.2 : 0.3~0.4；c. 其他（JS）聚合物水泥砂浆。

⑥ 隔离层材料：聚乙烯薄膜或低档卷材。

⑦ 地下工程外墙防水层保护层材料：5厚聚乙烯泡沫塑料片材或50厚聚苯乙烯泡沫塑料板。

⑧ 金属压条、水泥钢钉：用于卷材防水层末端收头时钉压固定。

⑨ 金属箍或8~10厚铁丝。用于穿墙管部位卷材防水层收头的箍扎固定。

⑩ 保护层材料：与"高聚物改性沥青防水卷材热熔法施工"相同。

（2）施工步骤：

1）基层处理：同"高聚物改性沥青防水卷材热熔法施工"。

2）展开卷材：将其从卷紧时的拉伸状态下自由收缩，消除卷材在生产卷曲过程中产生的拉应力，以避免铺贴后由收缩应力而造成的龟裂现象。静置时间至少12h。

3）细部构造附加增强处理。

4）空铺、点粘卷材：同"高聚物改性沥青防水卷材热熔法施工"。

5）满粘法铺贴平面、立面卷材：

①弹基准线；②涂布基层处理剂；③涂布基层胶粘剂：

将卷材沿基准线展开，摊铺在平坦、干净、干燥的基层上，打开盛有胶粘剂容器的桶盖，将胶粘剂搅拌均匀，搅拌时间不应少于5min，用长把滚刷蘸取胶粘剂，均匀地涂刷在卷材底面和与其相粘结的基层表面，卷材底面与基层表面的涂布应同时进行，卷材搭接边部位的范围内不涂刷基层胶粘剂。基层胶粘剂的涂布量应保证粘结面积范围内达到规定的宽度，且涂布应均匀，不得结球。基层胶粘剂涂布量每平方米至少为0.4kg。满粘法施工时，阴阳角等需要空铺于部位，不涂布基层胶粘剂。

④ 铺贴和粘结卷材：涂布后，将卷材底面和基层表面的基层胶粘剂晾置约20min，当胶膜基本干燥但指触不起丝或基本不粘指肤时，即可沿基准线铺贴粘结。施工时，可采用以下两种方法涂布基层胶粘剂和铺贴卷材：

a. 将卷材沿基准线铺展，长边与基准线对齐，再拿起短边向另一短边对折，对折后的长度为卷长的1/2，然后在对折后的卷材底面和与之相粘结的基层表面同时涂布基层胶粘剂，见图7-17（a）。静置晾胶至符合粘结要求时，即可推铺卷材。

推铺卷材时，不能拉伸卷材，并避免出现皱折现象，在推铺的同时，用干净的长把滚刷在卷材表面用力滚压，驱除空气，并保证卷材与基层粘结牢固。然后折回另一半卷材，见图7-17（b），按照上述工艺完成整幅卷材的铺贴。

图7-17　基层胶粘剂涂布方法

（a）半幅卷材基层胶粘剂涂布方法；（b）另一半幅卷材基层胶粘剂涂布方法

b. 将已涂刷基层胶粘剂并晾胶至符合铺贴要求的卷材，用长度与卷材宽度相等或略宽、直径为 40mm 左右的硬纸筒或塑料硬管作芯材，卷成圆筒形，然后在卷芯中插入一根 $\phi 30mm \times 1500mm$ 的铁管，由两个人分别手持铁管的两端，将卷材的短边粘结固定在铺贴起始位置（搭接时与短边基准线对齐），逐渐铺展卷材，使卷材长边与基准线重合。铺展时不允许拉伸卷材，使卷材呈松弛状态铺贴在基层表面，且不得出现皱褶现象。在铺贴平面与立面相连的卷材时，应先铺贴平面，然后由下向上铺贴至立面，并使卷材紧贴阴角，与空铺的附加层粘结牢固。

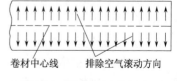

图 7-18　排除空气示意图

⑤ 排气：每当铺完一卷卷材后，应立即用干净松软的长把滚刷从卷材的中心线位置，分别向两侧用力滚压一遍，以彻底排除卷材粘结层间的空气，见图 7-18。

⑥ 压实：排除空气后，平面部位可用外包橡胶的 $\phi 200 \times 300mm$ 的铁压辊滚压严实，使卷材与基层粘结牢固，垂直部位、阴角部位可在排除空气后用 $\phi 5 \times 40mm$ 的手持压辊沿阴角滚压，使卷材紧贴阴角，与底面空铺的附加层粘贴牢固。铺贴完工后的卷材防水层不得出现空鼓和皱褶现象。

6）卷材搭接边粘结：

① 卷材与卷材采用搭接的方法进行连接，粘结材料采用以丁基橡胶为主要成分的搭接胶粘剂或胶粘带。搭接边的搭接宽度应符合要求。

② 搭接边的粘结：

a. 用搭接胶粘剂粘结卷材搭接边、内外密封膏封闭内外搭接缝的施工方法：

（a）相邻卷材搭接定位，用沾有专用清洗剂的洁净棉纱、抹布擦揩干净搭接边。

（b）采用单组份搭接胶粘剂时，只需打开胶粘剂包装，搅拌至均匀（推荐至少搅拌 5min）即可涂刷，采用双组分搭接胶粘剂时，需现场按配比准确称量后搅拌均匀，胶粘剂外观应色泽一致。

（c）用油漆刷将胶粘剂均匀涂刷在翻开的卷材搭接边的两个粘结面上，涂胶量约在 $0.4 kg/m^2$ 左右，涂布后即可晾胶（图 7-19）。

（d）待胶膜干燥 20min 左右，至用手指向前压推不动时，沿底部卷材内边缘 13mm 以内，挤涂直径为 5mm 宽的内密封膏（图 7-20），密封膏搭接连接，不应间断。

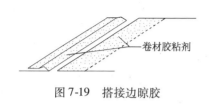

图 7-19　搭接边晾胶

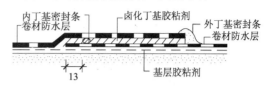

图 7-20　涂内、外丁基密封膏

（e）粘结搭接边：用手一边压合搭接边，一边排除空气，随后用手持压辊向接缝外边缘用力滚压粘牢，滚压方向应与搭接缝方向相垂直。

（f）挤涂外密封膏：在卷材搭接边滚压粘牢 2h 后，用沾有配套清洁剂的布擦揩、清洁外搭接缝，以外搭接缝为中心线挤涂外密封膏，并用带凹槽的专用刮板沿接缝中心线以 45°角刮涂，压实外密封膏，使之定型。外密封膏定型作业应在当日完成。

b. 用丁基胶粘带（双面胶）粘结卷材搭接边的施工方法：图 7-21 的搭接边的内、外搭接缝都用丁基胶粘带封闭。粘贴方法如下：

（a）清洁搭接边。

（b）打开双面胶粘带，粘结面朝下，使胶粘带的中心线与下层卷材的长边重合，用手压实，将胶粘带粘贴在搭接边和基层上。粘贴后，胶粘带在下层卷材和基层表面的宽度各占 1/2。

（c）撕掉胶粘带表面的聚乙烯隔离膜，平服地合上上层卷材搭接边，沿垂直于搭接边的方向手用压实上层卷材，然后用 50mm 宽的手持压辊沿着垂直于搭接边的方向用力滚压（不要顺着搭接边长边的方向滚压），使搭接边有效粘结。至此，内搭接缝封闭完毕，接着就可封闭外搭接缝。

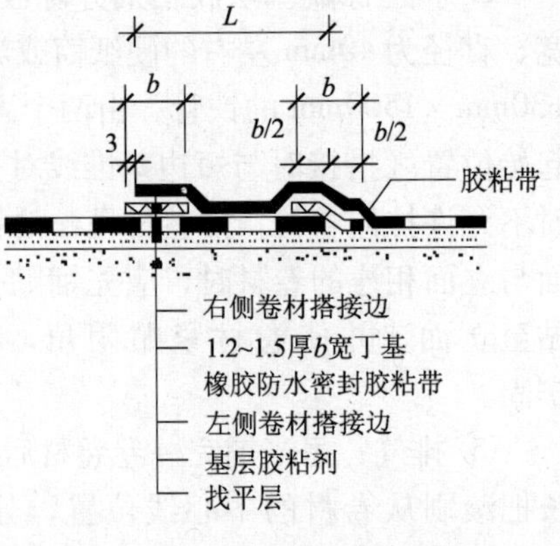

右侧卷材搭接边
1.2~1.5厚 b 宽丁基橡胶防水密封胶粘带
左侧卷材搭接边
基层胶粘剂
找平层

图 7-21　内、外丁基胶粘带搭接密封

（d）打开胶粘带，粘结面朝下，沿弹好的基准线把胶粘带粘贴在下层卷材上（粘贴后，以胶粘带能露出上层卷材 3mm 为基准），用手压实，然后，把上层卷材铺放在胶粘带的聚乙烯防粘隔离膜上。

（e）揭去上层卷材下面胶粘带的聚乙烯隔离膜。并把上层卷材直接铺贴在暴露出的胶粘带上面，再沿垂直于搭接边的方向用手压实上层卷材，然后用 50mm 宽的手持压辊用力压实搭接边。滚压要求与封闭内搭接缝相同。需要注意的是：胶粘带之间亦应连接搭接，搭接宽度宜为 2~3mm。

c. 也可采用内密封膏、外胶粘带或内胶粘带、外密封膏的方法进行密封搭接。见图 7-22、图 7-23。施工方法与上述方法相同。

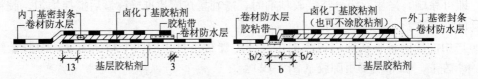

图 7-22　内密封膏、外胶粘带搭接密封　　　　图 7-23　内胶粘带、外密封膏搭接密封

7）封口密封处理：地下工程搭接边嵌缝密封后，还应用封口条进行密封处理，封口条周边亦应做嵌缝密封处理。

8）细部节点粘贴自硫化或硫化型橡胶片材的施工方法：利用自硫化橡胶卷材的可塑特性，即可在三面阴阳角、管根、变形缝等复杂部位形成凹凸形状、无"剪口"的整体附加层。在这些部位粘贴 1~2 层自硫化橡胶片材，边缘再用搭接密封膏封闭即完成附加增强处理，见图 7-24。

硫化型橡胶片材需裁剪后再铺贴，剪口部位应用密封材料封严，以防形成"针眼"。

（3）设置保护层。

（4）施工质量验收。

（5）施工注意事项：1）施工安全问题：①材料安全：溶剂型液体胶粘剂、清洗剂等易燃材料的运输、贮存及施工期间，应远离火源和热源，施工现场严禁烟火；②人员安全：施工前应对施工人员进行作业安全教育，施工现场应有良好通风条件，高落差工程作业时应系好安全带，谨慎小心作业，以防跌下。

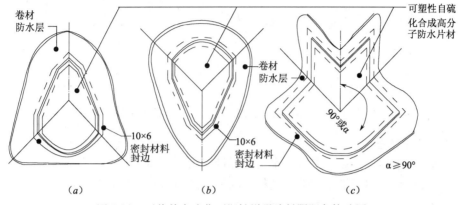

图 7-24　不裁剪自硫化可塑性增强片材阴阳角构造图
(a) 三面阴角；(b) 三面阳角；(c) 阴阳交角

2）铺设期间的成品保护：施工人员应认真保护已做好的防水层，严防施工机器等硬物硌伤防水层，施工人员不允许穿带钉子的鞋在卷材防水层上走动。

3）施工完毕，必须及时用有机溶剂将施工机具清洗干净，以备下次再用。

2. 非硫化型橡胶防水卷材冷粘法施工

非硫化型橡胶防水卷材的冷粘结施工方法，除了所采用的清洁剂、胶粘剂、密封材料与硫化型卷材不同外，施工方法与硫化型卷材相同。清洁剂、胶粘剂、密封材料均应采用厂家提供的材料。

7.2.3　塑料防水板、防水卷材、复合防水卷材施工方法

塑料防水板、卷材适用于铺设在初期支护与二次衬砌间的塑料防水板（简称"塑料板"）防水层。一般采用热风、热楔焊接施工。复合防水卷材可采用冷粘结施工。

1. 塑料型防水板施工

（1）塑料型防水板（如聚氯乙烯（PVC）防水卷材）热风焊接施工

热风焊接法是利用自动行进式电热风焊机和手持电热风焊枪产生的高温热风将热塑性防水卷材的搭接边（粘合面）熔融，紧接着压辊轮加以重压，将两片卷材熔合焊接为一体。用自动行进式电热风焊机（构造示意见图 7-25，焊嘴构造见图 7-26）完成平面部分卷材搭接缝的焊接，手持式电热风焊枪完成立面部分和细部构造、防水节点部位卷材搭接缝的焊接。自动行进式电热风焊机由电热系统、排风系统和行走调速系统组成，排风系统（在焊枪手柄部位）将焊枪中的电阻丝通电后发出的热量送至焊枪头部的热风焊嘴，使焊嘴排出高温热风，把焊嘴插在上、下两片卷材搭接粘合面之间，热风便将搭接边表皮熔融；紧靠焊嘴的压辊轮靠变速器调节转速，以 4~6m/min 的行进速度，与滚动轮一起边行走边将两片熔融的搭接边压合在一起，压辊轮一侧有配重铁，使卷材搭接边粘合紧密；调节电动机励磁线圈的励磁电流（有调节旋钮），可在无级变速的状态下，平稳调节焊机的行进速度，使搭接面连续粘结，保证焊接质量。卸下电热风焊机上的焊枪，可兼作脱离焊机而独立使用的手持式电热风焊枪。

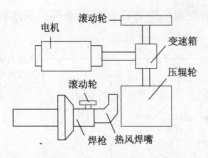

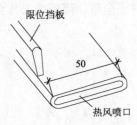

图 7-25 自动行进式电热风焊机构造示意图 图 7-26 焊枪端部形状

1）施工所需材料：

① 塑料型防水卷材：每平方米防水层用料量约为 1.17m²。

② 基层胶粘剂：用于细部构造，胶粘剂的材性需与塑料型卷材相一致。

③ 过氯乙烯树脂液：用于卷材搭接边的粘结。热风焊接时，可提高搭接面的粘结强度，一般用于细部构造部位附加防水层卷材与卷材之间的搭接焊接粘结。

④ 金属压条、膨胀螺栓、水泥钢钉：固定收头卷材，应作防锈处理。

⑤ 金属箍或 8 ~ 10 号钢丝：用于管根端部卷材的绑扎固定，应作防锈处理。

⑥ 聚合物水泥砂浆：用于修补找平层，外墙凹槽和檐沟收头卷材的填实顺平。

⑦ 隔离层材料：聚乙烯薄膜或低档卷材。

⑧ 保护层：与"高聚物改性沥青防水卷材热熔法施工"相同。

⑨ 清洗剂或溶剂：施工结束，清洗焊嘴和压辊轮。

2）施工所用工具：见表 7-26。

塑料型防水板热凤焊接施工所用工具　　　　　　表 7-26

名　称	数　量	用　途
手持压辊	3	卷材搭接边滚压紧密
油漆刷	3	细部构造涂刷基层胶粘剂
扫帚	3	清理找平层
钢丝刷	2	清理细部构造基层杂物
小平铲	3	铲除找平层表面杂物
开刀	2	裁剪防水卷材
剪刀	2	裁剪防水卷材
卷尺	1	丈量防水层铺设长度
钢卷尺	1	量基准线距离
电动冲击钻	1	女儿墙末端收头固定金属压条
手锤或冲击锤	2	钉膨胀螺栓、水泥钢钉
扳手	2	拧膨胀螺栓螺母
粉线袋	1	弹基准线
自动行进式电热风焊机	1	焊接卷材搭接边
手持式电热风焊枪	1	焊接立面卷材、细部构造卷材搭接缝
铁抹子	2	找平层修补顺平，女儿墙凹槽抹平

3）施工步骤：

① 清理基层。

② 细部构造、节点增强处理：空铺法铺贴防水卷材可在较潮湿的基层上施工。但在细部构造、节点部位铺贴附加增强层时，基层必须干燥。干燥有困难时，可用喷灯烘烤干燥后再铺贴。细部构造、节点部位增强处理完毕后，即可铺贴平、立面卷材。如设计要求在防水层铺贴完工后，还需在细部构造防水层表面铺贴附加层，则仍应按要求铺贴，这样可进一步提高细部构造部位防水的可靠性。

③ 弹基准线、空铺、点粘法铺贴卷材：与"高聚物改性沥青防水卷材热熔法施工"相同。

④ 铺贴平、立面卷材：阴角部位的附加增强层采用空铺法施工（只在两条长边边缘涂刷 100～150mm 宽的胶粘剂）。阴角部位第一块卷材与附加层之间既可采用胶粘剂进行满粘法铺贴（平面、立面各占 1/2 幅宽），也可采用手持热风焊枪进行满粘法焊接铺贴。

阴角部位的第一块卷材粘贴牢固后，以后的卷材就可用自动行进式电热风焊机对平面部位的长边搭接边进行焊接铺贴。施工前，应先检查焊枪、焊嘴等机械零件安装是否牢固；检查电源、电热、排风系统是否正常，如合上电闸，接通电源后电热系统出现问题或排风系统无风等异常现象，应立即关闭电源，排除故障后方可使用。在启动焊机时，应先开启排风旋钮，后开启电热开关。预热数分钟，调节温控旋钮，使温度达到焊接要求，接着先进行试焊，试焊时应随时调节焊机的温度和行走速度，通过试焊来确定当时现场适用的焊接温度和行走速度。待卷材的搭接粘合面符合粘结强度要求后就能进行正式焊接了。搭接粘合面符合粘结强度要求的简易确认方法是：

卷材的搭接粘合面，在焊机的行走过程中，搭接缝被压辊轮挤压出一道连续不间断的熔体，而卷材上、下表面不被熔坏。

焊机焊接时的正常行走速度一般为 4～6m/min。在焊接过程中，应通过电动机励磁线圈的调节旋钮，随时调节励磁电流的大小，来调整焊机的行走速度，以确保焊接质量；通过手柄来控制焊机的行走方向，以确保卷材的有效焊接宽度。

搭接边焊接冷却凝固后，就自然形成一条嵌缝线，省去了用冷粘法或热熔法铺贴卷材那样需要用密封材料进行嵌缝的工序。如焊接后形成不了熔体凝固的嵌缝线，则仍应用密封材料或胶粘剂进行嵌缝处理。地下工程还应用封口条进行封口处理。自动行进式电热风焊机的焊接速度不宜过快，每分钟焊接长度约为 1m。需要注意的是，由于人为控制卷材搭接宽度，容易产生搭接宽度不够而被上表面卷材覆盖以致暴露不出问题的现象。所以，施工时应严格控制焊嘴的宽度在搭接粘合面内，同时控制好焊接速度，就能使有效焊接宽度达到规定值。焊嘴焊接时的摆放位置如图 7-27 所示。

平面卷材的长边搭接边焊接结束后，接着就可用手持热风焊枪焊接短边搭接边和立面部位的搭接边（平面部位的短边搭接边亦可用焊机进行焊接），但为了保证焊接质量，在长、短边的直角转角处宜用手持热风焊枪进行焊接，如图 7-28 所示。

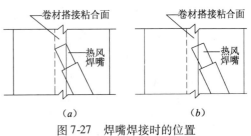

图 7-27 焊嘴焊接时的位置

（a）焊嘴位置正确；（b）焊嘴位置不正确

焊接时，应用手持压辊用力滚压，不得出现翘角现象。

立面部位卷材收头可用压条、钢钉钉压固定。

焊机使用结束后，先旋转电热风焊机的温度旋钮至常温，再关闭电热开关，用凉风将焊枪的内外壁吹凉，最后关闭排风旋钮。在焊枪内外壁还没吹凉前，不得用手指触摸管壁及焊嘴，以防发生烫伤事故。等焊枪冷却后，再用清洗剂（或溶剂）将焊嘴和压辊轮清洗干净，以防焊嘴沾有卷材的熔体，凝固后堵塞管口而影响下次使用，或发生不必要的排风不畅的事故。

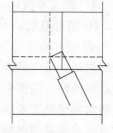

图 7-28　长、短边直角转角处焊接方法

⑤ 搭接缝封口处理：在封口作业过程中，焊机边行走边裁下50mm 宽的卷材条焊接在接缝线上，要使封口压条的中心线对准接缝线，对称封住接缝线。立面卷材搭接缝，裁下 50mm 宽的卷材封口条，用手持电热风焊枪进行焊接。

4）设置保护层、施工质量验收：参见"高聚物改性沥青防水卷材热熔法施工"。

5）施工注意事项：①焊机接通电源后，先开启排风旋钮，后开启电热开关，顺序不能颠倒；②焊机停止使用时，先旋转温度旋钮至常温，再关闭电热开关，用凉风吹凉焊枪后，最后关闭排风旋钮，顺序不能颠倒；③焊机停机后，不得在防水层上拖动。应轻拿轻放，设专人操作、保养；④焊机工作时或刚停机时，严禁用手触摸焊嘴，以免烫伤；⑤每次用完后，必须关闭电源总闸；⑥施工人员不得穿钉子鞋进入施工现场。

（2）塑料型防水板双缝热楔焊接施工

塑料防水板一般都用于基面（市政工程称"一次衬砌"）比较粗糙的防水工程。为防止塑料板被粗糙基面刺破、戳漏，在塑料板与基层间应设置无纺布或聚乙烯泡沫塑料片材缓冲层。

塑料防水板表面很光滑，在浇筑二次衬砌后，混凝土固化时会出现收缩应力。此时，即使一次衬砌表面很粗糙，塑料防水板与二次衬砌之间也只会产生相对的滑动现象，塑料防水板和二次衬砌都不会产生收缩裂缝。

细部构造部位的附加增强卷材采用手持热风焊枪或压焊机进行焊接施工。搭接边采用自动爬行式双热楔焊接机进行焊接施工。焊机通电后，双热楔温度升高，将两幅卷材的搭接面熔化，在行进中通过紧靠热楔的压辊轮将两片熔融的搭接边压合。搭接边的搭接宽度由热合机自动控制为100mm，两条焊缝的焊接宽度与双热楔的宽度有关。焊接宽度应符合要求，两条焊缝之间留有 10mm 左右的空腔，向空腔内充气，可检查焊缝的焊接质量。

双缝焊接机可在平面自动行走焊接，也可在立墙自动爬行焊接。最高焊接温度为450℃，最大行走速度为6m/min，可焊防水板厚度为 0.3 ~ 3.6mm。

塑料防水板在立面、顶面的铺设有以下两种方法。

一种是焊接法：将塑料板焊接在预先设置的热塑性圆垫圈上。

另一种是绑扎法：此法是基于生产厂家事先将塑料板和聚乙烯泡沫塑料片材（缓冲层）热合成一体，并在缓冲层内预埋绑扎绳，铺设时，只需将绑扎绳抽出后系在已射入一次衬砌内的射钉头上即可。绑扎法简便易行，容易保证施工质量，不会像焊接法那样有可能出现将防水板焊漏、烧穿、熔薄的质量隐患。

施工过程中可用目测法检查搭接边焊接质量，表面应光滑，无波形皱褶、无断面、无断续损痕等缺陷；焊缝应无断裂、变色、无气泡、斑点；与圆垫圈的焊接部位应无烤焦、烧糊、灼穿等现象。同时应用检测器检查焊缝密封性能。方法是：将空腔两端用压焊器或热风焊枪焊严，在一端插入检测器的针头，针尖进入空腔内后密封针头。用打气筒打入空气，使空腔鼓包，当压力为 0.1 ~ 0.2MPa（一般可取 0.15MPa）时，停止充气，静观 2min，如空腔内气体压强下降值小于 20%（压力为 0.08 ~ 0.16MPa）且稳定不变时，认为焊缝焊接良好。每次充气检查的焊接长度可为 50 ~ 100m。也可向空腔内注水，用胶带密封注水针眼，向空腔加压，检查焊缝是否有渗水现象。

焊接质量检查后再检查焊接强度，检查是否有弱焊接的部位。用仪器检查焊缝的剪切强度和剥离强度，使焊缝的焊接强度达到使用要求。检查时，不能破坏焊缝。应在监理工程师或有经验人员的指导下进行检查。以确保防水层不被人为破坏。

对检查出的破损部位，应进行修补。先裁剪圆形或角部成圆弧形（圆弧半径宜 ≥35mm）的方形补丁块，补丁块的大小应比破损部位的破损边缘大 70 ~ 100mm。补丁块不要裁剪成直角形和三角形。裁剪后，用电热风焊枪将补丁块满焊在破损处。

（3）塑料防水板铺设规定

1）塑料板的缓冲衬垫应用暗钉圈固定在基层上，塑料板边铺边将其与暗钉圈焊接牢固；

2）两幅塑料板的搭接宽度应符合要求，下部塑料板应压住上部塑料板；

3）复合式衬砌的塑料板铺设与内衬混凝土的施工距离不应小于 5m；

4）塑料板防水层的施工质量检验数量，应按铺设面积每 $100m^2$ 抽查 1 处，每处 $1m^2$，但不少于 3 处。焊缝的检验应按焊缝数量抽查 5%，每条焊缝为 1 处，但不少于 3 处。

Ⅰ 主控项目

（1）防水层所用塑料板及配套材料必须符合设计要求。检验方法：检查出厂合格证、质量检验报告和现场抽样试验报告。

（2）塑料板的搭接缝必须采用热风焊接，不得有渗漏。检验方法：双焊缝间空腔内充气检查。

Ⅱ 一般项目

（1）塑料板防水层的基面应坚实、平整、圆顺，无漏水现象；阴阳角处应做成圆弧形。检验方法：观察和尺量检查。

（2）塑料板的铺设应平顺并与基层固定牢固，不得有下垂、绷紧和破损现象。检验方法：观察检查。

（3）塑料板搭接宽度的允许偏差为 - 10mm。检验方法：尺量检查

2. 聚乙烯丙纶防水卷材冷粘法施工

（1）聚乙烯丙纶防水卷材与聚合物水泥防水粘结料复合防水的冷粘法施工

聚乙烯丙纶复合防水卷材采用聚合物水泥（现场配制）进行满粘法粘结铺贴。这是一种不同于用纯高分子胶粘剂进行粘结的施工方法。聚合物水泥具有防水性能，与卷材防水层组成了完整的防水体系，缺一不可，系统中的各层承担着不同的功能。

聚合物水泥除了起粘结作用外，还起修补基层细微缝隙和阻止渗漏水横向流动的作用，并对丙纶纤维具有渗透及将其固化的作用。粘结层的厚度应 ≥1.3mm。

（2）聚乙烯丙纶防水卷材与非固化型防水粘结料复合防水的冷粘法施工

非固化型防水粘结料是由橡胶、沥青改性材料和特种添加剂制成的弹塑性膏状体，与

空气长期接触不会固化的环保型防水粘结料，可在低温及潮湿基面上冷涂施工，形成一道永不固化、随基层滑移变形的密封防水层。

聚乙烯丙纶防水卷材用非固化型防水粘结料铺贴后，形成复合防水层，防水功能得到了强化和提高。非固化型防水粘结料可吸收基层开裂时产生的拉应力，基层所产生的裂缝逐渐被粘结料填补，实行自愈合，而聚乙烯丙纶不会被拉坏，故适应基层变形的能力强。与固化型胶粘剂相比，卷材虽然同样是满粘，但非固化型粘结料又达到了空铺的效果，既不窜水，又不受基层开裂变形的影响。施工要点如下：

1) 将基层彻底清理干净，用专用挤出工具将非固化型防水粘结料在基层表面，再用刮涂工具刮平。

2) 基层平整度 ≤0.25% 时，非固化型粘结料的厚度不小于 2mm；基层平整度 >0.25%、易活动变形时，非固化型粘结料的厚度不小于 3mm。

3) 刮涂结束，将聚乙烯丙纶防水卷材铺贴在胶层上，搭接边也用非固化型粘结料粘结，以进一步提高适应线性膨胀应力的能力。

4) 双层聚乙烯丙纶防水卷材复合铺贴时，卷材与卷材之间、细部构造部位附加卷材与防水层卷材之间也采用非固化型防水粘结料粘结，形成复合防水层。卷材与卷材之间也可用聚合物水泥粘结料粘结。

7.2.4 防水卷材机械固定施工方法

适用于机械固定的防水卷材主要包括热塑性防水卷材、热固性防水卷材和改性沥青防水卷材等。热塑性防水卷材有聚氯乙烯（PVC）、聚乙烯（PE）和聚烯烃类（TPO）、改性三元乙丙（EPDM）等；热固性防水卷材有三元乙丙橡胶（EPMD）、氯丁橡胶（CR）、氯化聚乙烯橡胶共混等；改性沥青防水卷材有弹性体改性沥青、塑性体改性沥青等。

这些卷材通常固定在轻钢结构屋面和钢筋混凝土结构屋面上。当被固定基层为钢板时，其厚度一般要求为 0.8mm，不得小于 0.63mm；当被固定基层为钢筋混凝土结构时，混凝土的厚度应不小于 60mm，强度等级不应低于 C25。

1. 热塑性聚氯乙烯（PVC）、聚烯烃（TPO）防水卷材机械固定施工方法

卷材机械固定分为卷材穿孔机械固定与卷材非穿孔机械固定两种方法。

（1）卷材穿孔机械固定主要技术：卷材穿孔机械固定即采用专用固定件，如金属垫片、螺钉、金属压条等对卷材进行固定。固定时螺钉须穿过聚氯乙烯（PVC）或聚烯烃（TPO）防水卷材以及其他屋面构造层次材料（如保温层、隔声层、找平层等），将这些材料钉压固定在屋面基层或结构层上。穿孔机械固定包括点式固定方式和条式固定方式两种。固定件的承载能力和布置，根据实验结果和相关规定严格设计。

聚氯乙烯（PVC）或聚烯烃（TPO）防水卷材的搭接是由热风焊接形成连续整体的防水层。焊接缝是因分子链互相渗透、缠绕形成新的内聚焊接链，强度高于卷材且与卷材同寿命。

1) 特点：①施工便捷快速，细部处理简单，适应性强；②初始成本和使用维护成本较低；③能有效控制空气渗透量，满足新的节能要求；④屋面构造层次厚度较小，建筑师的自由度更大；⑤维修方便。当屋面有局部调整或需要重新翻新时容易处理。

2) 技术指标：聚氯乙烯（PVC）防水卷材的厚度应 ≥2.0mm，热塑性聚烯烃（TPO）

防水卷材的物理性能指标应满足质量要求，并应具有耐根穿刺性能。

3）施工技术：

① 点式固定：使用专用垫片和螺钉对卷材进行固定称为点式固定，卷材搭接时覆盖住固定件，见图7-29、图7-30。

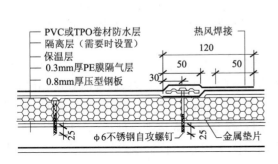

图7-29 点式固定剖视图

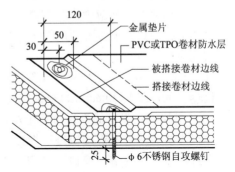

图7-30 点式固定立体图

a. 施工所需材料：聚氯乙烯（PVC）或聚烯烃（TPO）等热塑性防水卷材、金属垫片（图7-31）、不锈钢自攻螺钉（图7-32）及金属收头压条、收头密封胶等。

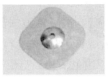

图7-31 各类金属垫片

b. 施工所需机具：手电钻、卷尺、粉线袋、冲击钻、电动改锥、木梯、安全带、防滑带（长度视屋面坡度和坡长而定）、热风焊接机等。

图7-32 不锈钢自攻螺钉

c. 连同隔气层、保温层、隔离层一起施工的流程如下：基面清理→铺设聚乙烯薄膜→铺设保温板→铺设隔离层→预铺热塑性防水卷材→金属垫片固定卷材→热风焊接卷材搭接边→节点部位加强处理→检查、修整→质量验收。

d. 施工方法：

（a）将基层表面尖锐碎物、凸起物、砂粒等杂物清除干净。

（b）铺设乙烯薄膜隔气层，相邻搭接边采用自粘胶粘条粘结，搭接宽度约50mm。

（c）铺设保温板：保温板按排版图铺设。用6mm×（保温板厚+隔离层厚+25mm）长的不锈钢自攻螺钉固定在压型钢板的凸起面上，纵横钉距约800mm，在拧紧自攻螺钉前，先用手电钻钻孔，钻孔直径应比自攻螺钉直径略小1mm，以保证自攻螺钉的抗拔力。当屋面为混凝土结构时，应用手电钻钻取 $\phi5mm$ 的圆孔，深入混凝土内>25mm，再用电动改锥拧紧自攻螺钉。

（d）隔离层：隔离层材料可采用水泥板、聚乙烯泡沫塑料片材、聚乙烯薄膜等。当保温层表面平整，满足卷材铺设要求时，可不设隔离层。

（e）弹基准线：铺贴第一块卷材的起始基准线弹在与压型钢板波峰方向相垂直的隔离层表面。

（f）展平卷材：将成卷 PVC 或 TPO 防水卷材展开铺平，亦即在松弛状态下沿起始基准线展平，摆放应平整顺直，不得扭曲，并静止一段时间（约 30min 以上），使卷材在成卷包装时因形成的拉伸应力没得到释放而产生的伸缩量得以充分释放收缩还原。然后沿起始卷材的搭接边以搭接宽度为 120mm 的宽度弹基准线，并按上述方法展平第二块卷材。直至摆放完毕。

（g）固定卷材：用金属垫片和不锈钢自攻螺钉固定防水卷材，金属垫片的中心位置距被搭接卷材的边缘为 30mm。自攻螺钉的钉入方法和钉入深度与固定保温板的方法相同。

（h）搭接焊：卷材的搭接边采用焊接施工。搭接边越过固定垫片覆盖在被搭接边上。采用热风焊机或双焊缝焊接机进行焊接。如采用双焊缝焊机焊接则应进行充气检测。

靠近山墙、女儿墙、檐口边缘 800mm 范围内应采用基层胶粘剂进行满粘法施工，并用 U 形压条固定。

（i）增强处理：在伸出屋面的管道、阴阳角、设备基座等细部构造部位裁剪适合相应节点的卷材增强片材，采用手持式焊枪将增强片材焊接于大面卷材防水层上。

（j）收头处理：收头部位采用金属压条、水泥钉钉压固定，用密封胶封边。女儿墙凹槽部位卷材收头后，用水泥砂浆抹平。

e. 检查施工质量：检查防水层施工质量，破损部位应及时修复。

② 条式固定：使用专用压条和螺钉对卷材进行固定称为条式固定。专用压条四周应用卷材覆盖条覆盖并焊接封闭严密。见图 7-33、图 7-34。

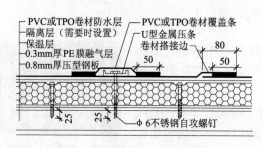

图 7-33　卷材条式固定剖视图

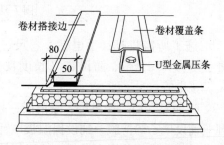

图 7-34　卷材条式固定立体图

施工所需材料、机具、流程、方法、质量要求等除了固定件材料采用 U 形金属压条外，其余与点式固定均相同。U 形金属压条见图 7-35。

卷材铺贴方法与点式固定相同，卷材的搭接宽度为 80mm，其中热风焊接宽度为 50mm。屋面卷材铺贴焊接完毕，就可用 U 形金属压条、不锈钢自攻螺钉钉压固定，螺钉的间距为 250mm，也可通过计算确定螺钉的间距。金属压条全部固定完毕后，再用卷材覆盖条对称地将其覆盖住。卷材覆盖条应采用热风焊接法将其与大面卷材防水层焊接成一体，不得漏焊、虚焊。

图 7-35　U 形金属压条

（2）卷材非穿孔机械固定主要技术：美国 OMG 公司采用的卷材非穿孔机械固定施工技术，是用电磁感应焊接机对 PVC 或 TPO 等热塑性防水卷材及专用镀层金属垫片进行加温，待结合面熔融到一定程度后，再用磁性冷却镇压器进行镇压粘结，实现无穿孔焊接、粘结铺设。而垫片的固定，是采用打钉器自动将不锈钢螺钉或防腐螺钉穿过垫片孔眼，连同屋面其他构造层次材料（如保温层、隔声层、找平层等）一起钉压固定在屋面檩条、压型底板的凸起面或钢筋混凝土结构层上，整个过程一气呵成。这是一种使用同一套紧固件就能将卷材、保温板、隔声板、找平层等一起固定在屋面结构层上，而又不穿透卷材的施工技术。其屋面构造见图 7-36。

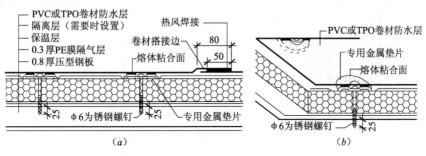

图 7-36 卷材非穿孔机械固定屋面构造
(a) 剖面图；(b) 立体剖视图

1）特点：①卷材非穿孔机械固定技术使施工更快捷，省工省料，适应性更强；②紧固件用量减少 25～50%，减少搭接卷材用量；③固定件网格式分布，可有效均匀分布风荷载，提高抗风揭性能；④不受卷材幅宽的限制。

2）主要施工材料：聚氯乙烯（PVC）或聚烯烃（TPO）等热塑性防水卷材、专用镀层金属垫片（图 7-37）、不锈钢自攻螺钉及金属收头压条、收头密封胶等。

图 7-37 镀有 PVC、TPO 涂层的专用垫片、防腐自攻螺钉

3）主要施工机具：主要施工所需机具包括自动打钉器（图 7-38）、电磁感应焊接机（图 7-39）、磁性冷却镇压器（图 7-40）、手电钻、卷尺、粉线袋、冲击钻、电动改锥、木梯、安全带、防滑带（长度视屋面坡度和坡长而定）、热风焊接机等。

4）施工流程：基面清理→铺设聚乙烯薄膜隔汽层→铺设保温板→铺设隔离层→固定垫片、隔离层、保温层、隔汽层→焊接卷材→热风焊接卷材搭接边→节点部位加强处理→检查、修整→质量验收。

5）施工方法：

① 将基层表面杂物清除干净。

② 铺设乙烯薄膜隔气层，相邻搭接边采用自粘胶粘条粘结，搭

图 7-38 自动打钉器

接宽度约 50mm。

③ 铺设保温板：保温板按排版图铺设。

④ 铺设隔离层。

⑤ 按设计规定的间距，弹金属垫片固定位置基准线。

图 7-39 电磁感应焊接机

图 7-40 磁性冷却镇压器

⑥ 用自动打钉器，在基准线的交叉点上，自动控制不锈钢螺钉，穿过镀有 PVC 或 TPO 涂层的金属垫片孔眼，连同隔离层、保温层、隔汽层等构造层次一起固定在衬檩或钢筋混凝土结构层上。打钉器能自动控制螺钉的固定深度，防止螺钉钻入过深或过浅，见图 7-41。

⑦ 用电磁感应焊接机对金属垫片及其上部的卷材进行加热，见图 7-42。紧接着用磁性冷却镇压器对热熔的垫片涂层及上部卷材进行镇压，将垫片和卷材牢固地粘结在一起，粘结点呈网状分布。

⑧ 搭接边焊接、细部增强处理、收头处理、检查施工质量。

图 7-41 自动固定金属垫片

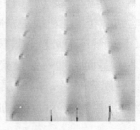
（a） （b）
图 7-42 电磁加热、镇压粘结固定
（a）电感应焊接、镇压；（b）粘结点呈网状分布

2. 三元乙丙橡胶（EPDM）防水卷材无穿孔机械固定施工技术

（1）主要技术内容

将增强型机械固定条带（RMA）用压条或垫片、钢钉机械固定在轻钢结构屋面或钢筋混凝土结构屋面的基面上，再将宽幅三元乙丙橡胶防水卷材（EPDM）粘贴到增强型机械固定条带（RMA）上的施工技术称为无穿孔增强型机械固定施工技术，构造见图7-43。相邻卷材的搭接边采用100mm宽自粘搭接胶粘结连成整片防水层，见图7-44。

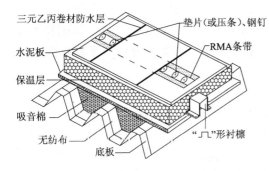

图7-43　无穿孔增强型机械固定系统构造

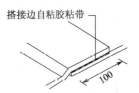

图7-44　自粘胶粘带粘结搭接边

（2）特点

1）该施工技术既采用了机械固定，又实现了卷材防水层无穿孔铺设的愿望，避免了因有孔铺设容易形成"针眼"的渗漏隐患。

2）细部构造部位采用自硫化三元乙丙橡胶防水片材作附加增强层，可以将硫化型卷材的拼接缝覆盖住，四周密封后，形成"无针眼"防水层。

3）三元乙丙橡胶防水卷材为环保型材料，废料可回收再利用。

4）用无孔机械固定的外露三元乙丙橡胶防水卷材屋面便于维护、保养。

（3）技术指标

1）增强型机械固定条带（RMA）：增强型机械固定条带（RMA）宽252mm，由增强型三元乙丙橡胶（EPDM）卷材制成，两边有两个宽各为76mm的自粘搭接胶粘带（有的自粘搭接胶粘带在铺贴时才粘结），用于三元乙丙橡胶防水卷材的无穿孔机械固定，见图7-45，其技术要求见表7-27。

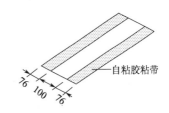

图7-45　增强型机械固定条带（RMA）

2）硫化型三元乙丙橡胶防水卷材及自硫化三元乙丙橡胶防水片材：硫化型三元乙丙橡胶防水卷材用于大面积防水层的铺贴。自硫化三元乙丙橡胶防水片材（又称自硫化EPDM泛水材料），专用于细部构造部位节点的增强处理，常用规格厚为1.5mm、宽度为150mm、230mm或300mm等。

3）卷材与卷材搭接胶粘剂、卷材与基层粘结胶粘剂：卷材与卷材搭接胶粘剂用于三元乙丙橡胶卷材与卷材搭接边的粘结，具有粘接强度高、粘结速度快和高低温性能优异等特点。卷材与基层的粘结采用基层胶粘剂，用于屋面四周800mm范围内满粘法施工与基层的粘结。

增强型机械固定条带（RMA）技术要求　　　　　　表 7-27

项目	增强型三元乙丙	搭接带（两边）
基本材料	三元乙丙橡胶	合成橡胶
厚度（mm）	1.52	0.63
宽度（mm）	245	76

4）缝内、缝外密封膏：卷材搭接边除了用搭接胶粘剂粘结外，搭接边的缝内和缝外还应用缝内、缝外密封膏密封，以进一步提高密封防水性能，密封构造见图 7-20。

5）双组分聚氨酯密封膏：专用于细部构造部位（如伸出屋面管道、基础角钢等）卷材附加层与卷材防水层之间的密封，凹槽内卷材防水层收头密封，管道防水层收头密封等。

（4）施工技术

1）确定条带（RMA）的间距和螺钉固定的疏密度：待保温板、隔离层（如水泥板、聚乙烯塑料泡沫片材等）施工结束后，就可固定条带（RMA）。条带的间距，应根据抗风荷载的要求，通过计算获得。由于屋面不同区域受到风荷载的影响不一样，特别是边角区域受风荷载的影响远远超过中区的受力影响。所以应将屋面分区，按边区、角区和中区不同区域抗风荷载的要求来确定条带的间距，进而确定螺钉固定的疏密度。

无穿孔机械固定施工技术除了应满足抗风荷载的要求外，铺设防水层的基层还必须具有足够的抗拔能力，只有满足了抗风荷载和抗拔性能两个要求时，卷材防水层才不会被大风揭起，才能真正起到防水作用。

轻钢屋面除了应考虑室外大风所引起的负压力外，对于有大型门、窗（如工业厂房、展览馆厅、仓库等）开口的轻钢屋面建筑物，还应考虑大风刮入室内后所带来的正压力。钢筋混凝土屋面是密闭的，即使大风刮入室内，也不会产生正压力。

2）同时考虑屋面正压力和负压力的风荷载计算方法：

① 计算风揭力 W（P）：

$$W = Q_{ref} \times C_e \times （C_{pe} + C_{pi}）$$

式中　Q_{ref}——瞬时风速风压 = 空气密度/2×风速；

　　　C_e——暴露系数（由建筑物所在区域决定，海边、农村、郊区和市区等）；

　　　C_{pe}——负压力系数（风经过屋面时带来的压力）；

　　　C_{pi}——正压力系数（室内压力）。

② 计算紧固件抗拉拔力 R（N）：

紧固件设计抗拔值 = 屋面系统抗拔力试验值×修正系数/安全系数

紧固件的抗拉拔力不是一个简单的单个紧固件的抗拉拔力值，而是整个系统的抗拉拔力值，其计算方法是在屋面系统抗风揭力实验中，任一元件失败而断定系统失效时紧固件的受力数值。

③ 计算紧固件密度 n（个/m²）：

紧固件密度：$n = W/R$，计算出每平方米卷材需要的紧固件数量。

④ 区分建筑物情况：按照建筑物的尺寸、高度和坡度确定不同风荷载区域：例如角区、边区和中区，屋面受风力影响递减。

⑤ 计算条带（RMA）布置间距：在屋面不同区域条带（RMA）布置的间距为：

$$I = 1/ (n \times e)$$

式中　I——表示条带（RMA）或机械固定间距（m）；

　　　n——表示每平方米紧固件数量；

　　　e——表示紧固件间距。

但最大间距 I 不能大于 2.5m。如果是钢屋面，条带的固定在满足风荷载设计要求的同时还须垂直于波峰方向固定，以减轻屋面受力；混凝土屋面无固定方向要求。

3）施工所需材料：三元乙丙橡胶防水卷材、固定条带（RMA）、金属垫片（或压条）、不锈钢自攻螺钉及金属收头压条、卷材搭接胶粘剂（或卷材搭接胶粘带）、基层胶粘剂、内、外密封膏、收头密封胶、卷材搭接边清洗剂、卷材与基层密封剂等。

4）施工所需机具：施工所需机具见表 7-28。

无穿孔机械固定施工所需机具　　　　　　　　　表 7-28

名　　　称	规　　　格	用　　　途
小平铲	小型	清理基层
扫帚		清理基层
卷尺	30m	度量尺寸
盒尺	3m	度量尺寸
剪刀		剪裁卷材
线盒		弹标准线
粉笔		作标记
油漆刷	5寸	涂刷胶粘剂
滚刷		涂刷胶粘剂
手压辊		压实卷材及接缝
铁桶		装胶粘剂
嵌缝枪		嵌填密封膏
带凹槽的刮板		修整外密封膏
电钻、电动改锥等机具		用于机械固定系统

5）施工流程：基面清理→铺聚乙烯薄膜→铺设保温板→铺设隔离层→按计算间距固定条带（RMA）→粘贴卷材→屋面四周 800mm 范围内满粘卷材→搭接边粘结密封处理→节点部位（阴阳角、女儿墙转角、水落口、管道根等部位）机械固定、附加层增强处理→检查、修整→质量验收。

6）施工方法：

① 将基层表面尖锐碎物、凸起物、砂粒等杂物清除干净。

② 铺聚乙烯薄膜隔气层，相邻搭接边采用自粘胶粘条粘结，搭接宽度约 50mm。

③ 铺设保温板：铺设要求与点式固定相同。

④ 铺设隔离层：铺设要求与点式固定相同。

⑤ 弹卷材铺贴基准线：铺贴第一块卷材的起始基准线弹在与压型钢板波峰方向相平行的隔离层表面。之后，铺贴后一块卷材的基准线按搭接宽度弹在前一块卷材的搭接边

上。卷材的搭接宽度见表7-29。

三元乙丙橡胶防水卷材防水层的搭接宽度　　　　　　　　　　表7-29

搭接边	短边搭接宽度（mm）			长边搭接宽度（mm）		
铺贴方法	满粘法	空铺法	机械固定法	满粘法	空铺法	机械固定法
屋面	80	100	80	80	100	155
地下	100	100	—	100	100	—

⑥ 按基准线展开卷材，静置30min以上，使卷材自由收缩。

⑦ 在松弛状态下回卷卷材，以免影响条带（RMA）的固定。

⑧ 弹条带固定基准线：按计算所得条带（RMA）的固定间距，在隔离层表面弹与压型钢板波峰方向相垂直的基准线。

⑨ 沿条带基准线用压条或垫片固定条带（RMA），见图7-46。用 $\phi6mm×$（保温板厚＋隔离层厚＋25mm）长的不锈钢自攻螺钉将条带固定在压型钢板的凸起面（波峰）上，钉距由计算确定。在拧紧自攻螺钉前，先用手电钻钻孔，钻孔直径应比自攻螺钉直径略小1mm，以保证自攻螺钉的抗拔力。当屋面为混凝土结构时，应用手电钻钻取 $\phi5mm$ 的圆孔，深入混凝土内 $>25mm$，再用电动改锥拧紧自攻螺钉。

图7-46　条带（RMA）施工示意图

⑩ 铺贴卷材：条带固定后即可将三元乙丙橡胶防水卷材粘结到条带（RMA）上，在屋面四周800mm范围内用基层胶粘剂进行满粘法铺贴。细部构造部位应用条带（RMA）做机械固定，以减小结构变形时对这些部位防水层的影响。

⑪ 搭接边粘结密封处理：搭接边的粘结分为胶粘剂粘结和胶粘带粘结两种方法。

a. 用胶粘剂粘结搭接边：参见"硫化型橡胶合成高分子防水卷材冷粘法施工"。

b. 用胶粘带粘结搭接边：参见"硫化型橡胶合成高分子防水卷材冷粘法施工"。或按以下方法施工：

（a）将搭接边用清洗剂清洗干净。按搭接宽度弹基准线，涂刷底涂料。

（b）打开双面粘胶粘带（约1m），沿弹好的基准线把胶粘带粘贴在下层卷材上，把上层卷材铺展在露出3mm宽胶粘带的聚乙烯隔离膜上，亦即应有3mm宽度的胶粘带超出卷材搭接边外边缘。然后用手持钢压辊或橡胶压辊压实胶粘带。

（c）揭去上层卷材下面胶粘带表面的聚乙烯隔离膜，把上层卷材直接粘结在已暴露的胶粘带上，并沿垂直于搭接边的方向用手压实上层卷材，接着用50mm宽的钢压辊沿垂直于搭接边的方向滚压，用力压实搭接边。

（d）在所有搭接缝及胶粘带末端粘贴自硫化泛水或压敏泛水材料。

（e）上层卷材粘结后，立即在胶粘带的外边缘挤涂外密封膏。对于裁剪后暴露出纤维胎体的增强型三元乙丙卷材的外边缘，也必须用外密封膏密封。

⑫ 在伸出屋面的管道、穿墙管、阴阳角、设备基座等细部构造部位的硫化型三元乙丙橡胶卷材防水层因裁剪而形成的拼接缝，应用内密封膏封闭严密，并裁剪适合节点形状大小的自硫化片材作"无针眼"增强处理，自硫化片材与卷材防水层的接缝四周用卷材胶粘剂封闭严密，并做机械固定，以减小结构变形时对这些部位防水层的影响。

⑬ 卷材收头处理：收头部位采用金属压条、水泥钉钉压固定，用密封胶封边。女儿墙凹槽部位卷材收头后，用水泥砂浆抹平。

⑭ 检查施工质量：检查防水层施工质量，破损部位应及时修复。

7.2.5 防水卷材预铺反粘施工方法

预铺反粘施工技术适用于地下工程底板和外墙的外防内贴。预铺反粘法施工的最终效果是卷材与结构底板的下表面相粘结，外墙外防内贴施工时与外墙外表面相粘结，使卷材与结构主体结合在一起，免受垫层和保护墙开裂的影响。适合预铺反粘法的卷材有以下四种：

高分子自粘胶膜防水卷材表面涂有与湿混凝土粘结的胶粘剂层，用隔离纸、隔离粉或隔离膜隔离。先预铺在垫层和保护墙上，撕掉隔离纸后浇筑混凝土，卷材便与混凝土固结在一起。

覆面材料为砂粒、页岩片料的改性沥青防水卷材。

卷材生产成型时表面形成足量大头针状倒钩的蹼，先预铺在基层表面，待浇筑混凝土后，这些蹼就牢固地植入混凝土中。

热塑性卷材表面热压一层聚酯纤维增强层，浇筑混凝土后，纤维似植物根系扎入混凝土内。

高分子自粘胶膜防水卷材具有较高的断裂拉伸强度和撕裂强度，胶膜的耐水性好，地下工程一、二级防水工程单层使用时也能达到防水要求；砂粒、页岩片料改性沥青防水卷材也能和混凝土进行良好粘结，故这两种卷材在预铺反粘法施工中得到广泛推广应用。

1. 主要技术内容

常用的自粘胶膜高密度聚乙烯（HDPE）板强度高，自粘压敏胶层粘结性能好，在卷材耐候层（实为刚性材料隔离层）上直接浇筑混凝土，待混凝土固化后，与刚性材料耐候隔离层、胶粘层高分子聚合物发生湿固化反应而粘结，相互钩锁，两者形成完整连续的粘结体，粘结强度随混凝土抗压强度的增大而增大，当混凝土初凝时，胶粘层便与混凝土结合，完成湿固化反应，融合为新的防水层，以适应结构整体变形和局部开裂形成细微裂缝的需要。刚性材料耐候隔离层可使卷材在施工时充分暴露，既抵抗紫外线照射，又没黏性，施工人员可在上走动，顺利进行绑扎钢筋、浇筑结构混凝土等后续施工。卷材的搭接边由自粘胶粘结，搭接缝通过丁基橡胶防水密封胶粘带封闭，进一步提高防水性能。自粘卷材与结构粘结的基本构造见图7-47。

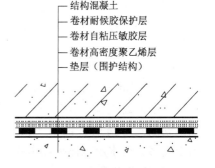

结构混凝土
卷材耐候保护层
卷材自粘压敏胶层
卷材高密度聚乙烯层
垫层（围护结构）

图 7-47 自粘卷材预铺反粘构造

2. 特点

卷材防水层与结构主体粘结为一体，无窜水隐患。使用期间与结构主体一起沉降，围护结构成为隔离层，不受围护结构开裂影响；无需设置找平层，细石混凝土保护层，节约成本，缩短工期，可在潮湿无明水的基面施工；阴阳角、穿结构构件等细部构造部位理论上可不设卷材附加增强层。

3. 施工技术

（1）技术要点

1）预铺反粘法施工的核心技术是自粘结防水卷材与湿混凝土固化后形成永久牢固的粘结防水层。

2）防水层上需绑扎钢筋，故要求自粘防水卷材必须具有较高的强度，对被钉子、尖锐物体扎穿的部位，应具有较强的握裹力，阻止水分子通过。

3）自粘防水卷材表面的耐候胶应具有一定的抗紫外线照射能力，不能因为施工期间因暴露而迅速老化失去粘结防水性能。

4）施工期间，胶粘层能经受住雨水、施工用水、尘土等外界影响，仍能保持和混凝土有良好的粘结力。

5）细部构造增强处理：成果申报单位依靠卷材表面的耐候胶粘层与混凝土发生湿固化反应，相互钩锁粘结形成新的防水层，光基于这一点技术，就得出阴阳角等细部构造部位不应设置附加增强层的结论，是欠妥的。原因是：耐候胶粘层实为刚性材料隔离层无粘结性能，是混凝土中的水泥浆"钩锁"了刚性材料。虽然自粘结防水卷材的柔韧性适应了结构复杂部位的铺设要求和变形要求。但，需要注意的是：变形缝部位卷材表面的刚性材料隔离层所背衬的物体不是混凝土，而是聚乙烯泡沫棒材，刚性材料隔离层不能与化学棒材发生湿固化反应，也就不能形成新的防水层，此处如不进行加强，很容易被尖锐异物顶破，对"十缝九漏"的变形缝很不利，将成为渗漏隐患，这就要求用附加层来帮忙，由此可见，设置附加层是很重要的防水技术措施，不能轻易省略。其他细部构造部位如有必要，也应设置附加增强层，只是附加层的设置方法是关键，使附加层与自粘结卷材防水层能牢固的粘结，并保持钩锁后新的防水层拼接边界的连续性和整体性。

6）压敏胶粘层的粘结性能应满足卷材搭接部位粘结后的剥离强度和剪切强度。

7）自粘卷材的高低温特性应能满足使用环境的要求。

（2）基面要求

清除干净垫层、保护墙基层表面的油污、砂粒、砂浆疙瘩、尖锐凸起物等杂物，清扫工作应在施工过程中随时进行。

（3）在垫层表面铺贴施工技术

1）工艺流程：按要求清理基层→弹基准线→细部构造增强处理预→预铺卷材（刚性材料耐候隔离层面朝上）→搭接→辊压→收头固定→检查验收→与土建移交防水层→撕掉隔离膜。

2）施工步骤及要点

① 清理基层并弹基准线：一般卷材在底板的转角部位进行搭接，长边搭接宽度为 100mm，短边搭接宽度为 75mm，见图 7-48。按搭接宽度弹基准线。

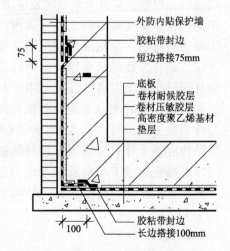

图 7-48　底板、外墙预铺反粘法施工图

② 铺展卷材：将卷材沿基准线铺贴方向展开，卷材长边边线与基准线对齐，把卷材反铺在垫层上，即卷材的粘结面朝上，高密度聚乙烯膜（HDPE）朝下，静置30min以上。

③ 细部构造增强处理：在变形缝及一些重要的细部构造部位应设置附加层。

在细部构造设置附加层的方法是：防水层表面的刚性耐候隔离层仍背衬混凝土结构，而附加层则背衬防水层，但附加层卷材的表面只涂覆压敏胶粘层，而不粘结砂粒、页岩片料刚性隔离层，这样附加层和防水层就能进行牢固地粘结。使防水层表面的所谓"耐候胶粘层"仍和混凝土完成湿固化反应相互钩锁形成的新的防水层，也就保持了所谓的边界的连续性和整体性。

普通卷材附加层的设置是在铺设卷材防水层之前或之后，重要的工程在铺设前后都设置。而预铺反粘法施工的自粘卷材附加层不能在铺贴防水层之后设置，因防水层表面有刚性耐候隔离层，无法和作为附加层的高密度聚乙烯粘结，故只能在铺设防水层之前设置，关键是HDPE附加卷材的表面在工厂生产时只涂覆胶粘层，而不粘结砂粒、页岩片料刚性隔离层，使胶粘层朝向待铺贴防水层的高密度聚乙烯板，这样附加层和防水层便粘结成一体。

细部构造附加层的裁剪方向应与大面防水层卷材的裁剪方向相反，互相覆盖剪口拼缝，防水层剪口卷材的拼缝应用双面胶粘条封闭。变形缝部位附加增强处理构造见图7-49。

④ 预铺卷材：沿基准线依次铺展卷材，直至铺展完成，静置。见图7-50。

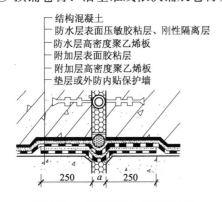

图7-49 变形缝附加层设置方法

图7-50 在垫层表面预铺卷材

⑤ 粘结搭接边：将卷材搭接边的隔离膜揭掉并压合，用手持压辊从搭接边内侧向外侧垂直于搭接缝的方向滚压严实，除尽空气，搭接缝用双面粘胶粘带封闭严密。其他细部构造部位因裁剪而形成的拼接缝都应用双面胶粘带封闭严密。

⑥ 卷材收头固定：按标准图所要求的高程进行收头，采用带密封垫片的钢钉将收头部位卷材钉压固定，钉眼及卷材端边均应用密封材料（丁基胶粘带）封闭严密。

⑦ 检查施工质量：检查施工质量，不合格的部位应返工，消除渗漏隐患。

⑧ 防水层交接：由监理单位、土建施工单位、防水层施工单位的技术负责人进行底板防水层施工质量的交接工作，合格后，即可撕掉隔离膜，进行后续施工。

（4）在保护墙体表面铺贴施工技术

1）工艺流程：按要求清理基层→弹基准线→细部构造部位铺设附加层→预铺卷材防

水层（卷材临时固定）→卷材搭接粘结→检查、验收→工作面移交→撕掉隔离膜→绑扎钢筋、浇筑混凝土→卷材收头固定。

2）施工步骤及要点：

① 清理基层：要求砌体墙或围护结构基层基本平顺，不能有明显的凹凸不平现象，对突起混凝土和尖锐异物要求凿除干净，使基层符合铺贴要求。

如围护结构为护坡桩，则桩间凹进部分用砌体、砂浆砌平，再喷射混凝土找平，或铺抹砂浆找平。

② 弹基准线：按搭接宽度弹基准线，长边搭接宽度为100mm，短边搭接宽度为75mm。

③ 细部构造增强处理：用只涂覆卷材胶粘层的专用卷材作附加层，按细部构造的形状裁剪附加层后，在其表面涂布遇水即溶解的胶粘剂，并将其粘贴在保护墙体表面。穿墙管附加层的设置方法见图7-51（a），如不设附加层，可采用腻子型遇水膨胀止水条（胶）或丁基橡胶防水密封膏止水，见图7-51（b）。

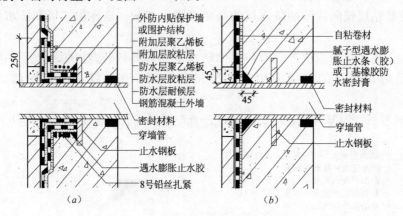

图7-51　穿墙管附加层设置方法

④ 预铺卷材：大多情况下，保护墙有两面墙体的卷材可直接从垫层铺贴到墙面，见图7-52。另两面墙体卷材的长边延伸至垫层上垂直于垫层卷材的长边铺贴，搭接宽度为100mm，搭接缝均应用胶粘带封闭。在立面铺贴用遇水即溶解的胶粘剂进行点粘，或用少许钉子将被搭接边临时固定在保护墙上，钉距为150～200mm，见图7-53。再将搭接边粘结在被搭接边上，将钉眼覆盖住。

图7-52　从垫层直接铺贴至保护墙

图7-53　在保护墙上钉压固定被搭接边

一般情况下，卷材的长边垂直于地面铺贴，按短边搭接宽度和铺贴高度的总长度裁下卷材，短边搭接后，将上端固定，再按施工要求的方法粘结两块卷材的搭接边，搭接边固定后，用双面粘胶粘带封闭搭接缝。

⑤ 绑扎钢筋、浇筑混凝土：待垫层及保护墙体表面的卷材都预铺完毕，施工质量经验收合格，就可撕掉防水层表面的隔离膜，便可绑扎钢筋和浇筑混凝土，见图7-54，图7-55。收头部位卷材、暂时外露卷材表面的隔离膜暂时不撕掉，待下次浇筑混凝土时再撕掉，防止过早撕去影响粘结性能。

图7-54 在自粘卷材表面扎钢筋

图7-55 在自粘卷材表面浇筑混凝土

⑥ 卷材收头固定：卷材临时固定在保护墙上，待混凝土墙浇筑后，翻起收头卷材，清除干净表面浮灰，撕掉隔离膜，按要求将卷材固定在混凝土墙上，收头卷材边缘用胶粘带封闭。

需要指出的是，格莱斯在外墙用的卷材并不是自粘高密度聚乙烯卷材，而是不涂覆耐候层的交叉层压膜橡胶沥青自粘卷材或交叉层压膜高分子自粘防水卷材，因交叉层对钉子有牢固的握裹力，钉眼处不渗水。

（5）在顶板表面铺贴施工技术

1）工艺流程：浇筑顶板混凝土→湿铺或干铺卷材防水层→细部构造增强密封、卷材搭接与收头密封→检查、验收→覆土。

2）施工步骤及要点

① 浇筑顶板混凝土：底板、外墙混凝土浇筑完毕，防水层施工完毕，就可扎顶板钢筋和浇筑顶板混凝土。

② 铺贴卷材：揭起临时固定在保护墙上的收头卷材，清除干净后，翻起撕掉隔离膜，就可与顶板卷材进行搭接铺贴。铺贴方法分为湿铺法和干铺法两种。

a. 湿铺卷材：湿铺法有两种施工方法，浇筑混凝土时湿铺和凝固后湿铺。

（a）浇筑混凝土时湿铺：浇筑完顶板混凝土后，撕掉卷材表面隔离膜，按搭接宽度预铺卷材，轻微、慢慢向前推铺，不能偏离搭接宽度，用 150～200mm 宽扁木板轻拍卷材，从一端拍向另一端，使刚性耐候隔离层与混凝土水泥浆充分接触、融合，静置 48～72h，让水泥充分水化，使混凝土中胶凝材料与卷材表面胶粘层、耐候隔离层形成新的防水层，待混凝土达到一定强度，并能上人踩踏不留脚印时，即可按要求粘结卷材搭接边，粘结时应用胶粘带封闭搭接缝。

（b）混凝土凝固后湿铺：参见"湿铺法改性沥青防水卷材粘贴施工"。

b. 干铺卷材：这儿指的是自粘改性沥青或自粘高分子防水卷材的冷自粘施工。

待顶板混凝土彻底凝固后，撕掉自粘改性沥青卷材表面的隔离纸，按搭接宽度弹基准线，将卷材沿基准线慢慢向前推合，推铺时，应随时注意与基准线对齐，推铺用力要均匀，速度不宜过快，以免偏离基准线难以纠正。卷材铺贴后，随时用干净滚刷用力从卷材中心线向两侧滚压，排除空气，使卷材牢固地粘贴在基层上。

卷材搭接边用手持压辊滚压严实，搭接缝用改性沥青胶粘剂密封。

c. 细部构造增强、收头密封：按铺贴普通防水卷材的方法，对细部构造进行增强、收头卷材进行密封处理。

d. 检查、验收：检查施工质量，合格后即可覆土。

7.3　钠基膨润土防水毯、防水板钉铺施工方法

膨润土防水毯、复合膨润土防水毯、膨润土防水板采用钉压固定的方法进行铺设。所用工具有射钉枪、≥40mm 射钉、≥ϕ30mm 垫圈等。所用材料见表 7-30。

膨润土防水毯、防水板施工所用材料　　　　　　表 7-30

项　　目		规　格	用　途	备　注
膨润土防水毯		12m×6m×5mm	防水、防渗材料	长度可以调整
膨润土防水板		1.2m×7.5m×4mm	防水、防渗材料	盐水地质地区用
附属材料	膨润土防水浆	18L/桶	补强、收头、搭接部位密封	
	膨润土颗粒	20kg/包	阴阳角、破损部位增强	
	膨润土止水条	ϕ25mm	施工缝部位止水	长度可以选择
	膨润土棒	ϕ25mm×1.5m	阴阳角部位增强	长度可以选择
	胶带	70mm×25m	防水板搭接边临时封边	
	A/L封边条	1.5m×20mm	防水层收头密封	
	钢钉（水泥钉）	长≥40mm	收头、搭接部位固定	
	金属圆垫圈	≥ϕ30mm		
	白铁皮	30mm 宽 0.5～1.0mm 厚		

膨润土防水毯、复合防水毯的深灰色有纺布一面应朝向待浇筑的混凝土主体结构，毯与毯之间搭接连接，搭接宽度应 ≥100mm，搭接边用射钉、垫圈钉压固定，钉距间隔为 300mm。

膨润土防水板的膨润土颗粒面朝向混凝土结构，板与板之间搭接连接，搭接宽度应

≥100mm，射钉、垫圈的钉距450mm。实际钉距应视现场条件，适当调整。

防水层施工结束，进行质量检查，破损处予以修复，并及时浇筑混凝土或铺抹水泥砂浆保护层。防水层与混凝土结构之间不设隔离层，否则止渗效果适得其反。

捷高公司在开发了上述依托于土工布（纺织布、无纺布）、高密度聚乙烯板（HDPE）的第二代膨润土防水毯后，又开发出使用聚合物增强膨润土的第三代和第四代防水产品。第三代膨润土防水卷材质轻，易于搬运，适用于地下工程外墙的外防外贴，也适用于车库顶板防水和日渐流行的种植屋顶防水，并已得到成功推广应用。

本教材主要介绍目前国内常用的第二代膨润土防水毯的施工方法要点。

1. 施工流程

膨润土材料防水施工工艺流程见图7-56。

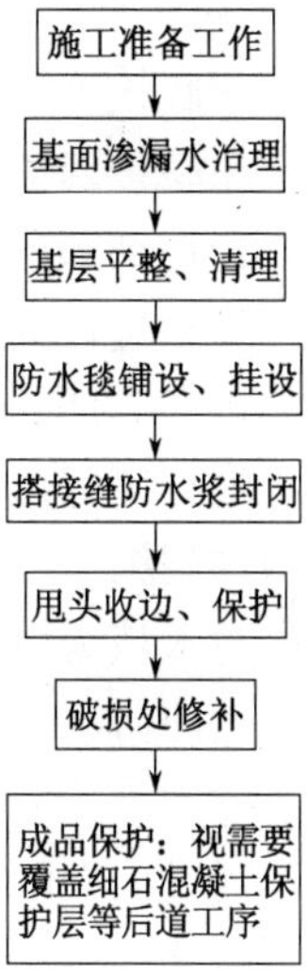

2. 基面要求

（1）清理基面，允许潮湿，但不得有点状漏水或线状流水现象，低洼处无积水。

（2）基面应坚实、平整、圆顺、清洁，平整度应符合 $D/L \leq 1/6$ 的要求（D——基面相邻两凸面凹进去的深度；L——基面相邻两凸面间的距离）。

（3）基面应无尖锐突起物和凹坑，碎石、钢筋头等尖锐突出物应铲除，并用水泥砂浆覆盖，凹坑部位用砂浆填平。

（4）基面裂缝宽度≥1.5mm时，应用密封材料作嵌缝处理。

（5）基面阴阳角应用水泥砂浆做成 ϕ50mm 的圆角，或做成 50×50mm 的钝角。

（6）防水毯铺设前，须将基面清扫干净。

3. 防水毯铺挂

（1）一般说明：1）铺挂后的防水毯防水层必须和基面严密服帖、平整连续、均匀压实；2）铺/挂设防水毯的设备机具包括：简易吊装设备、铺/挂设台架、射钉枪、铁锤、裁切刀/剪刀、卷尺和批刀等；3）铺/挂设防水毯的辅助材料：水泥钉、垫片、甩头保护材料、防雨雪保护材料等。备料应充足，满足使用要求。

（2）下料：1）防水毯的下料场地应开阔、干燥、干净；2）按工程实际尺寸下料，可少许富余，不得短缺，下料不合格作废料处理，严禁使用。

下料前，必须先勘察现场，根据工程特点，确定铺设方案，应尽量减少防水毯的搭接，节约材料。根据工程进度，需要多少下多少，并做好余料保存和利用。

（3）固定：1）防水毯应用水泥钉及垫片穿孔固定；2）水泥钉的长度应不小于40mm，垫片可为圆形或方形，垫片的直径或边长应不小于30mm；3）水泥钉呈梅花图形钉铺，立（斜）面钉距不大于500mm、搭接缝处钉距不大于300mm；平面（顶板、底板）仅在搭接缝处用水泥钉固定；在搭接部位，水泥钉距离搭接缝边缘应为15～20mm。

（4）细部构造防水施工应符合下列规定：

1）先将细部构造根部的杂物清理干净；

图 7-56　膨润土防水施工工艺流程

施工准备工作

基面渗漏水治理

基层平整、清理

防水毯铺设、挂设

搭接缝防水浆封闭

甩头收边、保护

破损处修补

成品保护：视需要覆盖细石混凝土保护层等后道工序

2）严格按照细部构造尺寸大小的形状（如穿墙管、穿底板管道），在防水毯上裁剪洞口，不应超剪；

3）穿底板管道在铺防水毯之前，应在管根部四周播撒膨润土防水粉；

4）在底板四周的转角（刚性角）部位，播撒膨润土防水粉；

5）套在细部构造部位的防水毯应与基面伏贴，无皱折；

6）防水毯在细部构造的接缝必须用膨润土防水浆（亦称膨润土密封材料）以 40 × 40mm 的钝角封闭，群管之间的区域必须用不小于 20mm 厚的防水浆封闭；

7）施工缝部位按设计要求设置膨润土止水条。

（5）搭接：

1）防水毯为自然搭接，搭接宽度应不小于100mm，接头应保证平整、清洁；

2）大面防水毯的搭接缝不宜设在阴阳角、拐角处，搭接缝应离阴阳角、拐角 500mm 以上；

3）铺设立面阴阳角处防水毯时，应先顺阴阳角用钉子固定防水毯，再固定其他部位，以防止防水毯空鼓、紧绷。

阴阳角、拐角、细部构造处应增设防水毯附加层，附加层有两种加强铺设方法：

方法一：先居中（对称）铺500mm 以上宽附加层，再铺大面防水毯，见图7-57。

方法二：接缝在转角处，但向转角两侧各放出300mm，即搭接600mm，见图7-58。

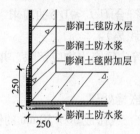

图7-57　防水毯附加层设置方法一

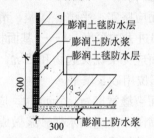

图7-58　防水毯附加层设置方法二

4）膨润土防水毯与塑料类防水板、高分子涂膜、合成高分子防水卷材、高聚物改性沥青防水卷材等防水层的搭接宽度应不小于400mm。

5）立（斜）面上，防水毯的搭接必须上幅压下幅，顺水搭接。

6）防水毯的拼接应尽量减少搭接缝，接缝宜错开。搭接缝须用膨润土防水浆封闭。

（6）临时性甩头：

1）甩头的预留长度应比钢筋头长 200mm 以上，且长度必须大于 500mm。

2）立面上的甩头应用 300mm 宽的白铁皮或低密度聚乙烯（LDPE）防水板保护，以防止杂物进入甩头背后和施工对甩头的扰动、破坏。

3）平面上的甩头，用塑料膜等柔性临时保护层作 U 形包裹后，再压沙袋，或覆盖砂浆等，作临时覆盖保护，以保证后续施工时甩头清洁，确保搭接质量。

4）由于甩头暴露时间长，一定程度的水化难以避免，严禁对甩头反复揉搓、挤压而致使膨润土水化凝胶破坏、损失。

5）甩头的实际搭接宽度应不小于250mm。

（7）收头：防水毯铺设至立面顶部，如风井口部、地下外墙顶端等收头部位应作收头处理。用30mm宽、0.5~1.0mm厚的白铁皮压在防水毯端边，露出少许防水毯，再用水泥钉钉压固定，钉子间距应不大于300mm，防水毯端部用膨润土防水浆封口。

（8）修补：防水毯铺、挂设过程中，因钢筋扎破或其他原因造成的破损，应妥善修补。

对破损处先作明显标识；破损如为钢筋扎破，用膨润土防水浆封闭即可。其他较大的破损，先用膨润土防水浆将破损部位封闭，再用同质防水毯覆盖修补，补丁应大于破损边缘300mm，并用水泥钉固定；同时，必须用膨润土防水浆将补丁周边封闭。

防水毯一旦空鼓，应割开或切除少许防水毯，使之平整并与基面伏贴；割开或切除部位，先用膨润土防水浆封闭，再用同质防水毯覆盖修补，补丁处的搭接宽度应不小于300mm，补丁周边必须用膨润土防水浆封闭。

（9）保护：

1）施工保护：施工中途如下雨，防水毯不需特别保护。一般只需在可能出现集中踩踏的部位铺垫木模板等作保护即可，以防意外损伤或工人行走打滑。

2）铺设好的防水毯须尽快覆盖，以避免意外损伤。

3）成品保护：应指定专门人员协调后道工序不得损坏已完工的膨润土毯防水层。

（10）地下工程肥槽回填：

1）回填土不得含有混凝土碎块、钢筋、玻璃等易损伤防水毯的杂物；

2）回填时应避免冲击防水毯，造成脱落或位移；

3）回填土应按300mm厚分层回填、分层夯实，密实度不小于85%。

7.4 金属防水板、压型金属防水板施工方法

7.4.1 金属防水板焊接施工方法

金属防水板（平板）重而厚，厚度一般为数毫米，焊接质量要求高、造价高、防水性能可靠。常用于工业厂房地下烟道、热风道等高温、高热地下工程以及地下通道市政工程、防水等级为一级的民用及战备工程等。常用金属防水材料有结构钢板、不锈钢板等。

金属防水板一般是指结构钢板和不锈钢板。市政、工业、民用工程一般采用结构钢板，战备工程可选择不锈钢板。常用的结构钢板有碳素结构钢、低合金高强度结构钢等。用于民用工程的钢板厚度一般为3~6mm，工业、市政工程的钢板厚度一般为8~12mm。钢板厚度为3~6mm时，用$\phi 8$的钢筋制成锚固筋，钢板厚度为8~12mm时，用$\phi 12$的钢筋制成锚固筋，与结构钢筋进行焊接，锚固在混凝土结构的内、外表面。

钢板与钢板之间采用E43焊条焊接连接。钢板厚度≤4mm时，采用搭接焊连接，厚度>4mm时，可采用对接焊连接，焊缝应严密。竖向钢板的垂直接缝应相互错开。

钢板防水层的表面应涂刷防锈漆，地下水对钢板有侵蚀性作用时，应选择具有防腐蚀作用的防锈漆。

金属板防水层施工应符合以下规定：

（1）金属防水板材防水层经焊接而成，适用于抗渗性能要求较高的地下工程。

（2）金属板防水层所采用的金属材料和保护材料应符合设计要求。金属材料及焊条（剂）的规格、外观质量和主要物理性能，应符合国家现行标准的规定。

（3）金属板的拼接及金属板与建筑结构的锚固件连接应采用焊接。金属板的拼接焊缝应进行外观检查和无损检验。

（4）当金属板表面有锈蚀、麻点或划痕等缺陷时，其深度不得大于该板材厚度的负偏差值。

（5）金属板防水层的施工质量检验数量，应按铺设面积每10m²抽查1处，每处1m²，且不得少于3处。焊缝检验应按不同长度的焊缝各抽查5%，但均不得少于1条。长度小于500mm的焊缝，每条检查1处；长度500~2000mm的焊缝，每条检查2处；长度大于2000mm的焊缝，每条检查3处。

Ⅰ 主控项目

（1）金属防水层所采用的金属板材和焊条（剂）必须符合设计要求。检验方法：检查出厂合格证或质量检验报告和现场抽样试验报告。

（2）焊工必须经考试合格并取得相应的执业资格证书。检验方法：检查焊工执业资格证书和考核日期。

Ⅱ 一般项目

（1）金属板表面不得有明显凹面和损伤。检验方法：观察检查。

（2）焊缝不得有裂纹、未熔合、夹渣、焊瘤、咬边、烧穿、弧坑、针状气孔等缺陷。检验方法：观察检查和无损检验。

（3）焊缝的焊波应均匀，焊渣和飞溅物应清除干净；保护涂层不得有漏涂、脱皮和反锈现象。检验方法：观察检查。

7.4.2 压型金属防水板啮合焊接、锁边、密封施工方法

经过压型后的金属、合金防水薄板用作屋面防水层，具有重量轻、外形美观、金属光泽熠熠生辉、经久耐用、施工方便、防水性能可靠等特点。是体育馆、展览馆、机场候机楼、火车站、厂房、仓库等高档、大型、特殊建筑工程屋面防水兼装饰效果的理想材料。随着国民经济的快速发展，由金属薄板作防水层的屋面已被广泛采用。

金属卷材运到工地后，由金属板材成型机滚压制成具有一定宽度的型材后再进行施工。片材的搭接边经啮合、咬合后采用焊接或锁扣、密封的方法形成屋面防水层。

搭接边锁边连接的方法大致分为直立锁边、立边咬合和平锁扣合三种，直立锁边又分为两次双咬边、360°咬合、180°咬合、搭接式、扣合式等连接方式。其中只有直立边型材才能采用啮合、焊接法施工，其余均采用咬合、锁边、密封的方法施工。以下分别介绍直立边啮合、焊接和直立边咬合、锁边、密封这两种施工方法。施工规定如下：

（1）吊装要求：应用专用吊具吊装，吊装时不得损伤金属板材。

（2）铺设要求：应根据板形和设计的配板图铺设；铺设时，应先在檩条上安装固定支架，板材和支架的连接，应按所采用板材的质量要求确定。

（3）铺设方法：相邻两块金属板应顺年最大频率风向搭接；上下两排板的搭接长度，应根据板形和屋面坡长确定，并应符合板形的要求，搭接部位用密封材料封严；对接拼缝与外露钉帽应作密封处理。

（4）天沟做法：天沟用金属板材制作时，应伸入屋面金属板材下不小于100mm；当有檐沟时，屋面金属板材应伸入檐沟内，其长度不应小于50mm；檐口应用异形金属板材

的堵头封檐板；山墙应用异形金属板材的包角板和固定支架封严。

（5）泛水板做法：每块泛水板的长度不宜大于2m，泛水板的安装应顺直；泛水板与金属板材的搭接宽度，应符合不同板形的要求。

1. 压型不锈钢防水板直立边啮合、焊接施工方法

直立边采用啮合、焊接法施工的压型不锈钢薄板做屋面防水层，屋面结构可采用钢筋混凝土框架，钢屋架梁，上铺负重压型钢板，在压型钢板上浇筑钢筋混凝土屋面板，用20～25mm厚1:2.5～1:3水泥砂浆找平，在找平层上铺设保温板，再在保温板表面铺设5mm厚聚乙烯泡沫缓冲保温层、空铺沥青油毡。最后即可铺设0.4～0.7mm厚的用不锈钢卷材制成的不锈钢型材防水层。其保温防水构造见图7-59。不锈钢型材通过L形连接件及膨胀栓钉与钢筋混凝土结构层连接在一起。

不锈钢防水屋面一般做成屋面中央低凹的单槽天沟排水形式，见图7-60。某城两座国际公寓采用这一防水措施，经20多年使用，无一渗漏。

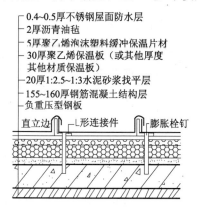

图7-59　不锈钢薄板防水保温屋面构造

图7-60　单槽天沟排水方式示意图

（1）施工所需材料

1）保温材料：挤塑聚苯乙烯柔性保温板（导热系数：0.025～0.03（W/m·K））或改性膨胀珍珠岩刚性防水保温材料（导热系数：0.05～0.06（W/m·K）），厚度通过计算确定；

2）缓冲保温材料：5mm厚聚乙烯泡沫塑料弹性片材及2mm厚沥青油毡。设置柔性缓冲保温材料的目的是为了防止刚性保温材料硌穿不锈钢防水层；

3）不锈钢防水卷材：厚度为0.4～0.7mm，宽度为500mm的不锈钢卷材。用不锈钢卷材成型机对卷材进行滚压，形成带两肋的宽为455mm的不锈钢型材，见图7-61；

4）L形连接件（L形支座）：3～4mm厚镀锌铁板，由呈直角的小立缘和水平板构成，其形状见图7-62；

5）膨胀栓钉：规格为M6×80，锚固L形连接件，分为栓钉套管和栓钉芯子两部分，见图7-63；

6）女儿墙防水层片材：1mm厚不锈钢板型材；

7）8号铁丝。

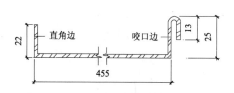

图7-61　直立锁边不锈钢型材横断面

其余施工所需材料还有扁钢、角钢、L形铝型材、密封材料等。

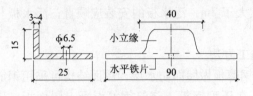

图 7-62　L形连接件构造图

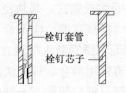

图 7-63　膨胀栓钉示意图

（2）施工所需机具

不锈钢防水屋面施工所需机具包括卷尺、粉线袋、冲击钻、不锈钢片成型机、手提式切割机、木锤、铁锤、鸭嘴钳、手提式点焊机、手提式辊压机、手提式滚焊机、木梯、安全带、防滑带（长度视屋面坡度和坡长而定）、大力钳等。

（3）施工流程

浇筑钢筋混凝土结构层→铺抹找平层→弹基准线→钻栓钉孔→预埋定位铁丝→铺设保温层→铺设缓冲保温层→空铺沥青油毡→固定L形连接件→滚压不锈钢卷材制成直立锁边型材→铺设、焊接大面不锈钢防水层→铺设、焊接女儿墙防水层→铺设、焊接天沟防水层→铺设檐口防水层→质量检查→排除渗漏隐患

（4）施工步骤

1）在找平层上弹基准线：成型后的不锈钢型材通过L形连接件焊接固定，L形连接件由膨胀螺栓定位固定。故首先应确定埋设膨胀栓钉的位置，需在找平层上弹出纵横交叉的栓钉位置基准线。

将找平层清扫干净后，以天沟立面为始边，按 600mm 的间距弹出与天沟平行的横向基准线，再按 455mm 的间距弹出与天沟垂直的纵向基准线。

2）钻栓钉孔：在纵横向基准线的交叉点处，用手提式冲击钻钻出直径为 6.5mm，深为 70mm 的栓钉孔。

3）预埋定位铁丝：为了在铺设保温材料、沥青油毡后仍能准确地找出栓钉孔的位置，需要在栓钉孔眼内预先插入一根长度约为 120mm 的 8 号铁丝，铁丝的外露部分约为 50mm。

4）铺设保温材料：从中央天沟开始，自下而上地铺设 30mm 厚的挤塑聚苯板保温层（北京地区挤塑聚苯板保温层的厚度一般为 30mm 就能满足保温要求，其他地区或采用其他保温材料时通过热工计算确定厚度），保温板的长边与天沟垂直。铺设时，让 8 号铁丝穿过保温板。

5）铺设聚乙烯泡沫塑料片材缓冲保温层：在保温层表面铺设一层 5mm 厚聚乙烯泡沫塑料片材缓冲保温层。让 8 号铁丝穿过。

6）空铺沥青油毡：在缓冲保温层表面空铺一层 2mm 厚的沥青油毡，搭接 50mm。让 8 号铁丝穿过。

7）用膨胀栓钉将 L 形连接件（L 形支座）牢固地固定在结构层上：L 形镀锌铁板连接件（L 形支座）是用来固定不锈钢防水型材的关键部件。施工时，拔出栓钉孔内的 8 号定位铁丝，把栓钉套管穿过 L 形连接件的水平铁板圆孔内，插入已拔出 8 号铁丝的栓钉孔

内，再打入栓钉芯子，将L形连接件牢固地锚固在钢筋混凝土结构层上，见图7-64。

L形连接件的小立缘是与成型后的不锈钢型材的肋边进行点焊连连的部位。

8）将不锈钢卷材用成型机滚压成不锈钢型材：只有将不锈钢卷材用成型机滚压成一定规格的不锈钢型材后才能进行焊接施工。滚压成型的步骤如下：

① 把不锈钢卷材送入成型机：将厚度为0.4~0.7mm，宽度为500mm的不锈钢卷材端头送入成型机入口，成型机的滚筒带动不锈钢卷材向前移动。

② 卷边成型：成型机的两侧，各配有一排卷边成型轮，当不锈钢卷材在滚筒的带动下向前移动展平的过程中，卷材的两条侧边被成型机两侧的成型轮逐渐弯曲成型，形成不锈钢型材的两条直立肋边，一条直立边无咬口，供其与L型连接件的小立缘进行点焊；另一条直立边有咬口，供其与相邻不锈钢型材的直角边进行啮合。

不锈钢卷材卷边成型时，应充分保证两条直立肋边的设计长度，不得为了节省材料而任意缩短边长，否则因不能适应热胀冷缩所产生的涨缩应力而出现开裂渗漏的质量事故。

③ 截去成品型材：从成型机出口处源源不断送出的不锈钢型材应由数名工人一边托平，一边随着滚筒的输送速度跟着移动，以避免扭曲弯折。当型材的长度达到或稍大于设计规定的尺寸时，随即停机，用卷尺量取实际所需要的长度，划线，然后用手提式切割机将不锈钢型材切断，成品不锈钢型材就制作完成了。

用不锈钢卷材制成的成品型材在长度上可以达到不进行短边搭接的需要，这样就消除了短边搭接容易产生渗漏的质量隐患。截取的成品型材的长度可从女儿墙压顶下檐一直延伸到单槽天沟两侧立面的挑檐部位，见图7-65。

图7-64 L形连接件固定图

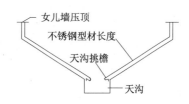

图7-65 不锈钢型材长度示意图

④ 码放成品型材：不锈钢型材按长度需要截取成品后，由数名工人托平，移放在施工现场，码放应平直，不得扭曲、弯折和损伤。

成品型材也可在铺设保温层、缓冲保温层之前就滚压成型制作完毕。在保温层施工结束后就立即进行不锈钢防水层的铺设。尽量缩短两者间铺设的间隔时间，以防雨季因间隔时间过长而遭雨淋，或遭施工用水浇淋，导致保温层吸水而降低保温性能。如保温层一旦吸水，应待其蒸发干燥后再进行不锈钢防水层的铺设。

9）铺设大面不锈钢防水层：

① 将成品不锈钢型材搬运至铺设部位：由于不锈钢型材很薄，稍不注意就会弯曲变形，所以铺设时，一片型材应由多名工人托住，以防弯折。先将型材的一端置于铺设的起始位置，即屋面中央单槽天沟的最低标高处，然后将另一端不扭曲、不弯折、平直地搬运至女儿墙压顶下。

为了便于工人在坡度较大的屋面上行走和操作，防止脚下打滑，应在女儿墙上引下一根防滑带，再栓一段木梯，木梯垂直于女儿墙，平稳地置于屋面上，木梯的横撑间距即为工人向上行走的步距，脚踏在横撑上，逐级向上行走。在行走的同时，数名工人一起一手托住型材，一手拽住防滑带，一步一步、稳定地走向女儿墙。防滑带和木梯务必安装牢固，不得出现松动现象。

② 啮合、点焊：成品不锈钢型材的长度从屋面中央单槽天沟的挑檐一直延伸到女儿墙的压顶下方，达到了 1/2 个屋面的长度，所以只需对长边接缝进行焊接密封处理，短边一般无需搭接。为节约材料，如需进行短边搭接，则应顺水接茬，搭接宽度在 200mm 以上，再进行密封处理。

对不锈钢型材两肋边进行啮合和点焊：

a. 型材的直角边与 L 型连接件的小立缘点焊三处，见图 7-66；

b. 型材的咬口边插入相邻型材的直角边进行啮合和点焊，见图 7-67。

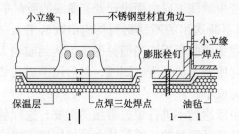

图 7-66　型材的直角边与小立缘点焊三处

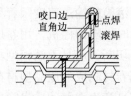

图 7-67　咬口边、直角边啮合、点焊

相邻两块型材之间的接缝是防水的关键部位，啮合、焊接是解决接缝防水的重要措施。施工时，这一工艺环节应精心操作，不得马虎。相邻两块型材之间的接缝啮合好后，用两把木锤对称地在接缝左右两侧轻轻地敲击，相隔一定距离用鸭嘴钳夹紧，将它们的肋部咬紧，并使之基本平直。然后用手提式点焊机在咬口处进行点焊连接。用这样的方法，将型材从屋面中央天沟的最低标高处一张一张地铺设至女儿墙的压顶下方，最后铺满整个屋面。

如屋面坡度为中央凸起的双面坡构造形式，则应从两侧天沟（或檐沟）最低标高处铺设至最高屋脊处。

③ 辊压、滚焊：不锈钢片接缝单靠咬口和点焊是达不到防水要求的，还必须进行辊压和滚焊才能满足防水要求。

用手推式辊压机对所有接缝进行辊压，使接缝咬口服帖、啮合紧密。施工时，由于屋面坡度太大，向上推压前进有困难，可用绳子系在辊压机前端的拉杆上，派一人在前面拉辊压机，协助推机人上坡前进，前进速度应缓慢，直至将所有接缝都挤紧压直，呈平直匀称的线状。然后，即可用滚焊机对所有接缝都滚焊一遍，滚焊时，亦可由一人用绳子拉着滚焊机配合推机人慢速行进。

滚焊是对接缝进行可靠密封，防止屋面渗漏的重要措施，必须把所有接缝全部焊接牢固，不得漏焊。

大面不锈钢防水层铺设完毕后，再对女儿墙、天沟和水落管等部位进行特殊防水处理。

10）女儿墙压顶防水做法：女儿墙压顶不锈钢防水材料共分为上表面不锈钢板、下表面不锈钢板和侧面不锈钢板等三大部分。这些钢板通过L形铝型材、角钢、扁钢、不等边角钢和膨胀螺栓固定在压顶钢筋混凝土基层上，相互之间用螺栓进行连接，见图7-68。

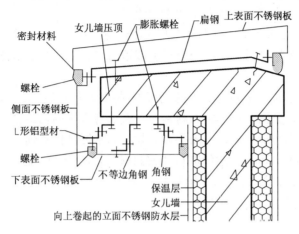

图7-68　女儿墙防水构造

女儿墙防水施工步骤如下：

① 画基准线：按照设计规定的尺寸，弹出扁钢、角钢、不等边角钢所在位置的纵、横向基准线。一般是按每块防水钢板的长度，通常在靠近两端的部位设置扁钢和角钢。如钢板过长，除两端外，还应在中间设置扁钢和角钢。

② 钻螺栓孔：在基准线的交叉点处，用冲击钻钻取略大于膨胀螺栓直径的孔眼（一般大于0.5mm），深度以能埋入膨胀螺栓为准。

③ 固定扁钢和角钢：将扁钢、角钢和不等边角钢用膨胀螺栓固定在相应的基层位置上。扁钢、角钢和不等边角钢宜预先钻好穿螺栓的孔眼，基层的螺栓孔眼位置亦可根据扁钢、角钢、不等边角钢上的螺栓孔眼位置来确定，根据这些孔眼在基层上钻孔。

④ 固定L形铝型材：将L形铝型材用螺栓固定在相应的角钢和不等边角钢上。也可在安装靠近女儿墙立面、底部的角钢、不等边角钢前，事先就用螺栓将其与L形铝型材拧紧固定，以便于安装。

⑤ 临时固定侧面不锈钢板：不锈钢板型材（上表面、侧面和下表面）应事先制作完成。待基层部位的连接件均安装完毕后，就可临时固定侧面不锈钢板。先用大力钳将侧面不锈钢板临时固定在女儿墙上表面外侧的扁钢上，并对相邻两块不锈钢板之间的夹角用角度板模板进行调整。角度板模板用薄钢板裁剪而成，其角度根据女儿墙平面的倾斜度、弧度（或屋面的坡度）而定，见图7-69。

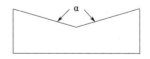

图7-69　角度板模板示意图
α—角度随女儿墙平面弧度而定

⑥ 固定女儿墙压顶上表面不锈钢板：侧面不锈钢板临时固定后，就可安装压顶上表面的不锈钢板。

上表面不锈钢板的外侧与扁钢一起钻孔后用螺栓拧紧固定，上表面不锈钢板的内侧钻孔后，用螺栓连同侧面不锈钢板的上端一起固定在扁钢上。

⑦ 固定女儿墙压顶下表面不锈钢片：将侧面不锈钢板的下端、下表面不锈钢片的外侧与 L 形铝型材一起钻孔后，用螺栓拧紧固定。靠近女儿墙立面的下表面不锈钢片在内侧相应位置钻孔后用螺栓直接固定在 L 形铝型材上。

⑧ 凹槽、搭接、嵌缝密封：女儿墙压顶不锈钢板用螺栓固定后，形成的四条凹槽都要用与金属具有良好粘结密封性能的密封材料嵌填封严。钢板与钢板之间的搭接缝亦应用密封材料封严。

女儿墙压顶呈水平时，相邻两块不锈钢板如采用凹槽方式搭接，可视为非位移凹槽，槽内应嵌填密封材料，见图 7-70。密封材料应与金属有良好的粘结密封性能；如采用凸起方式连接，侧对边缝作密封处理，见图 7-71。如采用平铺搭接，则应顺年最大频率风向搭接，搭接宽度应不少于 200mm，边缝亦应用密封材料封闭严密，见图 7-72。女儿墙压顶呈斜面时，相邻两块不锈钢板如采用平铺搭接，则搭接缝应顺水接茬，搭接宽度应不小于 200mm，边缝亦应作密封处理，见图 7-73。

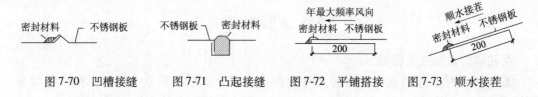

图 7-70 凹槽接缝　　图 7-71 凸起接缝　　图 7-72 平铺搭接　　图 7-73 顺水接茬

11）天沟防水做法：单槽天沟底部和侧面的不锈钢板的施工方法与屋面防水层的铺设方法完全相同。

屋面与天沟交接处的挑檐采用 L 形钢板和滴水钢片进行啮合后焊接处理，见图 7-74。L 形钢板通过膨胀螺栓固定在屋面结构层上，滴水钢片的下端通过螺丝固定在 L 形钢板的下方。

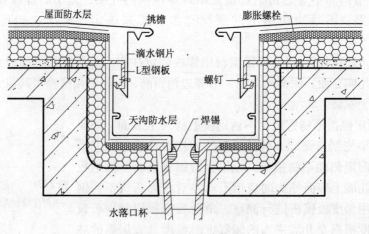

图 7-74 天沟防水构造

为了提高天沟的防、排水性能，天沟底部应尽量用整块钢板铺设，两侧再向上卷起一定高度，这样就将搭接边留在了立面，搭接缝都应用密封材料封严。

水落管的直径和汇水面积应符合设计要求。天沟底部不锈钢板伸入水落口杯内搭接咬合，并用焊锡焊严，上面再扣上地漏或排水网罩。

12）挑檐防水做法：不锈钢型材屋面无组织排水檐口、天沟檐口应设置滴水钢片，滴水钢片的上缘与屋顶坡面挑出的不锈钢板防水层经咬合、点焊后用手持式滚焊机进行滚焊，接缝用密封材料封严，见图 7-75。

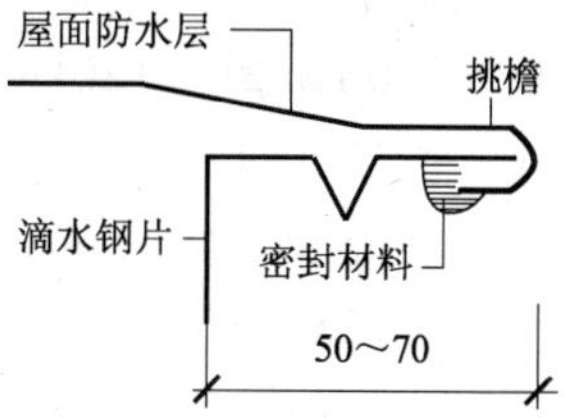

图 7-75　挑檐防水构造

（5）质量检查

施工过程中和施工结束，都要严格检查施工质量。

1）固定 L 形连接件的膨胀栓钉一定要锚固牢固，每一个钉子都要用力拽拔，毫不松动为合格；

2）搭接边用辊压机辊压严密后再用滚焊机满焊严实，不能出现漏焊和虚焊现象；

3）细部构造重点检查，任何细微孔缝都要封闭严密；

4）大面防水层如有硌破处，用密封材料封严后，再用大于破损部位四周各 200mm 的不锈钢片材焊严；

5）雨后或淋水检查，渗漏部位修补严密。

（6）施工、使用注意事项

1）按工艺要求操作：应严格按照施工步骤、工艺要求进行操作，不得马虎；

2）按设计要求的尺寸下料：不锈钢板的两条肋边长度和啮合宽度一定要满足设计要求。有的工程虽然用了进口优质板材，但由于一味地追求省料，盲目地减少肋边长度和啮合宽度，致使因温度变化引起型材热胀冷缩而导致咬口开裂，发生严重的渗漏事故，造成重大损失；

3）精心施工：不锈钢型材很薄，施工时，应防止被施工机具扎穿和砸坏，妥善保护防水层；

4）固定、啮合、焊接应牢固：所有构件必须与钢筋混凝土结构层牢固地锚紧，不得有松动现象，不锈钢型材也必须与 L 型连接件固定、啮合和焊接牢固，否则将严重影响工程质量和使用效果；

5）应及时清理屋面及天沟的垃圾杂物，避免天沟、檐沟堵塞，导致屋面渗漏。

2. 压型金属防水板直立边咬合、锁边、密封施工方法

型材直立边采用咬合、锁边、密封施工的金属防水板一般有铝镁锰合金板、不锈钢板、钛锌板、铜合金板、镀铝锌（彩钢）板等。常用合金薄板的厚度见表 7-31。

常用金属（合金）薄板的厚度（mm）　　　　　　　　　表 7-31

合金薄板名称	厚度	合金薄板名称	厚度
铝镁锰合金板	0.8、0.9、1.0、1.2	镀铝锌（彩钢）板	0.4～0.8
不锈钢板	0.4～0.7	钛锌板	0.5～0.6
铜合金板	0.5～0.9		

合金薄板防水层常与自粘聚合物改性沥青防水卷材、三元乙丙橡胶防水卷材或防水透气膜等材料复合，组成既具有构造防水又具有材料防水的复合防水屋面。合金薄板型材直立锁边屋面构造层次见图 7-76。

（1）施工所需材料

直立锁边施工所需材料包括：直立锁边金属薄板型材、30mm 厚（64kg/m³）玻璃纤维吸声棉、3mm 厚 SBS 改性沥青防水卷材或 1.2mm 厚 PVC 防水卷材、8mm 厚水泥加压板、100mm 厚（120kg/m³）岩棉保温材料、2mm 厚镀锌钢板"⊓"形衬檩、填充吸音棉、无纺布（80g/m²）、0.53～0.8mm 厚双面镀铝锌穿孔压型钢板、热浸镀锌檩条结构钢（工字钢、矩管等）、2mm 不锈钢（天沟钢材）、檐口钢材、铝合金支座（T 码）、5.5mm×125mm 不锈钢自攻螺钉（在已钻孔上有攻丝作用的紧固件，用于板和檩条的连接）、自钻螺钉（有钻孔和螺丝攻丝作用的紧固件，用于板和板、板和结构件的连接）、5.5mm×135mm 不锈钢螺钉、4.8mm×16mm 不锈钢抽芯铆钉、2.5mm 厚收边及封檐合金板等。

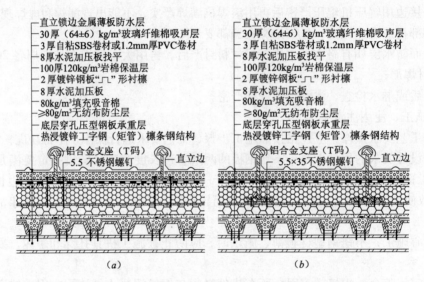

图 7-76　金属薄板型材直立锁边防水层屋面构造层次

（a）铝合金支座支于防水层之上；（b）铝合金支座支于防水层之下

直立锁边型材外形见图 7-77。常用规格尺寸见图 7-78。还有异形板材。

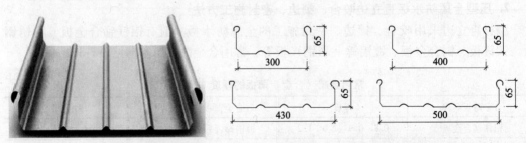

图 7-77　直立锁边型材外形　　　　图 7-78　常用直立锁边型材规格尺寸

铝合金支座（T 码）的外形见图 7-79，支座下设绝缘隔热垫，再用不锈钢螺钉固定在"⊓"形衬檩上，其截面形状见图 7-80。

图 7-79　铝合金支座外形

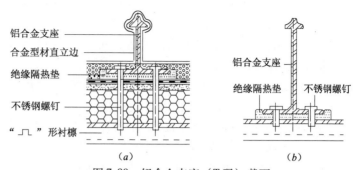

图 7-80　铝合金支座（T 码）截面

（a）T 码支于防水层之上；（b）T 码支于防水层之下

（2）施工所需机具

卷尺、粉线袋、冲击钻、水平仪、经纬仪、钢丝绳、合金片材成型机、手提式切割机、木锤、铁锤、鸭嘴钳、手动锁边机、电动锁边机、电动改锥、木梯、安全带、防滑带（长度视屋面坡度和坡长而定）、大力钳、卷材铺贴机具等。

（3）施工流程

按铝合金支座固定位置的不同，分为以下两种施工流程：

1）铝合金支座支于防水层之上［见图 7-76（a）］，施工流程：安装屋面钢檩条→安装穿孔压型钢板（底板）→铺贴无纺布防尘层→穿孔压型钢板凹槽内填塞吸音棉→铺设8mm 厚水泥加压板→安装 2mm 厚镀锌"Π"形钢板衬檩→铺贴保温层→铺设 8mm 厚水泥加压板，表面修补抹平→铺贴 SBS 改性沥青或 PVC、PTO 合成高分子防水层或防水透汽膜隔汽层→固定铝合金支座（T 码）→铺设玻璃纤维棉吸音层→铺设直立锁边合金薄板防水层→铺设细部构造防水层→检查施工质量→修补渗漏隐患。

2）铝合金支座支于防水层之下［见图 7-76（b）］，施工流程：安装屋面钢檩条→安装穿孔压型钢板（底板）→铺贴无纺布防尘层→穿孔压型钢板凹槽内填塞吸音棉→铺设8mm 厚水泥加压板→安装 2mm 厚镀锌"Π"形钢板衬檩→固定铝合金支座（T 码）→铺贴保温层→铺设 8mm 厚水泥加压板，表面修补抹平→铺贴 SBS 改性沥青或 PVC、PTO 合成高分子防水层或防水透汽膜隔汽层→铺设玻璃纤维棉吸音层→铺设直立锁边合金薄板防水层→铺设细部构造防水层→检查施工质量→修补渗漏隐患。

以上两种施工流程的铝合金支座都要穿过柔性防水层，造成防水层千孔百疮，只有采取各自可靠的密封措施、精心施工，才能使防水层闭合。当屋面构造不设置柔性防水层时，一般都采用图 7-76（b）的构造形式。

（4）图 7-76（a）施工步骤

待主体钢结构施工完毕、质量验收合格后，即可进行屋面其他构造层次的施工。施工前应架设安全网、钢丝绳、安全带、木梯，并搭设人行通道，确保人身安全。

1）测量放线：用水平仪、经纬仪、钢卷尺、粉线袋、钢丝绳等测量钢结构屋盖网架檩托顶面标高、轴线位置复测；按屋面排版图，对檩条、衬檩、底板、铝合金支座及天沟标高、中心线位置、女儿墙标高、檐口收边等细部节点进行控线测量。根据钢结构施工图，由电脑进行三维建模，在模型上量出各檩条安装点，衬檩、铝合金支座控制点坐标，统计出安装标高、位置等各项数据。

2）安装檩托、檩条：将檩条置于檩托上，经测量纠偏，檩条通过檩条连接件定位，焊接固定，见图7-81。檩条之间用拉条连接。吊运、安装檩条时，应防止碰坏镀锌层。

3）安装穿孔压型钢板（底板）：压型钢板为0.8mm厚的镀铝锌钢板，是屋面构造层的主要支撑结构，用5.5mm×25mm的不锈钢自攻螺钉紧固在钢檩条上。纵向搭接半个波，横向搭接100mm。拧紧自攻螺钉前，先用手电钻钻孔，钻孔直径应比自攻螺钉直径略小1mm，以保证自攻螺钉的抗拔力。也可采用5.5mm×25mm的自钻螺钉固定。

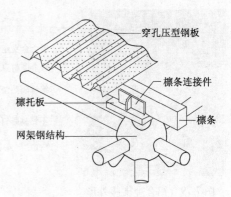

图7-81　檩条、压型钢板安装图

4）铺设无纺布：采用≥80g/m² 的无纺布作防尘隔灰层，铺满整个压型钢板，纵横向搭接50mm。

5）填塞吸声棉：在穿孔压型钢板的凹槽内填塞80kg/m³ 的玻璃纤维吸声棉，填塞时应使玻璃纤维棉呈自然状态，不要故意挤压。

6）铺设8mm厚水泥加压板：用5.5mm×28mm的不锈钢自攻螺钉紧固在压型钢板（底板）的凸面上，钉间距约1000mm，以防水泥板滑落。

7）安装2mm厚"⌐⌐"形镀锌钢板衬檩：衬檩的规格为90mm（高）×60mm（上表面宽）×30mm（两侧边宽）×2.0mm。用4.8mm×35mm不锈钢抽芯拉铆钉穿过水泥板与底板的凸面进行固定，衬檩与衬檩的中心距为1500mm，见图7-82。

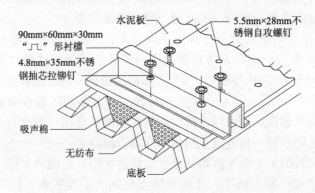

图7-82　2mm厚"⌐⌐"形镀锌钢板衬檩的固定方法

8）铺贴保温层：选用100mm厚120kg/m³ 的岩棉做保温层，防火性能达到A级。拼缝应严密，用5.5mm×125mm的自攻螺钉固定在底板上，钉距约800mm。

9）铺设8mm厚水泥加压板：水泥加压板应拼缝严密，缺省处和拼缝处应用聚合物水泥砂浆修补平整，表面平整度应达到铺贴柔性防水卷材的要求。用5.5mm×145mm的不锈钢自攻螺钉将水泥板紧固在"⌐⌐"形衬檩上，钉距约800mm。

10）铺贴SBS改性沥青或PVC、PTO合成高分子防水卷材或防水透气膜：按柔性防水卷材的施工方法进行铺贴。

11) 固定铝合金支座（T码）：固定铝合金支座的自攻螺钉必须与"冖"形衬檩固定。用水平仪、经纬仪确定屋面两端点部位的固定支座，先固定两端点部位的铝合金支座，再拉线在防水层上弹出中间部位固定支座的基准线，纵向偏差不得大于 3mm。

横向间距即为直立锁边合金薄板型材的幅宽，如幅宽为 430mm，则横向间距为430m，纵向间距为 1500mm。在铝合金支座的水平板下衬垫绝缘隔热垫后，用5.5mm×135mm 的不锈钢自攻螺钉紧固在"冖"形衬檩上，螺钉应旋至衬檩底边以下 25mm，见图 7-83。

铝合金支座固定后，应对防水层用附加卷材作封闭处理。改性沥青防水卷材附加层的周边应用密封材料封严，见图 7-84。PVC、PTO、三元乙丙防水卷材应用附加卷材或自硫化片材作附加层，并用密封材料封严，见图 7-85。用自硫化片材作附加层可以不经裁剪就能捏合铺贴服帖，不会形成针眼状。

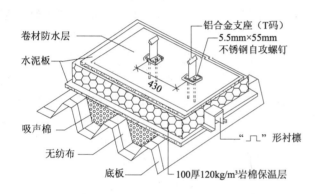

图 7-83 铝合金支座安装固定

图 7-84 改性沥青附加卷材加强

以上两种加强方法特别适用于图 7-76（b）的构造做法。

（a）

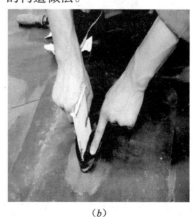

（b）

图 7-85 合成高分子附加卷材加强
（a）合成高分子附加卷材；（b）自硫化片材

当采用图 7-76（a）的构造做法时，支座安装在防水层表面，则可直接对支座底部作密封加强处理，见图 7-86。

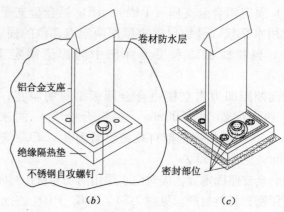

图 7-86 支座直接安装在防水层表面密封做法

(a) 支座安装在防水层表面；(b) 密封前；(c) 密封后

12）铺设玻璃纤维棉复合板吸音层：采用 30mm 厚（64±6）kg/m³ 的玻璃纤维棉复合板。这种纤维板材除了具有吸音隔声性能外，还具有良好的保温、防火、环保、质轻、易于切割等特点。由于由支座限位，吸音板一般情况下不会下滑，屋面边缘四周、易于下滑部位可用 5.5mm×165mm 的不锈钢自攻螺钉将其固定在"┏┓"形衬檩上。

13）铺设直立锁边合金薄板防水层：将直立锁边成型机和合金薄板卷材吊运至屋面空闲场地，机器和卷材应保持水平，并固定牢固，在屋面现场由直立锁边成型机对合金薄板卷材进行辊压加工，生产出满足设计所要求宽度和直立边的型材，按屋面坡长截取型材长度。再有数人搬运至铺贴起始位置，应由最低标高处向上铺贴，每隔 1.5m 用手动锁边机与铝合金支座头部进行临时固定咬合，相邻两块型材的纵向咬口边应顺年最大频率风向搭接，见图 7-87。

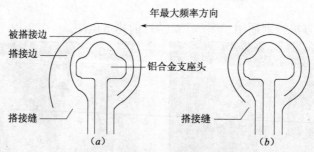

图 7-87 顺年最大频率风向搭接锁边

(a) 锁边前；(b) 锁边后

直立锁边被搭接边长度方向采用不锈钢抽芯铆钉与铝合金支座头部固定，见图 7-88，但固定后，限制了被搭接边因受热胀冷缩影响在支座头部的自由滑动，故在日温差、年温差大的地区不应固定。

纵向固定间距为铝合金支座的间距，即 1.5m。

最后用电动锁边机进行锁边扣合，见图 7-89。经锁边机咬合的搭接边应连续、平整、呈一直线，不得出现扭曲和裂口现象。金属防水板屋面构造剖视见图 7-90。

14）细部构造防水层施工：金属屋面的细部构造防水包括天沟、女儿墙、山墙、水落口、檐口、伸出屋面（结构）管道、设备基座、采光窗等。这些细部构造一般都采用成品或按要求下料经仔细施工就能做好，而防水的关键是处理好泛水这一薄弱环节。归纳起来说，泛水的处理方法就是搭接的处理方法，而搭接的处理原则就是顺水接茬，这样就形成两种泛水处理方法，一种是将细部构造防水层压在屋面板型材防水层下面的称为底泛水，像天沟、檐沟、檐口、水落口、下凹式采光天窗等细部构造防水层的标高都低于屋面板型材防水层，故应压在屋面板防水层的下面；另一种是将细部构造的防水层置于屋面板型材防水层上面的称为面泛水，像女儿墙、山墙、伸出屋面结构（管道）、设备基座、凸起式采光窗等细部构造防水层的标高都高于屋面板型材防水层，故应置于屋面板防水层的上面。泛水部位的搭接或被搭接长度、直立边的高度、铆钉数量和位置应严格按设计和工艺要求进行施工，施工前应用洁净干布擦拭泛水搭接边，去除灰尘和水分，以保证密封材料的粘结质量。

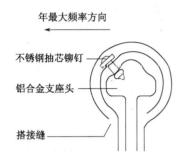

图 7-88　不锈钢抽芯拉铆钉增强固定

图 7-89　电动锁边机锁边咬合

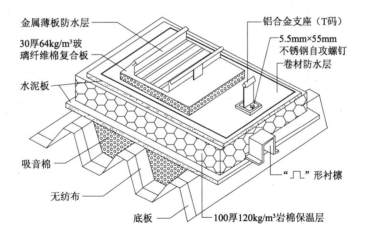

图 7-90　金属薄板屋面构造剖视图

15）检查施工质量：主要是检查卷材防水层和金属板防水层的施工质量，卷材防水层的施工质量按相应的要求检查。金属板防水层的施工质量大致和焊接法相同，检查铝合金支座锚固是否牢固，咬口、锁边是否坚固紧密，密封是否良好等。

16）修补渗漏隐患：对破损部位用密封材料封严后，再用大于破损部位四周各200mm的同种金属片材焊严。

17）渗漏事故分析：

① 卷材防水层被密密麻麻的自攻螺钉扎成千疮百孔状，要完全封闭很不容易，故必须严格按施工要求进行密封处理，否则卷材防水层被隐蔽在吸音层下，一旦有渗漏隐患，检查很困难，也无法修缮、更换；

② 即使卷材防水层不渗漏，万一金属防水层渗漏，卷材防水层又无汇水和排水的功能；

③ 金属板型材的纵横向搭接缝、细部构造的处理不当，都可能造成渗漏；

④ 金属接缝的密封处理，由于热胀冷缩使接缝错动，影响甚至破坏密封性能；

⑤ 如直立锁边高度太低、坡度太低，无论是采用180°还是采用360°咬合都无济于事，一旦水漫过直立边高度，都会渗漏，只不过是渗漏路径长短而已，与咬口多少度无关。

18）怎样根除渗漏及应采取的至关重要的防渗漏技术措施：

① 小跨度屋面，宜尽量提高其排水坡度，这是解决渗漏的关键；

② 大跨度屋面，一般坡度较低，往往低于5%，屋脊、天沟部位的坡度趋于零，这时应发挥卷材防水层的作用，将卷材防水层做至天沟、檐沟内≥50mm，顺水接茬；

③ 金属型材的直立锁边高度应≥65mm，以防止雨水漫过纵向搭接边；横向搭接边的搭接长度应≥200mm，采用焊接或采用与金属材料有良好粘结性能的耐候金属密封胶作密封处理，再用附加条带封缝，附加条带四周亦应作密封处理。

在保证直立锁边高度≥65mm的基础上，在搭接边和被搭接边之间设置双面粘金属板屋面用丁基橡胶防水密封胶粘带，将金属防水层连接成封闭的整体，有效阻断渗漏水通道，这是至关重要的防渗漏技术措施，见图7-91。采取这一防渗漏技术措施虽然要花费一定的费用，但与渗漏后所花费的修缮费用相比，微不足道。

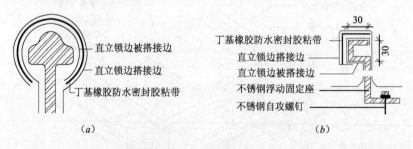

图 7-91 用双面粘丁基橡胶防水密封胶粘带封闭搭接边的防渗漏技术措施
(a) 360°直立锁边密封封边；(b) 180°直立锁边密封封边

④ 做好细部构造防水。

19）严重质量事故分析：

① 有的工程采用碳钢钉固定铝合金支座，天长日久，钢铝接触面之间发生电化学反应，钢原子外层电子发生迁移，碳钢钉逐渐被腐蚀，进而被氧化，失去固定性能，一旦大风来临，后果严重；

② 一些工程为了降低造价，采用钢板、高强钢板作直立锁边型材，钢板和铝合金之间发生电化学反应，钢板被腐蚀；另外，由于钢板的弹性太大，锁边后逐渐被弹回，与铝

合金支座脱离，产生渗漏和被大风掀翻的严重质量事故；

③ 有些金属屋面为了节约材料，任意加大檩距，减少铝合金支座的数量，固定铝合金支座的自攻螺钉没与衬檩连接，使屋面板与结构脱离。当屋面板的自重小于风荷载的吸拔力时，屋面板会被掀起，破坏殆尽，见图7-92。应通过计算、抗风荷载试验来确定檩距、不锈钢自攻螺钉的规格、屋面承载力、抗风荷载等有关数据。

图7-92 遭风荷载破坏的金属屋面实例

3. 压型金属防水板其他咬合、扣接、密封施工方法

金属、合金薄板的纵向搭接方式除上述直立锁边方式外，还有普通搭接式、空腔搭接式、扣合式、180°咬合、360°咬合、360°双咬边等形式，见图7-93，这些形式的防水施工方法与压型金属防水板直立边咬合、锁边、密封施工方法基本相同，搭接边和被搭接边之间均应用双面粘丁基橡胶防水密封胶粘带粘结封闭严密，将金属防水层连成一体，有效杜绝渗漏。

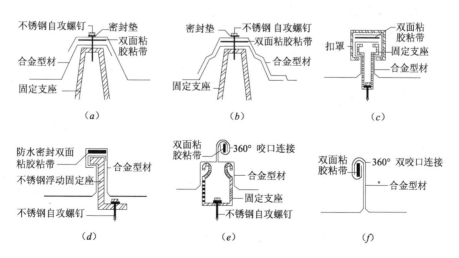

图7-93 金属防水板纵向搭接边的其他咬口形式

(a) 普通搭接式；(b) 空腔搭接式；(c) 扣合式；(d) 180°咬合（立边单咬合）式；
(e) 360°咬合式；(f) 360°咬合（立边双咬合）式

此外，还有完全依赖于卷材防水层防渗漏的平锁扣式金属屋面等，见图7-94。

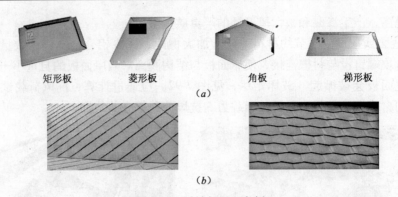

矩形板　　　菱形板　　　角板　　　梯形板

(a)

(b)

图 7-94 平锁扣屋面实例

(a) 平锁扣式咬口板型；(b) 平锁扣式咬口屋面实例

7.5 涂膜防水层施工方法

涂料通过刷、喷、刮涂于基层，经物理、化学变化，形成防水膜。涂料施工应符合以下规定：

(1) 无机防水涂料基层表面应干净、平整、无浮浆和明显积水；

(2) 有机防水涂料基层应基本干燥，无气孔、凹凸不平、蜂窝麻面等缺陷。施工前，基层阴阳角应做成圆弧形；

(3) 涂料涂刷前应先在基面上涂一层与涂料相容的基层处理剂；

(4) 涂刷程序应先做转角处、穿墙管道、变形缝等细部构造部位的涂料加强层和密封处理，后进行大面积涂刷；

(5) 涂料的配制及施工，必须严格按涂料的技术要求进行；

(6) 每遍涂刷时应交替改变涂层的涂刷方向，涂料防水层的总厚度应符合设计要求。应分层刷、喷、刮，后一遍涂层应待前一遍涂层干燥成膜后进行；涂层必须均匀，不得漏涂漏刷；

(7) 同层涂膜施工缝的先后搭茬宽度为 30～50mm；

(8) 涂料防水层的施工缝（甩槎）应注意保护，搭接缝宽度应大于 100mm，接涂前应将其甩茬表面处理干净；

(9) 铺贴胎体材料时，应使胎体层充分浸透防水涂料，不得有露茬、白斑及褶皱，同层相邻胎体材料的搭接宽度应 ≥100mm，上下层和相邻两幅胎体的接缝应错开 1/3～1/2 幅宽；

(10) 设置保护层：

1) 有机防水涂料施工完毕应及时做好保护层，保护层施工参见"高聚物改性沥青防水卷材热熔法施工(4) 设置保护层"；

2) 无机防水涂料一般用于地下工程，因涂层较薄，为避免损坏防水层，外墙迎、背水面防水层应及时铺抹 1∶2.5 水泥砂浆保护层，地面应加铺地砖或抹水泥砂浆保护层，施工时，应防止损坏防水层。

(11) 涂料防水层的施工质量应按涂层面积每 $100m^2$ 抽查 1 处，每处 $10m^2$，且不得少于3处。

I 主控项目

（1）涂料防水层所用材料及配合比必须符合设计要求。检验方法：检查产品出厂合格证、产品性能检测报告、计量措施和材料进场检验报告。

（2）涂料防水层的平均厚度应符合设计要求，最小厚度不得小于设计厚度的90%。检验方法：用针测法检查。

（3）涂料防水层及其转角处、变形缝、施工缝、穿墙管道等细部做法必须符合设计要求。检验方法：观察检查和检查隐蔽工程验收记录。

II 一般项目

（1）涂料防水层应与基层粘结牢固，涂刷均匀，不得有流淌、皱折、鼓泡、露槎等缺陷。检验方法：观察检查。

（2）涂层间夹铺胎体增强材料时，应使防水涂料浸透胎体覆盖完全，胎体不得外露。检验方法：观察检查。

（3）地下工程侧墙涂料防水层的保护层与防水层应结合紧密，保护层厚度应符合设计要求。检验方法：观察检查。

7.5.1 无机防水涂料防水及堵漏施工方法

水泥基无机防水涂料一般需现场现用现配，可采用涂刷、涂刮及喷涂方法施工。防水及堵漏施工的流程分别见图7-95、图7-96。

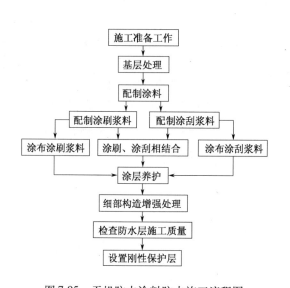

图 7-95　无机防水涂料防水施工流程图

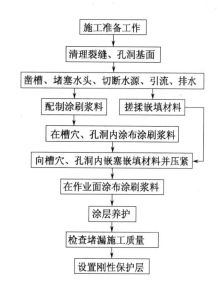

图 7-96　无机防水材料堵漏施工流程图

1. 水泥基无机防水涂料防水施工方法

无机防水涂料有的是将母料掺入水泥、其他粉料中，用水搅拌而成，有的直接用水搅拌而成。

（1）施工所需材料：由厂家直接提供。

（2）施工所用工具：小平铲、抹子、钢丝刷、扫帚、称量衡器、油漆刷（或喷涂机）、钢刮板、硬橡胶刮板、喷雾器、凿子、手锤、电动搅拌器等。

（3）施工步骤：

1）清理基层：将基层尘土、松散表皮清理干净，低凹处用1:2.5聚合物水泥砂浆顺平。如有油污则应用溶剂（如汽油）擦洗干净。施工前，将基层充分浇水湿润，吃透水，以避免涂层脱落，但基层表面不能积水。

2）配制涂料：按厂家规定的配合比，每千克可涂布的面积，拌制涂刷浆料和涂刮浆料。拌制时，采用多种粉料的干粉应预先干拌均匀（色泽一致），再在容器中按配合比盛入定量的水，然后将干拌均匀的混合料徐徐加入水中，边加入边不断地搅拌，连续搅拌数分钟（按说明书规定的时间搅拌），使涂料呈均匀的糊状，再按说明书的要求静置数十分钟（一般静置30min），使涂料充分化合（气温低时可适当延长静置时间）。拌合水不能随意加入，太稀了会降低或失去防水性能，太稠了不易施工。用量较少时，可用手工搅拌，用量较多时，可用电动搅拌器搅拌。涂布作业时，必须重新将涂料搅拌均匀，以防沉淀。拌制好的涂料应在规定的时间内用完。

3）涂布涂料：视渗漏情况的不同，施工时，可进行两道或三道涂布施工。普通情况下涂布两道涂料，第一道用涂刮浆料涂刮，第二道用涂刷浆料涂刷；渗漏严重的需涂布三道涂料，第一、二道用涂刮浆料涂刮，第三道用涂刷浆料涂刷。下面介绍涂布三道涂料的施工方法。

① 涂刮第一道涂层：在充分湿润的基面上，将已搅拌好的涂刮浆料用钢刮板或硬橡胶刮板按每平方米0.5～0.67kg的涂布量均匀地刮压在基面上，刮压要用力，并呈"十"字方向运板，使涂刮浆料渗入基层毛细微缝，涂层的搭接应紧密，防止漏涂。

刮压结束，在涂层已开始收水时（手指轻压没有指痕）开始养护。如施工现场较干燥或在室外施工，应及时喷雾养护（或轻轻洒水养护），约1～2h喷雾一次，并应用塑料布覆盖，养护时间一般要求6～8h左右，养护时应遮挡阳光，此段时间的养护是防水性能优劣的关键时期，切不可使涂层表面干燥失水，以免粉化彻底失效。如地下室湿度过大，足以使涂层顺利渡过养护阶段时，可不用喷雾养护，待6～8h之后，用手指触摸已不粘手指不留指印时，即可涂布下一道涂层；如地下室干燥，则仍应喷水养护；如地下室湿度太大，且通风不足，应采用排风扇、抽风机或其他措施通风。

② 涂刮第二道涂层：第二道涂层仍用涂刮浆料涂布，施工方法、涂布用量和养护要求与第一道相同。

③ 涂刷第三道涂层：第二道涂层经养护达到强度要求后，即可用刷子将搅拌好的涂刷浆料按每平方米不少于0.4kg的涂布量均匀地涂刷在第二道涂层上。涂刷时要呈"十"字方向反复运刷，使涂层厚薄均匀。

4）涂层的养护：当第三道涂层凝固到用手指触摸不粘手指不留指印时即可养护。室外或干燥环境下，立即喷雾养护，喷雾时应注意保护涂层，不让水点损坏防水层，每隔1～2h喷雾一次，每次喷雾后，用塑料布覆盖养护3d，避免涂层失水而凝固不彻底，最终失去防水性能。

如在不渗漏的普通找平层上做加强防水性能的施工，则可用涂刷料进行两道涂刷工作，两遍之间应垂直涂布，并应加强养护工作。

5）细部构造做法：穿墙管、变形缝、后浇带，伸出管道等细部构造部位应采用卷材、有机涂料（夹铺胎体）、密封材料进行复合设防。

6）设置保护层：先检验防水层施工质量，再设置保护层。

2. 水泥基无机防水粉料堵漏施工方法

供堵漏用的水泥基无机防水粉料主要用于裂缝、孔洞部位的带水堵漏作业，也可对无明显出水点的大面积慢渗基面进行止水堵漏作业。

（1）施工所需材料：由厂家直接提供。

（2）施工所需工具：小平铲、小抹子、钢丝刷、扫帚、称量衡器、钢刮板或硬橡胶刮板、喷雾器、容器、搪瓷盆、凿子、手锤、木垫板、搅拌器等。

（3）在裂缝渗水部位的堵漏施工方法：将专用堵漏粉料与水拌合成较硬的料团后能对正在渗漏的裂缝进行堵漏止水作业。

1）清除裂缝基面的杂物，将裂缝凿成宽20mm、深15～20mm的条形凹槽，槽壁与基面垂直，或呈口小底大的梯形槽。

2）充分湿润凹槽基面（如裂缝渗水，则应先切断水源），将粉料用水搅拌成涂刷浆料，涂刷在凹槽基面。

3）搓揉嵌填材料和堵漏施工：按配比准确称量后在搪瓷盆内拌合均匀（拌合水应逐渐加入），然后搓揉成软硬度类似于中药丸的湿料团，再将其搓揉成凹槽状条形嵌填材料于手中，静置片刻（静置时间随温度而变），当用手指轻捏，感觉到在变硬（还没完全凝固）时，排除凹槽周围的积水，迅速将其嵌入正在渗水的凹槽内，置木垫板于凹槽之上，用手锤敲击之，并不断调整木垫板的位置，使嵌填材料挤压密实，被挤出凹槽周边的嵌填材料用小抹子挤压紧密、抹平，就能立刻止漏。配制好的嵌缝材料须在1h内用完，以免凝固浪费。最后，在凹槽的表面及其周边100mm范围内，用水湿润后涂刷一层浆料，使凹槽与基面防水层连成一体，并喷水覆盖养护3d。

如裂缝部位渗水不断，应先切断水源，再排水、堵漏。如水流往上涌，又找不到水源，无法引流排水，则可用改锥将经沥青浸渍过的棉纱嵌塞于缝隙内，若能基本堵住水，则排除积水后按3）堵漏；如嵌塞后仍有少量渗水，则排除积水后尽可能涂刷一层浆料，再用条状嵌缝材料涂漏止水。

（4）在孔洞渗水部位的堵漏施工方法：孔洞部位的堵漏施工按渗水压力的高、低和孔径的大小可分为三种情况：

1）渗漏水压力较微弱，孔洞较小：以渗水点为圆心，凿剔扩孔，孔径的大小按表7-32确定。毛细孔渗水可凿成直径为10mm，深度为20mm的圆形孔。孔壁垂直于基面，不能凿成"V"形孔。扩孔后，清除杂物，用水将孔洞冲洗干净，再用上述（3）3）的方法堵漏。

扩孔直径、深度参考尺寸   表7-32

直径（mm）	10	20	30	40
深度（mm）	20	30	50	60

2）渗流水压力较高，孔径较小：若水头达数米以上，孔洞直径不太大时，先将洞内壁疏松碎物剔除，清洗干净，用与孔径直径大小相仿的木楔子浸渍沥青涂料或其他有机涂

料后，将浸透沥青涂料的棉纱和其一起打入孔洞内，打入后的洞深应≥30mm，待水流基本止住后，按（3）3）的方法堵漏。

3）渗流水压力高，孔径较大：剔除孔洞内疏松杂物并凿成圆形，根据孔洞直径的大小插一根比孔径小一些的钢管，将水引往别处排放，使钢管外侧孔洞的水压减弱，将嵌缝材料围住钢管按（3）3）的方法堵漏。固化后拔出钢管，换一根小一点的钢管再引流、堵漏，直至封堵完毕。也可在孔径较小时，打进沥青木楔、棉纱按2）的方法堵漏。

孔洞渗水部位堵漏料团的嵌填方法有两种：一种是将料团用手掌压成"圆饼"状，静置片刻，用手指轻捏感觉有硬感时，将其切割成小块，放入已凿好并清理干净的孔洞内；另一种是将料团搓揉成与孔洞大小相仿的圆柱体，当接近硬化时，将其挤塞在孔洞内，以上两种方法嵌填完毕后，用木锤敲击圆形木垫板（直径略小于孔径），使料团在孔洞内挤压密实，并用铁抹子用力将孔洞周边挤出的嵌缝材料挤压紧密、平整，渗水即可被止住。然后在湿润的（撒水淋湿）嵌填部位表面及周围100mm范围内涂刷一层浆料，接着就可喷水覆盖养护3d。

3. 水泥基渗透结晶型防水涂料防水施工方法

（1）施工所需材料：水泥基渗透结晶型防水粉料，有厂家提供。

（2）施工机具：半硬性的尼龙刷、鬃毛刷、喷枪、钢丝刷或打磨机、扫帚、锤子、凿子、拌料桶、电动搅拌器、橡胶手套、安全帽、养护用的喷壶等。

（3）施工步骤：

1）清除混凝土表面的浮浆、泛碱、油渍、尘土、涂层等杂物，使基面呈潮湿的粗糙麻面。

2）穿墙管、变形缝、后浇带、预埋件等薄弱部位用柔性材料进行密封加强处理。

3）查找混凝土结构是否存在裂缝、蜂窝、疏松等质量缺陷。对裂缝应进行修缮、补强。对蜂窝、疏松的混凝土应凿除，并用水冲洗干净，直至见到坚硬的混凝土基面，在潮湿的基层上涂刷一层水泥基渗透结晶型防水涂料（按说明书要求用水拌制），随后用补偿收缩防水砂浆或细石混凝土填补，捣固密实、压平。

4）对穿墙孔洞、结构裂缝（缝宽大于0.4mm）、施工缝等混凝土的缺陷部位，均应凿成"∪"形槽，槽宽20mm、深25mm。用水清刷干净并除去基层表面的明水，再在槽壁涂刷水泥基渗透结晶型防水涂料，待涂层达到初步固化，然后用空气压紧机或锤子将水泥基渗透结晶型半干料团（粉料：水 =5：2~5：2.2（体积比））填满凹槽并捣实。

5）按说明书要求拌制水泥基渗透结晶型防水涂料，用半硬性的鬃毛刷或专用尼龙刷将涂料涂布于混凝土基面。涂布时应用力，上下、左右反复涂刷，或用专用施工机具进行喷涂。每平方米用料应符合厂家说明书和规范的规定。

6）涂布结束，涂层固化到不会被喷洒水损害时，即应及时进行养护，每天洒水至少三次（天气炎热时，喷水次数应频繁些）或用潮湿的粗麻布覆盖3d。

（4）质量检查验收：1）检查检测报告或其他可以证明材料质量的文件；2）涂料的配比、施工方法、每平方米用量均应符合要求；3）涂层厚薄应均匀，不允许有漏涂和露底现象，薄弱处应补刷增强；4）涂层在施工养护期间不得有砸坏，磕碰等现象，如有损坏应进行修补。

4. 华鸿高分子益胶泥防水施工

（1）材料质量要求：高分子益胶泥进场材料需附有出厂检验合格证及检验报告单，应按材料批量要求进行抽检，不合格的材料禁止使用。

（2）施工机具：砂浆搅拌机械、搅拌容器，角向磨光机、打浆桶、校正尺、吊绳、吊锤、铁刮板、铁抹子、毛刷。

（3）工艺流程：准备工作→基层找平、清洁处理→细部构造增强处理→配制稀浆→刮涂稀浆底层→配制稠浆→刮涂稠浆防水层→检查防水层质量、缺陷处补强→养护。

（4）防水施工方法：

1）基层质量要求：找平层质量、平整度应符合规范要求，并应清洗干净，有污垢、油渍时，先用有机溶剂清洗，再用水冲洗干净。

2）配制浆料：稀浆和稠浆均按设计型号高分子益胶泥配制，灰水比见表7-33。

高分子益胶泥稀浆和稠浆灰水比（重量比）　　　　　表7-33

涂料型号	干粉	水	涂布要求
稀浆	1	0.3～0.35	防水层的底层
稠浆	1	0.25～0.28	防水层的面层

3）细部构造增强处理：在管道根、施工缝、变形缝等细部构造部位用稀浆、稠浆和胎体材料按规范要求作附加增强处理。

4）刮涂底涂层：在清理好的基面上用稀浆稍用力刮涂一道底涂层，刮涂时应满涂、密实，不得露底。涂层厚度约1mm，刮涂时基面应保持湿润，但不得有明水。

5）刮涂防水层：底涂层初凝前，即可在其表面刮涂稠浆，刮涂方向呈"十字交叉"，涂布应密实、均匀，涂层厚度2～3mm。

6）甩接茬方法：底涂层和面层均应连续刮涂，必须留施工缝时，应采用阶梯坡形茬，阶梯宽度不得小于50mm，距阴阳角不得少于10mm，上下层甩接茬应错开距离。

7）检查施工质量：高分子益胶泥防水层终凝72h后，即可进行蓄水24h试验，水深20mm，不得有渗漏现象，缺陷处应及时补强修缮。

8）养护：防水层终凝后颜色转白呈现缺水状态时，即可及时用花洒或背负式喷雾器轻轻洒水进行养护，每日数次，不得用水龙头冲洒，以免损坏防水层。养护72h后，若后续工序没及时展开，防水层裸露在外，则应继续养护14d。潮湿环境中可在自然条件下养护。

（5）华鸿高分子益胶泥饰面材料防水粘贴施工：

1）饰面砖无须浸泡，只需将饰面砖粘结面冲洗干净，晾干后即可进行粘贴。

2）粘贴饰面砖，可在面层终凝后进行，也可在刮涂面层防水层时采用"双面涂层操作法"，同时进行防水层的刮涂和面砖粘结层的刮涂，然后进行粘贴。

3）粘贴饰面砖后，应在粘结层终凝72h后方可上人或投入使用。

4）采用花岗岩、石板材做外墙防水饰面层时，最好选用薄形材，石板材厚度宜<20mm，且板材面积<0.6m²/片。

5）石板材的粘贴高度不宜>12m，超过时则应做桩脚加固处理。施工时应自下而上进行粘贴，若下皮板材粘结层尚未终凝而又必须沿垂直方向继续向上粘贴时，则应对下皮板材作斜支撑稳固处理，待粘结层终凝后方能拆去支撑。

6）粘贴石板材时，板材背面应用角向磨光机沿对角线方向拉毛，拉毛面积应大于板材面积的60%，粘接时板材粘接面应用Ⅱ型高分子益胶泥做界面层，厚度为1～2mm。

（6）施工注意事项：1）施工面积较大时，应连同找平层一起设置贯通分格缝，纵横间距≤6m，缝宽约10mm，缝内用柔性密封材料嵌实；2）防水层底层和面层几乎可以同时操作，底层应在初凝前即被面层覆盖；3）底层和面层可在潮湿、无明水或干燥的基面进行刮涂施工；4）地漏边缘凹槽和管道根部四周用柔性密封材料嵌缝后，可用高分子益胶泥覆盖住密封膏，并沿管根向上卷起10～20mm；5）当基面为混凝土或水泥砂浆时，底层使用稀浆；当基面为旧饰面砖时，底层使用稠浆，并应保持干燥；6）施工气候条件应符合规范要求。

7.5.2 有机防水涂料防水施工方法

有机防水涂料靠人工涂刷、涂刮或机械喷涂进行施工。既有纯涂膜防水层，又有夹铺胎体增强材料的涂膜防水层。施工流程为：施工准备工作→清理找平层含水率→涂布基层处理剂或稀涂料→配制防水涂料、搅拌均匀→细部构造增强处理→涂布防水层、夹铺胎体增强材料→收头增强处理→检查防水层施工质量→在防水层表面设置隔离层、保护层。

1. 普通反应型、溶剂型、水乳型有机防水涂料防水施工方法

（1）施工所需材料：主料由厂家提供。密封材料、金属箍、找平砂浆、隔离层材料、保护层材料等由施工单位配齐。

（2）施工所用工具：见表7-34。

有机防水涂料施工主要工具 表7-34

名　称	规　格	用　途
电动搅拌器拌料桶	0.3～0.5kW，200～500r/min	双组分拌料用
	50L左右	搅拌盛料用
小油漆桶	3L左右	装混合料用
塑料或橡皮刮板	200～300mm，厚5～7mm	涂布涂料
铁皮小刮板	50～100mm	在细部构造涂刮涂料
称量器	50kg磅秤	配料称量用
长把滚刷	φ60mm×300mm	涂刷底胶、涂料
油漆刷	100mm	在细部构造部位涂刷底胶、涂料
铁抹子	瓦工专用	修补找平层
小平铲	50～100mm	清理找平层
扫帚		清扫找平层
墩布		清理找平层
高压吹风机	300W	清理找平层
剪刀		裁剪胎体增强材料
铁锹		拌合水泥砂浆
灭火器	化学溶剂专用	消防用品

施工所用工具的数量应根据工程量和配备的施工人员来确定。

（3）施工步骤：

1）清理找平层：找平层质量应符合规范要求。

2）检查找平层含水率：反应型、溶剂型有机防水涂料应涂布在干燥的找平层上。水乳型涂料可涂布在潮湿但无明水的基层。

当地下工程垫层干燥有困难，地下水从基底四周泛溢至垫层边缘而严重影响涂层施工质量时，可在垫层四周筑两皮砖墙挡水或设排水明沟（可兼作排水盲沟）进行排水，使涂料在干燥的基层进行涂刷。

3）涂布基层处理剂：按要求配制基层处理剂。用长把滚刷蘸满已搅拌均匀的基层处理剂，均匀有序地涂布在找平层上，涂布量一般以 0.3kg/m² 左右为宜。滚刷的行走应顺一个方向，涂布均匀即可，切不可成交叉状反复涂刷，以免先涂的底胶渗入基层后粘性增加、后续运刷时将找平层表皮的砂浆疙瘩粘起，影响找平层的平整度，更影响涂层的施工质量。细部构造部位可用油漆刷仔细涂刷。机械喷涂时，可成"十"字交叉状喷涂，避免单方向喷涂，另一方向基层的毛细微孔缺少底胶。涂布应均匀，不得出现露白现象。底胶涂布后需干燥 4~24h（具体时间视气候而定）才能进行下道工序的施工。

4）配制双组分有机防水涂料：双组分有机防水涂料按说明书要求进行配制。

5）细部构造增强处理：在转角、变形缝、后浇带、施工缝、管道根、坑槽等需要事先作增强处理的细部构造部位，按尺寸需要的宽度裁剪胎体增强材料，进行局部增强施工处理。凹槽内嵌填密封材料。在细部构造部位的基面，用铁皮小刮板涂刮或小油漆刷涂刷涂料，待涂层基本干燥后，再在其表面涂布第二遍附加涂层，并立即铺贴已裁剪好的胎体增强材料。为使胎体增强材料铺贴得匀称平坦、无空鼓和皱折现象，应用小油漆刷用力摊刷平整，使其与涂层粘结紧密，然后静置至固化。

6）涂布防水层：细部构造部位防水层固化成膜后，即可进行防水层的涂布。涂布的工具可用长把滚刷，也可用橡胶或塑料刮板。施工面积较小时用橡胶或塑料刮板较方便，在小油漆桶中盛入已搅拌均匀的涂料，倒在涂过底胶且洁净的基层表面，立即用刮板均匀地涂刮摊开；涂层厚薄应均匀一致。施工面积较大时，用长把滚刷涂刷更为方便，将长把滚刷蘸满已搅拌均匀的涂料，顺一个方向，均匀地滚涂在基层表面。

涂膜防水层的厚度及厚薄的均匀性都是防水质量优劣的重要因素。厚度可通过每平方米的用量来实现，厚薄的均匀性可通过分层分遍涂布来实现，每遍的涂层不宜过厚。有机防水涂料在平面基层可涂布 4 遍，立面部位为防止涂层下滑，每遍涂布量应相应减少，而涂布的遍数应增加至 5 遍，防水涂膜的总厚度应符合设计要求。

第一遍涂层涂布后，待涂层基本不粘手指时，再涂布第二遍涂层。第三、四、五遍的涂层仍应按上述要求进行涂布。为使涂膜厚薄均匀一致，每遍涂层成"十字"交叉状涂布，或每相邻两遍涂层之间的涂布方向相互垂直，每层的涂布量应按要求控制，不得过多过少，并应根据施工时的环境温度控制好相邻两遍涂层涂布的时间间隔。有的有机防水涂料的固化时间，可在配料时加入适量的缓凝或促进剂来调节。确定涂层基本固化的简易测试方法是：用手触碰涂层，如不粘手指，则涂层已基本固化。这主要是考虑到：让底层涂膜具有一定的强度，可以使它的延伸性能得到充分的发挥，将胎体材料设置在涂层上部，可以增强涂膜的耐穿刺性和耐磨性。

如按设计要求需在涂层中夹铺胎体增强材料时，平面部位应在涂布第二遍涂膜、立面部位应在涂布第三遍涂膜后铺贴，一般宜边涂边铺胎体。铺贴时，应将胎体铺展平整，用长把滚刷滚压排除气泡，使其与涂料粘结牢固，不得出现空鼓和皱折现象，待胎体表面的涂层固化至不粘手指时，再涂布剩下的两遍涂层。在胎体上涂布涂料时，应使涂料浸透胎体，覆盖完全，不得有胎体外露现象。

7）涂膜防水层收头、细部构造增强处理：在涂刷涂料至穿墙管、施工缝、变形缝、后浇带、外墙收头等细部构造部位时，应按要求，进行增强、收头处理。

8）检查防水层质量：施工完毕，仔细检查质量。应符合分项工程验收的要求。

9）设置保护层。

2. 聚氨酯防水涂料防水施工方法

可采用喷涂、刮涂、刷涂的方法进行施工。

（1）施工技术措施

1）基层（找平层）的平整度需达到 0.25% 的施工要求。

2）采用薄涂多遍的方法进行涂布，每遍涂层厚度不应大于 0.5mm，相邻两层应相互垂直涂布。

3）涂膜质量问题的解决方法

①涂膜产生气孔或气泡：产生气孔或气泡的原因是搅拌机的功率较小、转速太高、搅拌时间较短，未使材料充分拌合均匀；基层不清洁，有灰尘、浮砂、油渍等杂物；每遍涂层较厚所致。施工时应采取以下技术措施：

a. 采用功率较大（1～2kW）、转速较低（0～200r/min，可调）的手持强制式搅拌机搅拌，搅拌容器应采用圆桶，以便于搅拌均匀，搅拌时间以 2～5min 为宜。这样就不会因转速太快而鼓入空气，导致涂膜产生气孔。

b. 施工前应将基层清理干净，宜采用高压吹风机、湿棉纱布将灰尘、浮砂除尽。

c. 在基层表面先涂刷一层基层处理剂（稀释的聚氨酯涂料），以封闭基层毛细孔缝和隔离基层潮气。待基层处理剂表干后接着就涂布聚氨酯涂料。

d. 2mm 厚的涂膜分 4～5 遍涂布，每遍涂层厚度不应大于 0.5mm，使涂料在成膜过程中产生的 CO_2 能顺利地得到释放，就不会在涂膜中形成大量气泡。

e. 每遍涂层均不得出现气孔或气泡，因底部涂层若出现气孔或气泡，破坏了本层的整体性，被上层涂层覆盖后，因气体膨胀会出现更大的气孔或气泡。所以，对于气孔和气泡必须予以修复。将气孔或气泡挑破，或划"十"字刀翻转，释放气体和潮气，晾干后再增补修缮。

②起鼓：基层有起皮、起砂、开裂、不干燥等现象，使涂膜粘结不良，基层潮气因蒸发产生的气体升腾压力使涂膜起鼓；施工环境潮湿，通风不良，使涂膜表面结露，形成冷凝水，冷凝水受热汽化膨胀，使上层涂膜起鼓。起鼓的涂膜易破损，应及时采用以下方法修复：

a. 待基层干燥后，先涂布基层处理剂，以隔绝潮气，固化后再按薄涂多遍的方法进行施工。

b. 对起鼓的涂膜全部割除，露出基层，排除潮气、晾干，干燥后先涂布基层处理剂，再按薄涂多遍的方法逐渐增厚，也可加胎体增强材料进行修复。

③涂膜翘边：涂膜防水层的端部、细部构造收头部位、分遍涂刷的搭接处，容易出现与基层剥离、翘边现象。主要原因是基层不干净或不干燥，底层涂膜粘结力弱，收头操

作不仔细，密封不好，底层涂料粘结力不强等原因造成翘边。施工技术措施如下：

a. 基层要清理干净，干燥后再涂布，收头操作要仔细。

b. 穿墙管道应包裹胎体增强材料，并用管箍、镀锌铁丝、铜线箍紧，再进行密封处理。

c. 对已翘边的涂膜，将其割去，打毛基层，处理干净，再增贴胎体增强材料，采用薄涂多遍方法涂布至规定厚度，收头部位按要求进行密封处理。

④ 破损：涂膜防水层施工过程中或施工结束后，未加以保护，未等固化成膜就上人操作，在涂膜表面放置并拖动工具箱和其他施工材料，将涂膜碰坏、划伤、刺穿。施工时应采取以下措施：

a. 施工过程中和结束后，应加强对涂膜的保护工作，杜绝遭到人为破坏。

b. 已破损的涂膜，轻度的，应补刷增强，补刷处的涂膜厚度应稍大于规定厚度。

c. 破损严重的部位，应予以剔除，剔除范围稍大于破损部位。露出基层，清理干净，重新进行薄涂多遍地涂布，与周围涂膜的搭接应自然、渐缓，还应稍厚一些。

⑤ 涂膜分层、连续性差：双组分聚氨酯防水涂料由于配合比不合理、称量时误差太大、搅拌不均匀使涂料反应不完全造成涂膜分层、连续性差；前后两遍涂层的涂布间隔时间过长，使上下层涂膜的收缩应力不一致而造成涂膜分层；细部构造增强部位设置的胎体过厚、胎体未被浸透，也会出现分层现象。避免涂膜分层、连续性差的措施如下：

a. 严格按照配合比配料，称量误差应控制在规定范围之内，应充分搅拌均匀，拌好的涂料应色泽一致。

b. 薄涂多遍涂布的间隔时间不宜过长，前一遍涂膜干燥固化到用手指触碰不沾手指时即可涂布后一遍涂层。

c. 胎体的厚度应适中，涂膜应浸透胎体，铺贴胎体增强材料部位的涂膜厚度与周围涂膜的厚度应连续渐缓自然。

d. 按基层的情况选择相适应的胎体材料，如基层易开裂，应选择聚酯无纺布胎体增强材料，如基层较稳定可选择化纤无纺布胎体增强材料。

e. 所选胎体增强材料不会与聚氨酯防水涂料发生化学反应。

3. 聚合物水泥防水涂料防水施工方法

聚合物水泥复合防水涂料由乳液和粉料按一定比例搅拌配制而成。RG 聚合物水泥防水涂料（中核产品）的施工方法如下：

（1）施工所需材料：乳液、粉料由厂家提供。聚酯无纺布（60～100g/m²）、密封膏、金属箍、隔离层材料、保护层材料等由施工单位备料。

（2）施工工具：凿子、锤子、钢丝刷、扫帚、抹布、抹灰刀、台秤、水桶、称料桶、拌料桶、搅拌桶、剪刀、无气喷涂机（用于大面积喷涂施工）、胶辊、滚刷、刮板（用于涂覆涂料和细部构造处理）等。

（3）施工步骤：

1）清理找平层。

2）配制涂料：用于长期遇水工程时，按乳液∶粉料 = 0.65∶1（重量比）的比例进行配制。先准确称取粉料于拌料桶中，再加入1/3重量的乳液，用搅拌棒慢速搅拌成无任何疙瘩的均匀膏状物，再加入剩余2/3重量的乳液，继续搅拌至色泽一致。如太稠，不易喷涂或涂刷时，可适量加些水，并搅拌均匀，但切不可任意加水，最大加水量不得超过粉料重量的10%。

3）涂布涂料：先进行细部构造增强处理。再用无气喷涂机、胶辊、滚刷或刮板将涂料涂布在干净、平整、潮湿的找平层上。在干燥的基层施工，应先浇水湿润，但不得有明水。

第一遍涂层硬化后（用手指轻压不留指纹），再涂刷第二遍涂层，前后两边涂层的涂刷方向应呈"十字"交叉。涂层中按设计要求可夹铺聚酯无纺布胎体增强材料，形成一布四涂或二布七涂防水层，乳液应浸透胎体，并用刮板驱尽气泡，摊平皱折。

4）涂膜防水层收头、细部构造增强处理：按规范要求施工。

5）养护：湿润养护3d。

6）检查防水层施工质量，缺陷处作增强处理。

7）设置保护层。

7.6 硬泡聚氨酯保温防水喷涂施工方法

喷涂硬泡聚氨酯保温防水层主要用于屋面工程，喷涂施工应使用专用设备。

1. 屋面基层要求

（1）基层应坚实、平整、干燥、干净。

（2）对既有屋面基层疏松、起鼓部分清除干净，并修补缺陷和找平。

（3）细部构造基层应符合设计要求。

（4）基层经检验合格后方可进行喷涂施工。

2. 喷涂施工

（1）施工前应对喷涂设备进行调试，喷涂三块500mm×500mm，厚度不小于50mm的试块，进行材料性能检测。

（2）喷涂作业，喷嘴与施工基面的间距宜为800～1200mm。

（3）根据设计厚度，一个作业面应分几遍喷涂完成，每遍厚度不宜大于15mm。当日的施工作业面必须于当日连续地喷涂施工完毕。

（4）硬泡聚氨酯喷涂后20min内严禁上人。

3. Ⅱ型抗裂聚合物水泥砂浆层的施工

（1）抗裂聚合物水泥砂浆施工应在硬泡聚氨酯层检验合格并清扫干净后进行。

（2）施工时严禁损坏已固化的硬泡聚氨酯层。

（3）配制抗裂聚合物水泥砂浆应按照配合比，做到计量准确，搅拌均匀。一次配制量应控制在可操作时间内用完，且施工中不得任意加水。

（4）抗裂砂浆层应分2～3遍刮抹完成。

（5）抗裂聚合物水泥砂浆硬化后宜采用干湿交替的方法养护。在潮湿环境中可在自然条件下养护。

4. Ⅲ型防护涂层施工

应待硬泡聚氨酯固化完成并清扫干净后涂刷，涂刷应均匀一致，不得漏涂。

5. 质量验收

硬泡聚氨酯复合保温防水层和保温防水层分项工程应按屋面面积以每500～1000m² 划

分为一个检验批，不足 500m² 也应划分为一个检验批；每个检验批每 100m² 应抽查一处，每处不得小于 10m²。细部构造应全数检查。

6. 施工注意事项

（1）施工环境温度不应低于 10℃，空气相对湿度宜小于 85%，风力不宜大于三级。严禁在雨天、雪天施工。施工中途下雨、下雪时应采取遮盖措施。

（2）喷涂施工时，应对作业面外易受飞散物料污染的部位采取遮挡措施。

（3）管道、设备、机座或预埋件等应在喷涂施工前安装完毕，并做好密封防水处理。喷涂施工完成后，不得在其上凿孔、打洞或重物撞击。

（4）硬泡聚氨酯保温防水层上不得直接进行防水材料热熔、热粘法施工。

（5）硬泡聚氨酯保温防水层喷涂完工后，应及时做好水泥砂浆保护层、抗裂聚合物水泥砂浆层或防护涂料层。

I 主控项目

（1）硬泡聚氨酯原材料及其配套辅助材料必须符合设计要求。检验方法：检查出厂合格证、质量检验报告和现场复验报告。

（2）复合保温防水层和保温防水层不得有渗漏和积水现象。检验方法：雨后或淋水、蓄水检验。

（3）屋面热桥部位处理应符合设计要求。检验方法：观察检查和检查隐蔽工程验收记录。

（4）硬泡聚氨酯保温层厚度应符合设计要求，其正偏差应不限，不得有负偏差。检验方法：用钢针插入和尺量检查。

II 一般项目

（1）喷涂硬泡聚氨酯应分遍喷涂，粘结应牢固，表面应平整，找坡正确。

（2）硬泡聚氨酯复合保温和保温防水层的表面平整度的允许偏差为 5mm。检验方法：2m 靠尺和楔形塞尺检查。

7.7 密封材料施工方法

7.7.1 密封材料施工概述

建筑工程变形缝、预留凹槽、预埋件、防水层收头等细部构造部位均应用密封材料嵌填严实，以防渗漏。

1. 密封材料的防水施工规定

（1）检查粘结基层的干燥程度以及接缝的尺寸，接缝内部的杂物应清除干净；

（2）热灌法施工应自下向上进行并尽量减少接头，接头应采用斜槎；密封材料熬制及浇灌温度，应按有关材料要求严格控制；

（3）冷嵌法施工应分次将密封材料嵌填在缝内，压嵌密实并于缝壁粘结牢固，防止裹入空气。接头应采用斜槎；

（4）密封材料嵌填于迎水面位移接缝时，其底部应设置与密封材料不粘结的聚乙烯泡沫背衬材料，使其与密封材料不粘结，见图 7-97；

（5）密封材料嵌填于迎水面非位移接缝时，其底部可与密封材料粘结，见图 7-98；

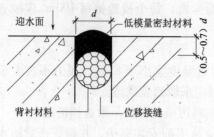

图 7-97　位移接缝

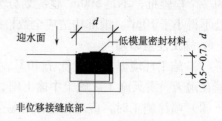

图 7-98　非位移接缝

（6）外露密封材料上应设置保护层，其宽度不小于 100mm。

2. 密封材料与嵌缝宽度

密封材料适宜的嵌缝尺寸与品种有关，各生产厂家对其产品的嵌缝尺寸亦有明确的规定。表 7-35 为常用密封材料的适宜嵌缝宽度尺寸，供选用时参考。

常用密封材料的嵌缝宽度　　　　　　　　　　　　　　表 7-35

密封材料种类	接缝宽度允许范围（mm）	
	最大值	最小值
聚硫橡胶系	40	10（6）
卤化丁基橡胶系	40	10
有机硅橡胶（硅酮）系	40	10（6）
聚氨酯系	40	10
水乳型丙烯酸系	30	10
SBS、APP 改性沥青系	30	10
氯磺化聚乙烯系	30	10
聚氯乙烯接缝材料	30	10

注：（）内数字适用于玻璃周边。

密封材料设置于迎水面凹槽时，应选择低模量密封材料，嵌填深度（h）为接缝宽度（d）的 0.5 ~ 0.7 倍。密封材料设置于背水面凹槽时，应选择高模量密封材料，嵌填深度（h）应为接缝宽度（d）的 1.5 ~ 2 倍，见图 7-99。

3. 嵌填施工要点

（1）嵌缝基面应平整、牢固、清洁、干燥、无浮浆、无水珠、不渗水。基面的气泡、凹凸不平、蜂窝、缝隙、起砂等质量缺陷，应用聚合物防水砂浆修补平整，达到嵌缝基面质量要求。

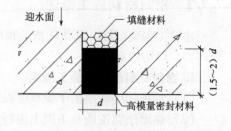

图 7-99　背水面接缝密封

（2）密封材料底部应设置背衬材料，背衬材料宽度应比缝、槽宽度大 20%，应选择与密封材料不粘结或粘结力弱的材料，品种有聚乙烯泡沫塑料棒、橡胶泡沫棒、有机硅防粘隔离薄膜等。采用热灌法施工时，应选用耐热性好的背衬材料。

（3）基层处理剂的材性必须与密封材料相容，涂刷应均匀，不得漏涂，当基层处理剂表干时，应及时嵌填密封材料。

（4）在防水层施工前，应先行对预埋件、穿墙管、变形缝等隐蔽部位的缝槽进行密封处理。

（5）密封材料必须与两侧基面粘结牢固，不得出现漏嵌、虚嵌、鼓气泡、膏体分层的等质量缺陷。

4. 嵌填施工方法

（1）基层处理剂表干后，立即嵌填密封材料。不同种类基层处理剂的表干时间大多不相同，一般为 20～60min，夏季表干时间较短，冬季稍长。确定基层处理剂表干的方法可用手指试之，轻轻触摸后基本不粘手指，但仍感觉有一定的黏性，手指抬起时，不带起斑迹，接触部位不露出基底，即为表干；浅槽接缝应尽量一次嵌填成活，深槽分次嵌填时，后一遍的嵌填应待前一遍膏体表干或溶剂基本挥发完时进行；密封材料可用腻子刀批刮嵌填，也可用嵌缝枪（手动或电动）挤出嵌填，嵌填方法如下：

1）用腻子刀嵌填时，先在凹槽两侧基面用力压嵌少量膏体，边批压边微揉（但不能触碰背衬材料），使膏体与侧壁粘结牢固，不得虚粘。然后分次将膏体用力压嵌在凹槽中，直至填满。

2）用嵌缝枪嵌填时，挤出嘴应略小于凹槽宽度，并根据需要切成平口或45°斜口。嵌填时，把挤出嘴伸入凹槽底部（背衬材料表面，但不要压碰背衬材料），并按挤出嘴的斜度进行倾斜，用手慢慢板动嵌缝枪的把手，以缓慢均匀的速度边挤边移动，使密封材料从背衬材料的表面由底向面逐渐填满整个凹槽。膏体与膏体间、膏体与槽壁间应充实饱满，不得留有空鼓气泡。

（2）接槎方法：前后两遍嵌填的施工缝接槎应留成约45°的斜槎，用嵌缝枪接槎嵌填时，应防止鼓入空气。方法是：

推挤嵌缝枪筒内的膏体，使膏体向挤出嘴移动，当挤出嘴口出现一点膏体时，空气即被排除。接着按挤出嘴的倾斜度插入甩槎膏体内，使挤出嘴直抵背衬材料表面，然后再进行接槎施工。

（3）"十"字形凹槽嵌填方法：当嵌填至立面的纵横向交叉接缝时，应先嵌填垂直于地面的纵向凹槽，后嵌填横向凹槽。纵向凹槽应从墙根处由下向上进行嵌填，当从纵向凹槽缓慢地向上移动至纵横向交叉处的"十"字形凹槽时，应向两侧横向凹槽各移动嵌填 150mm，并留成斜槎，以便于接槎施工，如图 7-100 所示。

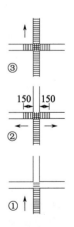

图 7-100　立面纵横向交叉部位凹槽嵌填方法

（4）修整刮平：嵌填结束，赶在膏体表干前，用腻子刀蘸少许溶剂，对膏体表面进行修整刮平。溶剂型、反应型密封材料可用二甲苯作溶剂，或采用厂家提供的溶剂；水乳型密封材料用洁净软水作溶剂。刮平时，腻子刀应成倾斜状，顺一个方向轻轻在膏体表面滑动，不得来回刮。修整刮平后的膏体表面应光滑平整无裂缝，最好能一次刮平，溶剂不能蘸得太多，以防将已嵌填好的膏体溶坏。

修整刮平的目的是将膏体表面的凹陷、漏嵌处、孔洞、气泡、不光滑等现象修整得光滑平整。所以要在表干前进行，否则，极易损坏已嵌填好的密封材料。

多组分密封材料拌合后应在规定的时间内用完；未混合的多组分密封材料和未用完的单组分密封材料应及时密封存放。以防水乳型和溶剂型密封材料挥发干燥固化，反应型密封材料接触吸收空气中的潮气凝胶固化。

（5）揭除防污胶带：对于贴有防污胶带的接缝，在密封材料修整刮平后，应立即揭除防污胶带。如接缝周围留有胶带胶粘剂痕迹或沾有密封膏时，可用相应的溶剂仔细擦去，擦揩时应防止溶剂溶坏接缝中的膏体。

（6）在防水层收头部位嵌填密封材料：在卷材、涂膜防水层收头部位，待涂刷的基层处理剂表干后，立即根据基面形状嵌填密封材料，密封材料的表面应设置隔离膜和保护层。

（7）养护：密封膏嵌填后一般应养护2～3d，易损坏的部位，可覆盖木板或卷材养护。清扫施工现场和铺贴保护层，必须待密封膏表干后进行，以免损坏密封材料。用满粘法铺贴保护层卷材时，宜在密封膏实干后进行，以防止满粘封严后，密封膏体内部的溶剂无挥发通路，长期残留在膏体内，影响膏体与基层的粘结强度。

（8）敷设防粘隔离膜：养护结束，检查密封防水施工质量，确认不渗水后，即可敷设聚乙烯（PE）薄膜或有机硅薄膜，以免密封材料表面被覆盖材料粘结，造成三面受力。立面部位的隔离膜，可在隔离膜的两侧点涂丁基胶粘剂（密封材料范围内不得涂刷），再粘贴在基层上。

（9）覆盖保护层：保护层的种类很多。如5mm厚聚乙烯泡沫塑料片材、50mm厚聚苯乙烯泡沫塑料板、水泥砂浆、细石混凝土、块体材料等。密封材料表面的卷材或涂膜防水层，亦为保护层。保护层材料的施工均应符合要求。

（10）清理施工机具：施工完毕，及时清洗工具上尚未固化的密封材料。溶剂型、反应型密封材料用二甲苯等有机溶剂进行清洗；水乳型密封材料用洁净软水进行清洗。清理干净后，妥善保管，以备下次使用。

（11）施工条件：合成高分子密封材料在雨天、雪天、霜冻天严禁施工；五级风及其以上时不得施工。溶剂型密封材料的施工环境气温宜为0～35℃，水乳型密封材料施工环境气温宜为5～35℃。

7.7.2 合成高分子密封材料嵌填施工方法

1. 工艺流程

检查、清理、修补凹槽基层→检查凹槽基层含水率→填塞防粘背衬材料→粘贴防污胶带→涂布基层处理剂→拌合密封材料、嵌缝施工→检查嵌填质量→揭除防污胶带→膏体养护→设置隔离条、保护层→清理施工机具。

2. 施工所需材料

合成高分子密封材料、基层处理剂、背衬材料、隔离条（背衬条）、防污胶带、溶剂、清洗剂等。

3. 施工所需工具

合成高分子密封材料施工所用工具，见表7-36。

合成高分子密封材料施工所用工具　　　　　　　　　　　表 7-36

名　　　　称	规　　　格	用　　　　途
高压吹风机	300 ~ 500W	清理凹槽内尘土杂物
钢丝刷、平铲、砂布、扫帚、小毛刷、棉纱		清理凹槽基层作业面的垃圾、碎渣等杂物
油漆刷	20 ~ 40mm	涂刷基层处理剂
小刀		切割背衬材料及支装密封膏挤出嘴
木条、小钢尺		填塞背衬材料
腻子刀、手动挤出枪、电动挤出枪		嵌填密封材料
有盖容器		装盛溶剂
小油漆桶	1L	装盛基层处理剂
搅拌器	电动或手动	搅拌双组分密封材料
开刀	30 ~ 40mm	刮平密封膏体表面
剪刀		裁剪作保护层用的卷材或胎体材料
施工安全、防护用品		确保施工人员安全

4. 施工步骤

（1）检查和清理凹槽基层。

（2）检查基层含水率（检查方法与铺贴卷材同）。

（3）填塞背衬材料：对于位移接缝，混凝土凹槽用木条、小钢尺填塞背衬材料，深度应符合要求。方槽形金属、玻璃顶板的缝槽较浅，应用有机硅薄膜作背衬材料（图 7-101）。三角形接缝当位移量大时，可设置少量背衬膜〔图 7-102（a）〕；嵌填量小或接缝非位移时，可不设隔离膜，见图 7-102（b）。

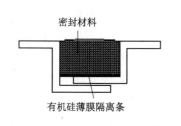

图 7-101　浅槽位移接缝设置背衬膜

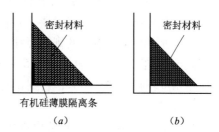

图 7-102　三角形缝设置背衬膜

（4）粘贴防污胶带：有装饰要求的室内缝槽，为防止污染被粘体凹缝两侧的表面，可在接缝两侧基面粘贴防污胶带。防污胶带不能贴入缝槽内或远离缝槽两壁，应大致贴至缝口边缘。

（5）涂布基层处理剂：基层处理剂一般有单组分与双组分两种，双组分应按产品说明书的规定配制，并充分搅拌均匀，配制量由有效使用时间确定，以防超过有效使用时间而造成浪费。单组分基层处理剂应充分摇匀后使用。

涂布前，应用高压吹风机或高压空气把残留的灰尘、纸屑等杂物彻底喷吹干净。涂布时，将基层处理剂盛入小油漆桶中，并随时盖严原料桶盖，用油漆刷进行涂刷。涂刷应均匀，不得漏涂。涂刷的部位是两侧凹槽侧壁。

（6）嵌填密封材料：密封材料分单组分和多组分。单组分可直接使用；多组分应按配比，将各个组分严格准确地称量，混合搅拌均匀后再使用。

7.7.3 改性沥青密封材料嵌填施工方法

改性沥青密封材料包括弹性、塑性改性沥青密封材料，合成橡胶、再生橡胶改性沥青密封材料，聚氯乙烯建筑防水接缝材料等。施工方法分热灌法、热嵌法和冷嵌法三种。

1. 工艺流程

检查、清理、修补凹槽基层→检查凹槽基层含水率→填塞防粘背衬材料→涂布基层处理剂→热灌施工、热嵌施工或冷嵌施工→检查嵌填质量→膏体养护→设置隔离条、保护层→清理施工机具。

2. 施工所需材料

改性沥青密封材料及其他辅料。

3. 施工所需工具

施工所用工具见表7-37。

4. 施工步骤

（1）检查和清理凹槽基层；（2）检查基层含水率；（3）填塞背衬材料；（4）涂刷基层处理剂；（5）改性沥青密封材料的嵌缝方法：

1）热灌法施工：热灌法施工是将固体块状改性沥青密封材料投入专用锅内经熬制熔化后浇灌于凹槽中。这种方法应防止对环境造成污染，故应采用专用熬制设备，并不得采用煤焦油成分的膏体，以符合环保要求。热灌步骤如下：

a. 接通加热电源开关，逐渐加温，当熬制温度达到110℃以上时，降低加温速度，使温度升至130℃。对于热塑性改性沥青膏体来说，加热温度低于130℃时，就不能很好塑化。故应特别注意升温速度不能过快，防止急火升温，烧焦膏体而报废。加温时，还应开启搅拌旋钮，边加温边将熔融的膏体搅拌均匀。

b. 当温度达到135±5℃时，保温5～10min，以充分塑化，然后应立即趁热浇灌。

c. 加热温度不得超过140℃，否则，将会结焦、冒黄烟，使膏体失去改性作用，密封性能大大降低。

d. 塑化好的黏稠膏体不应有结块现象，表面应有黑色明亮光泽，热状态下可拉成细丝，冷却后不粘手指。

e. 浇灌：

（a）将充分塑化的黏稠状膏体盛入鸭嘴壶中，趁热向接缝内浇灌。浇灌温度不得低于110℃，否则，热量被冷基面吸收过多，将大大降低密封粘结性能，同时，膏体将变稠，不便浇灌施工。

（b）检查浇灌质量，如发现膏体与基层粘结不良，有脱开或虚粘现象，可用喷枪、喷灯烘烤修补严实，也可割去原有膏体，重新热灌。

（c）每次经熔融塑化的膏体应一次用完。第二次熬制时，必须去除锅内前一次剩余的膏体。

（d）施工回收的冷却膏体，可切成边长不大于70mm的小块，在向熬制锅内投入新料前，先将切碎的小块投入锅内，但每次掺量不得超过新料的10%。

2）热嵌法施工：条形带状改性沥青密封材料可采用热嵌法施工。施工前，将带状改性沥青密封材料裁成略宽于凹槽宽度的条形材料，然后将其沿凹槽边线摆好。一人手持喷枪（或喷灯）用软火烘烤条形膏体及缝槽两壁，使膏体表面熔化和凹槽壁得到预热，另一人手持扁头棒将表面已烘熔的膏体推入缝槽内，并趁热将密封膏体与凹槽壁挤压严实，使膏体与凹槽壁粘结良好，接头处留成斜搓。对于粘结不良、膏体与凹槽壁间有缝隙的部位，应用软火局部加热烘烤后挤压严实。最后用

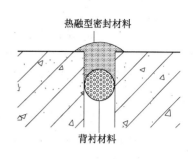

图 7-103 热嵌膏体形状

铁压辊滚压封严。膏体表面宜压出中间略高于板面3～5mm 的圆弧形，并与接缝边缘相搭接，避免形成凹面积水，如图 7-103 所示。

热嵌烘烤的温度不得超过 180℃，以刚好能使膏体熔化、表面呈黑亮状为最适宜。温度过高会使膏体老化，温度过低影响粘结性能。

热嵌法施工，也可将不规则硬块状热熔型改性沥青密封膏置于 300mm × 300mm 见方的铁板上，用软火（弱火）烘烤（温度不应超过 180℃），一边烘烤，一边用腻子刀不断翻滚搅拌，直至膏体熔成黑亮状软膏，切勿久烤。一次烘烤量不宜太多，一般在 1～2kg 左右，随用随烤。烘熔后，用腻子刀逐渐批刮在凹槽内，直至填满整个接缝。

3）冷嵌法施工：常温下软膏状改性沥青密封材料采用冷嵌法施工。待基层处理剂表干后，立即嵌填，先用腻子刀将少量密封膏批刮在凹槽两壁，再根据凹槽的深度分次将密封材料嵌填在凹槽内，并用力挤压严密，使其与槽壁粘结牢固，接头处应留成斜搓搭接粘结。嵌填时，每次批刮均应用力压实，膏体与槽壁不得留有空隙，并应防止裹入空气和出现虚粘现象。嵌填后的膏体也应呈图 7-103 所示形状。

7.8 瓦屋面施工方法

7.8.1 烧结瓦、混凝土瓦屋面施工方法

1. 在木基层上铺设平瓦（烧结瓦、混凝土瓦）施工方法

（1）在木基层上铺设一层卷材防水层：自下而上卷材长边平行于屋脊铺贴，卷材之间应顺流水方向搭接，搭接宽度应符合要求，铺设应平整，不得有鼓包、折皱现象；然后用顺水条将卷材钉压在木基层上，顺水条间距宜为 500mm；再在顺水条上铺钉挂瓦条，挂瓦条的间距应根据瓦的规格和屋面坡长来确定，铺钉应平整、牢固，上棱成一直线。使挂瓦后的搭接宽度平直一致，既防止了渗漏又保持了瓦面整齐美观。施工时，应注意对卷材的成品保护，后续工序施工时，不得损坏已铺卷材。

（2）铺瓦要求：平瓦应铺成整齐的行列，彼此紧密搭接，并应瓦榫落槽，瓦脚挂牢；瓦头排齐，檐口应成一直线，靠近屋脊处的第一排瓦应用砂浆窝牢。

（3）铺瓦方法：应尽量避免屋面结构产生过大的不对称施工荷载，避免使屋架等结构受力不均，在施工作业面上临时堆放平瓦时，应均匀分散堆放在两坡屋面上。铺瓦时，应由两坡由下向上同时对称铺设，严禁单坡铺设。

（4）脊瓦铺设要求：1）脊瓦搭盖间距应均匀；2）脊瓦与坡面瓦之间的缝隙，应采用掺有纤维的混合砂浆填实抹平；3）脊瓦下端距坡面瓦之间的高度不应太小，但也不宜超过80mm；4）脊瓦的搭盖间距应均匀，铺设后，在两坡面瓦上的搭接宽度，每边不应少于40mm；5）屋脊和斜脊应平直，无起伏现象，保持轮廓线条整齐美观。

（5）山墙瓦的防水收头方法：沿山墙封檐的一行瓦，宜用1:2.5的水泥砂浆做出披水线，将瓦封固，以防在山墙部位发生渗漏，并能使外形美观

2. 采用泥背铺设平瓦施工方法

我国北方许多地方铺设平瓦时，先在屋面板（或荆篱、苇箔）上抹草泥，然后再座泥扣瓦。这种方法造价较低，且有一定保温效果，应利用。泥背的厚度宜为30～50mm。为使结构受力均匀，铺设时，前后坡应自下而上同时对称进行，并至少应分两层铺抹，其作用是：先抹的一层干燥较快，后抹的一层起到找平和座瓦的作用。所以，待第一层干燥后，再铺抹第二层，并随抹随铺平瓦。

3. 在混凝土基层上铺设平瓦施工方法

应在混凝土基层表面抹大于20mm厚1:3水泥砂浆找平层，钉设挂瓦条挂瓦。

当设有卷材或涂膜防水层时，防水层应铺设在找平层上；当设有保温层时，保温层应铺设在防水层上。

7.8.2 沥青瓦屋面施工方法

1. 在木基层上铺设油毡瓦施工方法

（1）基层要求：木基层应平整、坚固、干燥。

（2）铺设卷材垫毡：铺瓦前，应在基层上先铺一层卷材垫毡，从檐口往上铺设，顺水接茬。用固定钉铺钉被搭接边，搭接宽度不应小于50mm，固定钉穿入木质持钉层的深度不应小于15mm，钉帽不得凸起，上层搭接边应盖住下层被搭接边表面的钉帽，搭接边用胶粘剂粘结密封。当坡度过大时，应增加固定钉铺钉数量，并用胶黏剂铺设，确保不被大风揭起或下滑。

（3）铺设檐口金属滴水板：檐口部位宜先铺设金属滴水板或双层檐口瓦，并将其固定在基层上，再铺设防水垫层和起始瓦片。

（4）铺瓦方法：铺瓦前，应在基层上弹出水平及垂直基准线，按线铺设。

沥青瓦应以钉铺为主，粘结为辅。上下排沥青瓦之间应采用全自粘结搭接，或增刷沥青基胶粘剂进行加强粘结，见图7-104。

1）沥青瓦应自檐口向上铺设，第一层瓦应与檐口平行，切槽向上指向屋脊；

2）第一排瓦应与第一层叠合，但切槽向下指向檐口，见图7-105；

3）第二排瓦应压在第一排瓦上，并露出不大于143mm的切口（切槽），一般露出125mm。

4）相邻两排沥青瓦，其拼缝及切口（瓦槽）应均匀错开。

（5）铺钉方法：每片沥青瓦不应少于4个固定钉，固定钉应垂直钉入，钉帽不得露出沥青瓦表面。当屋面坡度大于150%时，应增加固定钉数量或采用沥青胶粘贴。

（6）脊瓦铺设要求：将沥青瓦切槽剪开，分成四块作为脊瓦，每片脊瓦用两个固定钉

固定；脊瓦应顺年最大频率风向搭接，并应搭盖住两坡面沥青瓦每边不小于 150mm；脊瓦与脊瓦的压盖面不应小于脊瓦面积的 1/2。

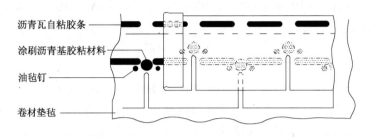

图 7-104 沥青基胶粘剂增强粘结做法

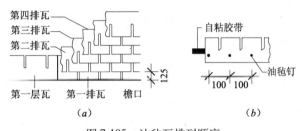

图 7-105 油毡瓦排列顺序

（a）瓦材铺设示意；（b）第一层瓦钉铺示意

（7）立面铺瓦要求：沥青瓦屋面与女儿墙（山墙）、伸出屋面烟囱、管道的交接处应做泛水，在其周边与立面 250mm 的范围内应铺设附加层，然后在其表面用沥青基胶结材料满粘一层沥青瓦片。

在女儿墙泛水处，沥青瓦可沿基层与女儿墙的八字坡铺贴，并用镀锌薄钢板覆盖，钉入墙内预埋木砖上；泛水上口与墙间的缝隙应用密封材料封严。

（8）天沟沥青瓦铺设：铺设沥青瓦屋面的天沟应顺直，瓦片应粘结牢固，搭接缝应密封严密，排水应通畅。

2. 在混凝土基层上铺设油毡瓦施工方法

钢筋混凝土基层应坚固、平整、干燥，不得有凹凸、松动、鼓包现象，个别凹坑处用聚合物水泥砂浆顺平。按上述方法铺设卷材垫毡和沥青瓦。沥青瓦用固定钉（射钉）固定，穿入细石混凝土持钉层的深度不应小于 20mm，钉帽不得外露在沥青瓦表面。沥青瓦与卷材或涂膜防水层复合使用时，防水层宜设置在钢筋混凝土基层上，防水层上再做细石混凝土找平层，然后铺设卷材垫毡和沥青瓦。

当设有保温层时，保温层宜铺设在防水层上，保温层上再做细石混凝土找平层，然后铺设卷材垫毡和沥青瓦。

7.8.3 金属瓦屋面施工方法

金属瓦可铺设于任何材质的屋面基层上。

1. 所用材料

（1）顺水条（龙骨）：用木方子或金属材料。木方子龙骨应事先经烘干、防腐处理，尺寸按设计要求；（2）挂瓦条：截面尺寸为 30mm×25mm（或 50mm×50mm），误差为 ±3mm，可用木材或金属材料，木材挂瓦条应事先作烘干防腐处理；（3）辅助材料：耐候硅酮密封胶、锚固件（M10 膨胀螺栓）、M6 镀锌钢钉（或 M6 拉铆钉）等。

2. 所需工具

锤子、卷尺、粉线袋（墨斗）、手电钻、切割锯、搬弯机、电焊机等。

3. 施工工艺

（1）弹线：用粉线袋按不大于 600mm 的宽度弹出顺水条排布线。

（2）安装顺水条：将顺水条沿龙骨排布线摆放，用手电钻按膨胀螺栓所需的孔径，每间隔一定距离钻孔，钻入基层深度应大于 30mm，将顺水条用膨胀螺栓锚固在基层上，锚入基层深度不小于 30mm。顺水条与基层应锚固牢固，不得有松动不稳现象。

（3）安装挂瓦条：

1）在顺水条上钉设挂瓦条，钉设间距应根据金属瓦的宽度确定，除了檐口处和屋脊两侧间距应小于 368mm 外，其余部位一般取标准距离为 368～370mm。

挂瓦条在水平方向上应连续不断地对接，不得间断。为确保每条挂瓦条都处在同一平面上，安装时，可在挂瓦条下面加设厚度不同的木楔子进行调整。平整度允许误差为 5mm。

2）在屋脊、山墙边、人字形外沿边处，为配合脊瓦、金属瓦收边的安装要求，应将龙骨高度增加 40mm。

3）避雷针竖杆可与挂瓦条同时安装。

4）挂瓦条应牢固地安装在顺水条上，不得松动。

（4）安装金属瓦：

1）将金属瓦挂设在挂瓦条上，再用镀锌钢钉将金属瓦的下方牢固地钉设在挂瓦条上，钉入挂瓦条内深度不小于 20mm，每片瓦不少于 5 颗钉，见图 7-106。

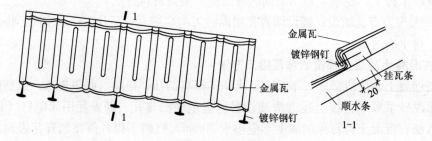

图 7-106　金属瓦钉设固定

2）相邻两片瓦的搭接宽度为 70～80mm，见图 7-107。应顺年最大频率风向搭接。

3）伸出屋面的烟囱、出入口、老虎窗等应用泛水板顺水搭接屋面金属瓦，用镀锌钢钉钉压固定，钉眼和泛水板上部边缝用耐候硅酮密封胶封闭严密，见图 7-108。

4）女儿墙应用泛水板与金属瓦顺水搭接后再进行密封处理。

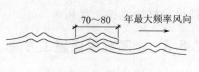

图 7-107　金属瓦搭接

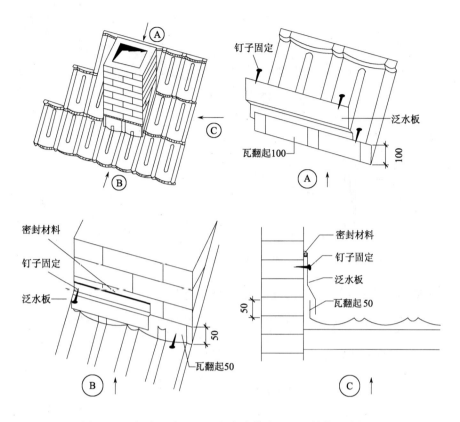

图 7-108　烟囱、出入口、老虎窗等突出屋面结构泛水构造

5）挂瓦条之间的距离为 368～370mm，檐口至第一排挂瓦条的距离应小于 368mm，一般取 340～345mm。屋面檐口可采用无组织排水，见图 7-109。也可采用预制檐沟的有组织排水，见图 7-110。

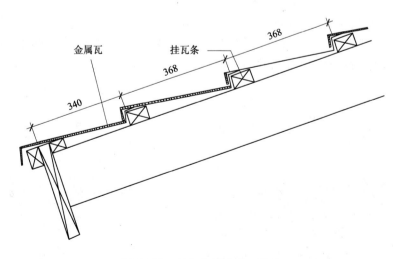

图 7-109　无组织排水檐口构造

255

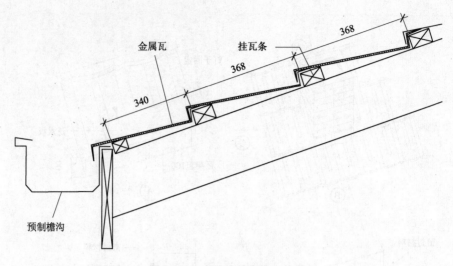

图 7-110 有组织排水檐口构造

6）山墙部位采用山墙泛水板排水，做法见图 7-111。

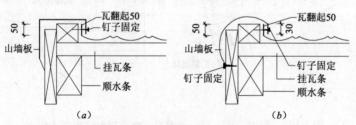

图 7-111 山墙泛水板固定方法

（a）山墙直角形泛水板；（b）山墙圆弧形泛水板

7）屋脊部位两侧金属瓦向上翻起 50mm 后再紧靠在脊檩侧面，然后用圆脊瓦覆盖，再用镀锌钢钉钉压固定。施工时，应先将圆桶形圆脊瓦切割成半片圆脊瓦再覆盖固定。屋脊部位金属瓦的施工步骤大致如下：

① 屋脊两侧的金属瓦片经切割后再向上翻起 50mm，故靠近屋脊的挂瓦条与脊檩之间的距离（L）应使金属瓦片同时满足两个条件，即与下排金属瓦能进行有效搭接，又能向上翻起 50mm，使其紧靠在脊檩侧壁。故切割后金属瓦片的宽度为（$L+50$）mm。见图 7-112、图 7-113。

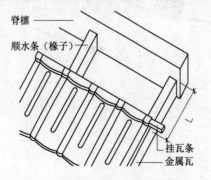

图 7-112 确定挂瓦条与脊檩之间的位置

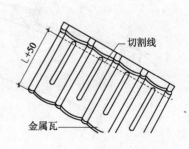

图 7-113 确定切割线

256

② 沿切割线切割金属瓦，预留（$L+50$）mm 的金属瓦宽度，见图 7-114。

③ 切割部位金属瓦向上翻起 50mm，见图 7-115。

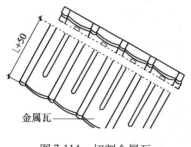

图 7-114　切割金属瓦

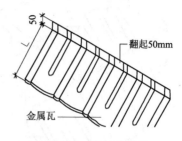

图 7-115　翻起金属瓦

④ 铺设翻起 50mm 后的金属瓦，使其紧靠着脊檩侧面，并与下排金属瓦有效搭接。见图 7-116。

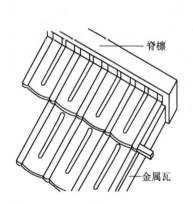

图 7-116　铺设切割后的金属瓦

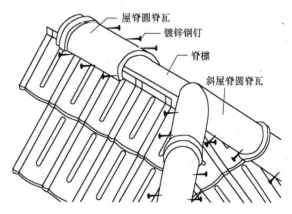

图 7-117　覆盖圆脊瓦

⑤ 切割圆脊瓦，将其覆盖在脊檩和两侧金属瓦上，并用镀锌金属钢钉钉压固定。见图 7-117。斜脊瓦的铺设方法与屋脊瓦的铺设方法完全相同，将斜脊檩两侧瓦片切割后向上翻起 50mm，紧靠在斜脊檩侧面，再用圆脊瓦覆盖后钉压固定。

⑥ 屋脊圆片瓦与斜屋脊圆片瓦之间通过切割后的屋脊圆脊瓦进行搭接，见图 7-118。

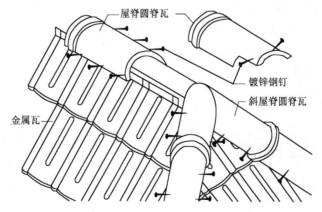

图 7-118　屋脊圆片瓦与斜脊圆片瓦搭接方法

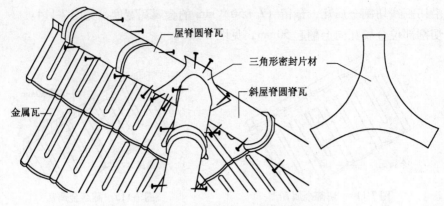

图 7-119 用三角形片材覆盖封闭

⑦ 搭接后，屋脊圆片瓦与斜屋脊圆片瓦之间的接缝，通过三角形密封片材进行覆盖封闭，见图 7-119。密封片材的搭接缝应用耐候硅酮密封胶封闭严密。

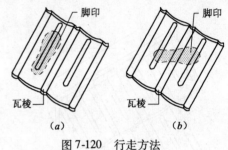

8）施工结束，应对有关板缝、收头泛水板接缝、端缝，进行密封处理。密封前，先将板面的保护层除净，再将尘土、油垢、杂物等清除干净，待干燥后再用耐候硅酮密封胶嵌填密封。

9）在施工过程中，施工人员应行走在下凹的瓦面上，见图 7-120（a），而不应踩踏在凸起的瓦棱上，见图 7-120（b）。

图 7-120 行走方法
（a）正确；（b）不正确

7.9 遇水膨胀止水材料施工方法

1. 遇水膨胀橡胶、腻子施工方法

（1）基层要求：遇水膨胀橡胶、腻子应敷设在无砂浆疙瘩、浮灰、各类异物的混凝土及金属基面。

（2）在混凝土基面敷设方法：

1）施工缝预留凹槽敷设：在浇筑混凝土至施工缝部位，用木条代替止水条压入混凝土形成凹槽，待混凝土凝固后，取出木条，嵌入复合橡胶遇水膨胀止水条或腻子型遇水膨胀止水条，用水泥钉固定，分别见图 7-121、图 7-122。

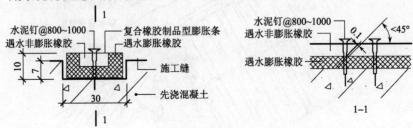

图 7-121 复合橡胶遇水膨胀止水条安装固定

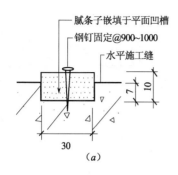
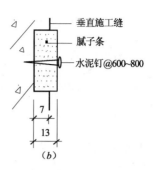

图 7-122　腻子型遇水膨胀止水条安装固定
（a）平面凹槽；（b）立面凹槽

2）在平面敷设：粘贴后直接用水泥钉固定。

在浇筑混凝土之前，遇水膨胀止水条应具有缓膨胀性能，其 7d 的膨胀率应不大于最终膨胀率的 60%。工程上常采用在止水条表面涂刷 2mm 厚水灰比为 0.35 的水泥浆来达到缓膨胀的目的，水泥浆固化后颜色变白，即使下些毛毛雨，也只是由白色变成黑色，水泥水化时正好需要水，消耗掉少量的雨水、施工水，膨胀条也不会提前膨胀，这是最简单易行的缓膨胀方法。

3）拼接缝止水：拼接缝为两个构件之间的缝隙，所以，拼接缝应采用析出物很少的复合橡胶遇水膨胀止水条来止水，见图 7-123。

（3）在穿墙管管面粘贴止水条：一般采用腻子型遇水膨胀止水条，将其缠绕在墙截面中心位置的管子表面。当与止水钢板复合使用时，腻子型遇水膨胀止水条应对着迎水面，见图 7-124。因止水钢板还要担当防止穿墙管转动的任务，如止水钢板遇水锈烂，就可能钳固不住穿墙管。当单独使用止水钢板时，应不考虑穿墙管转动的问题。

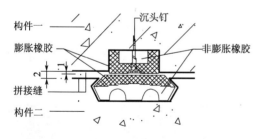

图 7-123　拼接缝遇水膨胀橡胶止水条敷设

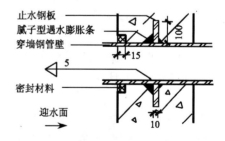

图 7-124　在穿墙管表面粘贴腻子型膨胀条

地下规范规定，腻子型遇水膨胀止水条只用于直径 ≤ϕ50 的穿墙管，为的是防止腻子条粘结不牢而掉落。当与止水钢板联合使用时，就无此限制，因腻子条同时粘结在两个交接面上，不会掉落。

（4）与止水带复合使用：橡胶和塑料止水带只起延长渗漏水通路的作用，无遇水膨胀特性。此时，可结合遇水膨胀止水条一起使用，将取得良好的既延长渗水通路又起到膨胀止水的双重效果。见图 7-125、图 7-126。

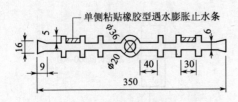

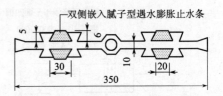

图 7-125　复合橡胶型遇水膨胀止水条　　　　图 7-126　复合腻子型遇水膨胀止水条

2. 遇水膨胀止水胶施工方法

遇水膨胀止水胶具有橡胶状弹性止水和遇水膨胀密封止水双重止水效果。遇盐酸、盐水、氢氧化钙等化学品性能稳定，常温下使用寿命长，与饮用水接触安全、无毒，属环保型产品。广泛应用于各类新老混凝土接缝止水；地下工程混凝土施工缝、后浇带止水；公路、铁路、海底隧道的环向、纵向及水平施工缝止水；地铁隧道、地下车站施工缝、进出口接缝止水；各类预埋件、穿结构管件、H 型钢、锚栓、桩头、桩基承台、反梁接缝等止水；螺栓密封止水；预埋孔、预留通道结合面密封止水和渗漏水修复止水等。

（1）包装：遇水膨胀止水胶的包装分为支装和管装两种，分别见图 7-127、图 7-128。

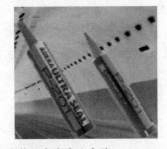

图 7-127　支装遇水膨胀止水胶　　　　　图 7-128　管装遇水膨胀止水胶

（2）施工工具：遇水膨胀止水胶为单组分、膏状体。使用标准嵌缝枪或腻子刀进行嵌缝施工。嵌缝施工工具见图 7-129。

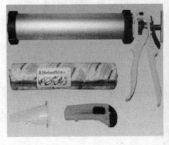

(a)　　　　　　　　　　　　　　　　　　(b)

图 7-129　嵌缝施工工具
(a) 嵌缝枪；(b) 腻子刀

（3）用嵌缝枪施工方法：

1）清理干净混凝土、金属基面的灰尘、松散杂物。

2）管装密封胶需安装在嵌缝枪中，见图7-130。前端开口，旋上胶嘴，根据接缝要求切割胶嘴的大小和宽度。

3）捅破防潮膜。

4）用嵌缝枪将止水胶连续不断地涂敷在基面。见嵌缝示意图7-131。

图7-130 安装止水胶

5）穿墙管四周应连续不断地涂敷一圈，见图7-132。

图7-131 挤出示意

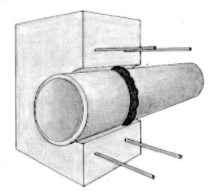

图7-132 穿墙管挤涂止水胶

6）涂敷结束，静置到固化，避免与水接触。

原则上，凡腻子型遇水膨胀止水条所能应用的基面，遇水膨胀止水胶都能应用，如对桩头钢筋、侧面的密封止水，见图7-133。

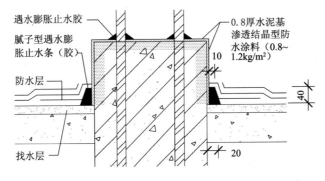

图7-133 桩头钢筋、侧面用遇水膨胀止水胶密封止水

7.10 预备注浆系统施工技术

7.10.1 预埋注浆管预备注浆系统施工技术

1. 主要技术内容

预备注浆系统是地下建筑工程混凝土结构接缝的注浆堵漏施工技术。它是将具有单透

性、不易变形的注浆管预埋在混凝土结构施工时的接缝中。当接缝渗漏时，向注浆管系统设定在构筑物外表面的导浆管端口中注入灌浆液，即可密封接缝区域的任何缝隙和孔洞，并终止渗漏。

系统可提供完整的重复注浆方案。当建（构）筑物在使用过程中多次出现渗漏，系统可采用普通水泥、超细水泥或丙烯酸盐等化学浆液进行重复多次注浆作业，直至修缮。达到"零渗漏"治理效果。

2. 特点

与传统的接缝处理方法相比，具有材料性能优异、安装简便、缩短工期和节省费用等特点。在不破坏结构完整性的前提下，确保接缝处不渗漏水，是一种先进、有效的接缝堵漏措施。

3. 适用范围

适用于地铁、隧道、市政工程、水利、水电工程等建（构）筑物的施工缝、后浇带、新旧混凝土接缝的预备注浆堵漏施工。

4. 预备注浆系统组成

预备注浆系统是由注浆管系统、灌浆液和注浆泵组成。注浆管系统由注浆管（图7-134）、连接管及导浆管、固定夹、塞子、接线盒等组成。注浆管分为一次性注浆管和可重复注浆管两种。

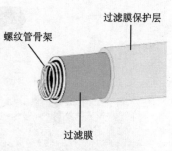

图7-134　注浆管构造示意图

5. 技术指标

（1）增强型硬质塑料管、橡胶管或螺纹管骨架注浆管的主要物理性能应符合表7-37的要求。

硬质塑料管（PVC）、橡胶管或螺纹管骨架注浆管的主要物理性能　　　　表7-37

序号	检 测 项 目	指 标
1	注浆管外径（mm）	10～40
2	注浆管内径（mm）	≥6
3	骨架与外层编织布之间应完整	不得有松开和脱离现象
4	抗压强度（变形），20℃，80mm长的试件20kg/min后	管内径变形小于2mm
5	出浆孔间距（mm）	≤30

（2）不锈钢弹簧管骨架注浆管的主要物理性能应符合表7-38的要求。

不锈钢弹簧管骨架注浆管的主要物理性能　　　　表7-38

序号	检 测 项 目	指 标
1	注浆管外径（mm）	10～40
2	注浆管内径（mm）	≥6
3	骨架与外层编织布之间应完整	不得有松开和脱离现象
4	外径变形30%的压力（N/mm）	≥70
5	滤布渗透系数K20（cm/s）	≥0.003
6	等效孔径φ95（mm）	<0.074

6. 施工技术措施

（1）清理基面：基面应坚实、基本平整，不得酥松，凿去凸起部分，凹坑、孔洞处用聚合物砂浆抹平，表面不得有浮灰、油污、散砂等杂物。

（2）截去注浆管：根据需求长度割断注浆管，最长不宜超过6m，如果太长，入浆口处的注浆压力太高，可能损坏混凝土结构。两根注浆管搭接时，搭接长度不应少于60mm。

（3）确定注浆管位置：注浆管应固定在施工缝截面中心位置，任意一侧混凝土的厚度不得小于50mm。

（4）在注浆管两端分别插入连接管，连接应牢固、密闭。如连接管末端为开口式，则应安装塞子，封堵严密。

（5）将增强型PVC注浆导管旋入连接管中。

（6）切割增强型PVC注浆导管至需求长度，一般长为500～700mm。

（7）在增强型PVC注浆导管的注浆口端套上保护套，封闭严密。

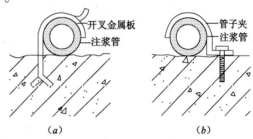

（8）在混凝土基面用管子夹固定注浆管，注浆管应与基面密贴，不得悬空，见图7-135。管夹固定间距宜为200～250mm，固定应牢固可靠，见图7-136。

图7-135 注浆管固定方法

（a）预埋开叉金属板固定；（b）管子夹固定

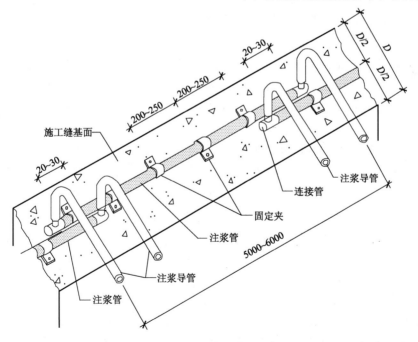

图7-136 注浆管安装示意图

（9）每一段注浆管的出浆口和进浆口平行交叉安装。注浆管（不含连接管）错开距离宜为20～30mm，平行间距50mm，见图7-137。

（10）注浆管转弯应平缓，转弯半径不宜小于150mm，不得出现折角。

（11）双道平行设置的注浆管之间的距离不得小于50mm，见图7-138。

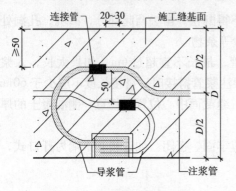

图7-137　注浆管连接示意图

图7-138　双道注浆管距离≥50mm

（12）注浆导管埋入混凝土内部分至少应有一处与结果钢筋绑扎牢固。

（13）注浆导管引出端应设置在方便、易于接近、便于施工的部位，见图7-139。

（14）注浆管破损部位应割除，并在割除部位重新设置已经安装好注浆导管的注浆管，并与两端原有注浆管进行搭接连接。

（15）在注浆管附近绑扎、焊接钢筋作业时，应采取临时遮挡措施对注浆管进行有效保护。

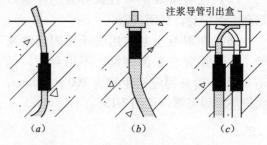

图7-139　注浆导管引出端构造示意

（16）浆液选择：应优先选用水泥浆、超细水泥浆。当选用化学灌浆液时，可选用丙烯酸盐浆液、聚氨酯浆液、环氧树脂浆液。注浆应在结构施工完毕、停止降水后进行。

（17）注浆应从最低注浆端开始，将浆材向上挤压；为保证注浆效果宜使浆液低压缓进。

（18）注浆材料不再流入，压力计显示没有压力损失后，应维持该压力至少2min。

（19）注浆方案、注浆材料、注浆压力等应由施工、设计、监理单位根据施工现场具体情况共同制定，并对整个注浆过程进行检查分析，确保防水效果满足要求。

（20）需要重复注浆时，应确保使用经过核准的注浆材料；任何留在注浆通道内的注浆材料必须在其固化之前立即用压缩或真空气体，将管内的残留浆液吹除干净，或用压力泵鼓入清水清除干净。

7.10.2　预埋注浆管型遇水膨胀橡胶止水条施工技术

注浆管型遇水膨胀橡胶止水条具有遇水膨胀和预备注浆双重特性，膨胀时其方向可以控制，防止向长度方向伸长，其形状见图7-140。

注浆管型遇水膨胀止水条适合地下防水工程施工缝、后浇带、变形缝等建筑接缝的止水堵漏。带有注浆管的遇水膨胀止水条可增加止水的可靠性，施工简便。

1. 主要性能

注浆管型遇水膨胀橡胶止水条主要性能指标按生产厂家的不同而不同，一般应符合以下规定：

（1）具有一定的缓膨胀特性；

（2）最大吸水膨胀率150%～300%；

（3）高温150℃不流淌，低温-25℃不脆裂；

（4）20mm×30mm规格的止水条耐水压可达1.5MPa；

（5）耐水性：浸泡240h整体膨胀无碎块；

（6）注浆管拉断力≥200N；

（7）与基面粘结剥离力≥20N。

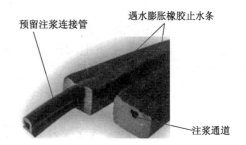

图7-140 注浆管型遇水膨胀橡胶止水条

2. 施工所需材料

施工所需材料包括注浆管型遇水膨胀止水条、钢钉、止水条胶粘剂、二通、三通、注浆管专用胶粘剂、注浆导管等。

3. 施工所需工具

施工所需工具包括扫帚、凿子、手锤、开刀等。

4. 施工方法

（1）固定止水条的混凝土基面应平整、干燥，清除干净基面的浮渣、尘土及杂物。（2）将有注浆管的面朝向原有混凝土（先浇混凝土）基面，用钢钉或止水条胶粘剂固定。（3）相邻止水条通过二通连接，将一条止水条上的预备注浆连接管与另一条止水条上的注浆通路连接在一起，中间不得留断点，连接处用钢钉钉压固定。（4）在长度方向，每隔20～30m设三通一处。相邻止水条的两端与三通直线端相连，丁字头与注浆导管连接。当接缝渗水时通过注浆导管注入浆液。（5）二通、三通必须用注浆管专用胶粘剂与相邻止水条牢固粘合。止水条的注浆管通道应完全通畅。安装在三通上的注浆导管应放在外墙内表面（即室内），以便于注浆施工。注浆导管应与结构钢筋绑扎牢固。

7.11 丙烯酸盐灌浆液防渗施工技术

1. 技术内容

目前在灌浆工程上采用的符合环保要求的化学灌浆材料是得到推广的第二代丙烯酸盐浆液，灌浆后除了生成不透水的凝胶，堵塞毛细孔缝外，还在浆液中添加了促使丙烯酸盐化学灌浆液的凝胶遇水后膨胀的成分，进一步提高了防渗效果。

2. 特点

（1）可灌性强：丙烯酸盐化学灌浆液是溶液型灌浆材料，黏度低，不含颗粒成分，可以灌入混凝土或软基细微裂缝。（2）凝胶时间可以控制。（3）凝胶能长期承受高水压，不透水。（4）施工简单，灌浆效果好。

3. 适用范围

丙烯酸盐化学灌浆液适用于矿井、巷道、隧洞、涵管止水；混凝土渗水裂隙的防渗堵漏；混凝土施工缝止水系统损坏后的维修；坝基岩石裂隙防渗帷幕灌浆；坝基砂砾石孔隙防渗帷幕灌浆；土壤加固；喷射混凝土施工等。

4. 施工技术措施

（1）丙烯酸盐灌浆液用于混凝土裂缝、施工缝防渗堵漏的施工技术

1）工艺流程：布置灌浆孔→检查嵌缝、埋嘴效果→选择浆液浓度和凝胶时间→确定灌浆顺序、灌浆压力→灌浆。

2）灌浆孔的布置：当裂缝深度小于1m时，只需骑缝埋设灌浆嘴和嵌缝止漏（图7-141）就可以灌浆。灌浆嘴的间距宜为0.3~0.5m，在上述范围内选择裂缝宽度大的地方埋设灌浆嘴；当裂缝深度大于1m时，除骑缝埋设灌浆嘴外和嵌缝止漏外，还须在缝的两侧钻取穿过缝的斜孔（图7-142），穿缝深度视缝的宽度和灌浆压力而定，缝宽或灌浆压力大，穿缝深度可以大些，反之应小些。孔与缝的外露处的距离以及孔与孔的间距宜为1~1.5m（骑缝灌浆和钻孔灌浆方法参见《防水施工员（工长）基础知识与管理实务》有关章节）。

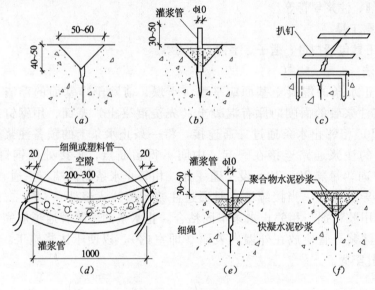

图7-141 骑缝灌浆顺序
（a）凿"V"形槽；（b）埋灌浆管；（c）活动性裂缝用扒钉加固；
（d）埋细绳、灌浆管；（e）嵌填凹槽；（f）填平凹槽

3）嵌缝、埋灌浆管效果检查：嵌缝、埋灌浆管效果的好坏影响灌浆质量。灌浆前，灌浆孔应安装阻塞器（或埋管），在一定的压力下向灌浆孔、嘴压水，检查灌浆嘴（管）是否埋设牢固，缝面是否漏水。压水时应记录每个孔、嘴每分钟的进水量和邻孔、嘴以及无法嵌缝的外漏点的出水时间。

4）浆液浓度和凝胶时间选择：针对裂缝渗水堵漏，应选用丙烯酸盐等单体含量为40%的A液和B液混合后形成丙烯酸盐单体含量为20%的浆液。

浆液凝胶时间应相当于压水时扩散到治理深度所需时间的2~3倍。如有无法嵌缝的外漏点，浆液的凝胶时间应短于外漏点的出水时间。

5）灌浆压力：灌浆压力应根据混凝土渗漏部位所能承受的压力来确定，且必须大于该部位所承受的水头压力。

6）灌浆顺序：垂直裂缝灌浆顺序，应由下向上，先深后浅地灌注；水平裂缝灌浆顺

序，应由一端灌向另一端。如果有压水资料，表明某些孔、嘴进水量较大，串通范围较广，应优先灌浆。

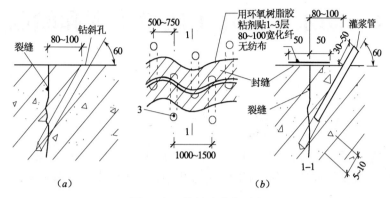

图 7-142　钻斜孔灌浆顺序

(a) 斜向钻孔；(b) 封缝、埋灌浆管

7）灌浆工艺：灌浆时，除已灌和正在灌浆的孔、嘴外，其他孔、嘴均应敞开，以利排水排气。当未灌孔、嘴出浓浆时，可以将其封堵，继续在原孔灌浆，直至原孔在设计压力下不再吸浆或吸浆量小于 0.1L/min，再换灌临近未出浓浆的孔、嘴。对于条状裂缝最后一个孔、嘴的灌浆，应持续到孔、嘴内浆液凝胶为止。

(2) 丙烯酸盐灌浆液用于不密实混凝土防渗堵漏的施工技术

1）工艺流程：布置灌浆孔→检查嵌缝、埋嘴效果→选择浆液浓度和凝胶时间→确定灌浆压力→灌浆。

2）灌浆孔布置：采取分序施工，逐步加密，最终孔距 0.5m 左右。孔深应达到混凝土厚度的 3/4 ~ 4/5。

3）选择浆液浓度和凝胶时间：浆液浓度应选用丙烯酸盐等单体含量为 40% 的 A 液和 B 液混合后形成丙烯酸盐单体含量为 20% 的浆液。

凝胶时间根据灌浆前钻孔压水时外漏的情况来选择，原则是浆液的凝胶时间要短于压水时的外漏时间，尽可能减少浆液漏失。

4）灌浆工艺：尽可能采用双液灌浆。因为这类灌浆，外渗路径短，浆液的凝胶时间短，采用单液灌浆容易堵泵、堵管，不仅浆液浪费大，且难以达到防渗堵漏的效果。

每一孔段灌浆前都要做好充分准备，确保一旦灌浆开始，就能顺利进行到底，灌至孔内浆液凝胶结束。

8 防水工程施工质量管理和验收

8.1 防水工程施工质量管理

防水工程施工质量管理通过编制《防水工程施工方案》，并按方案进行施工来实现。也就是说，施工质量管理贯穿在方案的实施过程中，可见方案的编制的重要性。一份好的方案，还能为中标起作用。

施工方案可分为两种，一种是为投标而编制的初步施工方案，另一种是中标后指导施工的实施施工方案。

8.1.1 为投标而编制的初步施工方案

初步方案为投标而编制，施工技术可以写得简单些。比如卷材防水只写满粘、空铺、点铺或条铺等；涂料防水只写涂刷或喷涂，涂刷要点等；刚性防水只写材料的组成、外加剂的种类；各种防水材料的细部构造增强处理方法；辅以简单的图标等等。至于一般的工艺流程和具体做法可以少写或不写。重点是突出质量和造价方面的优势（应向业主指出一味地追求低造价对工程质量的危害，如业主的标底实在太低，干脆就退出竞标）。方案中也可在理论方面着少许笔墨。比如，本工程适用什么材料，怎样施工才能不漏，并涉及一些施工单位的业绩，良好的业绩是企业的无形资产，将企业的业绩（在耐久年限内不渗漏工程）与本工程进行类比，也就暗示了本工程也会取得同样可靠的施工质量。

8.1.2 中标后编制的实施施工方案

中标后，可在初步方案的基础上，删去理论、业绩部分，完善防水施工技术、工艺、质量、安全等部分。将施工方案、工艺具体化，便成为实施方案了。

无论是初步方案，还是实施方案都与施工组织设计一样，应经技术部门讨论、审核，并报请上一级管理（领导）单位（部门）批准。实施方案一经批准，就等同于法律文件。施工单位应以法律的形式来规范自己的施工作业，以法律的形式向施工人员进行技术交底，施工人员必须执行。建设单位、监理单位、上一级单位等工程管理部门亦应以法律的形式对工程的施工步骤、进度、质量、安全、投资、环保等项目进行严格的监督、检查和管理。工程竣工后作为技术档案归档备查。所以，实施方案的编制必须切合实际，否则会影响到工程的质量、进度和经济效益。

实施方案由防水工程师在施工技术负责人协助下独立编制。应在经过了踏勘工程现场、会审图纸、了解工程具体情况、相互沟通等项调查研究工作的基础上再编制。编制的内容包括：编制依据、工程概况、细部构造防水方案和施工做法（复杂部位宜画出详图）、平、立面施工方法、进度、技术要求、质量、施工方法、工艺流程、施工注意事项、安全作业措施及注意事项、环境保护各项措施等等。

编制《防水工程施工方案》（即实施方案）的具体内容大致包括以下几个方面：

1. 编制依据

编制依据主要包括现行国家、地方的技术、质量、安全规范和标准，所采用的标准图名称，建筑工程施工合同（工程招标文件），设计要求，材料名称及性能指标，使用部位，施工工艺（工法），安全要求，质量要求等等。

2. 工程概况

包括工程名称、结构形式、地理位置、距地坪高程、施工现场情况（道路、工程周边概况、供电、供水情况、场地是否平整等），建筑面积、防水工程施工面积和工程造价。是屋面、地下、室内厕浴间还是外墙防水；是新建工程，还是翻修工程或是堵漏修缮工程。如是翻修工程或堵漏修缮工程，还应指明渗漏的部位、可能的渗漏点（如能准确指出渗漏点更好）以及渗漏的原因和渗漏程度等项内容。而地理位置的标明，也即确定了防水材料在选择、运输时间、堆放场所方面都应符合当地的规定。编制时应将上述内容应填入"防水工程施工方案明细表"，见表8-1。建筑防水师协助高级建筑防水师、造价工程师编制完成后，先经施工单位内部领导审核，再报建设、监理、设计单位审批备案。

防水工程施工方案明细表   表8-1

工程名称			地理位置		
建筑面积			结构形式		
建筑层数			标准层层高		（m）
工程部位			±0.000 相当于绝对标高		（m）
工程类型	新建（ ），翻修（ ），堵漏修缮（ ）		渗漏部位		
渗漏程度	全部渗漏（ ），局部渗漏（ ）		渗漏点		（可另附图）
防水工程施工面积（m²）	防水工程总面积	屋面工程	防水工程造价（万元人民币）	防水工程总造价	屋面工程
		地下工程			地下工程
		厕所（浴室）			厕所（浴室）
		厨房			厨房
		外墙			外墙
		其他部位			其他部位
设计单位			监理单位		
建设单位			施工单位		
质量监督单位			安全生产监督单位		
编制部门			报审部门		
编制时间			报审时间		
编制人			报审人		

审批意见（填写经讨论或审批会议上所得出的主要结论，包括应进一步修改的部分）

审批部门：   审批时间：   审批人：

269

3. 防水施工图纸会审记录

先由施工单位建筑防水师、技术负责人和监理单位负责人对防水施工图纸提出各自的意见。如设计单位所设计的防水方案、采用的防水材料或施工做法不尽合理，不能保证工程质量，施工单位应在取得建设单位负责人同意后和设计单位的项目负责人进行沟通，将不同意的理由讲明，如需要重新绘制施工图、防水细部构造节点图的由施工单位防水师进行"二次防水设计"，并将有关意见、文字资料、"二次防水设计"图纸汇总后一并报建设单位，由建设单位提交设计单位，供设计单位做图纸会审交底准备。

图纸会审交底会议应由建设、设计、监理和施工单位技术负责人等的相关负责人参加。设计单位对防水工程的所有专业问题进行技术交底。将设计交底内容及建设、监理、施工单位的所提意见进行汇总、整理，需要变更的即行变更。形成初步图纸会审记录，填入"_____防水工程施工图会审记录表"（如"××省××市阳光大厦屋面防水工程施工图会审记录表"），见表8-2。由建设、设计、监理、施工单位的项目负责人签字认可，形成正式图纸会审记录。施工单位按会审记录进行施工。

_____防水工程施工图会审记录   表8-2

项　目	会　审　意　见			
对原选防水材料的意见	防水材料的名称：　　合理（　），不合理（　）			
改用的防水材料	防水材料的名称：			
原施工图防水设计方案是否合理	合理（　），　　不合理（　）			
修改的防水设计方案	（附设计图）			
施工图所采用的防水标准图	标准图名称：　同意（　），不同意（　）			
改用的防水标准图				
建设单位	设计单位	监理单位	施工单位	
（公章）	（公章）	（公章）	（公章）	
单位（项目）负责人	单位（项目）负责人	单位（项目）负责人	单位（项目）负责人	
年　月　日	年　月　日	年　月　日	年　月　日	

4. 施工单位的工作目标

施工单位应为即将施工的工程质量制定工作目标，是优良还是合格？特别是在标书中应立出这一项，可以让建设单位了解施工单位的施工能力，让建设单位放心，也是激励施工单位自身取得良好业绩的动力，见表8-3。

_____防水工程工作目标   表8-3

项　目		目　　标
施工质量	质量控制	执行质量"三检"制度，全面实施过程控制，严格按主控项目、一般项目的质量要求精心施工
	质量评定目标	优良（　），　　合格（　）

项　目	目　　　　标
安全施工	
文明施工	
科技进步	

5. 人员组成

包括防水单位资质等级、项目负责人、安检人、施工技术负责人、自检人、交接检人、专职检人、班组长、技术骨干（高、中级工）的数量、施工人员（低级工）数量等。所有施工人员均应取得防水施工专业岗位证书。上述人员应填入"防水施工人员组成表"，见表8-4。

防水施工人员组成表　　　　　　　　　　　　　　表8-4

施工单位			资质等级	
单位负责人		职称		自检人	
技术负责人		职称		交接检人	
班组长				专职检人	
技术骨干				施工人数	

施工人员从事过的典型工程（包括是否取得防水施工专业岗位证书）

单位地址：　　　　　　　　　　电话：

6. 机具配备

从事建筑防水施工必须具备两个必要条件。一是施工人员，二是施工机具，两者不可缺一。单拿施工人员来讲，哪一个施工企业都有，人对于业主来讲可能不足为奇，而施工机具，是实实在在的，在某种意义上讲是能够帮助施工单位说明问题。虽然企业的资质等级、注册资本已经体现了企业的综合经济、施工实力。但，施工机具在方案中列出，表示企业在人力、物力等方面都能确保防水工程的圆满完成。所以，施工机具应以表格的形式展示，见表8-5。

防水施工机具配备表　　　　　　　　　　　　　　表8-5

名称	数量	用途	规格

单位：　　　地址：　　　电话：　　　日期：

7. 材料准备

防水材料一般由中标生产厂家提供，也可由施工单位、建设单位根据设计图纸的要求选择防水材料、辅助材料和保温材料。这些材料应有产品质量证明文件（包括产品出厂合格证、质量合格证、品种、规格、数量、性能指标、检验报告、试验报告、产品生产许可证、质量保证书、产品使用有效期和说明书等）。实际进场材料应与质量证明文件相符。实施强制性产品认证的材料应提供有关证明。

质量证明文件（合格证、试验报告）的复印件应与原件内容一致，按类别、规格、品种、型号分别整理，使用合格证或复印件贴条按进场顺序贴好，加盖原件存放单位的公章，注明原件存放处，并有经办人签字、签字日期等。

防水工程所使用的防水材料、辅助材料、保温材料、系统的燃烧性能和耐火极限应符合现行防火规范的有关规定。并应符合环境保护的规定。

凡企业开发出而规范还未列出的防水新材料、新产品、新技术，应经过省市具备鉴定资质的单位或部门出具科技成果鉴定、评估或新产品、新技术鉴定证书，并按有关规定编制技术导则（类似施工工艺、施工工法）后才能使用。

如设计单位没指明具体防水材料，或建设单位提出异议，或施工单位根据以往经验，对设计所选材料觉得不妥，需要更换时，应在防水施工图会审时提出。施工、设计、建设、监理取得一致意见后，才能更换材料，不得擅自更换。

防水材料运到施工现场后，施工单位要会同建设单位、监理单位按有关规范要求进行抽样检验，检验报告由质量检测部门提供，一些只需通过现场简测就能确定的项目，也可只在现场检验，经质检部门和现场检验后，填写"防水材料质量现场抽样检验认定记录"，见表8-6；符合国家规范、行业标准的，在认定结果栏内填写准予使用；不合格的，填写严禁使用。对于防水辅助材料、安全、劳动保护用品都应在方案中得到落实。

防水材料质量现场抽样检验认定记录 表8-6

施工单位：　　　　　　　　　　　　　　　编号：

工程名称		材料名称	
规格		数量	
厂家		进场日期	

送检结果：

送检人：
年　月　日

现场检测结果：

简测人：
年　月　日

认定结果：

认定日期	年　月　日	认定人	

8. 设计方案变更、工程洽商记录

设计方案变更一般包括两种情况，一种是在图纸会审时取得一致意见的变更，另一种是随着施工的进展，根据工程的实际情况，由建设、设计、监理、施工单位任何一方提出的变更。无论哪一方提出变更，必须经设计单位确认，建设单位同意后，经设计专业负责人（或总工）以及建设、监理单位和施工单位的相关负责人签字确认。由建设单位发出设计变更通知单。设计变更确认前，任何单位不得擅自更改设计文件。

设计单位下达的设计变更通知，内容应翔实、明确，必要时应附图，并逐条注明应修改图纸的图号。当设计单位确认需要变更设计，但对变更设计方案在技术能力上出现为难时，施工单位应进行"二次防水"设计，供设计单位确认。如需聘请更高一级的专家，亦由施工单位聘请，在四方单位中树立良好企业形象。

不同防水工程或不同分部、分项子目工程使用同一设计变更时，必须注明工程名称、编号及复印或抄件加盖公章，并由四方技术负责人签字确认。

分包单位的设计变更应通过总包单位办理。

设计单位如委托有关单位办理签认，应办理委托手续。

变更所选防水材料或变更防水设计方案、施工做法的项目，应填写"设计变更、洽商记录表"，见表8-7。

设计变更、洽商记录表 表8-7

洽字第　　　　号

工程名称		变更部位	
设计号		施工图号	
原设计			
现设计			
变更理由			
建设单位	设计单位	监理单位	施工单位
（公章）	（公章）	（公章）	（公章）
单位（项目）负责人	单位（项目）负责人	单位（项目）负责人	单位（项目）负责人
年　月　日	年　月　日	年　月　日	年　月　日

9. 技术交底

技术交底交底的依据是达到有关国家、地方制订的防水技术、质量规范、规程、标准及所采取的技术措施。应特别交代对主控项目、一般项目的要求。交底内容包括防水施工组织设计交底、防水施工图设计交底、防水施工方案技术交底、分项工程施工技术交底、

"三新"（新材料、新技术、新工艺）技术交底、设计变更技术交底等。各项交底应有文字记录，必要时应附图。交底方式可分为口头交底、书面交底、样板交底三种。书面交底应从管理层逐级到位，辅以口头交底落实，由交、接双方签字确认归档。对于重要工程、复杂部位、细部构造，应让高级技工做样板交底，以弥补书面、口头表述不清楚的问题，样板交底包括操作方法、质量要求、施工工序、防水搭接宽度、甩接茬、收头密封、成品保护等内容，有的需要反复示范、详细讲解才能让施工人员真正理解，以避免交代不清，盲目施工，造成不必要的差错而返工，浪费工料，所以是很重要的交接方法。具体有以下交底层次：

（1）由施工单位的技术负责人（总工）对工程项目部主要管理人员就工程概况、防水工程设计要求、防水施工组织设计、防水工程质量要求、建筑工程总工期要求以及重要事项进行书面技术交底，双方签字确认存档。

（2）由工程项目部主要管理人员（负责人、高级建筑防水师）对建筑防水师（防水工程工地技术负责人）就分部（分项）防水工程工期、设计变更进行书面技术交底。设计变更技术交底应包括变更的详细内容、变更的技术要求、变更的具体施工步骤、变更的技术措施等内容，双方签字确认存档。

（3）由建筑防水师或防水施工现场技术负责人对防水作业班组长就分项工程防水施工技术、"三新"技术、防水施工方案、施工部署、工序安排、防水层工期、防水工程质量保证措施等进行书面技术交底，双方签字确认存档。

（4）由防水作业班组长或防水技师或建筑防水师对防水施工操作人员就施工图中有关防水层材料、厚度、基层处理、细部构造做法、操作要点、施工工艺、安全措施、消防措施、文明施工、环境保护、施工注意事项、成品保护等进行口头、样板技术交底，由双方口头确认。

技术交底内容应填写"技术交底记录表"（表8-8）。

技术交底记录表　　　　　　　　　　　　　　　　　　　表8-8

年　月　日　　　　编号：

工程名称		分部工程	
子分部工程		分项工程	

交底内容（包括文字、节点详图）：

项目经理		防水师		班组长	

施工方案中对于工人们已经熟练掌握了的操作技术，可不详细叙述，只写出施工方法即可。如：满粘、条粘、点粘、空铺、涂刷、喷涂等；对于涂刷、喷涂的方法，可用文字说明，如"十"字交叉法涂刷或喷涂、待前一遍涂层干燥成膜后再涂刷后一遍涂层等等。

在施工方案中还应对基层（找平层）的要求进行交底说明，如对平整度、厚度、含水率、转角部位圆弧的具体要求，对找平层的质量要求包括不得有酥松、起皮、起砂、蜂窝现象，对分格缝的具体要求等等。

操作要点中还应对上一道的工序检查验收情况进行说明。无论是土建施工,还是水、暖、电施工,或是其他施工,凡上一道工序不合格的,应及时与设计、建设、监理方进行洽商,予以返工,并填写洽商记录表。返工合格后,再进行防水施工。防水施工本身亦应待上一道工序验收合格后,再进行下一道工序的施工。

10. 进场质量管理

进场的质量管理。一般包括以下几个方面:

(1)做好施工队伍进场的准备工作:1)建筑防水师应前往施工现场进行踏勘、掌握工程特点、熟悉工程周围环境情况。如作业环境、交通状况、消防用具、电源位置、材料堆放场地、工程距地面的高程、工程面积的大小、基层的构造情况等进行详细了解。做到心中有数。2)核实施工图纸、落实防水工程实际情况。3)与设计、监理、业主负责人相互沟通。

(2)对防水材料和其他有关材料进行现场抽样检验。

(3)准备施工机具及安全劳保用品。

(4)建筑防水师协助施工作业队长对施工人员按《防水工程施工方案》中所编制的操作要点,进行施工技术方面的交底工作。对于复杂部位、普通施工人员难以掌握的施工技术,应由熟练的防水高级工当面进行示范操作,做出"样板段"、"样板间"、"样板节点"等"样板做法",演示"样板工艺"等操作要点和方法。使整个防水工程都能达到应有的质量要求。

(5)对施工人员进行质量标准、安全操作、施工注意事项、成品保护等方面的交底工作。

11. 质量标准依据

目前使用的建筑防水材料大多有材料标准,而操作方法一般没有统一的标准,但有现行技术规范和质量验收标准。所以,在施工方案中,不但要写出操作方法,还应写出依据什么技术规范和质量验收标准编制的施工方案。这样,一方面可以让施工操作人员按规范和标准中所规定的要求进行操作施工,另一方面,可以让质检、监理部门按规范和标准中所规定的要求实施检查验收。如:不同种卷材采用不同的铺贴方法时,卷材长、短边的搭接宽度,满粘法铺贴时转角部位的空铺范围,空铺、点铺、条铺法施工时,转角处及突出屋面连接处的粘结范围,顺水接茬、顺最大年频率风向搭接等,涂料涂刷的遍数、搭接宽度、胎体材料的搭接宽度等,刚性材料的配比、涂刷、喷涂、浇筑要求等等。

12. 施工现场质量管理

施工现场管理体现了施工单位的组织管理的能力,也是在公众中树立良好企业形象的主要场所。如施工现场井井有条,周围的居住环境不受影响,现场整洁,文明施工,防水施工受到业主、公众甚至同行业的好评,这对企业的生存发展是有利的。现场管理内容有:(1)施工材料应按不同品种、不同规格有次序的码放。(2)建立自检、交接检和专职人员检查的"三检"制度。(3)设置质量检查员、安全员、环保员和制订相应的措施。(4)施工机具和劳动保护用品不得随意丢弃或乱放。施工机具施工完毕,清洗后再放入工具箱以备用。防水施工时,随身携带的工具箱、拌料桶、盛料器具、机具应轻拿轻放,更不得在防水层上拖动。(5)协助建设、监理单位进行现场管理。(6)要求施工人员进行精心施工。

13. 安全操作

施工方案中，应包括对安全操作注意事项的内容。如：对于易燃、易爆的材料，要求贮存场所、施工现场严禁烟火，与临近电、气焊等用火地点，应按消防部门的有关规定，相隔一定的安全距离；对于有毒的化工材料，要求贮存场所、施工现场注意通风，必要时，应配备防毒面具或用抽风机排风；对于大坡度屋面，应设置防滑栏杆和系扎防滑带；对高空、高落差工程应按要求制订安全措施，设置防护栏杆或架设安全网，施工人员应佩戴安全帽和绑扎安全带等等；对于深基坑（槽）应按《建筑工程预防坍塌事故若干规定》的要求制订防坍塌安全措施。将安全操作内容填入"安全施工日志"，见表 8-9。

安全施工日志   表 8-9

年 月 日   星期   编号：

气候	（晴阴雨雪、风力、冬季最低气温、夏季最高气温）			
	上午		下午	夜间
安全施工情况	施工项目、施工部位、离地高程、班组人员、所用防水材料、所用易燃易爆材料使用情况、所用施工机具等方面的安全施工情况：			
安全施工隐患	安全施工存在的隐患：			

记录日期：   年   月   日   记录人：

14. 施工注意事项

施工注意事项进行交底的内容包括施工气候条件、防水层施工技术措施、对防水层成品的保护措施等。

为提高防水层施工质量，需防水施工人员遵守的施工注意事项包括不准穿带钉子的鞋施工；应专心致志、精神集中地施工；不得马虎；施工机具及工具箱不得在防水层上拖动；非机动车支架应设置橡胶保护套；施工材料应堆放整齐，现场除必要的机具外，其余不得随意丢弃；裁剪下的下脚料应及时清除，做到活完脚下清，以便于质量检查和体现文明施工的精神面貌等等。

15. 质量保证措施

施工方案应附有"质量保证措施日志"记录，见表 8-10，把当日的施工情况进行准确的记录。今后一旦出现质量问题或产生纠纷时，便于查找原因，有利于改进施工措施，提高施工质量。

质量保证措施日志 表 8-10

年 月 日 星期 编号：

气候	（晴阴雨雪、风力、冬季最低气温、夏季最高气温）				
	上午		下午		夜间	.
施工情况记录	（部位、施工项目、操作人员、所用机具、所在班组、施工或其他存在问题等）				
技术质量施工记录	（技术质量施工、存在的问题、检查评定验收等）				

记录日期： 年 月 日 记录人：

16. 对待施工质量态度

为保证防水工程施工质量，施工方案中应规定每道工序、部位、层次完工后，都应及时通知监理（建设）单位对施工质量进行检查验收。检查的结果有合格和不合格两种情况。经检查合格的，建设（监理）单位填写"工序合格通知单"（表 8-11），不合格的签发"工程质量问题整改通知单"（表 8-12）。

施工单位应写明对待这两种结果的态度。

（1）对待合格的态度：编制文件中应写明施工单位在收到合格通知单后，会及时按照工程进度安排下道工序的施工。

（2）对待不合格的态度：经验收不合格的工程，应写明在收到建设、监理单位签发的"工程质量问题整改通知单"后，及时分析不合格的原因，必要时，聘请防水专家诊断，查出原因后，立即返工整改。返工后不合格的再整改，直至合格，让建设单位满意。

工序合格通知单 表 8-11

年 月 日 编号：

工程名称		
分部工程名称		
子分部工程名称		
分项工程	工序名称	
	部位名称	
	构造名称	
	其他名称	

对合格的评语：

建设（监理）单位负责人	质量检查员	施工单位负责人	施工单位签收人

工程质量问题整改通知单　　　　　　　　　　　　　　　　　　　　**表 8-12**

编号

施工单位			工程名称		
施工负责人			检查部位		检查工序

检查中存在的问题：

　　　　　　　　　　　　　　　　　　检查人：　　年 月 日

　　　　　　　　　　　　　　　　　　接受人：　　年 月 日

整改后评审、处置意见（不合格的应再次整改）：

　　　　　　　　　　　　　　　　　　评审人：　　年 月 日

重新整改后的复查结论：

　　　　　　　　　　　　　　　　　　复查人：　　年 月 日

17. 工程质量预检、隐蔽记录、试水、完工记录

施工单位还应编制"预检工程检查记录单"（表 8-13）、"隐蔽工程检查记录"（表 8-14）、"防水工程试水检查记录"（表 8-15）、"防水工程完工验收记录"（表 8-16）等表格。供交工、存档、备查。

预检工程检查记录单　　　　　　　　　　　　　　　　　　　　**表 8-13**

年 月 日　　　　　　　　　　　编号：

	工程名称				
	施工单位		要求检查时间	年 月 日 时 分	
预检内容	预检部位、工艺名称		说 明		
检查意见					
复查意见					
	复查时间：　　年 月 日		复查人：		
填表人	参加检查人员签字盖章				
	施工技术负责人	质量检查员	工长	班、组长	

8.1 防水工程施工质量管理

隐蔽工程检查记录   表 **8-14**

施工单位：   编号：

工程名称		隐检项目	
检查部位		填写日期	年 月 日
隐检内容			
检查记录			

隐 检 单 位

建设单位	设计单位	监理单位	施工单位
（公章）	（公章）	（公章）	（公章） 技术队长： 建筑防水师： 质检员：
单位（项目）负责人： 年 月 日	单位（项目）负责人： 年 月 日	单位（项目）负责人： 年 月 日	 年 月 日

防水工程试水检查记录   表 **8-15**

工程名称		施工单位	
试水部位		试水日期	年 月 日
试水检查方法	雨后（ ）、 淋水（ ）、 蓄水（ ）		

试水检查结果：

建设单位	监理单位	施工单位	质量检查员
（公章） 单位（项目）负责人： 年 月 日	（公章） 单位（项目）负责人： 年 月 日	（公章） 单位（项目）负责人： 年 月 日	 年 月 日

防水工程完工验收记录   表 **8-16**

工程名称		结构类型	
建设单位		分部工程名称	
设计单位		分部工程面积	
施工单位		子分部工程名称	
监理单位		工程地点	
开工日期	年 月 日	竣工日期	年 月 日

续表

序号	分项工程名称	施工单位自检评定	检查方法
1			
2			
3			
4			
5			
6			
7			
8			
分部工程验收意见			

建设单位	设计单位	施工单位	监理单位
(公章)	(公章)	(公章)	(公章)
单位(项目)负责人	单位(项目)负责人	单位(项目)负责人	单位(项目)负责人
年 月 日	年 月 日	年 月 日	年 月 日

18. 成品保护

在施工中和完工后应在施工方案中制订出对成品的保护或临时性保护措施。在采取保护措施前，应首先检查防水工程的施工质量。地下工程底板和外墙防水层一般都不便进行试水试验，或进行洒水试验，凭目测仔细检查施工质量。而对于顶板在地下的全封闭工程，应和屋面一样进行试水试验。验收前，应清扫现场，使防水层表面无任何杂物。经雨后或淋水、浇水、蓄水检验合格后，及时做保护层。做保护层时，不能损坏防水层，特别是在夯实外墙、顶板的回填土时更应防止损坏防水层。对已发现的损坏部位，应及时修复，以免留下渗漏隐患。

施工中，应协助建设、监理单位加强对非防水施工人员对防水层保护的交底工作，提醒他们在施工时，不要将重物、尖锐物件戳碰、撞击防水层，如防水层一旦损坏，要求及时报告防水施工队进行修复，不要隐瞒，否则一旦被保护层覆盖，等于掩盖了渗漏源，将来渗漏往往找不出责任方，只能由防水施工单位来承担责任，"哑巴吃黄连"，有苦说不出。

19. 工程回访

防水工程使用期间，应定期进行回访。特别是在防水工程规定的耐久年限内，每逢雨、雪、洪水季来临前，都应对防水工程进行检查，对渗漏的部位应及时修复。并要求使用单位加强对防水层的保护工作，对于按不上人设防的屋面或顶板，应告之严禁在屋面或顶板上玩耍、列队操练等；上人屋面或顶板，应要求使用单位管理人员应进行定期检查，及时清理防水层表面和水落口周围杂物，一旦发现渗漏应及时通知施工单位进行修缮。

8.2 防水工程施工质量验收

8.2.1 屋面防水工程施工质量验收

1. 屋面防水工程质量要求及过程质量检验

（1）质量要求：屋面防水工程进行分部工程验收时，其质量应符合下列要求：

1）防水层不得有渗漏或积水现象。

2）所使用的材料应符合设计要求和质量标准的规定。

3）找平层表面应平整，不得有酥松、起砂、起皮现象。平整度用 2m 靠尺和楔形塞尺检查，允许偏差为 5mm。分格缝位置和间距应符合设计要求。

4）找坡层宜采用轻骨料混凝土；找坡材料应分层铺设、适当压实或振实、表面平整，并适当洒水养护，其配比、质量及坡度应符合设计要求。

5）保温层的质量、厚度、含水率和表观密度应符合设计要求。

6）天沟、檐沟、泛水、伸出屋面管道和变形缝等防水构造，应符合设计要求。

7）卷材防水层卷材的质量、铺贴方法和搭接顺序应符合设计要求，搭接宽度正确，接缝严密，不得有皱折、鼓泡和翘边现象。

8）涂膜防水层涂料的质量、厚度应符合设计要求，涂层无裂纹、皱折、流淌、鼓泡和露胎体现象。

9）卷材与涂膜复合防水层的材性应相容，所用防水材料及其配套材料的质量及在天沟、檐沟、檐口、水落口、泛水、变形缝和伸出屋面管道的防水构造，必须符合设计要求。卷材防水层与涂膜防水层应粘贴牢固，不得有空鼓和分层现象。

10）嵌缝密封材料及其配套材料的质量，必须符合设计要求。密封材料嵌填必须密实、连续、饱满，与两侧粘结牢固，无鼓泡、开裂、下塌、脱落等缺陷。表面应平滑，缝边应顺直，无明显不平和周边污染现象。

11）瓦屋面的基层应平整、牢固，瓦材及防水垫层的质量和防水构造、泛水构造、必须符合设计要求。挂瓦条应分档均匀，铺钉平整、牢固；瓦片必须铺置牢固，排列整齐、檐口平直，搭接紧密合理，接缝严密。不得有残缺瓦片。并应按设计要求采取固定加强措施。脊瓦应搭盖正确，间距均匀，封固严密；正脊和斜脊应顺直，无起伏现象。

12）沥青瓦及防水垫层材料的质量、防水构造、泛水做法、铺装尺寸必须符合设计要求。沥青瓦应与基层粘钉牢固，瓦面平整，檐口平直，顺直整齐，结合紧密，铺设搭接应正确，瓦片外露部分不得超过切口长度，所用固定钉应垂直钉入持钉层，钉帽不得外露沥青瓦表面。

13）金属板材及辅助材料的质量、防水构造、板材的连接和密封处理、铺装坡度、尺寸必须符合设计要求。铺装坡面应平整、曲面顺滑，固定方法正确，搭接紧密，密封完好。檐口、泛水直线段应顺直，曲线段应流畅，无局部凹凸现象。

14）采光板及其配套密封材料的质量、防水构造、与支承结构的连接、冷凝水收集及排除和处理、连接、固定和密封应必须符合设计要求。采光板的密封注胶应严密平顺，粘结牢固，且不得污染采光板表面。

15）檐口、檐沟和天沟、女儿墙和山墙、水落口、变形缝、伸出屋面管道、屋面出入口、反梁过水孔、设施基座等细部构造工程的防水做法应符合设计要求，防水层收头应固定牢固，密封严密。

（2）施工过程质量检验的内容：

1）准备工作的检查验收：施工前，应检查屋面工程是否通过图纸会审，施工方案或技术措施的内容是否完整，工序安排是否合理，进度是否科学，质量要求是否明确，质量目标是否制订；审查防水专业施工队的资质等级和施工人员的上岗证；检查屋面材料的进场情况，材料现场外观检查是否合格，现场抽检取样是否符合标准，测试数据是否有效，能否符合设计要求；检查施工机具和劳保用品数量和完好程度。

2）基层质量的检查验收：找平层施工前，检查结构基层的质量是否符合防水工程施工的要求，找平层原材料的质量是否合格，配比是否准确，水灰比和稠度是否适当；分格缝模板的位置是否准确，水泥砂浆抹压是否密实，坡度是否准确，是否及时进行二次压光；找平层表面质量检查。

3）保温层质量的检查验收：保温层材料的品种是否正确，质量是否合格，板材的厚度是否准确；整体现浇保温层的配比是否正确，搅拌是否均匀，压实程度是否符合要求；松散保温材料的分层虚铺厚度和压实程度是否与试验确定的参数相同；板状保温材料铺贴是否平稳，板缝间隙是否用同类材料嵌填密实，上下板块接缝是否错开；保温层施工完成后是否及时进行找平层和防水层的施工，如在覆盖前遇雨，有否采取临时覆盖措施，雨后应重新测定保温层的含水率。

4）变形缝的质量检查验收：①变形缝的泛水高度不应小于250mm；②防水层应用附加增强卷材铺贴至变形缝两侧砌体的上表面。并用卷材连接和覆盖，连接卷材和覆盖卷材之间设置圆形衬垫材料，并以"∩"、"∪"上下造型；③变形缝内应填充聚苯乙烯泡沫塑料；④变形缝顶部应加扣混凝土或金属盖板。当采用混凝土盖板时，覆盖卷材两侧应设置刚性保护条，盖板接缝用密封材料嵌实。

5）卷材、涂膜防水层质量检查验收：防水层施工前应检查基层（找平层）质量是否合格；防水层材料及配套材料有否抽样检验合格，防水层施工时的气候条件是否满足要求，细部构造有否按照要求增设附加增强层等。

① 卷材防水屋面的质量检查验收：a. 卷材铺贴前是否弹基准线，卷材施工顺序、施工工艺、铺贴方向是否正确；b. 胶粘剂材性、质量是否符合要求；c. 粘结方法是否符合设计要求，卷材底面空气有否排尽；d. 搭接宽度是否满足要求：热熔粘结、冷粘粘结时，卷材搭接宽度的允许偏差为－10mm；单缝焊的搭接宽度为60mm，其有效焊接宽度不应小于25mm（地下防水不小于30mm）；双缝焊的搭接宽（含空腔宽）为80mm，其单条焊缝的有效焊接宽度不应小于10mm；e. 卷材接缝是否可靠，密封宽度是否符合要求，封口是否严密，不得有皱折、翘边和鼓泡等质量缺陷；f. 收头卷材是否与基层粘结并固定牢固，封口应严密，不得翘边；g. 排汽屋面的排汽道是否纵横贯通，是否堵塞。排汽管是否安装牢固，位置是否正确，封闭是否严密。

② 涂膜防水屋面的质量检查验收：a. 涂料配比是否准确，搅拌是否均匀，每遍涂刷的用量是否适当，涂刷的均匀程度，涂刷的遍数和涂料的总用量是否达到要求，涂刷的间隔时间是否足够；b. 涂膜防水层的厚度是否达到设计要求；c. 胎体增强材料的铺设方向、

搭接宽度是否符合要求；d. 涂膜防水层与基层是否粘结牢固，表面是否平整，应无流淌、皱折、鼓泡、露胎体和翘边等质量缺陷；e. 天沟、檐沟、檐口涂膜收头是否用涂料多遍涂刷或用密封材料封严。

③ 卷材与涂膜复合防水屋面的质量验收：a. 选用的防水卷材和防水涂料材性是否相容；b. 涂膜防水层是否设置在卷材防水层的下面；c. 防水卷材与防水涂料的粘结剥离强度是否符合要求；d. 防水涂料作为防水卷材粘结材料使用时，是否符合允许做粘结材料的使用要求；挥发固化型防水涂料是否作为防水卷材的粘结材料使用。

6）卷材、涂膜防水层上覆盖保护层的质量检查验收

① 覆盖保护层前，防水层是否已经验收合格。

② 保护层施工时，有否采取保护防水层不被损坏的措施。

③ 浅色涂料保护层的厚薄应均匀，与防水层是否粘结牢固，应无漏涂、露底现象。

④ 绿豆砂、云母或蛭石保护层不得有粉料，撒布应均匀，不得露底，粘结应牢固。多余的颗粒应清除。

⑤ 水泥砂浆、块材和细石混凝土等刚性保护层与防水层之间应设置隔离层。并应设分格缝，分格缝应与板缝对齐。

⑥ 水泥砂浆保护层的表面应抹平压光，除应设分格缝外，还应设表面分格缝，分格缝的纵横间距不应大于6m，表面分格缝的纵横间距宜为1m。

⑦ 块材保护层分格缝的分格面积不宜大于100m，分格缝宽度不宜小于20mm。

⑧ 细石混凝土保护层应密实，表面应抹平压光，分格缝的位置应准确，分格面积不大于36m。

⑨ 水泥砂浆、块材和细石混凝土等刚性保护层与女儿墙、山墙、突出屋面的连接处之间应预留宽度为30mm的凹槽，并用密封材料嵌填严密。

⑩ 保护层的排水坡度是否符合设计要求。

7）瓦屋面的质量检查验收：瓦及其配套材料是否抽样检验合格，基层质量是否合格，节点部位有否增强处理，防水层有否检查验收。

① 烧结瓦、混凝土瓦（平瓦）屋面的质量检查验收：a. 顺水条、挂瓦条分档是否与材料尺寸匹配，铺钉是否平整牢固，平瓦的铺置是否牢固，坡度过大时有否采取固定措施，瓦面是否整齐、平整、顺直，平瓦与平瓦之间、平瓦与脊瓦之间的搭盖方向、间距和尺寸是否正确，屋脊与斜脊是否顺直；b. 泛水、天沟、檐沟的防水设防应符合设计要求。应顺直整齐，与增强防水层之间应结合严密，无渗漏现象；c. 平瓦屋面的有关尺寸应符合下列规定：脊瓦在两坡面平瓦上的搭接宽度，每侧不小于40mm；瓦伸入天沟、檐沟的长度为50～70mm；天沟、檐沟的防水层伸入瓦内的宽度不小于150mm；瓦头挑出封檐板的长度为50～70mm；突出屋面的墙或烟囱的侧面瓦伸入泛水宽度不小于50mm。

② 油毡瓦屋面的质量检查验收：a. 油毡瓦的铺设方法应正确；上下层油毡瓦的对缝应错开，不得重合；隔层瓦的对缝应顺直；b. 油毡钉的数量应配够，应钉平钉牢，钉帽不得外露；c. 油毡瓦与基层应紧贴，瓦面应平整，檐口应顺直；d. 泛水做法应符合设计要求，顺直整齐，结合严密，无渗漏；e. 油毡瓦屋面的有关尺寸应符合以下要求：脊瓦与两坡面瓦的搭接宽度每边不小于100mm；脊瓦与脊瓦的压盖面不小于脊瓦面积的1/2；油

毡瓦在屋面与突出屋面结构的交接处铺贴高度不小于250mm。

③ 金属板材屋面的质量检查验收：a. 金属板材的安装固定方法应正确，搭接宽度是否符合要求，板材间的接缝是否有密封措施，密封应严密，螺栓固定点的密封是否严密，檐口线、泛水段应顺直，无起鼓现象；b. 金属屋面的排水坡度应符合要求；c. 压型板屋面的有关尺寸是否符合下列要求：压型板的横向搭接不小于一个坡，纵向搭接宽度不小于200mm；压型板挑出墙面的长度不小于200mm；压型板伸入檐沟内的长度不小于150mm；压型板与泛水的搭接宽度不小于200mm。

8）采光板铺装的质量检查验收：

① 对已完成的采光顶金属框架，是否提供了隐蔽工程验收记录。

② 采光顶的承载性能、气密性能、水密性能、热工性能、隔声性能、采光性能，是否符合设计要求。

③ 采光顶排水坡度是否符合设计要求；采光顶的排水系统应确保水的顺利排除，且对屋面内部金属框及玻璃板、聚碳酸酯板的冷凝水进行控制、收集和排除。

④ 采光板与支座固定方法是否正确。孔洞、接缝部位均应密封严密，注胶平顺，粘结牢固；外露钉帽应做密封处理。

⑤ 采光板是否根据其热膨胀性能、板厚及板宽在固定部位预留收缩空间。

⑥ 采光板与支承结构的连接是否符合下列要求：a. 连接件、紧固件的规格、数量应符合设计要求；b. 连接件应安装牢固，螺栓应有防脱落措施；c. 连接件与预埋件之间使用钢板或型钢焊接时，构造形式和焊缝应符合设计要求；d. 预埋件、连接件表面防腐涂层应完整、无破损。

⑦ 采光板的铺装是否符合下列规定：a. 采光板应采用金属压条压缝和不锈钢螺钉固定；板密封应用密封胶或密封胶条；b. 采光板的接缝应用专用连接夹连接，板材被夹持的部分至少要含有一条筋肋，且被夹持长度不宜小于25mm；c. 采光板的封边处理应用铝箔封口胶带或铝质封口材料；d. 铺装采光板板时，应将 UV（防紫外线标志）面朝向阳光方向。

⑧ 玻璃采光板的铺装质量检查验收：a. 铺装前玻璃板表面应平整、干净、干燥；b. 玻璃板的接缝宽度不应小于12mm，接缝密封深度宜与接缝宽度一致；c. 当玻璃板块平接时，接缝应进行两道密封处理，第一道应用低模量密封胶；第二道应用高模量密封胶；d. 玻璃板嵌入结构框架内时，玻璃板四周与密封胶条应结合紧密，镶嵌平整。密封胶注胶前应保证注胶面干净、干燥。注胶温度应符合设计和产品要求。

9）隔热屋面的质量检查验收：隔热层施工前，防水层应验收合格，应有采取保护防水层的措施。

① 架空屋面的质量检查验收：a. 架空隔热制品的质量应达到要求，支墩底部应设加强措施，支墩的间距应准确，架空板应采用坐浆铺砌，铺设应平整、稳固，相邻板面的高低差不得大于3mm，板缝应勾填密实；b. 架空隔热层的高度应按照屋面宽度或坡度的大小来确定。如设计无要求时，一般以100～300mm为宜。当屋面宽度大于10m时，应设置通风屋脊，宽度不宜小于250mm；c. 架空隔热层距山墙或女儿墙的距离不得大于250mm；d. 变形缝的做法应符合设计要求。

② 蓄水屋面的质量检查验收：蓄水区的划分及构造应正确，排水管、溢水口、给

水管、过水孔的位置尺寸、标高应符合设计要求，并应在防水层施工前就安装完毕。

③ 种植屋面的质量检查验收：a. 种植屋面采用卷材或其他柔性材料作防水层时，上部应设置过滤层、排（蓄）水层、耐根穿刺防水保护层或水泥砂浆、细石混凝土保护层；b. 种植屋面的排水坡度应为1%～3%，屋面四周应设挡墙，挡墙下部应设泄水孔，孔的内侧放置疏水粗细骨料，孔的位置、尺寸、标高均应符合设计要求。

2. 屋面防水工程质量验收

屋面工程施工质量验收的程序和组织，应符合现行国家标准《建筑工程施工质量验收统一标准》GB 50300 的有关规定。

（1）屋面工程各子分部工程和分项工程的划分

屋面工程为建筑工程中的一个分部工程，验收时，将其划分为五个子分部工程，每个子分部工程又划分成若干个分项工程，如表 8-17 所示。

屋面分部工程各子分部工程和分项工程的划分 表 8-17

分部工程	子分部工程	分项工程
屋面工程	基层与保护	找坡层，找平层，隔汽层，隔离层，保护层
	保温与隔热	纤维材料保温层，板状材料保温层，喷涂硬泡聚氨酯保温层，现浇泡沫混凝土保温层，蓄水隔热层，种植隔热层，架空隔热层
	防水与密封	卷材防水层，涂膜防水层，复合防水层，接缝密封防水
	瓦面与板面	烧结瓦和混凝土瓦铺装，沥青瓦铺装，金属板铺装，采光板铺装
	细部构造	檐口，檐沟和天沟，女儿墙和山墙，水落口，变形缝，伸出屋面管道，屋面出入口，反梁过水孔，设施基座，屋脊，屋顶窗

（2）检验批的划分

屋面工程验收时应将分项工程划分成一个或若干个检验批，以检验批作为工程质量检验的最小单位。屋面工程各分项工程的施工质量检验批划分应符合以下规定：

1）标高不同处的屋面宜单独作为一个检验批进行验收。

2）当屋面有变形缝时，变形缝两侧宜作为两个检验批进行验收。

3）如屋面工程划分施工段，各构造层次分段施工时，各施工段宜单独作为一个检验批进行验收。

4）基层、保护层、保温层、找坡层、卷材防水屋面、涂膜防水屋面、复合防水屋面、瓦屋面、金属板屋面、隔热屋面、采光顶屋面工程，宜以屋面面积每 500～1000m² 划分为一个检验批，不足 500m² 按一个检验批；每 100m² 抽查一处，每处抽查 10m²，抽查的部位不得少于 3 处。

5）防水与密封工程各分项工程每个检验批的抽验数量：防水层应按屋面面积每 100m² 抽查一处，每处 10m²，不得少于 3 处；接缝密封应按每 50m 抽查一处，每处 5m，抽查的部位不得少于 3 处。

6）屋面工程细部构造是质量检验重点，应全数检查。

（3）检验批质量验收合格的判定规定

1）主控项目的质量应经抽查检验合格。

2）一般项目的质量应经抽查检验合格；有允许偏差值的项目，其抽查点应有80%及其以上在允许偏差范围内，且最大偏差值不得超过允许偏差值的 1.5 倍。

3）应具有完整的施工操作依据和质量检验记录。

【例 1】某防水工程面积为 3000m²。问：

1）质量验收应检查几处？

2）在抽查的分项工程中，其检验项目全为优良。而允许偏差实测值有 25 个点在质量标准的规定范围之内，怎样评定该工程的质量等级？（允许偏差实测值≥80% 为合格，≥85% 为优良）

【解】1）防水工程每 100m² 应检查一处，3000m² 应检查 3000÷100 = 30 处。

2）25÷30 = 83.3% < 85%，该工程只能评为合格。

【例 2】某屋面工程面积为 2000m²，设计为 2mm 厚的涂膜防水工程。问

1）若检查几处涂膜的厚度分别为 1.7、1.8、1.9、2.0、2.0、2.1、2.1、2.2，该工程是否合格？

2）若某处涂膜的厚度为 1.55mm，该防水工程是否合格？

【解】1）（1.8 + 1.9 + 1.9 + 2.0 + 2.0 + 2.1 + 2.1 + 2.2）÷8 = 2mm，平均厚度符合设计要求，合格。

2）按最小厚度不应小于设计厚度的 80% 计算，2×80% = 1.6mm，1.55 < 1.6mm，该工程不合格。需在该处继续涂刷，直至该处厚度满足设计要求。

（4）分项工程质量验收合格的判顶规定：1）分项工程所含检验批的质量均应验收合格。2）分项工程所含检验批的质量验收记录应完整。

（5）分部（子分部）工程质量验收合格的判顶规定：1）分部（子分部）工程所含分项工程的质量均应验收合格。2）质量控制资料应完整。3）安全与功能抽样检验应符合现行国家标准《建筑工程施工质量验收统一标准》GB 50300 的有关规定。4）观感质量检查应符合隐蔽验收记录中有关规定。

（6）屋面工程质量验收的程序和组织：施工时，应建立各道工序的自检、交接检和专职人员检查的"三检"制度，并有完整的检查记录。每道工序完成后，应经监理单位或建设单位的检查验收，合格后方可进行下道工序的施工。工程质量验收应随着工程的进展而进行，一个分项工程的所有检验批均验收合格后，进行该分项工程验收；一个子分部工程的所有分项工程均验收合格后，进行该子分部工程验收；所有子分部工程均验收合格后，进行屋面工程的验收。

1）检验批的验收：①检验批应由监理工程师或建设单位项目技术负责人组织施工单位项目专业质量（技术）负责人进行验收。②检验批合格质量应符合下列规定：主控项目和一般项目的质量经抽样检验合格；具有完整的施工操作依据、质量检查记录。③检验批质量检验过程中，应按表 8-18 的格式由施工单位项目专业质量检查员填写施工单位自检的检验批检查评定记录和检查评定结果，监理工程师或建设单位专业技术负责人填写监理（建设）单位验收记录和验收结论。

检验批质量验收记录 表 8-18

工程名称		分项工程名称		验收部位	
施工单位		专业工长		项目经理	

续表

工程名称			分项工程名称		验收部位	
施工执行标准 名称及编号						
分包单位			分包项目经理		施工班组长	
	质量验收规范的规定		施工单位检查评定记录		监理（建设）单位验收记录	
主控项目	1					
	2					
	3					
	4					
	5					
	6					
	7					
一般项目	1					
	2					
	3					
	4					
施工单位 检查评定结果			项目专业质量检查员：		年　月　日	
监理（建设） 单位验收结论			监理工程师（建设单位项目专业技术负责人）		年　月　日	

2）分项工程的验收：①分项工程应由监理工程师或建设单位项目技术负责人组织施工单位项目专业质量（技术）负责人进行验收。②分项工程质量验收合格应符合下列规定：分项工程所含的检验批均应符合合格质量的规定；分项工程所含的检验批的质量验收记录应完整。③分项工程质量验收完成后，应按表8-19的格式由施工单位项目专业技术负责人填写各检验批部位、区段和该分项工程施工单位检查评定结果和检查结论，监理工程师或建设单位专业技术负责人根据施工单位的检查评定结果进行验收，填写验收结论。

_____分项工程质量验收记录　　　　　　表8-19

工程名称		结构类型		检验批数	
施工单位		项目经理		项目技术负责人	
分包单位		分包单位负责人		分包项目经理	
序号	检验批部位、区段		施工单位检查评定结果		监理（建设）单位验收结论
1					
2					
3					
4					

序号	检验批部位、区段	施工单位检查评定结果	监理（建设）单位验收结论
5			
6			
检查结论	项目专业 技术负责人 年 月 日		验收结论	监理工程师 （建设单位项目专业技术负责人） 年 月 日

3）分部工程或子分部工程的验收：

① 子分部工程和分部工程应由总监理工程师或建设单位项目负责人组织施工单位项目负责人和技术、质量负责人等进行验收。

② 分部工程和子分部工程质量验收合格应符合下列规定：分部工程或子分部工程所含分项工程的质量均验收合格；质量控制资料应完整。质量控制资料包括防水设计、施工方案、技术交底记录、材料质量证明文件、中间检查记录、施工日志和工程检查记录等。

③ 屋面淋水试验合格并有完整记录。

④ 屋面工程和水落管观感质量检查合格并有完整记录。

4）分部（子分部）工程质量验收记录：分部工程或子分部工程质量验收完成后，由施工单位按表8-20填写分部（子分部）工程验收记录，监理工程师或建设单位专业技术负责人会同设计单位、施工单位和分包单位填写验收意见并会签认可。

分部分（子分部）分工程质量验收记录　　　　　　　表 8-20

工程名称		结构类型		层数	
施工单位		技术部门负责人		质量部门负责人	
分包单位		分包单位负责人		分包技术负责人	
序号	分项工程名称	检验批数	施工单位检查评定	验 收 意 见	
1					
2					
3					
4					
	质量控制资料				
	安全和功能检验（检测）报告				
	观感质量验收				
验收单位	分包单位			项目经理　年　月　日	
	施工单位			项目经理　年　月　日	
	勘察单位			项目负责人　年　月　日	
	设计单位			项目负责人　年　月　日	
	监理（建设）单位	总监理工程师 （建设单位项目专业负责人）　　　　　　　　年　月　日			

3. 屋面工程隐蔽验收记录和竣工验收资料

（1）屋面工程隐蔽验收记录的内容：施工过程中应认真进行隐蔽工程的质量检查和验收工作，并及时做好包括以下主要内容的隐蔽验收记录：1）卷材、涂膜、复合防水层的基层。2）保温层的隔汽层和排湿、排汽措施。3）保温隔热层的敷设方式、厚度、板材缝隙填充质量及热桥部位的保温措施。4）卷材、涂膜防水层的搭接宽度和附加层。5）接缝的密封处理。6）瓦材与基层的固定措施。7）天沟、檐沟、泛水、水落口和变形缝等细部做法。8）在屋面易开裂和渗水部位的附加层。9）刚性保护层与卷材、涂膜防水层之间的隔离层。10）金属板材与基层的固定和板缝间的密封处理。11）坡度较大时，采取防止卷材和保温层下滑的措施。

（2）屋面工程竣工验收资料的内容及整理：屋面工程在开始施工到验收的整个过程中，应不断收集有关资料，并在分部工程验收前完成所有资料的整理工作，交监理工程师审查合格后提出分部工程验收申请，分部工程验收完成后，及时填写分部工程质量验收记录，交建设单位和施工单位存档。验收的资料和记录应按表8-21要求执行。

屋面工程验收的资料和记录 表8-21

序号	项目	验 收 资 料
1	防水设计	设计图纸及会审记录、设计变更通知单和材料代用核定单
2	施工方案	施工方法、技术措施、质量保证措施
3	技术交底记录	施工操作要求及注意事项
4	材料质量证明文件	出厂合格证、材料形式检验报告、出厂检验报告、进场验收记录和进场检验报告
5	中间检查记录	每道工序检验记录、分项工程质量验收记录、施工检记录
6	施工日志	逐日施工情况
7	工程检验记录	工序交接检验记录、检验批质量验收记录、隐蔽工程验收记录、淋水或蓄水试验记录、观感质量检查记录、安全与功能抽样检验（检测）记录
8	其他技术资料	事故处理报告、技术总结

（3）屋面工程观感质量应符合下列要求：

1）卷材防水层的搭接缝应粘（焊）接牢固，密封严密，不得有皱折、翘边和起泡等缺陷；卷材收头应与基层粘结并固定牢靠，缝口严密，不得翘边；卷材铺贴方向和搭接顺序应正确。

2）涂膜防水层应与基层粘结牢固，表面平整、涂刷均匀，无流淌、皱折、鼓泡、露胎体、翘边等缺陷。

3）天沟、檐沟、檐口、水落口、女儿墙、山墙、变形缝和伸出屋面管道等防水构造，应符合设计要求。

4）嵌缝的密封材料应与接缝两侧粘结牢固，无气泡、开裂和脱落等现象；表面应平滑，缝边应顺直，无凹凸不平现象。

5）烧结瓦、混凝土铺装应平整，牢固，应行列整齐，搭接应紧密，檐口应顺直；脊瓦应搭盖正确，间距应均匀，封固应严密；正脊和斜脊应顺直，应无起伏现象；泛水应顺直整齐，结合严密，无渗漏现象。

6）沥青瓦铺钉应搭接正确，钉帽不得外露；沥青瓦上下层切口不得重合，并应与基层钉粘牢固；瓦面应平整，檐口应顺直，泛水应顺直整齐，结合应严密，无渗漏现象。

　　7）金属板材铺装应平整、顺直；连接应正确，接缝应密封严密，排水坡度应符合设计要求；屋脊、檐口、泛水直线段应顺直，曲线段应顺畅。

　　8）玻璃采光顶铺装应平整、顺直、牢固，玻璃外露金属框或压条应横平竖直，压条应安装牢固；玻璃密封胶缝应横平竖直，深浅一致，宽窄应均匀，应光滑顺直；聚碳酸酯板、玻璃钢板安装应牢固，所有紧固件部位均应用耐候密封胶封严。

　　9）上人屋面或其他使用功能屋面，其保护及铺面应符合设计要求。

　　（4）屋面防水层的渗漏检查：检查屋面有无渗漏、积水现象，排水系统是否畅通，应在雨后或持续2h进行，并应填写淋水试验记录。具备蓄水条件的天沟、檐沟应进行蓄水试验，蓄水时间不得少于24h，蓄水深度不应小于天沟或檐沟深度的50%，且不应小于150mm，并应填写蓄水试验记录。

　　检查时应对顶层房间的天棚，逐间进行仔细的检查。如有渗漏现象，应记录渗漏的状态，查明原因，及时进行修补，直至屋面无渗漏为止。

　　（5）对安全与功能有特殊要求的屋面的验收：对安全与功能有特殊要求的屋面，工程质量验收除应符合《屋面工程质量验收规范》GB 50207 的规定外，尚应按合同约定和设计要求进行专项检验（检测）和专项验收。

　　（6）验收记录存档：屋面工程验收后，应填写分部工程质量验收记录，并应交建设单位和施工单位存档。

8.2.2　地下防水工程（含水池、泳池等）施工质量验收

1. 地下防水工程质量要求及过程质量检验

　　（1）质量要求

　　1）地下建筑防水工程进行子分部工程验收时，其质量应符合下列要求：

　　① 防水混凝土的抗压强度和抗渗压力必须符合设计要求；

　　② 防水混凝土应密实，表面应平整，不得有露筋、蜂窝、麻面等缺陷；裂缝宽度应符合设计要求；

　　③ 水泥砂浆防水层、卷材防水层、涂膜防水层、塑料板防水层、金属板防水层、保护层质量要求参见屋面工程。

　　④ 变形缝、施工缝、后浇带、穿墙管道等防水构造应符合设计要求。

　　2）特殊施工法防水工程的质量要求：①内衬混凝土表面应平整，不得有孔洞、露筋、蜂窝等缺陷；②盾构法隧道衬砌自防水、衬砌外防水涂层、衬砌接缝防水和内衬结构防水应符合设计要求；③锚喷支护、地下连续墙、复合式衬砌等防水构造应符合设计要求。

　　3）排水工程的质量要求：①排水系统不淤积、不堵塞，确保排水畅通；②反滤层的砂、石粒径、含泥量和层次排列应符合设计要求；③排水沟断面和坡度应符合设计要求。

　　4）注浆工程的质量要求：①注浆孔的间距、深度及数量应符合设计要求；②注浆效果应符合设计要求；③地表沉降控制应符合设计要求。

　　5）检查地下防水工程渗漏水量，应符合地下工程防水等级标准的规定。

　　6）地下防水工程验收后，应填写子分部工程质量验收记录，随同工程验收的文件和记录交建设单位和施工单位存档。

　　（2）施工过程质量检验的内容

1）准备工作的检查验收：参见屋面工程。

2）防水混凝土质量的检查验收：①检查混凝土结构的配筋是否符合设计要求，模板尺寸和牢固程度，保护层尺寸是否准确；②防水混凝土所用的水泥、砂、石、外加剂等原材料质量是否符合规定，配合比设计是否合理，浇筑过程中原材料计量是否准确，是否按要求进行坍落度检查，混凝土抗压和抗渗试块的留置方法是否正确；③混凝土浇筑的顺序、浇筑方法、浇筑方向、浇筑的分层厚度是否正确，振捣设备的使用是否得当；④混凝土养护方法和养护的时间是否正确等。

3）水泥砂浆防水层、卷材防水层、涂膜防水层、塑料板防水层、金属板防水层、保护层施工过程质量检验内容参见屋面工程。

4）细部构造的质量检查验收：细部构造是指防水混凝土结构的变形缝、施工缝、后浇带、穿墙管道、埋设件等部位。施工时应检查细部构造处理是否符合设计要求，原材料质量是否合格，变形缝的中埋式止水带和施工缝处的遇水膨胀止水条埋设位置是否正确、固定是否可靠，止水带或止水条的接头是否平整牢固，有无裂口和脱胶现象，施工缝、穿墙管道和埋设件的防水处理是否符合设计要求，密封材料是否嵌填严密、粘结牢固，有无开裂、鼓泡和下塌现象。

5）特殊施工法防水工程的质量检查验收：特殊施工法是指地下工程的锚喷支护、地下连续墙、复合式衬砌和盾构法隧道。

① 锚喷支护：a. 检查喷射混凝土所用原材料质量、配合比和计量措施，检查喷射混凝土抗压、抗渗试块的留置组数和抗压、抗渗报告；b. 检查锚喷支护喷层粘结是否牢固，有无空鼓现象，喷层厚度是否达到规定要求，喷层是否密实、平整，有无裂缝、脱落、漏喷、露筋、空鼓和渗漏水现象，喷层表面是否平整。

② 地下连续墙：a. 检查混凝土所用原材料质量、配合比和计量措施，检查混凝土抗压、抗渗试块的留置组数和抗压、抗渗报告；b. 检查地下连续墙的槽段接缝及墙体与内衬结构接缝是否符合设计要求；开挖后检查地下连续墙表面质量和平整度。

③ 复合式衬砌：a. 初期支护完成后检查其质量是否达到相应要求；初期支护与二次衬砌间设置的防水层或缓冲排水层按相应的要求进行检查；b. 检查二次衬砌的防水混凝土所用原材料质量、配合比和计量措施，检查混凝土抗压、抗渗试块的留置组数和抗压、抗渗报告；c. 检查二次衬砌混凝土的渗漏水量是否在防水等级要求范围内，混凝土表面是否坚实、平整，有无露筋、蜂窝等缺陷。

④ 盾构法隧道：a. 检查盾构法隧道衬砌防水措施是否符合设计要求，钢筋混凝土管片质量是否合格，检查管片的抗压、抗渗试件的留置组数和抗压、抗渗报告；b. 检查管片的连接方法是否正确，接缝的防水处理是否符合设计要求。

6）排水工程的质量检查验收：①渗排水：检查渗排水层的构造是否符合设计要求，渗排水所用的砂、石是否干净，渗排水层的厚度是否准确。②盲沟排水：检查盲沟的构造是否符合设计要求，盲沟所用的砂、石粒径是否准确，集水管的材质和质量是否符合设计要求。③隧道坑道排水：隧道坑道排水系统是否按设计图设置，纵、横向排水管沟、集水盲沟的断面尺寸、间距、坡度等是否符合设计要求，土工复合材料和反滤层材料是否符合设计要求，复合式衬砌的缓冲排水层铺设是否平整、均匀连续。

7）注浆工程的质量检查验收：检查注浆方法是否正确，注浆孔的数量、布置间距、钻孔深度及角度是否复合设计要求，注浆用原材料质量是否合格，配合比及计量措施是否正确，注浆过程中对地面及周围环境有否产生不利影响，注浆效果是否达到设计要求。

2. 地下防水工程的质量验收

（1）地下防水工程的分项工程划分：根据《建筑工程施工质量验收统一标准》GB 50300和《地下防水工程质量验收规范》GB 50208—2011 的规定，地下防水工程为建筑工程中的一个子分部工程，验收时，按工程内容和应用部位划分为若干个分项工程，见表 8-22。

地下防水工程的分项工程划分　　　　　　　　　　　　表 8-22

子分部工程		分 项 工 程
地下防水工程	主体结构防水	防水混凝土、水泥砂浆防水层、卷材防水层、涂料防水层、塑料防水板防水层、金属板防水层、膨润土防水材料防水层
	细部构造防水	施工缝、变形缝、后浇带、穿墙管、埋设件、预留通道接头、桩头、孔口、坑、池
	特殊施工法结构防水	锚喷支护、地下连续墙、盾构隧道、沉井、逆筑结构
	排水	渗排水、盲沟排水、隧道排水、坑道排水、塑料排水板排水
	注浆	预注浆、后注浆、结构裂缝注浆

（2）检验批的划分：地下防水工程验收时应将分项工程划分成一个或若干个检验批，以检验批作为工程质量检验的最小单位。地下防水工程各分项工程的施工质量检验批宜按以下原则划分：

1）当地下工程有变形缝时，变形缝两侧宜作为两个检验批进行验收。

2）如地下防水工程划分施工段，各分项工程分段施工时，各施工段宜单独作为一个检验批进行验收。

3）地下建筑工程的整体混凝土结构以外露面积 $1000m^2$ 左右为一个检验批，每 $100m^2$ 抽查一处，每处抽查 $10m^2$，抽查的部位不得少于 3 处。

4）地下建筑工程的附加防水层，如水泥砂浆防水层、卷材防水层、涂料防水层、塑料板防水层、金属板防水层等，以施工面积 $1000m^2$ 左右为一个检验批，每 $100m^2$ 抽查一处，每处抽查 $10m^2$，抽查的部位不得少于 3 处。

5）地下建筑防水工程的细部构造，如施工缝、后浇带、穿墙管道、埋设件等，是地下防水工程检查验收的重点，作为一个检验批进行全数检查；变形缝分为两个检验批进行检查。

6）锚喷支护和复合式衬砌按区间或小于区间断面的结构以 100～200 延米为一个检验批，每处抽查 $10m^2$，当一个检验批的长度小于 30 延米时，抽查的部位不得少于 3 处。

7）地下连续墙以 100 槽段为一个检验批，每处抽查 1 个槽段，抽查的部位不得少于 3 处。

8）盾构法隧道以 200 环为一个检验批，每处抽查一环，抽查的部位不得少于 3 处。

9）排水工程可按排水管、沟长度 1000m 为一个检验批，每处抽查 10m，或将排水管、沟以轴线为界分段，按排水管、沟数量 1000 个为一个检验批，每处抽查 1 段，抽查数量不少于 3 处。

10）预注浆、后注浆以注浆加固或堵漏面积 $1000m^2$ 为一个检验批，每处抽查 $10m^2$，抽查的部位不少于 3 处。

11）衬砌裂缝注浆以可按裂缝条数 100 条为一个检验批，每条裂缝为一处，当裂缝条数少于 30 条时，抽查的条数不少于 3 条。

（3）地下防水工程质量验收的程序和组织：地下防水工程施工时，应建立各道工序的自检、交接检和专职人员检查的"三检"制度，并有完整的检查记录。每道工序完成后，应经监理单位或建设单位检查验收，合格后方可进行下道工序的施工，未经建设（监理）单位对上道工序的检查确认，不得进行下道工序的施工。工程质量验收应随着工程的进展而进行，一个分项工程的所有检验批均验收合格后，即完成对该分项工程的验收；所有分项工程均验收合格后，进行地下防水子分部工程的验收。

1）检验批的验收：

① 检验批应由监理工程师或建设单位项目技术负责人组织施工单位项目专业质量（技术）负责人进行验收。

② 检验批合格质量应符合下列规定：a. 主控项目和一般项目的质量经抽样检验合格；b. 具有完整的施工操作依据、质量检查记录。

③ 检验批质量检验过程中，应按表 8-23 的格式由施工单位项目专业质量检查员填写检验批施工单位检查评定记录和检查评定结果，监理工程师或建设单位专业技术负责人填写监理（建设）单位验收记录和验收结论。

检验批质量验收记录　　　　　　　　　　　　　　表 8-23

工程名称			分项工程名称			验收部位		
施工单位				专业工长		项目经理		
施工执行标准名称及编号								
分包单位				分包项目经理		施工班组长		
	质量验收规范的规定		施工单位检查评定记录			监理（建设）单位验收记录		
主控项目	1							
	2							
	3							
	4							
	5							
	6							
	7							
	8							
	9							
一般项目	1							
	2							
	3							
	4							
施工单位检查评定结果			项目专业质量检查员：　　　　　　　　年　月　日					
监理（建设）单位验收结论			监理工程师（建设单位项目专业技术负责人）　　　年　月　日					

2）分项工程的验收：①分项工程应由监理工程师或建设单位项目技术负责人组织施工单位项目专业质量（技术）负责人进行验收。②分项工程质量验收合格应符合下列规定：a. 分项工程所含的检验批均应符合合格质量的规定；b. 分项工程所含的检验批的质量验收记录应完整。③分项工程质量验收完成后，应按表 8-24 的格式由施工单位项目专业技术负责人填写各检验批部位、区段和该分项工程施工单位检查评定结果和检查结论，监理工程师或建设单位专业技术负责人根据施工单位的检查评定结果进行验收，填写验收结论。

_____分项工程质量验收记录　　　　　　　表 8-24

工程名称		结构类型		检验批数	
施工单位		项目经理		项目技术负责人	
分包单位		分包单位负责人		分包项目经理	
序号	检验批部位、区段	施工单位检查评定结果		监理（建设）单位验收结论	
1					
2					
3					
4					
5					
6					
7					
8					
检查结论	项目专业技术负责人　　　　年　月　日		验收结论	监理工程师（建设单位项目专业技术负责人）　　　年　月　日	

3）地下防水子分部工程的验收：

① 子分部工程应由总监理工程师或建设单位项目负责人组织施工单位项目负责人和技术、质量负责人等进行验收。

② 子分部工程质量验收合格应符合下列规定：a. 子分部工程所含分项工程的质量均验收合格；b. 质量控制资料应完整。质量控制资料包括防水设计、施工方案、技术交底记录、材料质量证明文件、中间检查记录、施工日志和工程检查记录等；c. 地下室防水效果检查合格并有完整记录；

③ 子分部工程质量验收完成后，应按表 8-25 的格式由施工单位填写子分部工程验收记录，监理工程师或建设单位专业技术负责人会同设计单位、施工单位和分包单位填写验收意见并会签认可。

地下防水子分部工程质量验收记录　　　　　　　表 8-25

工程名称		结构类型		层数	
施工单位		技术部门负责人		质量部门负责人	
分包单位		分包单位负责人		分包技术负责人	

续表

序号	分项工程名称	检验批数	施工单位检查评定	验收意见
1				
2				
3				
4				
5				
	质量控制资料			
	安全和功能检验（检测）报告			
	观感质量验收			

验收单位	分包单位		项目经理　　年　月　日
	施工单位		项目经理　　年　月　日
	勘察单位		项目负责人　　年　月　日
	设计单位		项目负责人　　年　月　日
	监理（建设）单位	总监理工程师 （建设单位项目专业负责人）　　　　　　年　月　日	

3. 现浇防水混凝土结构分项工程验收

（1）一般规定

1）现浇防水混凝土结构的外观质量缺陷，应由监理（建设）单位、施工单位等各方根据其对结构性能和使用功能影响的严重程度，按表8-26确定。

现浇防水混凝土结构的外观质量缺陷　　　　　　　　表8-26

名称	现象	严重缺陷	一般缺陷
露筋	构件内钢筋未被混凝土包裹而外露	纵向受力钢筋有露筋	其他钢筋有少量露筋
蜂窝	混凝土表面缺少水泥砂浆而形成石子外露	构件主要受力部位有蜂窝	其他部位有少量蜂窝
孔洞	混凝土中空穴深度和长度均超过保护层厚度	构件主要受力部位有孔洞	其他部位有少量孔洞
夹渣	混凝土中夹有杂物且深度超过保护层厚度	构件主要受力部位有夹渣	其他部位有少量夹渣
疏松	混凝土中局部不密实	构件主要受力部位有疏松	其他部位有少量疏松
裂缝	缝隙从混凝土表面延伸至混凝土内部	构件主要受力部位有影响结构性能或使用功能的裂缝	其他部位有少量不影响结构性能或使用功能的裂缝
连接部位缺陷	构件连接处混凝土缺陷及连接钢筋、连接件松动	连接部位有影响结构传力性能的缺陷	连接部位有基本不影响结构传力性能的缺陷
外形缺陷	缺棱掉角、棱角不直、翘曲不平、飞边凸肋等	清水混凝土构件有影响使用功能或装饰效果的外形缺陷	其他混凝土构件有不影响使用功能的外形缺陷
外表缺陷	构件表面麻面、掉皮、起砂、沾污垢等	具有重要装饰效果的清水混凝土构件有外表缺陷	其他混凝土构件有不影响使用功能的外表缺陷

2）现浇防水混凝土结构拆模后，应由监理（建设）单位、施工单位对外观质量的尺

295

寸偏差进行检查，做出记录，并应及时按施工技术方案对缺陷进行处理。

（2）外观质量

Ⅰ主控项目

现浇结构的外观质量不应有严重缺陷。

对已出现的严重缺陷，应由施工单位提出技术处理整改方案，并经监理（建设）单位认可后再进行处理。对经处理的部位，应重新检查验收。检查数量：全数检查。检查方法：观察，检查技术处理方案。

Ⅱ一般项目

现浇结构的外观质量不宜有一般缺陷。

对已经出现的一般缺陷，应由施工单位按技术处理方案进行处理，并重新检查验收。检查数量：全数检查。检查方法：观察，检查技术处理方案。

（3）尺寸偏差

现浇结构不应有影响结构性能和使用功能的尺寸偏差。混凝土设备基础不应有影响结构性能和设备安装的尺寸偏差。

对超过尺寸允许偏差且影响结构性能和安装、使用功能的部位，应由施工单位提出技术处理整改方案，并经监理（建设）单位认可后再进行处理。对经处理的部位，应重新检查验收。检查数量：全数检查。检查方法：量测，检查技术处理方案。

现浇结构和混凝土设备基础拆模后的尺寸允许偏差见表8-27、表8-28。

现浇结构尺寸允许偏差和检验方法 表 8-27

项　　　目		允许偏差（mm）	检验方法
轴线位置	基础	15	钢尺检查
	独立基础	10	
	墙、柱、梁	8	
	剪力墙	5	
垂直度	层高 ≤5m	8	经纬仪或吊线、钢尺检查
	层高 >5m	10	经纬仪或吊线、钢尺检查
	全高（H）	H/1000 且≤30	经纬仪、钢尺检查
标高	层高	±10	水准仪或拉线、钢尺检查
	全国	±30	
截面尺寸		+8，−5	钢尺检查
电梯井	井筒长、宽对定位中心线	+25，0	钢尺检查
	井筒全高（H）垂直度	H/1000 且≤30	经纬仪、钢尺检查
表面平整度		8	2mm 靠尺和塞尺检查
预埋设施中心线位置	预埋件	10	钢尺检查
	预埋螺栓	5	
	预埋管	5	
预留洞中心线位置		15	钢尺检查

注：检查轴线、中心线位置时，应沿纵、横两个方向量测，并取其中的较大值。

混凝土设备基础尺寸允许偏差和检验方法   表 8-28

项　　目		允许偏差（mm）	检　验　方　法
坐标位置		20	钢尺检查
不同平面的标高		0，-20	水准仪或拉线、钢尺检查
平面外形尺寸		±20	钢尺检查
凸台上平面外形尺寸		0，-20	钢尺检查
凹穴尺寸		+20，0	钢尺检查
平面水平度	每米	5	水平尺、塞尺检查
	全长	10	水准仪或拉线、钢尺检查
垂直度	每米	5	经纬仪或吊线、钢尺检查
	全高	10	
预埋地脚螺栓	标高（顶部）	+20，0	水准仪或拉线、钢尺检查
	中心线	±2	钢尺检查
预埋地脚螺栓孔	中心线位置	10	钢尺检查
	深度	+20，0	钢尺检查
	孔垂直度	10	吊线、钢尺检查
预埋活动地脚螺栓锚板	标高	+20，0	水准仪或拉线、钢尺检查
	中心线位置	5	钢尺检查
	带槽锚板平整度	5	钢尺、塞尺检查
	带螺纹孔锚板平整度	2	钢尺、塞尺检查

注：检查坐标、中心线位置时，应沿纵、横两个方向量测，并取其中的较大值。

检查数量：按楼层、结构缝或施工段划分检验批。在同一检验批内，对梁、柱和独立基础，应抽查构件数量的 10％，且不少于 3 件；对墙和板，应按有代表性的自然间抽查 10％，且不少于 3 间；对大空间结构，墙可按相邻轴线间高度 5m 左右划分检查面，板可按纵、横轴线划分检查面，抽查 10％，且均不少于 3 面；对电梯井，应全数检查。对设备基础，应全数检查。

4. 防水混凝土结构子分部工程验收

（1）结构实体验收

1）对涉及混凝土结构安全的重要部位应进行结构实体检验。结构实体检验应在监理工程师（建设单位项目专业技术负责人）见证下，由施工项目技术负责人组织实施。承担结构实体检验的试验室应具有相应的资质。

2）结构实体检验的内容应包括混凝土强度、钢筋保护层厚度以及工程合同约定的项目；必要时可检验其他项目。

3）对混凝土强度的检验，应以在混凝土浇筑地点制备并与结构实体同条件养护的试件强度为依据。混凝土强度检验用同条件养护试件的留置、养护和强度代表值应符合"（3）结构实体检验用同条件养护试件强度检验"的规定。

对混凝土强度的检验，也可根据合同的约定，采用非破损或局部破损的检测方法，按国家现行有关标准的规定进行。

4）当同条件养护试件强度的检验结果符合现行国家标准《混凝土强度检验评定标准》GB 50107 的有关规定时，混凝土强度应判为合格。

5）对钢筋保护层厚度的检验，抽样数量、检验方法、允许偏差和合格条件应符合"（4）结构实体钢筋保护层厚度检验"的规定。

6）当未能取得同条件养护试件强度、同条件养护试件强度被判为不合格或钢筋保护层厚度不满足要求时，应委托具有相应资质等级的检测机构按国家有关标准的规定进行检测。

（2）防水混凝土结构子分部工程验收

1）混凝土结构子分部工程施工质量验收时，应提供下列文件和记录：①设计变更文件；②原材料出厂合格证和进场复验（检验）报告；③钢筋接头的试验报告；④混凝土工程施工记录；⑤混凝土试件的性能试验报告；⑥装配式结构预制构件的合格证和安装验收记录；⑦预应力筋用锚具、连接器的合格证和进场复验（检验）报告；⑧预应力筋安装、张拉及灌浆记录；⑨隐蔽工程验收记录；⑩分项工程验收记录；⑪混凝土结构实体检验记录；⑫工程的重大质量问题的处理方案和验收记录；⑬其他必要的文件和记录。

2）混凝土结构子分部工程施工质量验收合格应符合下列规定：①有关分项工程施工质量验收合格；②应有完整的质量控制资料；③观感质量验收合格；④结构实体检验结果满足本节的要求。

3）当混凝土结构施工质量不符合要求时，应按下列规定进行处理：①经返工、返修或更换构件、部件的检验批，应重新进行验收；②经有资质的检测单位检测鉴定达到设计要求的检验批，应予以验收；③经有资质的检测单位检测鉴定达不到设计要求，但经原设计单位核算并确认仍可满足结构安全和使用功能的检验批，可予以验收；④经返修或加固处理能够满足结构安全使用要求的分项工程，可根据技术处理方案和协商文件进行验收。

4）混凝土结构子分部工程质量验收记录：混凝土结构子分部工程质量验收可按表 8-29 记录。

混凝土结构子分部工程质量验收 表 8-29

工程名称			结构类型			层数	
施工单位			技术部门负责人			质量部门负责人	
分包单位			分包单位负责人			分包技术负责人	
序号	分项工程名称		检验批数	施工单位检查评定		验收意见	
1	钢筋分项工程						
2	预应力分项工程						
3	混凝土分项工程						
4	现浇结构分项工程						
5	装配式结构分项工程						
	质量控制资料						
	安全和功能检验（检测）报告						
	观感质量验收						

续表

序号	分项工程名称	检验批数	施工单位检查评定	验收意见
验收单位	分包单位		项目经理	年　月　日
	施工单位		项目经理	年　月　日
	勘察单位		项目负责人	年　月　日
	设计单位		项目负责人	年　月　日
	监理（建设）单位	总监理工程师 （建设单位项目专业负责人）		年　月　日

5）混凝土结构工程子分部工程施工质量验收合格后，应将所有的验收文件存档备案。

（3）结构实体检验用同条件养护试件强度检验

1）同条件养护试件的留置方式和取样数量，应符合下列要求：①同条件养护试件所对应的结构构件或结构部位，应由监理（建设）、施工等各方共同选定；②对混凝土结构工程中的各混凝土强度等级，均应留置同条件养护试件；③同一强度等级的同条件养护试件，其留置的数量应根据混凝土工程量和重要性确定，不宜少于10组，且不应少于3组；④同条件养护试件拆模后，应放置在靠近相应结构构件或结构部位的适当位置，并应采取相同的养护方法。

2）同条件养护试件应在达到等效养护龄期时，进行强度试验：等效养护龄期应根据同条件养护试件强度与在标准养护条件下28d龄期试件强度相等的原则确定。

3）同条件自然养护试件的等效养护龄期及相应的试件强度代表值，宜根据当地的气温和养护条件，按下列规定确定：①等效养护龄期可取按日平均温度逐日累计达到600℃·d时所对应的龄期，0℃及以下的龄期不计入；等效养护龄期不应小于14d，也不宜大于60d；②同条件养护试件的强度代表值应根据强度试验结果按现行国家标准《混凝土强度检验评定标准》GB 50107的规定确定后，乘折算系数取用；折算系数宜取为1.10，也可根据当地的试验统计结果作适当调整。

4）冬期施工，人工加热养护的结构构件，其同条件养护试件的等效养护龄期可按结构构件的实际养护条件，由监理（建设）、施工等各方根据第2条的规定共同确定。

（4）结构实体钢筋保护层厚度检验

1）钢筋保护层厚度检验的结构部位和构件数量，应符合下列要求：①钢筋保护层厚度检验的结构部位，应由监理（建设）、施工等各方根据结构构件的重要性共同选定；②对梁类、板类构件，应各抽取构件数量的2%且不少于5个构件进行检验；当有悬挑构件时，抽取的构件中悬挑梁类、板类构件所占比例均不宜小于50%。

2）对选定的梁类构件，应对全部纵向受力钢筋的保护层厚度进行检验；对选定板类构件，应抽取不少于6根纵向受力钢筋的保护层厚度进行检验。对每根钢筋，应在有代表性的部位测量1点。

3）钢筋保护层厚度的检验，可采用非破损或局部破损的方法，也可采用非破损方法并用局部破损方法进行校准。当采用非破损方法检验时，所使用的检测仪器应经过计量检验，检测操作应符合相应规程的规定。

钢筋保护层厚度检验的检测误差不应大于1mm。

4）钢筋保护层厚度检验时，纵向受力钢筋保护层厚度的允许偏差，对梁类构件为+10mm，−7mm；对板类构件为+8mm，−5mm。

5）对梁类、板类构件纵向受力钢筋的保护层厚度应分别进行验收。

结构实体钢筋保护层厚度验收合格应符合下列规定：①当全部钢筋保护层厚度检验的合格点率为90%及以上时，钢筋保护层厚度的检验结果应判为合格；②当全部钢筋保护层厚度检验的合格点率小于90%但不小于80%，可再抽取相同数量的构件进行检验；当按两次抽样总和计算的合格点率为90%及以上时，钢筋保护层厚度的检验结果仍应判为合格；③每次抽样检验结果中不合格点的最大偏差均不应大于4）规定允许偏差的1.5倍。

5. 地下防水工程隐蔽验收记录和竣工验收资料

（1）地下防水工程隐蔽验收记录的内容：地下防水工程施工进行隐蔽工程的质量检查和验收工作，并及时做好隐蔽验收记录。地下防水工程隐蔽验收记录应包括以下主要内容：1）卷材、涂料防水层的基层。2）防水混凝土结构和防水层被掩盖的部位。3）变形缝、施工缝等防水构造的做法。4）管道设备穿过防水层的封固部位。5）渗排水层、盲沟和坑槽。6）衬砌前围岩渗漏水处理。7）基坑的超挖和回填。

（2）地下防水工程竣工验收资料的内容及整理：地下防水工程在开始施工至工程竣工验收的整个过程中，应不断收集有关资料，并在子分部工程验收前完成所有资料的整理工作，交监理工程师审查合格后提出子分部工程验收申请，子分部工程验收完成后，应及时填写子分部工程质量验收记录，交建设单位和施工单位存档。地下防水工程竣工验收的文件和记录应按表8-30要求执行。

地下防水工程竣工验收的记录资料　　　　　　　　　　　表8-30

序号	项目	竣工和记录资料
1	防水设计	施工图、设计交底记录、图纸会审记录、设计变更通知单和材料代用核定审
2	资质、资格证明	施工单位资质及施工人员上岗证复印证件
3	施工方案	施工方法、技术措施、质量保证措施
4	技术交底	施工操作要求及安全等注意事项
5	材料质量证明	产品合格证、产品性能检测报告、材料进场检验报告
6	混凝土、砂浆质量证明	试配及施工配合比、混凝土抗压强度、抗渗性能检验报告，砂浆粘结强度、抗渗性能检验报告
7	中间检查记录	施工质量验收记录、隐蔽工程验收记录、施工检查记录
8	检验记录	渗漏水检测记录、观感质量检查记录
9	施工日志	逐日施工情况
10	其他资料	事故处理报告、技术总结

6. 地下防水工程渗漏水调查与量测方法

（1）渗漏水调查：1）地下防水工程质量验收时，施工单位必须提供地下工程"背水内表面的结构工程展开图"。2）房屋建筑地下室只调查围护结构内墙和底板。3）全埋设于地下的结构（地下商城，地铁车站，军事地下库等），除调查围护结构内墙和底板外，背水的顶板（拱顶）系重点调查目标。4）钢筋混凝土衬砌的隧道以及钢筋混凝土管片衬砌的隧道渗漏水调查的重点为上半环。5）施工单位必须在"背水内表面的结构工程展开图"上详细标示：①在工程自检时发现的裂缝，并标明位置、宽度、长度和渗漏水现象；②经修补、堵漏的渗漏水部位；③防水等级标准容许的渗漏水现象位置。6）地下防水工程验收时，经检查、核对标示好的"背水内表面的结构工程展开图"必须纳入竣工验收资料。

（2）渗漏水现象描述使用的术语、定义和标识符号，可按表8-31选用。

渗漏水现象描述使用的术语、定义和标识符号　　　　　　　　表 8-31

术语	定　　义	标识符号
湿渍	地下混凝土结构背水面，呈现明显色泽变化的潮湿斑	#
渗水	水从地下混凝土结构衬砌内表面渗出，在背水的墙壁上可观察到明显的流挂水膜范围	○
水珠	悬垂在地下混凝土结构衬砌背水顶板（拱顶）水珠，其滴落间隔时间超过1min称水珠现象	◇
滴漏	地下混凝土结构衬砌背水顶板（拱顶）渗漏水的滴落速度，每min至少1滴，称为滴漏现象	▽
线漏	指渗漏成线或喷水状态	↓

（3）当被验收的地下工程有结露现象时，不宜进行渗漏水检测。

（4）房屋建筑地下室渗漏水现象检测：

1）地下工程防水等级对"湿渍面积"与"总防水面积"（包括顶板、墙面、地面）的比例作了规定。按防水等级2级设防的房屋建筑地下室，单个湿渍的最大面积不大于$0.1m^2$，任意$100m^2$防水面积上的湿渍不超过1处。

2）湿渍的现象：湿渍主要是由混凝土密实度差异造成毛细现象或由混凝土容许裂缝（宽度小于0.2mm）产生，在混凝土表面肉眼可见的"明显色泽变化的潮斑"。一般在人工通风条件下可消失，即蒸发量大于渗入量的状态。

3）湿渍的检测方法：检查人员用干手触摸湿斑，无水分浸润感觉。用吸墨纸或报纸贴附纸不变颜色。检查时，要用粉笔构画出湿渍范围，然后用钢尺测量高度和宽度，计算面积，标示在"展开图"上。

4）渗水的现象：渗水是由于混凝土密实度差异或混凝土有害裂缝（宽度大于0.2mm）而产生的地下水连续渗入混凝土结构，在背水的混凝土墙壁表面肉眼可观察到明显的流挂水膜范围，在加强人工通风的条件下也不会消失，即渗入量大于蒸发量的状态。

5）渗水的检测方法：检查人员用于手触摸可感觉到水分浸润，手上会沾有水分。用吸墨纸或报纸贴附，纸会浸润变颜色。检查时，要用粉笔勾画出渗水范围，然后用钢尺测量高度和宽度，计算面积，标示在"展开图"上。

如：某地下工程，南墙内表面施工缝部位有 L 长、b 宽湿渍，顶板内表面某部位有水珠现象的"展开图"标示方法如图8-1所示。

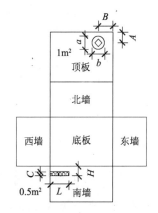

图 8-1　地下室"背水内表面结构工程展开图"的标示方法

6）对房屋建筑地下室检测出来的"渗水点"，一般情况下应准予修补堵漏，然后重新验收。

7）对防水混凝土结构的细部构造渗漏水检测，尚应按本条内容执行。若发现严重渗水，必须分析、查明原因，应准予修补堵漏，然后重新验收。

（5）钢筋混凝土隧道衬砌内表面渗漏水现象检测：

1）隧道防水工程，若要求对湿渍和渗水作检测时，应按房屋建筑地下室渗漏水现象检测方法操作。

2）隧道上半部的明显滴漏和连续渗流，可直接用有刻度的容器收集量测，计算单位时间的渗漏量（如 L/min，或 L/h 等）。还可用带有密封缘口的规定尺寸方框，安装在要求测量的隧道内表面，将渗漏水导入量测容器内。同时，将每个渗漏点位置、单位时间渗漏水量，标示在"隧道渗漏水平面展开图"上。

3）若检测器具或登高有困难时，允许通过目测计取每分钟或数分钟内的滴落数目，计算出该点的渗漏量。经验告诉我们，当每分钟滴落速度 3、4 滴的漏水点，24h 的渗水量就是 1L。如果滴落速度每分钟大于 300 滴，则形成连续细流。

4）为使不同施卫方法、不同长度和断面尺寸隧道的渗漏水状况能够相互加以比较，必须确定一个具有代表性的标准单位。国际上通用 $L/m^2 \cdot d$，即渗漏水量的定义为隧道的内表面，每平方米在一昼夜（24h）时间内的渗漏水值。

5）隧道内表面积的计算应按下列方法求得：

① 竣工的区间隧道验收（未实施机电设备安装）：通过计算求出横断面的内径周长，再乘以隧道长度，得出内表面积数值盾构法隧道不计取管片嵌缝槽、螺栓孔盒子凹进部位等实际面积。

② 即将投入运营的城市隧道系统验收（完成了机电设备安装）：通过计算求出横断面的内径周长，再乘以隧道长度，得出内表面积数值。不计取凹槽、道床、排水沟等实际面积。

6）隧道总渗漏水量的量测：隧道总渗漏水量可采用以下 4 种方法，然后通过计算换算成规定单位：$L/m^2 \cdot d$。

① 集水井积水量测：量测在设定时间内的水位上升数值，通过计算得出渗漏水量。

② 隧道最低处积水量测：量测在设定时间内的水位上升数值，通过计算得出渗漏水量。

③ 有流动水的隧道内设量水堰：靠量水堰上开设的 V 形槽口量测水流量，然后计算得出渗漏水量。

④ 通过专用排水泵的运转计算隧道专用排水泵的工作时间，计算排水量，换算成渗漏水量。

8.2.3 室内、外墙防水工程施工质量验收

1. 室内、外墙防水工程质量要求及过程质量检验

（1）质量要求

1）基层质量、防水材料质量要求参见屋面工程要求。

2）室内防水层应从地面延伸到墙面，高出地面 250mm。浴室、厕浴间墙面的防水层

高度不应低于 2000mm。

3）防水水泥砂浆、卷材防水层、涂膜防水层、保护层等质量要求参见屋面工程。

4）厕浴间应安装防水电器插座，开关应安装在门外开启侧的墙体上。

5）室内防水工程完工后，必须做 24h 蓄水试验，楼下应无滴漏、渗水现象。

6）外墙防水层用压力水或雨后检查，应无渗漏现象。

（2）室内、外墙防水施工过程质量控制、检验的内容

1）室内防水工程过程质量控制、检验的内容参见屋面、地下工程。

2）外墙防水工程过程质量控制、检验的内容如下：

① 混凝土外墙浇筑、水泥砂浆防水层施工的防水工程过程质量控制、检验参见地下工程防水混凝土、水泥砂浆防水层施工。

② 砖混结构外墙防水工程过程质量控制、检验：

a. 构造柱部位砌体做法及施工措施：各层构造柱位置的砖砌体留马牙槎，保证砖砌体与混凝土的咬合力。在结构柱浇筑混凝土时，采用三道丁字螺栓加固，混凝土必须振捣密实。

b. 清洁墙面：将混凝土柱面清洗干净，用 1：1：1（水泥、108 胶、细砂）的聚合物砂浆机械喷涂作为结合层。

c. 加固砖混接缝：在混凝土面与砖面的外墙交界处，用水泥钉沿缝对称钉铺 200mm 宽、10～12mm 网眼的热镀锌钢丝网，钉距为 150mm。

d. 抹掺化学纤维聚合物水泥砂浆：将所有墙面清扫干净，喷洒水，用"揉浆"技术铺抹第一层聚合物水泥砂浆（掺适量改性聚丙烯纤维），厚度应超过钢丝网，约 12mm 厚，铺抹应平整，当即将收水时，及时压实压光，切断表面毛细孔缝，使第一层与第二层砂浆内部的毛细孔缝互不连通，切断渗水通道。砂浆层与墙面基层应结合牢固，无空鼓现象。当第一层砂浆有 6～7 成干时，及时铺抹第二层 8mm 厚砂浆层，收水压光。喷水养护 7d。

水泥砂浆防水层如有空鼓、收缩裂缝、砂眼、脱离等质量缺陷，应凿除，冲淋干净后用原砂浆抹平、压光、养护。

e. 涂膜防水层施工：当确认砂浆层不渗水后，涂刷高延伸率防水涂料。涂刷方法见屋面涂膜防水层施工方法。

③ 砖砌体墙防水工程过程质量控制、检验措施：

a. 加气混凝土砖墙：采用在生产现场存放 28d 以上的标准砌块，砌筑至框架梁、顶板底面时，静置 7d 以上，使砌体墙充分沉降，再用掺膨胀剂的细石混凝土、水泥砂浆嵌塞墙体与梁、板间的缝隙，填塞应严实，喷水养护。

b. 双面勾缝：标准实心砖墙体内外水平及竖缝控制在 8～12mm 宽，加气混凝土砖墙水平及竖缝控制在 15mm 宽，用聚合物砂浆双面勾缝，不形成盲缝、通缝，隔断渗水通道。

c. 外砖墙内侧的配电箱、线盒安装时必须检查到位，凡砌体伤裂形成盲缝、通缝的砖块必须拆除，清洗干净缺口，另外砌筑密实。对已安装的线盒、箱体、单向管路与墙体间的空隙孔洞，用 1：2 水泥砂浆填塞捣实，对预制孔洞与箱体间的规矩空隙，可用密封材料嵌严。严禁用碎砖、余渣填塞。大于 200mm×200mm 的孔洞，用细石混凝土填堵。

在墙面用小棒敲击检查，如发出哑声，则撬开返工，另补密实。

d. 外墙面的脚手架或穿墙孔洞，在挂网、抹灰之前，用大于孔洞 1~2mm 的冲击钻对准孔洞钻拉，清除孔洞内塑料管及杂物，参照"3.9 地下工程主体结构细部构造防水设计及施工要点"的方法，用 1：2 补偿收缩防水砂浆填塞抹平。

e. 露出外墙面的铁制预埋件，用气焊割出内凹的弧形后用 1：1 聚合物水泥砂浆抹平。

f. 在设计留设分格缝的部位，抹灰完成后，弹基准线，缝宽 10mm，用手持锯沿线切缝，深为 5mm，然后用聚合物细砂水泥砂浆将缝壁、缝面修补平整，缝宽和深度要求平整一致。

g. 外墙施工完成后，采用高压喷淋方式进行试验，如渗水，查明原因及时修缮。

2. 室内、外墙防水子分部和分项工程划分

（1）室内防水子分部和分项工程划分见表 8-32。

室内防水子分部和分项工程划分 表 8-32

子分部工程	分 项 工 程
基层与保护	找坡层，找平层，隔离层，保护层
防水与密封	卷材防水层，涂膜防水层，复合防水层，接缝防水密封
细部构造	地漏，楼地面、墙面管道，电器灯具、插座、热水器固定件、水落管固定件、洁具台面、门窗洞口

（2）外墙防水子分部和分项工程划分见表 8-33。

外墙防水子分部和分项工程划分 表 8-33

子分部工程	分 项 工 程
基层与保护	找平层，隔离层，保护层
保温层	板状材料保温层，纤维材料保温层，喷涂硬泡聚氨酯保温层
防水与密封	卷材防水层，涂膜防水层，复合防水层，接缝防水密封
细部构造	伸出墙面管道固定件，室外挂机固定件，室外楼梯，室外升降机固定部位，变形缝，分格缝，门窗洞口

3. 室内、外墙防水检验批

（1）室内防水层质量检验应按涂膜防水层、聚合物防水砂浆防水层、水泥基渗透结晶型涂料防水层、卷材防水层、刚性防水层等每 100m² 抽查一处，每处抽查 10m²，当一个检验批的面积小于 300m² 时，抽查的部位不得少于 3 处。

（2）外墙防水层质量检验应按涂膜防水层、聚合物抗裂砂浆防水层、饰面砖装饰面积每 100m² 抽查一处，每处抽查 10m²，当一个检验批的面积小于 300m² 时，抽查的部位不得少于 3 处。

4. 室内、外墙防水工程质量标准

（1）室内防水工程质量标准

I 主控项目

（1）防水材料及其配套材料的质量，应符合设计要求。检验方法：检查出厂合格证、质量检验报告和进场检验报告。

（2）室内地面的排水坡度应符合设计要求，应无积水、倒坡等现象。检验方法：浇水试验，观察检查。

（3）防水层在地漏、穿楼板管道、穿墙管道等部位的密封防水构造、防水层设防高度等应符合设计要求。检验方法：观察和尺量检查。

（4）涂膜防水层的平均厚度应符合要求，且最小厚度不应小于设计厚度的80%。检验方法：针刺法或取样量测。

II 一般项目

（1）涂膜防水层、卷材防水层、刚性防水层的厚度应符合设计要求。防水层表面应无开裂、起皱和鼓泡现象。检验方法：检查施工图纸和隐蔽工程记录，观察检查。

（2）防水层与基层应粘结牢固；卷材防水层搭接缝、收头应密封严密。检验方法：观察手拨动检查。

（3）卷材搭接宽度、胎体增强材料搭接宽度允许偏差为－10mm；涂膜应浸透胎体，不得外露。检验方法：观察和尺量检查。

（2）**外墙防水工程质量标准**

I 主控项目

（1）防水材料及其配套材料的质量和配比，应符合设计要求。检验方法：检查出厂合格证、质量检验报告、进场检验报告和计量措施。

（2）外墙防水构造应符合设计要求。检验方法：检查施工图纸和隐蔽工程验收记录。

（3）密封材料嵌填应密实、连续、饱满，粘结应牢固，应无气泡、开裂、脱落等缺陷。检验方法：观察检查。

（4）外墙防水层施工完毕应做淋水试验，所有墙面均不得渗漏。检验方法：观察检查。

II 一般项目

（1）外墙砌体砌筑质量应符合施工验收规范的规定。检验方法：观察检查、检查施工图纸和隐蔽工程验收记录。

（2）涂膜、抗裂防水砂浆防水层的厚度应符合设计要求，且最小厚度应不小于设计厚度的80%。检验方法：针刺法或取样量测。

（3）涂膜防水层应无开裂、起皱、脱皮和鼓泡现象。检验方法：观察检查。

（4）密封防水接缝宽度的允许偏差为±10%，密封深度为接缝宽度的0.5~0.7倍。检验方法：尺量检查。

5. 室内、外墙防水工程隐蔽验收记录的内容

（1）室内、外墙防水层的基层。

（2）室内、外墙密封防水的部位。

（3）室内管道根、地漏口、台面四周、洁具根部四周的细部构造做法。

（4）外墙各构造层次的厚度及做法。

（5）外墙穿墙管道、变形缝、分格缝等细部构造做法。

6. 室内、外墙防水工程竣工验收资料的内容及整理

室内、外墙防水工程竣工验收资料的内容及整理见表8-34。

室内、外墙防水工程验收的文件和记录 表 8-34

序 号	项 目	文 件 和 记 录
1	防水设计	设计图纸及会审记录，设计变更通知单和材料代用核定单
2	施工方案	施工方法、技术措施、质量保证措施
3	技术交底记录	施工操作要求及注意事项
4	材料质量证明文件	出厂合格证、产品质量检验报告、试验报告
5	中间检查记录	分项工程质量验收记录、隐蔽工程检查验收记录、施工检验记录
6	施工日志	逐日施工情况
7	砂浆	施工配合比，砂浆抗渗试验报告
8	施工单位资质证明	资质复印证件
9	工程检验记录	抽样质量检验及观察检查
10	其他技术资料	事故处理报告、技术总结

9 防水工程工程量清单与清单计价和防水工程造价

2013 版"计价规范"共分为 10 本规范，其中《建设工程工程量清单计价规范》GB 50500—2013 统领其他 9 本专业工程计量规范，这些专业工程分别为房屋建筑、仿古建筑、通用安装、市政工程、园林绿化、矿山工程、构筑物工程、轨道交通和爆破工程，也就是说，这九个专业工程的清单计价和造价，除了应遵守本专业工程计量规范的规定外，还应遵守计价规范的规定。与防水工程有关的专业工程计量规范主要有《房屋建筑与装饰工程工程量规范》GB 50854—2013、《仿古建筑工程工程量计算规范》GB 50855—2013、《市政工程工程量计算规范》GD 50857　2013、《园林绿化工程工程量计算规范》GB 50858—2013、《构筑物工程工程量计算规范》GB 50860—2013、《城市轨道交通工程工程量计算规范》GB 50861—2013 等。

重视防水工程量清单计价表格的编制，可帮助综合实力强、社会信誉好、施工质量高的防水施工企业在建筑防水工程招投标活动中获得中标的机会。

9.1　清单编制准备工作

1. 图纸、资料准备

（1）备齐全套防水施工图及其所索引的防水标准图集；（2）备齐所需引用的定额本、工程量计算规则以及建筑工程量速算手册等；（3）备齐招标单位发出的各种表格及有关建设厅、局文件。

2. 识读防水施工图

仔细识读防水施工图（在建筑施工图、结构施工图中识读）。看懂防水构造做法、用料说明、具体尺寸（总尺寸、分尺寸）。图纸上长度、宽度、高度尺寸计量单位为毫米（mm），高程单位为米（m）。底层室内地面标高为零，以上为正，以下为负。找到所索引的防水标准图集，并审核其是否正对。

3. 熟悉应用定额

熟悉应用各省、市、自治区所编制的地方性《建筑工程预算定额》。如无地方定额，可采用《全国统一×××定额》。

4. 列出防水工程分部分项子目名称

按国家标准《建设工程工程量清单计价规范》GB50500、《房屋建筑与装饰工程工程量计算规范》GB 50854 等 9 个专业工程量计算规范中的有关涉及防水工程的清单项目及计算规则，对应施工图，列出与防水工程有关的分部、分项子目名称及其编号。每个分部工程、子分部工程都分为若干个分项工程。

5. 计算工程量

按《房屋建筑与装饰工程工程量计算规范》GB 50854 等专业工程量计算规范的要

求逐个计算各分部分项子目的工程量。应按顺序编号进行计算，不得挑一个算一个，也不可依建筑物施工顺序来计算。计算单位必须与清单计量单位相一致。例如：经计算某地下工程防水混凝土工程量为 6680m³，清单表上计量单位为 10m³，因此防水混凝土工程量为 668（10m³）。

工程量计算结果应按清单编号顺序逐个登录到工程量清单表格上。

6. 计算主材量

按各分部分项子目的工程量、相应的材料耗用定额，计算出所需的材料品种及数量。一般只算主要材料量，以作施工备料参照。

7. 查取定额

按各分部分项子目所用材料、施工条件等查取该子目的综合工日定额、材料耗用定额及机械台班定额或人工费单价、材料费单价及机械费单价。当子目的材料、施工条件等与定额本上所规定不同时，应按有关规定进行定额换算，按换算后的定额查取。

9.2 计算防水工程量（面积、体积、长度）和防水材料用量

9.2.1 计算防水工程量（面积、体积、长度）

1. 计算防水工程面积的范围

《房屋建筑与装饰工程工程量计算规范》GB 50854 等专业工程中规定的工程量计算规则，结合设计图示尺寸，计算防水工程面积或防水混凝土体积。

2. 现浇防水混凝土及钢筋混凝土工程量

现浇防水混凝土工程量，除另有规定外，均按混凝土的体积计算，不扣除构件内钢筋、预埋铁件及墙、板中单个面积在 0.3m² 以内的孔洞所占体积。

（1）基础：按不同基础形式，以基础的防水混凝土体积计算。带形基础混凝土体积 = 基础截面积×基础长度

外墙基础长度按基础中心线长度计算；内墙基础长度按内墙净长计算。

有肋带形基础，其肋高与肋宽之比在 4：1 以内时按有肋带形基础计算，超过 4：1 时，基础底板按板式基础计算，以上部分按墙计算。

箱式满堂基础应分别按无梁式满堂基础、柱、墙、梁、板有关规定分别计算。

设备基础除块体以外，其他类型设备基础分别按基础、梁、柱、板、墙等有关规定计算。

（2）柱：按不同柱的形式，以柱的防水混凝土体积计算。

柱混凝土体积 = 柱截面积×柱高。柱高按以下规定确定（图 9-1）：1）有梁板的柱高，按柱基上表面（或楼板上表面）至上一层楼板上表面的高度计算；2）无梁板的柱高，按柱基上表面（或楼板上表面）至柱帽下表面之间的高度计算；3）框架柱的柱高，按柱基上表面至柱顶的高度计算；4）构造柱按全高计算，与砖墙嵌接部分的混凝土体积并入构造柱混凝土体积内；5）依附于柱上的牛腿体积并入柱体积内。

（3）梁：按不同梁的形式，以梁的防水混凝土体积计算。梁混凝土体积 = 梁截面积×梁长。梁长按下列规定确定：1）梁与柱连接时，梁长算至柱侧面；2）次梁与主梁连接

时，次梁长算至主梁侧面；3）梁搁置于墙上时，梁长算至梁头端面；4）梁垫混凝土体积并入相应梁的混凝土体积内；5）圈梁长度按其中心线长度计算。

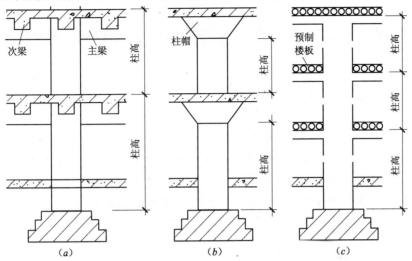

图 9-1 柱防水混凝土体积
（a）有梁板；（b）无梁板；（c）框架结构

（4）墙：按不同墙的形式，以墙的防水混凝土体积计算。墙混凝土体积＝墙厚×墙高×墙中心线长度。墙混凝土体积中应扣除门窗洞口及单个面积大于 $0.3m^2$ 孔洞的体积，墙垛及突出部分并入墙的体积内。

（5）板：按不同板的形式，以板的防水混凝土体积计算。板混凝土体积＝板面积×板厚。有梁板包括主梁、次梁与板，按梁与板体积之和计算。无梁板按板与柱帽体积之和计算。

（6）其他：1）悬挑板（阳台、雨篷）的防水混凝土工程量按伸出外墙部分的水平投影面积计算，伸出墙外的挑梁不另计算。带反挑檐的雨篷，反挑檐按展开面积计算，并入雨篷工程量内。2）现浇地沟、各类水池、门框等的防水混凝土工程量均按其混凝土体积计算。柱接柱及框架柱接头的现浇防水混凝土工程量按接头的体积计算，即柱截面积乘以接头高度。

3. 预制防水混凝土及钢筋混凝土工程量

按实际防水混凝土体积计算。

4. 瓦屋面、型材屋面工程量

（1）平瓦、油毡瓦、型材屋面：按不同瓦的材料、檩距、铺设部位，以屋面的斜面积计算。

屋面斜面积（S_x）可按屋面水平投影面积（S_t）乘以延尺系数（K）计算。延尺系数（K）由专用表格查得，也可根据屋面坡度求得，其值是以屋面坡度为斜率的直角三角形的正割（$\sec\alpha$）值。如：屋面坡度为 20%，则 $K = \sec\alpha = \sqrt{26}/5 = 5.099/5 = 1.0198$。

按设计图示尺寸计算屋面斜面积，不扣除房上烟囱、风帽底座、风道、小气窗、斜沟等所占面积，小气窗的出檐部分不增加屋面的面积。

小青瓦、水泥平瓦、琉璃瓦等应按瓦屋面项目编码列项。

压型钢板、阳光板、玻璃钢等应按型材屋面编码列项。

（2）膜结构屋面：按设计图示尺寸以需要覆盖的水平面积计算。

5. 卷材、涂膜防水屋面工程量

按设计图示尺寸以面积计算。

（1）平屋面：屋面坡度小于3%时，以平屋面计算，即按屋面水平投影面积计算，不乘以延迟系数。

（2）斜屋顶：屋面坡度≥3%时（不包括平屋面找坡），按斜面积计算。

（3）细部构造计算面积方法如下：

1）不扣除房上烟囱、风帽底座、风道、屋面小气窗和斜沟所占的面积；

2）屋面的女儿墙、伸缩缝和天窗等处的弯起部分，按图示尺寸计算，并入屋面工程量内。如图示无尺寸规定，伸缩缝、女儿墙的弯起部分高度可按250mm计算；天窗的弯起部分高度可按500mm计算。柔性防水层的附加层、接缝、收头、找平层嵌缝、冷底子油不另计算工程量。如定额本内已包含这部分材料的耗用量，则不计入材料用量；

3）密封嵌缝：屋面分格缝、增强材料盖缝等工程量均按缝的长度计算。

（4）斜屋面卷材防水层：多层复合防水层按层数以屋面斜面积计算；单层改性沥青卷材、单层合成高分子卷材屋面，按不同卷材品种、规格，做法（满铺、空铺、点铺、条铺），以屋面斜面积计算。

（5）斜屋面涂膜防水层：按不同涂膜品种、涂膜厚度、遍数、胎体材料种类，以屋面斜面积计算。

（6）斜屋面卷材、涂膜复合防水层：分别以卷材、涂膜的种类，以屋面斜面积计算。

6. 屋面排水工程量

按设计图示尺寸以长度计算。如设计未标注尺寸，以檐口至设计室外散水上表面垂直距离计算。

7. 屋面天沟、檐沟工程量

按设计图示尺寸以面积计算。薄钢板和卷材天沟按展开面积计算。

8. 墙、地面防水、防潮工程量

（1）卷材防水、涂膜防水、砂浆防水（防潮）

1）卷材防水、涂膜防水、砂浆防水（防潮）：按设计图示尺寸以面积计算。

2）地面防水：按主墙间净空面积计算，扣除凸出地面的构筑物、设备基础等所占面积，不扣除间壁墙及单个0.3m² 以内的柱、垛、烟囱和孔洞所占面积。

3）墙基防水：外墙按中心线，内墙按净长乘以宽度计算。

（2）变形缝

按设计图示以长度计算。

9. 忽略不计的工程量

卷材、胎体材料的附加层、接缝、收头、找平层嵌缝、冷底子油（基层处理剂）不另计算工程量。

10. 防水工程面积计算示例

一外形尺寸为20m×40m的平屋面，屋面四周设宽为240mm、高为500mm的女儿墙，柔性防水层设至女儿墙顶。则屋面水平投影面积为：$20 \times 40 = 800m^2$，女儿墙水平投影面积为：$0.24 \times (20 + 40) \times 2 = 28.8 \text{m}^2$，屋面平面部位柔性防水层面积为：$800 - 28.8 = 771.2 \text{m}^2$，女儿墙立面部位柔性防水层面积为：$0.5 \times (20 + 40) \times 2 = 60 \text{m}^2$，得到屋面的总防水面积为：$771.2 + 60 = 831.2 \text{m}^2$。

9.2.2   计算防水材料用量

各种材料用量 = 工程量 × 相应的材料耗用定额。

对防水混凝土、砂浆，应根据配合比计算出组成原材料的用量。即：各种原材料用量 = 混合材料用量 × 相应原材料配合比。

各分项子目所需材料用量计算出来后，按不同材料名称、规格、标号等分别填入材料汇总表内。并按各种材料用量进行统计，计算出合计数。用水量不必列项，按水表读数计费。

1. 防水混凝土材料计算实例

【例】有一地下工程，用 2000m^3 的 C30 防水混凝土浇筑，掺水泥重量 0.5% MF 干粉（需事先溶解于水）减水剂，碎石粒径 20mm，水泥 42.5 级，试计算所需材料用量。

【解】查《全国统一建筑工程基础定额》第 286 页，定额编号为 5-437 得出：每 10m^3 构件体积所需 C30 混凝土 10.15m^3，草袋 3.85m^2，水 10.21m^3。

$$C30 \text{ 防水混凝土用量} = 200 \times 10.15 = 2030 \text{m}^3$$

通过配合比计算或查表，得出：每 1m^3 混凝土中，525 水泥 374kg；中砂 0.45m^3，20mm 碎石 0.83m^3，水 0.18m^3。则：

水泥用量：$2030 \times 374 = 759220 \text{kg}$

中砂用量：$2030 \times 0.45 = 913.5 \text{m}^3$

碎石用量：$2030 \times 0.83 = 1684.9 \text{m}^3$

MF 减水剂用量：$759220 \times 0.5 = 3796.1 \text{kg}$

草袋用量：$2030 \times 3.85 = 7815.5 \text{m}^2$

用水量不计算，看水表读数结算。

2. 防水卷材计算实例

【例1】有一长 5m、宽 5m 的平屋面，采用三元乙丙橡胶防水卷材作防水层。卷材规格：长为 20m、宽 1.0m。每平方米各种材料用量分别为：卷材 $1.15 \sim 1.20 \text{m}^2$、基层处理剂 $0.2 \sim 0.3 \text{kg}$、基层胶粘剂 $0.4 \sim 0.5 \text{kg}$、卷材搭接胶粘剂 $0.15 \sim 0.2 \text{kg}$。计算各材料用量（按用量上限计算）。

【解】卷材用量：屋面面积 $40 \times 5 = 200 \text{m}^2$，耗用卷材 $200 \times 1.2 = 240 \text{m}^2$，需用卷材 $240 \div 20 \times 1.0 = 12$ 卷

基层处理剂用量：$200 \times 0.3 = 60 \text{kg}$

基层胶粘剂用量：$200 \times 0.5 = 100 \text{kg}$

卷材搭接胶粘剂用量：$200 \times 0.2 = 40 \text{kg}$

【例2】有一轮廓尺寸长 40m、宽 5m 的屋面，四周女儿墙宽 0.24m、高 0.4m，采用某合成高分子防水卷材作单层防水层，铺至女儿墙压顶下，四周铺设 0.5m 宽附加层，其余附加层忽略不计。卷材规格：长为 20m、宽 1.0m。每平方米各种材料用量分别为：卷材 $1.15 \sim 1.20 \text{m}^2$；基层处理剂 $0.2 \sim 0.3 \text{kg}$；基层胶粘剂 $0.4 \sim 0.5 \text{kg}$；卷材搭

接胶粘剂 $0.15 \sim 0.2$ kg。试计算各材料用量（按用量上限计算）。

【解】各部位面积：

1）屋面平面面积：$40 \times 5 = 200$ m^2

2）女儿墙立面面积：$0.4 \times [(40 - 0.24) + (5 - 0.24)] \times 2 = 35.616$ m$^2 \approx 36$ m^2

3）女儿墙投影面积：$(40 + 5) \times 0.24 \times 2 = 21.6$ m^2

4）附加层面积：$(40 + 5) \times 0.5 \times 2 = 45$ m^2

工程量：$200 + 36 - 21.6 = 214.4$ m^2

所需卷材面积：$214.4 + 45 = 259.4$ m^2

卷材用量：耗用卷材 $259.4 \times 1.2 = 311.28$ m^2

需用卷数：$311.28 \div (20 \times 1.0) = 15.56 \approx 16$ 卷

基层处理剂用量：（扣除阴阳角部位 200mm 范围空铺和附加层面积）$[(200 + 36 - 21.6) - 0.2 \times 90)] \times 0.3 = 58.92 \approx 59$ kg

基层胶粘剂用量：（扣除空铺面积）：$[(200 + 36 - 21.6 + 45) - (0.2 \times 90)] \times 0.5 = 120.7 \approx 121$ kg

卷材搭接胶粘剂用量：$259.4 \times 0.2 = 51.88 \approx 52$ kg

3. 防水涂料计算实例

【例1】有一地下工程，防水面积共 1000m^2，采用双组分聚氨酯防水涂料作防水层。每平方米材料用量：甲组分 $1 \sim 1.5$ kg、乙组分 $1.5 \sim 2$ kg，基层处理剂 0.3kg。计算各材料用量（按用量上限计算，胎体增强材料略）。

【解】甲料用量：$1000 \times 1.5 = 1500$ kg；乙料用量：$1000 \times 2.0 = 2000$ kg

基层处理剂用量：$1000 \times 0.3 = 300$ kg

【例2】有一地下工程，防水面积共 1000m^2，采用双组分聚氨酯防水涂料作防水层。涂膜厚为 2.5mm，每平方米混合涂料用量为 $3.1 \sim 3.3$ kg，按 A 组分：B 组分 $= 1:2$ 的重量比混合，基层处理剂 0.3kg/m^2。试计算各材料用量（按用量上限计算，胎体增强材料略）。

【解】混合涂料用量：$1000 \times 3.3 = 3300$ kg

A 料用量：$3300 \times 1/3 = 1100$ kg；B 料用量：$3300 \times 2/3 = 2200$ kg

基层处理剂用量：$1000 \times 0.3 = 300$ kg

【例3】有一 10m^2 的屋面，找坡层表面采用 20mm 厚 1:2.5 水泥砂浆找平，采用单组分聚氨酯防水涂膜作防水层，每平方米用量为 3kg。试计算水泥、砂、聚氨酯涂料的用量。（水泥砂浆的密度为 1600kg/m^3）

【解】水泥砂浆总重为 $0.02 \times 10 \times 1600 = 320$ kg

其中：水泥重 $320 \times [1 \div (1 + 2.5)] = 91.43 \approx 92$ kg

砂子重 $320 \times [2.5 \div (1 + 2.5)] = 228.57 \approx 229$ kg

聚氨酯涂料用量 $3 \times 10 = 30$ kg

【例4】聚氨酯涂膜防水工程面积为 100m^2，单组分聚氨酯防水涂料的密度约 1200kg/m^3，含固量 94%，涂膜设计厚度 2mm，施工损耗为总用量的 $2\% \sim 3\%$。求聚氨酯涂料总用量。

【解】1）计算每平方米聚氨酯涂料的用量：

（密度/含固量）×厚度 = (1200/0.94) × 0.002 ≈ 2.55(kg/m²)

2）计算聚氨酯涂料的总用量：

聚氨酯防水涂料总用量(kg) = 防水面积(m²) × 单方用量(kg/m²) + 损耗 = 100 × 2.55 + 100 × 2.55 × 0.03 = 255 + 7.65 = 262.65kg

4. 合价计算实例

【例】某屋面铺设 4mm 厚 SBS 改性沥青防水卷材一道，工程量为 1035m²。查某省建筑工程价目表，每平方米铺设的单价（人工费 + 材料费）为 39.40 元/m²。试计算该屋面防水工程的合价。

【解】该屋面防水工程合价为：1035 × 39.40 = 40779.00 元

9.3 防水工程工程量清单与清单计价

9.3.1 工程量清单及其种类

1. 工程量清单

拟建工程的分部分项工程项目、措施项目、其他项目、规费项目和税金项目的名称和相应数量等所编列的明细清单，称为工程量清单。

工程量清单可由招标人自行编制，亦可由招标人委托有资质的招标代理机构或造价单位编制。

2. 招标工程量清单

由建设工程招标人（建设单位）依据国家标准、招标文件、设计文件以及施工现场等实际情况编制的、随招标文件向投标人（施工单位）发出、供投标报价的拟建工程的工程量清单称为招标工程量清单。

招标工程量清单作为招标文件的组成部分，其准确性和完整性由招标人负责。

招标工程量清单标明的工程量是所有潜在投标人投标报价的共同基础，竣工结算的工程量按发、承包双方在合同中约定应予计量且实际完成的工程量确定。

3. 已标价工程量清单

构成合同文件组成部分的投标文件中已标明价格，经算术性错误修正（如有）且承包人已确认的工程量清单，包括对其的说明和表格称为已标价工程量清单。

9.3.2 工程量清单计价

1. 工程量清单计价的形式

投标人依据招标人编制的反映工程实体消耗和措施性消耗的工程量清单，经计算后进行自主报价，称为工程量清单计价。按分部分项工程单价组成的不同来区分，工程量清单计价主要有三种形式：工料单价法、综合单价法和全费用综合单价法。

工料单价 = 人工费 + 材料费 + 机械使用费；

综合单价 = 人工费 + 材料费 + 机械使用费 + 管理费 + 利润；

全费用综合单价法 = 人工费 + 材料费 + 机械使用费 + 管理费 + 利润 + 措施项目费 + 其他项目费 + 规费 + 税金。

防水工程分部分项工程和措施项目清单应采用综合单价计价。防水工程造价应采用全费用综合单价计价。

2. 工程量清单及清单计价的意义

（1）招标人为投标人提供了一个公开、公平、公正的竞争环境。由于提供了统一的工程量清单，避免了由于不同投标人计算工程量不准确、项目划分不一致等人为因素所造成的不公平现象。

（2）工程量清单是工程标底编制的依据之一，投标人一律按工程量清单进行计价，避免了清单不一而造成的混乱。

（3）工程量清单是投标人报价的重要依据，供评标人检查投标人的报价是否与工程量清单相一致。

（4）工程量清单是施工过程中支付工程进度款的依据，不会产生重复和遗漏。

（5）工程量清单及清单计价是进行工程结算和处理工程索赔的重要依据。

9.3.3 防水工程量清单的编制

工程量清单由分部分项工程量清单、措施项目清单、其他项目清单、规费项目清单和税金项目清单组成。

工程量清单应依据《建设工程工程量清单计价规范》GB 50500—2013、与防水工程有关的各专业工程的计量规范、国家或省级行业建设主管部门颁发的计价依据和办法、建设工程设计文件、与建设工程项目有关的标准、规范、技术资料、招标文件及其补充通知、答疑纪要、施工现场情况、工程特点及常规施工方案和其他相关资料进行编制。

1. 防水工程分部、子分部、分项工程量清单的编码方法

（1）防水工程分部、子分部、分项工程的划分：1）防水工程分部工程或子分部工程是单位工程的组成部分，系按结构部位、路段长度及施工特点或施工任务将单位工程划分为若干分部、子分部的工程。如屋面及防水工程、防水与密封、地下防水工程、外墙防水工程、室内（如厕浴间、厨房、室内水池）防水工程等。2）防水分项工程是分部、子分部工程的组成部分，系按不同防水材料、施工方法、工序及路段长度等将分部、子分部工程划分为若干个分项或项目的工程。如找平层、隔离层、卷材防水层、涂膜防水层、复合防水层、防水混凝土、沥青瓦铺装、接缝密封防水等。

（2）防水工程量清单的编码方法：规范规定，分部分项工程量清单的编码，采用12位阿拉伯数字表示；前9位为全国统一编码，应按规定设置，不得变动，其中，第1、2位是指各专业工程的代码，如房屋建筑与装饰工程代码为01，仿古建筑工程编码为02，等；第3、4位是指所在专业工程的分部工程附录顺序码，如09表示以01为代码的附录Ⅰ屋面及防水工程；第5、6位是指子分部工程顺序码，如02表示以01为代码、以09为编码的屋面防水及其他；第7、8、9位是指分项工程项目名称顺序码，001表示以010902为编码的屋面卷材防水；第10、11、12位是指具体工程清单项目编码。其中第10、11、12位由招标编制人按拟建工程的清单项目设置，并应从001起顺序编设，同一招标工程的项目编码不得有重码。以建筑防水工程为例，项目编码方法见图9-2。

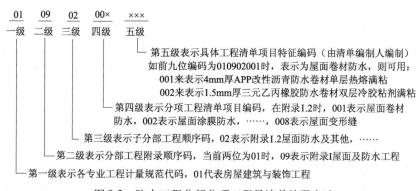

图 9-2 防水工程分部分项工程量清单编码方法

2. 分部分项工程量清单计量

分部分项工程量清单在计量时，每一项目汇总的有效位数应遵守下列规定：

（1）以"吨（t）"为单位，应保留三位小数，第四位小数四舍五入；

（2）以"立方米（m³）"、"平方米（m²）"、"米（m）"、（kg）为单位，应保留小数点后两位数字，第三位小数四舍五入；

（3）以"个、件、根、组、系统"为单位，应取整数。

3. 分部分项工程量清单的四个统一

分部分项工程量清单具有四个统一：即项目编码统一、项目名称统一、计量单位统一、工程量计算规则统一。

4. 涉及防水、防腐、隔热、保温的专业工程及有关附录章节

各专业工程计量规范涉及防水、防腐、隔热、保温分部分项工程量清单的附录章节如表 9-1 所示。

防水、防腐、隔热、保温工程分部分项工程量清单所涉及各专业工程附录章节　　表 9-1

专业工程名称	附录	分部工程名称	子分部工程节	项目编码范围
房屋建筑与装饰工程	E	混凝土及钢筋混凝土工程	E.1~E.12	010501001~010512008
	I	屋面及防水工程	I.1~I.4	010901001~010904004
	J	保温、隔热、防腐工程	J.1~J.3	011001001~011003003
	L	墙、柱面装饰与隔断、幕墙工程	L.1~L.4	011201001~011204004
仿古建筑工程	D	混凝土及钢筋混凝土工程	D.1~D.12	020401001~020412012
	F	屋面工程	F.1~F.3	020601001~020603012
	G	地面工程	G.1~G.5	020701001~020705003
市政工程	C	桥涵工程	C.7	040307001~040307005
	D	隧道工程	D.3~D.8	040303001~040408022
	E	网管工程	E.1~E.4	040501001~040504009
	F	水处理工程	F.1	040601001~040601030
	G	垃圾处理工程	G.1	040701001~040701009

专业工程名称	附录	分部工程名称	子分部工程节	项目编码范围
园林绿化工程	A	绿化工程	A.1	050101008～050101012
	C	园林景观工程	C.3	050303001～050303007
构筑物工程	A	混凝土构筑物工程	A.1～A.13	070101001～070113002
城市轨道交通工程	C	区间地下工程	C.3	080303001～080303009
	D	地下结构工程	D.1～D.3	080401001～080403006

5. 防水工程分部分项工程量清单的组成

（1）防水工程分部分项工程量清单：防水工程及其他工程分部分项工程量清单的内容应包括：序号、项目编码、项目名称、项目特征描述、计量单位、工程量和金额。应按各专业工程计量规范附录中的规则对防水工程进行计量编制。其中项目特征描述应注明防水材料名称、规格、厚度、型号和具体施工方法等。如：有一 120m² 屋面卷材防水工程，采用一层 4mm 厚 SBS 改性沥青防水卷材热熔满粘法施工，其分部分项工程量清单与计价的表格见表 9-2。

某屋面防水工程分部分项工程量清单与计价表 　　　　表 9-2

工程名称：某工程　　　　　　　　　标段：　　　　　　　　　　　第　页　共　页

序号	项目编码	项目名称	项目特征描述	计量单位	工程量	金额（元）				
						综合单价	合价	其中		
								人工费	机械费	暂估价
1	010902001001	屋面卷材防水	一层 4mm 厚 SBS 改性沥青防水卷材热熔满粘	m²	120.00	45.00	5400.00	180.00	0.00	
本页小计							5400.00	180.00	0.00	
合　计							5400.00	180.00	0.00	

注：根据住房和城乡建设部、财政部发布的《建筑安装工程费用组成》（建标［2003］206 号）的规定，为计取规费等的使用，可在表中增设"其中"："直接费"、"人工费"或"人工费＋机械费"。

（2）措施项目清单：措施项目中可以计算工程量的项目清单，宜采用分部分项工程量清单的方式编制，列出项目编码、项目名称、项目特征、计量单位和工程量计算规则；不能计算工程量的项目清单，以"项"为计量单位。

在编制拟建工程所列分部分项工程量清单时，应结合水文、气象、环境、安全和投标单位的具体情况，按《建设工程工程量清单计价规范》GB 50500—2013 中的"措施项目一览表"进行列项，"一览表"中包括"通用项目"、"房屋建筑与装饰工程"、"通用安装工程"、"市政工程"、"矿山工程"等，见表 9-3，防水工程所涉及项目包含在"通用项目"、"房屋建筑与装饰工程"内。

措施项目一览表（GB 50500—2013） 　　　　表 9-3

序号	项　目　名　称
1　通用项目	
1.1	安全文明施工（含环境保护、文明施工、安全施工、临时设施）
1.2	夜间施工
1.3	二次搬运

续表

序号	项 目 名 称
1.4	冬雨季施工
1.5	大型机械设备进出场及安拆
1.6	施工排水
1.7	施工降水
1.8	地上、地下设施，建筑物的临时保护设施
1.9	已完工程及设备保护
2 房屋建筑与装饰工程	
2.1	垂直运输机械
2.2	混凝土、钢筋混凝土模板及支架
2.3	脚手架
2.4	室内空气污染测试
3 通用安装（略）	
4 市政工程（略）	
5 矿山工程（略）	
6 爆破工程（略）	
7 其他工程（略）	

"一览表"中未列入的措施项目，清单编制人可作补充，并列入清单项目最后，在"序号"栏中以"补"字表示。

（3）其他项目清单：其他项目清单相见表9-4。

其他项目清单 表9-4

序号	项 目 名 称
1	暂列金额
2	暂估计（包括材料（工程设备）暂估价、专业工程暂估价）
3	计日工（包括用于计日工的人工、材料、施工机械）
4	总承包服务费

注：表中未列的项目，可根据工程实际情况补充。

1）暂列金额：是招标人在工程量清单中暂列的一笔合同价款，用于施工合同签订时供尚未确定或不可预见的材料、设备、服务方面发生的费用，施工中可能发生的工程变更、合同约定调整因素出现时的工程价款调整以及发生的索赔、现场签证确认等的费用。

暂列金额由招标人根据工程特点，按有关计价规定进行估算确定，一般为分部分项工程量清单费的 10% ~15% 做参考。索赔费用、签证费用从此项扣支。

2）暂估价：招标人在工程量清单中提供的用于支付必然发生但暂时不能确定价格的材料、工程设备的单价以及专业工程的金额。

① 材料（工程设备）暂估价：招标人列出暂估的材料（工程设备）名称、规格、型号、单价及使用范围，投标人按照此价格来进行组价，并计入相应清单的综合单价中；其他项目合计中不包含，只是列项。

② 专业工程暂估价：按项列支，如防水、塑钢门窗、玻璃幕墙等，价格中包含除规费、税金外的所有费用；此费用计入其他项目合计中。

3）计日工：是指在完成发包人提出的施工图纸以外的零星项目或工作，按合同中约定的综合单价计价。

① 计日工的单价由投标人通过投标报价确定（包括完成该项作业的人工、材料、施工机械台班等）；

② 计日工的数量按完成发包人发出的计日工指令的数量确定。

4）总承包服务费：是承包人为配合协调发包人进行的工程分包、自行采购材料、设备等，并进行管理、服务，以及对施工现场进行管理、竣工资料汇总整理等服务所需要的费用。

招标人一定要在招标文件中说明总包的范围，以减少后期不必要的纠纷。《建设工程工程量清单计价规范》GB 50500—2013 中列出的参考计算标准如下：

① 招标人仅要求对分包的专业工程进行总承包管理和协调时，按分包的专业工程估算造价的 1.5% 计算；

② 招标人要求对分包的专业工程进行总承包管理和协调并同时要求提供配合服务时，根据招标文件中列出的配合服务内容和提出的要求按分包的专业工程估算造价的3% ~5% 计算；

③ 招标人自行供应材料的，按招标人供应材料价值的1% 计算。

5）在编制竣工结算书时，对于变更、索赔项目，也应列入其他项目。

其他项目清单中除了总承包服务费是实际发生的费用外，其余项目费用均为估算和测算，虽在投标时列入投标人的报价中，但仍视为招标人所有，故在竣工结算时，按承包人所实际完成的工作内容进行结算，扣除后的剩余部分仍归招标人所有。

（4）规费项目清单：规费项目清单应按照下列项目列项。

1）工程排污费；2）工程定额测定费；3）社会保障费：包括养老保险费、失业保险费、医疗保险费；4）住房公积金；5）危险作业意外工伤保险。

上述未列出的项目，应根据省级政府或省级有关权力部门的规定列项。

（5）税金项目清单：税金项目清单包括营业税、城市维护建设税和教育费附加。未列出的项目，应根据税务部门的规定列项。税金项目清单由各地税务部门确定的计算基础（基数）乘以税费费率求得。

（6）补充清单项目规则：随着新材料、新技术、新工艺的应用，可能会出现附录中未包括的项目，此时，编制人应采用"补充项目"进行编码，各专业工程计量规范对补充清单项目的编码做出了以下规定：

1）补充项目的编码由各专业工程附录的代码（01、02、03、04、05、06、07、08、09）与 B 和三位阿拉伯数字组成，并应从 0×B001 起顺序编制，不得重号。如"房屋建筑与装饰工程计量规范"的补充项目为01B001、01B002 等；

2）在工程量清单中应附补充项目的项目名称、项目特征、计量单位、工程量计算规则和工作内容。尤其是应清楚地叙述工程内容和工程量计算规则，以方便投标人报价和后期变更、结算；

3）将编制的补充项目报省级或行业工程造价管理机构备案，省级或行业工程造价管理机构应汇总，并报住房和城乡建设部标准定额研究所。

如某省在安全文明施工中另外列出了"基本费"、"现场考评费"和"奖励费"三项费用。其中"基本费"按费率计算后列入其他项目的投标人部分，另外两项列入其他项目的招标人部分，并在序号中以"补"字列在清单项目最后。

9.3.4 防水工程量清单及清单计价

将工程量清单和工程量清单计价两张表格合并成一张表格，如将"分部分项工程量清单表"和"分部分项工程量清单计价表"合并成"分部分项工程量清单与计价表"，这些表格统一由招标人向投标人发出，不会出现混淆、差错。防水工程量清单和清单计价都由这些表格构成。

1. 分部分项工程和措施项目清单及其计价

应采用综合单价计价。

综合单价是指完成一个规定计量单位的分部分项工程和措施清单项目所需的人工费、材料费和工程设备费、施工机具使用费和企业管理费、利润以及在一定范围内的风险费用。其中，按规费的收取与否，工程量清单计价又可分为全费用综合单价（收取规费）和部分费用综合单价（不收取规费）。

（1）人工费：直接完成工程量清单中各个分项工程施工所需的操作工人开支和各项费用。

（2）材料费：完成工程量清单中各个分项工程所需各种材料的总和。

（3）机械使用费：完成工程量清单中各个分项工程需要机械作业的使用费用。

（4）利润：综合企业的经营管理水平和市场的竞争能力，完成工程量清单中各个分项工程应获得并计入清单项目中的利润。

（5）风险费用：投标人在确定综合单价时，应将施工期间可能发生的风险费用考虑在内。如施工现场条件苛刻，自然条件恶劣，施工中的意外事故，物价不稳定等风险所发生的费用。

（6）包工不包料：由招标人供应的建筑材料应计入清单报价中，最终在综合单价中体现。

（7）其他取费：根据国情，综合单价除适用于分部分项工程量清单和措施项目清单外，各省还规定可适用于其他项目工程量清单。

2. 措施项目清单及其计价

措施项目清单中的安全文明施工费应按照国家或省级、行业建设主管部门的规定计价，不得作为竞争性费用；环境保护费应在满足环境保护部门的相关要求下，结合工程类型、性质、工程内容和施工企业的自身情况进行报价；排污费可参照国务院、有关部委的文件进行报价。

对安全防护、文明施工有特殊要求和危险性较大的工程，需增加现场安全文明施工措施、方案论证、审查等费用的，由施工单位在措施费中单独计取。

为提高文明施工积极性，有的省还在措施项目费中列出基本费、现场考评费和奖励费三部分费用。基本费为施工过程中必须发生的安全文明施工措施费；现场考评费为考评人员经现场核查打分和动态评价获取的安全文明施工措施增加费；奖励费为施工单位根据与建设单位的约定，加大投入、加强管理，获得省、市级文明工地的措施费。这些费用以分部分项工程费为计费基数，结算时按审定的分部分项工程费进行调整。

3. 其他项目清单及其计价

（1）其他项目费应按下列规定计价：1）暂列金额应根据工程特点，按有关计价规定估算；2）暂估价中的材料（工程设备）单价应根据工程造价信息或参照市场价格估算；暂估价中的专业工程金额应分不同专业，按有关计价规定估算；3）计日工应根据工程特点和有关计价依据计算；4）总承包服务费应根据招标文件列出的内容和要求估算。

（2）其他项目费应按下列规定报价：1）暂列金额应按招标人在其他项目清单中列出的金额填写；2）材料（工程设备）暂估价应按招标人在其他项目清单中列出的单价计入综合单价；专业工程暂估价应按招标人在其他项目清单中列出的金额填写；3）计日工按招标人在其他项目清单中列出的项目和数量，自主确定综合单价并计算计日工费用；4）总承包服务费根据招标文件中列出的内容和提出的要求自主确定。

（3）其他项目费用应按下列规定计算：1）计日工应按发包人实际签证确认的事项计算；2）暂估价中的材料（工程设备）单价应按发、承包双方最终确认价在综合单价中调整；专业工程暂估价应按中标价或发包人、承包人与分包人最终确认价计算；3）总承包服务费应依据合同约定金额计算，如发生调整的，以发、承包双方确认调整的金额计算；4）索赔费用应依据发、承包双方确认的索赔事项和金额计算；5）现场签证费用应依据发、承包双方签证资料确认的金额计算；6）暂列金额应减去工程价款调整与索赔、现场签证金额计算，如有余额归发包人。

由于施工情况各不相同，施工过程中的变更情况时有发生，这些变更牵涉到费用的发生。所以招标人将这部分费用以其他项目费的形式列出，供投标人按规定组价。其他项目费中招标人部分是不可竞争性费用，投标人应完全按照招标人提出的数量和金额进行报价，投标人不应对价格进行调整。而投标人部分是可竞争性费用，名称、数量由招标人提供，价格由投标人自行确定。

计价规范中提到的四种其他项目费用，对招标人来说只是参考，对缺项可以补充，但对投标人来说是不能补充的，必须按照招标人提供的其他项目清单来计价。

4. 规费项目、税金项目清单及其计价

规费和税金应按国家或省级、行业建设主管部门的规定计算，不得作为竞争性费用。

（1）规费项目清单计价：规费计算比较简单，由计算基础（有时称为"计算基数"，本书互用）乘以规费费率求得。计算基础和费率由各省自定，计算基础一般为人工费或人工费+材料费或人工费+机械费。

（2）税金项目清单计价：税法规定，营业税以含税造价为计算基数，税率为3%；城市维护建设税以营业税为基数，税率与纳税人所在地区有关，城区为7%，县城或城镇为5%，农村为3%。

为计算方便，以不含税造价为计算基数的综合税率为：城区税率为3.41%，县城或城镇税率为3.35%，农村税率为3.22%。教育费附加以各地规定计算。

9.3.5 防水工程量清单及清单计价格式

防水工程量清单及清单计价格式应按《建设工程工程量清单计价规范》GB 50500—2013 规定的统一格式填报。

1. 工程量清单及计价表格的组成

工程量清单与计价格式由封面、总说明、汇总表、分部分项工程量清单表、措施项目清单表、其他项目清单表、规费、税金项目清单表、工程款支付申请（核准）表八大类表格组成，共计 20 多张表格。各省、自治区、直辖市建设行政主管部门和行业建设主管部门可根据本地区、本行业的实际情况，在《建设工程工程量清单计价规范》GB 50500—2013 和各专业工程量计算规范的基础上补充完善。

2. 防水工程量清单及计价表格的编制实例

某省某市某公寓地下一层、地上四层钢筋混凝土建筑工程，包括建筑、防水、装饰和安装工程。招、投标采用工程量清单计价形式。其中，屋面采用架空隔热构造，屋面、地下室底板和地下室外墙均采用 4mm 厚 SBS 改性沥青防水卷材作防水层，屋面、地下室底板采用热熔满粘法粘结，地下室外墙采用胶粘剂满粘法粘结；洗手间地面和墙面均采用 2mm 厚聚氨酯防水涂膜作防水层。保温层由土建单位完成，不计工程量；预制混凝土板只计算架空铺设工程量，不考虑板的制作、运输和吊装。该防水工程工程量清单及计价表格的编制如下（表中所涉数字均以假设示之）：

（1）防水工程量清单封面、表格的编制应符合下列规定（按《建设工程工程量清单计价规范》GB 50500—2013 表格编排）：

工程量清单编制所使用的封面、表格包括：工程量清单封面、总说明、分部分项工程量清单与计价表、措施项目清单与计价表（一）、措施项目清单与计价表（二）、其他项目清单与计价汇总表、暂列金额明细表、材料（工程设备）暂估单价表、专业工程暂估价表、计日工表、总承包服务费计价表、规费、税金项目清单与计价表等。

1）防水工程量清单的编制所使用的封面应按规定的内容填写、签字、盖章，造价员编制的工程量清单应有负责审核的造价工程师签字、盖章。

某公寓防水工程量清单封面格式为：

某省某市某公寓 　　　工程报建号：

<u>防　水</u>　工程

工程量清单

工程造价

招标人：＿＿＿＿＿＿（略）　咨询人＿＿＿＿＿＿（略）
　　　　　（单位盖章）　　　　　　　（单位资质专用章）

法定代表人　　　　　　　　　法定代表人
或其授权人：＿＿＿＿＿（略）　或其授权人：＿＿＿＿＿（略）
　　　　　（签字或盖章）　　　　　　　（签字或盖章）

编　制　人：＿＿＿＿＿（略）　复　核　人：＿＿＿＿＿（略）
　　　（造价人员签字盖专用章）　　　（造价工程师签字盖专用章）

编制时间20××年××月××日　复核时间：20××年××月××日

封-1

2）总说明应按下列内容填写：

① 工程概况：建设规模、工程特征、计划工期、施工现场实际情况、自然地理条件、环境保护要求等。

② 工程招标和分包范围。

③ 工程量清单编制依据。

④ 工程质量、材料、施工等的特殊要求。

⑤ 其他需要说明的问题。

某省某市某公寓防水工程总说明见表9-5。

总　说　明　　　　　　　　　　　　　　　　　　　　　　　　　　表9-5

工程名称：某省某市某公寓防水工程　　　　　　　　　　　　　第1页　共1页

1. 工程概况：建筑面积5500m²，地上四层、地下一层，混凝土基础，全现浇结构。屋面防水工程量为1200m²；底板防水工程量为1100m²；地下室外墙防水工程量为3000m²；洗手间每层各2间，每间地面防水工程量10m²，共计100m²，每间墙面防水工程量为5m²，共计50m²。防水施工工期分别为0.7个月、0.8个月、0.7个月、0.6个月。

2. 本工程位于××市××区东南角一小区旁。施工场地临近公路，交通运输方便，施工要防噪音。

3. 工程招标和分包范围：屋面、地下、卫生间全部防水工程。

4. 清单编制依据：《建设工程工程量清单计价规范》GB 50500—2013、《房屋建筑与装饰工程工程量计算规范》GB 50854—2013、施工设计图纸、《防水工程施工方案》或《防水施工组织设计》、《××定额》等。

5. 工程质量、材料、施工等的特殊要求：所采用的4mm厚SBS改性沥青防水卷材的性能指标应符合《弹性体改性沥青防水卷材》GB 18242的规定，冷粘法施工所采用的改性沥青胶粘剂应与卷材材性相容；2mm厚聚氨酯防水涂料的性能指标应符合《聚氨酯防水涂料》GB/T 19250的规定，防水工程质量应达到验收标准。

6. 考虑到施工中可能发生的设计变更或清单有误等情况，预留金额10000.00元。

7. 投标人在投标时应按《建设工程工程量清单计价规范》GB 50500—2013规定的统一格式，提供"分部分项工程量清单综合单价分析表"、"措施项目费分析表"。

8. 防水工程计量应符合《房屋建筑与装饰工程工程量计算规范》GB 50854—2013的规定。

9. 随清单附有"主要材料价格表"，投标人应按其规定内容填写。

3）"分部分项工程量清单与计价表"见表9-6。

分部分项工程量清单与计价表　　　　　　　　　　　　　　　　表9-6

工程名称：　　　　　　　　　　　标段：　　　　　　　　　　　第　页　共　页

序号	项目编码	项目名称	项目特征描述	计量单位	工程量	金　额（元）		
						综合单价	合价	其中
								暂估价
本页小计								
合　计								

注：根据建设部、财政部发布的《建筑安装工程费用组成》（建标〔2003〕206号）的规定，为计取规费等的使用，可在表中增设其中："直接费"、"人工费"或"人工费＋机械费"。

某公寓屋面防水工程"分部分项工程量清单与计价表"如表9-7所示。

某公寓架空隔热屋面防水工程分部分项工程量清单与计价表　　　　　表9-7

工程名称：某公寓

项目编码：010902001001　　　　　　　　　　　　　　　　　　综合单价：86.88

项目名称：架空隔热屋面、卷材防水　　　　　　　　　　　　　第1页　共　页

序号	项目特征/工程内容	计量单位	工程量	金额（元）				
				综合单价	合价	其　中		
						人工费单价	机械使用费单价	暂估价
1	20厚1：3水泥砂浆找平层	m²	1000	7.30	7300.00	2.00	0.15	
2	一层4mm厚SBS改性沥青防水卷材热熔满粘	m²	1200	52.00	62400.00	1.50	0.00	
3	纸筋灰隔离层	m²	1000	2.00	2000.00	1.00	0.05	
4	40mm厚C20现浇细石混凝土保护层	m²	1000	19.09	19090.00	3.20	0.50	
5	35×800×800架空预制板铺设850m²	m²	850	6.49	5516.50	2.35	0.05	
合　计				86.88	9630.65	10.05	0.75	

注：1. 表中人工费指规费按人工费计取的应填写综合单价中的人工费；

　　2. 有的省份将表中的"机械使用费"规定为"材料暂估价"计取；

　　3. 卷材防水层增加女儿墙翻起的泛水面积，一共1200m²；架空隔热面积除去通风屋脊、女儿墙四周隔开面积，铺设面积为850m²。

有的省将工程量清单单独列出，供投标单位根据清单按表9-7计价。某公寓屋面、地下室、外墙、洗手间防水工程分部分项工程量清单见表9-8。

防水工程分部分项工程量清单　　　　　　　　　　　　　　表9-8

工程名称：某公寓屋面、地下室、外墙、厕浴间防水招标　　　　第1页　共　页

序号	项目编码	项目名称	项目特征及工程内容	计量单位	工程量
I.2 屋面防水及其他（编码：010902）					
1	010902001001	屋面卷材防水	1.100mm厚水泥珍珠岩板保温层（土建单位完成，不计工程量）； 2.20厚1：3水泥砂浆找平层； 3. 一层4mm厚SBS改性沥青防水卷材热熔满粘，增加女儿墙翻起的泛水面积，共1200m²； 4. 纸筋灰隔离层； 5.40mm厚C20现浇细石混凝土； 6.35×800×800架空预制板铺设850m²	m²	1000
I.3 墙面防水、防潮（编码：010903）					
2	010903001001	墙面卷材防水（地下室外墙）	1.20mm厚1：3水泥砂浆找平层（土建单位完成，不计工程量）； 2. 一层4mm厚SBS改性沥青防水卷材胶粘剂满粘铺贴； 3.50mm厚挤塑聚苯板保护层； 4.2：8灰土回填（土建单位完成，不计工程量）	m²	3000

序号	项目编码	项目名称	项目特征及工程内容	计量单位	工程量
3	010903002001	墙面涂膜防水（厕浴间墙面）	2mm厚聚氨酯涂膜防水层	m²	50
			I.4 楼（地）面防水、防潮（编码：010904）		
4	010904001001	楼（地）面卷材防水（地下室底板防水）	1.100mm厚C15混凝土垫层（土建单位完成，不计工程量）； 2.20mm厚1：3水泥砂浆找平层（土建单位完成，不计工程量）； 3.一层4mm厚SBS改性沥青防水卷材满粘； 4.一层0.5mm厚塑料薄膜隔离层； 5.50mm厚C20现浇细石混凝土保护层	m²	1100
5	010904002001	楼（地）面涂膜防水（厕浴间地面防水）	1.20mm厚1：3水泥砂浆找平层（土建单位完成，不计工程量）； 2.刷基层处理剂； 3.涂刷聚氨酯涂膜防水层； 4.铺0.5厚塑料薄膜隔离层； 5.35mm厚C20现浇细石混凝土保护层	m²	100

4）"措施项目清单与计价表（一）"、"措施项目清单与计价表（二）"分别见表9-9、表9-10。

措施项目清单与计价表（一）　　　　　　　　　　　表9-9

工程名称：　　　　　　　　　　标段：　　　　　　　　　　第　页　共　页

序号	项目编码	项目名称	计算基础	费率（%）	金额（元）
1		安全文明施工费			
2		夜间施工费			
3		二次搬运费			
4		冬雨季施工			
5		大型机械设备进出场及安拆费			
6		施工排水			
7		施工降水			
8		地上、地下设施、建筑物的临时保护设施			
9		已完工程及设备保护			
10		各专业工程的措施项目			
11					
		合　计			

注：1. 本表适用于以"项"计价的措施项目。

2. 根据建设部、财政部发布的《建筑安装工程费用组成》（建标〔2003〕206号）的规定，"计算基础"可为"直接费"、"人工费"或"人工费＋机械费"。

措施项目清单与计价表（二）   表 9-10

工程名称：　　　　　　　　　　　标段：　　　　　　　　　　第 页 共 页

序号	项目编码	项目名称	项目特征描述	计量单位	工程量	金额（元）	
						综合单价	合价
本页小计							
合　计							

注：1. 本表适用于以综合单价形式计价的措施项目。

　　2. 市政工程措施项目中所列模版、支架、脚手架、施工排水、井点降水应计入该分部分项工程项目综合单价中。

5）"其他项目清单与计价汇总表"见表 9-11。

其他项目清单与计价汇总表   表 9-11

工程名称：　　　　　　　　　　　标段：　　　　　　　　　　第 页 共 页

序号	项目名称	计量单位	金额（元）	备　注
1	暂列金额			明细详见《规范》表-12—1
2	暂估价			
2.1	其中：材料（工程设备）暂估价			明细详见《规范》表-12—2
2.2	其中：专业工程暂估价			明细详见《规范》表-12—3
3	计日工			明细详见《规范》表-12—4
4	总承包服务费			明细详见《规范》表-12—5
5				
合　计				—

注：材料暂估单价进入清单项目综合单价，此处不汇总。

6）"暂列金额明细表"见表 9-12。

暂列金额明细表   表 9-12

工程名称：　　　　　　　　　　　标段：　　　　　　　　　　第 页 共 页

序号	项目名称	计量单位	暂定金额（元）	备　注
1				
2				
3				
4				

序号	项目名称	计量单位	暂定金额（元）	备 注
5				
6				
7				
8				
合 计				—

注：此表由招标人填写，如不能详列，也可只列暂定金额总额，投标人应将上述暂列金额计入投标总价中。

7）"材料（工程设备）暂估单价表"见表9-13。

材料（工程设备）暂估单价表　　　　　　　　　　　　　　　**表 9-13**

工程名称：　　　　　　　　　　　标段：　　　　　　　　　　　第 页 共 页

序号	材料（工程设备）名称、规格、型号	计量单位	单价（元）	备 注

注：1. 此表由招标人填写，并在备注栏说明暂估价的材料拟用在哪些清单项目上，投标人应将上述材料暂估单价计入工程量清单综合单价报价中。
　　2. 材料包括原材料、燃料、构配件以及按规定应计入建筑安装工程造价的设备。

8）"专业工程暂估价表"见表9-14。

专业工程暂估价表　　　　　　　　　　　**表 9-14**

工程名称：　　　　　　　　　　　标段：　　　　　　　　　　　第 页 共 页

序号	工程名称	工程内容	金额（元）	备 注
合 计				

注：此表由招标人填写，投标人应将上述专业工程暂估价计入投标总价中。

9）"计日工表"见表9-15。

计 日 工　　　　　　　　　　　**表 9-15**

工程名称：　　　　　　　　　　　标段：　　　　　　　　　　　第 页 共 页

编号	项目名称	单位	暂定数量	综合单价（元）	合价（元）
一	人 工				
1					
2					
3					

续表

编号	项目名称	单位	暂定数量	综合单价（元）	合价（元）
	人工小计				
二	材 料				
1					
2					
3					
	材料小计				
三	施工机械				
1					
2					
3					
	施工机械小计				
	总 计				

注：此表项目名称、数量由招标人填写，编制招标控制价时，单价由招标人按有关计价规定确定；投标时，单价由投标人自主报价，计入投标总价中。

10）"总承包服务费计价表"见表9-16。

总承包服务费计价表 表9-16

工程名称： 标段： 第 页 共 页

序号	项目名称	项目价值（元）	服务内容	费率（%）	金额（元）
1	发包人发包专业工程				
2	发包人供应材料				
	合 计				

11）"规费、税金项目清单与计价表"见表9-17。

规费、税金项目清单与计价表 表9-17

工程名称： 标段： 第 页 共 页

序号	项目名称	计算基础	费率（%）	金额（元）
1	规费			
1.1	工程排污费			
1.2	社会保障费			
(1)	养老保险费			
(2)	失业保险费			
(3)	医疗保险费			
1.3	住房公积金			
1.4	危险作业意外伤害保险			

续表

序号	项目名称	计算基础	费率（%）	金额（元）
1.5	工程定额测定费			
2	税金	分部分项工程费＋措施项目费＋其他项目费＋规费		
合　计				

注：根据建设部、财政部发布的《建筑安装工程费用组成》（建标［2003］206号）的规定，"计算基础"可为"直接费"、"人工费"或"人工费＋机械费"。

（2）招标控制价封面、表格的编制应符合下列规定（按《建设工程工程量清单计价规范》GB 50500—2013表格编排）：

招标控制价所使用的封面、表格应包括：招标控制价封面、总说明、工程项目招标控制价/投标报价汇总表、单项工程招标控制价/投标报价汇总表、单位工程招标控制价/投标报价汇总表、分部分项工程量清单与计价表、工程量清单综合单价分析表、措施项目清单与计价表（一）、措施项目清单与计价表（二）、其他项目清单与计价汇总表、暂列金额明细表、材料（工程设备）暂估单价表、专业工程暂估价表、计日工表、总承包服务费计价表、规费、税金项目清单与计价表等。

1）"招标控制价封面"应按规定的内容填写、签字、盖章，除承包人自行编制的投标报价和竣工结算外，受委托编制的招标控制价、投标报价、竣工结算若为造价员编制的应有负责审核的造价工程师签字、盖章以及工程造价咨询人盖章。

某公寓防水工程招标控制价封面格式为：

某省某市某公寓　　　工程报建号：

　防　水　　工程

招标控制价

招标控制价(小写)：350000.00元

　　　　　（大写）：叁拾伍万元整

	工程造价
招 标 人：_____（略）_____	咨 询 人：_____（略）_____
（单位盖章）	（单位资质专用章）
法定代表人	法定代表人
或其授权人：_____（略）_____	或其授权人：_____（略）_____
（签字或盖章）	（签字或盖章）

编 制 人：_____（略）_____ 复 核 人：_____（略）_____
（造价人员签字盖专用章）　　　　　　（造价工程师签字盖专用章）

编 制 时 间：20××年×月×日　　　　复核时间：20××年××月××日

2）某公寓防水工程招标控制价"总说明"表格与表9-15相同，并应按下列内容填写：

① 工程概况：建设规模、工程特征、计划工期、合同工期、实际工期、施工现场及变化情况、施工组织设计的特点、自然地理条件、环境保护要求；

② 编制依据等。

3）招标控制价防水工程量清单的某公寓"工程项目招标控制价/投标报价汇总表"见表9-18。

工程项目招标控制价/投标报价汇总表　　　　表9-18

工程名称：某省某市某公寓工程　　　　　　　　　　　　　第　页共　页

序号	单项工程名称	金额（元）	其　中（元）		
			暂估价	安全文明施工费	规费
1	某省某市某公寓工程	8532100.00	（略）	（略）	（略）
2	（略）				
	合　计				

注：本表适用于工程项目招标控制价或投标报价的汇总。

4）某公寓"单项工程招标控制价/投标报价汇总表"见表9-19。

单项工程招标控制价/投标报价汇总　　　　表9-19

工程名称：某省某市某公寓工程　　　　　　　　　　　　　第　页共　页

序号	单位工程名称	金额（元）	其　中（元）		
			暂估价	安全文明施工费	规费
1	建筑工程	3661556.00	（略）	（略）	（略）
2	防水工程	350000.00			
3	装饰工程	2655321.00			
4	安装工程	1865223.00			
	其中：电器设备安装工程	351000.00			
	给排水、采暖工程	183500.00			
	洁具安装	（略）			
	合　计	8532100.00			

注：本表适用于单项工程招标控制价或投标报价的汇总。暂估价包括分部分项工程中的暂估价和专业工程暂估价。

5）某公寓防水工程"单位工程招标控制价/投标报价汇总表"见表9-20。

单位工程招标控制价/投标报价汇总表　　　　　　　　　　　表9-20

工程名称：某省某市某公寓防水工程　　　　　标段：　　　　　　　　　第　页共　页

序号	汇总内容	金额（元）	其中：暂估价（元）
1	分部分项工程	195156.00	
1.1	屋面防水工程	96302.25	
1.2	地下室底板防水工程	（略）	
1.3	地下室外墙防水工程	（略）	
1.4	洗手间防水工程	（略）	
1.5		（略）	
2	措施项目	60120.00	
2.1	其中：安全文明施工费	（略）	
3	其他项目	52271.00	
3.1	其中：暂列金额	（略）	
3.2	其中：专业工程暂估价	（略）	
3.3	其中：计日工	（略）	
3.4	其中：总承包服务费	（略）	
4	规费	30518.00	
5	税金	11935.00	
招标控制价合计＝1＋2＋3＋4＋5		350000.00	

注：本表适用于单位工程招标控制价或投标报价的汇总，如无单位工程划分，单项工程也使用本表汇总。

6）"分部分项工程量清单与计价表"与表9-6相同。

7）"工程量清单综合单价分析表"见表9-21。

工程量清单综合单价分析表　　　　　　　　　　　　　表9-21

工程名称：　　　　　　　　　　标段：　　　　　　　　　　　第　页共　页

项目编码		项目名称		计量单位	

清单综合单价组成明细

定额编号	定额名称	定额单位	数量	单价				合价			
				人工费	材料费	机械费	管理费和利润	人工费	材料费	机械费	管理费和利润
人工单价			小　计								
元／工日			未计价材料费								

项目编码		项目名称		计量单位	
清单项目综合单价					

材料费明细	主要材料名称、规格、型号	单位	数量	单价（元）	合价（元）	暂估单价（元）	暂估合价（元）
	其他材料费			—		—	
	材料费小计			—		—	

注：1. 如不使用省级或行业建设主管部门发布的计价依据，可不填定额项目、编号等。

　　2. 招标文件提供了暂估单价的材料，按暂估的单价填入表内"暂估单价"栏及"暂估合价"栏。

某公寓"屋面卷材防水工程分部分项工程量清单项目综合单价分析表（一）"见表9-22或表9-23。表9-22为综合单价的组成明细表；表9-23为综合单价和合价的组成明细表。各项单价从定额中查出。

屋面卷材防水工程分部分项工程量清单综合单价分析表（一）　　　　**表 9-22**

工程名称：某公寓　　　　　　　　　　　　　　　　　　　　　　　　计量单位：m^2

项目编码：010902001001　　　　　　　　　　　　　　　　　　　　工程数量：

项目名称：架空隔热屋面、卷材防水　　　　　　　　　　　　　　　综合单价：86.88

第 1 页　共　　页

序号	定额编号	项目特征/工程内容	计量单位	工程量	综合单价组成（元）					综合单价（元）
					人工费	材料费	机械费	管理费和利润	风险费用	
1	略	20厚1：3水泥砂浆找平层	m^2	1	2.00	3.50	0.15	1.65	0.00	7.30
2	略	一层4mm厚SBS改性沥青防水卷材满粘	m^2	1	1.50	38.50	0.00	12.00	0.00	52.00
3	略	纸筋灰隔离层	m^2	1	1.00	0.50	0.05	0.45	0.00	2.00
4	略	40mm厚C20现浇细石混凝土保护层	m^2	1	3.20	11.10	0.50	4.29	0.00	19.09
5	略	35×800×800架空预制板铺设85m^2	m^2	1	2.35	2.60	0.05	1.49	0.00	6.49
综合单价合计					10.05	56.20	0.75	19.88	0.00	86.88

注：1. 某省定额规定：管理费按"人工费＋材料费"的20%计取，利润按"人工费＋材料费"的10%计取，两项共按"人工费＋材料费"的30%计取；风险费用暂不计取。

　　2. 某些省份的管理费和利润是按"人工费＋机械使用费"为计算基础乘以费率计取。

屋面卷材防水工程分部分项工程量清单综合单价分析表（二）　　　　　　　**表 9-23**

| 工程名称：某公寓 | | 标段： | | | 第 1 页　共　页 | |

项目编码	010902001001	项目名称	架空隔热屋面、卷材防水	计量单位	m²

清单综合单价组成明细

定额编号	项目特征/内容	定额单位	工程量	单　价（元/m²）				合　价（元）				小计
				人工费	材料费	机械费	管理费和利润	人工费	材料费	机械费	管理费和利润	
	20 厚 1：3 水泥砂浆找平层	m²	1000	2.00	3.50	0.15	1.65	2000.00	3500.00	150.00	1650.00	7300.00
	一层 4mm 厚 SBS 改性沥青防水卷材满粘	m²	1200	1.50	38.50	0.00	12.00	1800.00	46200.00	0.00	14400.00	62400.00
	纸筋灰隔离层	m²	1000	1.00	0.50	0.05	0.45	1000.00	500.00	50.00	450.00	2000.00
	40mm 厚 C20 现浇细石混凝土保护层	m²	1000	3.20	11.10	0.50	4.29	3200.00	11100.00	500.00	4290.00	19090.00
	35 × 800 × 800 架空预制板铺设 85m²	m²	850	2.35	2.60	0.05	1.49	1997.50	2210.00	42.50	1262.25	5512.25
人工单价		合　　计						9997.50	63510.00	742.5	22052.25	96302.25
元/工日		未计价材料费										

| 清单项目综合单价 | | | | 96302.25/1000 = 96.30 元/m² | | | | | | | | |

材料费明细	主要材料名称、规格、型号			单位	数量	单价（元）	合价（元）	暂估单价（元）	暂估合价（元）
	4mm 厚 SBS 改性沥青聚酯毡防水卷材			m²	120	38.50	4620.00	39.00	4680.00
	其他材料费					—			
	材料费小计					—	38.50	39.00	4680.00

注：1. 如不使用省级或行业建设主管部门发布的计价依据，可不填定额项目、编号等；
　　2. 招标文件提供了暂估单价的材料，按暂估的单价填入表内"暂估单价"栏及"暂估合价"栏；
　　3. 未计价材料费是指安装、市政等工程中的主材费。

表 9-22 和表 9-23 的综合单价不一致是因为各分项工程的工程量不一致而造成的，只有当所有的分项工程面积都相同时，综合单价计算数值才一致。表 9-22 计算的是每平方米综合单价的组成，故与实际相符。表 9-23 的综合单价由合计除以面积算出，而各项工程的工程量又不一致，故与实际不相符。当分项工程量不一致时，应将分项工程分别单独列出分析表，或将工程量一致的合在一张表格列出，不一致的单独列表，各项相加计算就一致了。

有的省份将分部分项工程量清单综合单价分析表中的合价单独列表，称为计算表格，见表 9-24。

屋面防水工程分部分项工程量清单综合单价计算表　　　　表 9-24

工程名称：某公寓　　　　　　　　　　　　　　　　　　　　　　计量单位：m²

项目编码：010902001001　　　　　　　　　　　　　　　　　　工程数量：

项目名称：架空隔热屋面、卷材防水　　　　　　　　　　　　　综合单价：

序号	定额编号	项目特征工程内容	计量单位	工程量	人工费	材料费	机械费	管理费和利润	风险费用	小计（元）
1	略	20 厚 1：3 水泥砂浆找平层	m²	1000	2000.00	3500.00	150.00	1650.00	0.00	7300.00
2	略	一层 4mm 厚 SBS 改性沥青防水卷材满粘	m²	1200	1800.00	46200.00	0.00	14400.00	0.00	62400.00
3	略	纸筋灰隔离层	m²	1000	1000.00	500.00	50.00	450.00	0.00	2000.00
4	略	40mm 厚 C20 现浇细石混凝土保护层	m²	1000	3200.00	11100.00	500.00	4290.00	0.00	19090.00
5	略	35×800×800 架空预制板铺设 85m²	m²	850	1997.50	2210.00	42.50	1262.25	0.00	5512.25
合　计					9997.50	63510.00	742.5	22052.25	0.00	96302.25
清单项目综合单价					96302.25/1000 = 96.30 元/m²					

8）招标控制价以下表格的编制与"工程量清单"编制所使用的表格相同：措施项目清单与计价表（一）、措施项目清单与计价表（二）、其他项目清单与计价汇总表、暂列金额明细表、材料（工程设备）暂估单价表、专业工程暂估价表、计日工表、总承包服务费计价表、规费、税金项目清单与计价表等。

（3）投标报价封面、表格的编制应符合下列规定（按《建设工程工程量清单计价规范》GB 50500—2013 表格编排）：

投标报价表格除了封面与招标控制价不同外，其余表格的格式和填写要求、封面的填写要求与招标控制价所使用的表格均相同。

某省某市某公寓工程投标总价封面格式为：

投　标　总　价

招　标　人：（略）

工程名称：某省某市某公寓工程

投标总价（小写）：8532100.00 元

　　　（大写）：捌佰伍拾叁万贰仟壹佰元整

投　标　人：——————（略）——————
　　　　　　　　　　（单位盖章）

法定代表人

或其授权人：————————

（略）

（签字或盖章）

编　制　人：————————

（略）

（造价人员签字盖专用章）

编制时间 20××年××月××日

其中，某公寓单项防水工程的投标报价的封面格式为：

投　标　报　价

招　标　人：（略）

工程名称：某省某市某公寓防水工程

投标总价（小写）：350000.00 元

（大写）：叁拾伍万元整

投　标　人：————————

（略）

（单位盖章）

法定代表人

或其授权人：————————

（略）

（签字或盖章）

编　制　人：————————

（略）

（造价人员签字盖专用章）

编制时间 20××年××月××日

（4）竣工结算封面、表格的编制应符合下列规定（按《建设工程工程量清单计价规范》GB 50500—2013 表格编排）：

竣工结算使用的封面、表格包括：竣工结算总价封面、总说明、工程项目竣工结算汇总表、单项工程竣工结算汇总表、单位工程竣工结算汇总表、分部分项工程量清单与计价表、工程量清单综合单价分析表、措施项目清单与计价表（一）、措施项目清单与计价表（二）、其他项目清单与计价汇总表、暂列金额明细表、材料（工程设备）暂估单价表、专业工程暂估表、计日工表、总承包服务费计价表、索赔与现场签证计价汇总表、费用索赔申请（核准）表、现场签证表、规费、税金项目清单与计价表、工程款支付申请（核准）表等。

1）竣工结算封面的填写要求与投标报价相同。竣工结算总价的封面格式为：

<u>某省某市某公寓</u> 工程

竣工结算总价

中标价（小写）：<u>8532100.00元</u>　　　（大写）：<u>捌佰伍拾叁万贰仟壹佰元整</u>

结算价（小写）：<u>（按双方确认价款结算）</u>（大写）：<u>（按双方确认价款结算）</u>

发　包　人：————————　承包人：————————　工程造价　————————
　　　　　　（单位盖章）　　　　　（单位盖章）　咨询人：（单位资质专用章）

选定代表人　　（略）　　　法定代表人　　（略）　　　法定代表人　　（略）
或其授权人：————————　或其授权人：————————　或其授权人：————————
　　　　　　（签字或盖章）　　　　　（签字或盖章）　　　　　（签字或盖章）

编　制　人：————————　　核　对　人：————————
　　　　　（造价人员签字盖专用章）　　　　　（造价工程师签字盖专用章）

编制时间20××年××月××日　核对时间：20××年××月××日

其中，某公寓单项防水工程的竣工结算价的封面格式为：

<u>某省某市某公寓防水</u> 工程

竣工结算价

中标价（小写）：<u>350000.00元</u>　　　（大写）：<u>叁拾伍万元整</u>
结算价（小写）：<u>（按双方确认价款结算）</u>（大写）：<u>（按双方确认价款结算）</u>

发　包　人：————————　承包人：————————　工程造价　————————
　　　　　　（单位盖章）　　　　　（单位盖章）　咨询人：（单位资质专用章）

选定代表人　　（略）　　　法定代表人　　（略）　　　法定代表人　　（略）
或其授权人：————————　或其授权人：————————　或其授权人：————————
　　　　　　（签字或盖章）　　　　　（签字或盖章）　　　　　（签字或盖章）

编　制　人：————————　　核　对　人：————————
　　　　　（造价人员签字盖专用章）　　　　　（造价工程师签字盖专用章）

编制时间20××年××月××日　　　　核对时间：20××年××月××日

2）竣工结算"总说明"表格与表 9-5 相同，填写要求与投标报价"总说明"相同。

3）某公寓"工程项目竣工结算汇总表"见表 9-25。

工程项目竣工结算汇总表　　　　　　　　　　　**表 9-25**

工程名称：某公寓工程　　　　　　　　　　　　　　　　　　第 页 共 页

序号	单项工程名称	金额（元）	其　中（元）	
			安全文明施工费	规费
1 2	某省某市某公寓工程 （略）	（略）	（略）	（略）
	合　　计			

4）某公寓"单项工程竣工结算汇总表"见表 9-26。

单项工程竣工结算汇总表　　　　　　　　　　　**表 9-26**

工程名称：某公寓单项工程　　　　　　　　　　　　　　　　第 页 共 页

序号	单项工程名称	金额（元）	其　中（元）	
			安全文明施工费	规费
1	建筑工程	（略）	（略）	（略）
2	防水工程	（略）	（略）	（略）
3	装饰工程	（略）	（略）	（略）
4	安装工程	（略）	（略）	（略）
	其中：电器设备安装工程 　　　　给排水、采暖工程 　　　　洁具安装			
	合　　计			

5）某公寓防水工程"单位工程竣工结算汇总表"见表 9-27。

单位工程竣工结算汇总表　　　　　　　　　　　**表 9-27**

工程名称：某公寓防水工程　　　　　　标段：　　　　　　　第 页 共 页

序号	汇总内容	金　额（元）
1	分部分项工程	（略）
1.1	屋面防水工程	
1.2	地下室底板防水工程	
1.3	地下室外墙防水工程	
1.4	洗手间防水工程	
1.5		

续表

序号	汇总内容	金 额（元）
2	措施项目	（略）
2.1	其中：安全文明施工费	
3	其他项目	（略）
3.1	其中：专业工程结算价	
3.2	其中：计日工	
3.3	其中：总承包服务费	
3.4	索赔与现场签证	
4	规费	（略）
5	税金	（略）
	竣工结算总价合计 = 1 + 2 + 3 + 4 + 5	（略）

注：如无单位工程划分，单项工程也使用本表汇总。

6）竣工结算以下表格的编制与"招标控制价"或"投标报价"编制所使用的表格相同：分部分项工程量清单与计价表、工程量清单综合单价分析表、措施项目清单与计价表（一）、措施项目清单与计价表（二）、其他项目清单与计价汇总表、暂列金额明细表、材料（工程设备）暂估单价表、专业工程暂估价表、计日工表、总承包服务费计价表。

7）"索赔与现场签证计价汇总表"见表9-28。

索赔与现场签证计价汇总表   表9-28

工程名称：　　　　　　　　　标段：　　　　　　　第 页 共 页

序号	签证及索赔项目名称	计量单位	数量	单价（元）	合价（元）	索赔及签证依据
—	本页小计	—	—	—		—
—	合　计	—	—	—		—

注：签证及索赔依据是指经双方认可的签证单和索赔依据的编号。

337

8）"费用索赔申请（核准）表"见表9-29。

费用索赔申请（核准）表 表9-29

工程名称：　　　　　　　　标段：　　　　　　　　编号：

致：_____（发包人全称）根据施工合同条款第__条的约定，由于____原因，我方要求索赔金额（大写）_____元，（小写）__元，请予核准。附：1. 费用索赔的详细理由和依据　　2. 索赔金额的计算　　3. 证明材料　　　　　　　　　　　　　　　　　　　　　　承包人（章）　　　　　　　　　　　　　　　　　　　　　承包人代表_____　　　　　　　　　　　　　　　　　　　　日　　期_____	
复核意见：　根据施工合同条款第_____条的约定，你方提出的费用索赔申请经复核：　□不同意此项索赔，具体意见见附件。　□同意此项索赔，索赔金额的计算，由造价工程师复核。　　　　　　　　　监理工程师_____　　　　　　　　　　日　　期_____	复核意见：　根据施工合同条款第_____条的约定，你方_____提出的费用索赔申请经复核，索赔金额为（大写）_____元，（小写）_____元。　　　　　　　　　造价工程师_____　　　　　　　　　　日　　期_____
审核意见：□不同意此项索赔□同意此项索赔，与本期进度款同期支付　　　　　　　　　　　　　　　　　　　　　　发包人（章）　　　　　　　　　　　　　　　　　　　　　发包人代表_____　　　　　　　　　　　　　　　　　　　　日　　期_____	

注：1. 在选择栏中的"□"内作标识"√"。
　　2. 本表一式四份，由承包人填报，发包人、监理人、造价咨询人、承包人各存一份。

9）"现场签证表"见表9-30。

现场签证表 表9-30

工程名称：　　　　　　　　标段：　　　　　　　　编号：

施工部位		日期	
致：_____（发包人全称）根据_____（指令人姓名）　年　月　日的口头指令或你方_____（或监理人）　年　月　日的书面通知，我方要求完成此项工作应支付价款金额为（大写）_____元，（小写）_____元，请予核准。附：1. 签证事由及原因　　2. 附图及计算式　　　　　　　　　　　　　　　　　　　　　　承包人（章）　　　　　　　　　　　　　　　　　　　　　承包人代表_____　　　　　　　　　　　　　　　　　　　　日　　期_____			

续表

复核意见： 　　你方提出的此项签证申请经复核： 　　□不同意此项签证，具体意见见附件。 　　□同意此项签证，签证金额的计算，由造价工程师复核。 　　　　　　　　监理工程师＿＿＿＿＿＿＿ 　　　　　　　　日　　　期＿＿＿＿＿＿＿	复核意见： 　　□此项签证按承包人中标的计日工单价计算，金额为 （大写）＿＿＿＿＿＿＿元，（小写）＿＿＿＿＿＿元。 　　□此项签证因无计日工单价，金额为（大写） ＿＿＿＿＿＿元，（小写）＿＿＿＿＿＿元。 　　　　　　　　造价工程师＿＿＿＿＿＿＿ 　　　　　　　　日　　　期＿＿＿＿＿＿＿
审核意见： 　　□不同意此项签证 　　□同意此项签证，价款与本期进度款同期支付 　　　　　　　　　　　　　　　　发包人（章） 　　　　　　　　　　　　　　　　发包人代表＿＿＿＿＿＿＿ 　　　　　　　　　　　　　　　　日　　　期＿＿＿＿＿＿＿	

注：1. 在选择栏中的"□"内作标识"√"。
　　2. 本表一式四份，由承包人在收到发包人（监理人）的口头或书面通知后填写，发包人、监理人、造价咨询人、承包人各存一份。

10）"规费、税金项目清单与计价表"与工程量清、招标控制价、投标报价表格相同。

11）"工程款支付申请（核准）表"见表 9-31。

工程款支付申请（核准）表　　　　　　　　　　**表 9-31**

工程名称：　　　　　　　　　　标段：　　　　　　　　　　第　页　共　页

致：＿＿＿＿＿＿＿＿＿＿＿＿＿＿＿＿＿＿＿＿＿＿＿＿＿＿＿＿＿＿（发包人全称）
　　我方于＿＿＿＿＿至＿＿＿＿＿期间已完成了＿＿＿＿＿＿＿＿工作，根据施工合同的约定，现申请支付本期的工程款额为（大写）＿＿＿＿＿＿＿元，（小写）＿＿＿＿＿＿元，请予核准。

序号	名　称	金额（元）	备注
1	累计已完成的工程价款		
2	累计已实际支付的工程价款		
3	本周期已完成的工程价款		
4	本周期完成的计日工金额		
5	本周期应增加和扣减的变更金额		
6	本周期应增加和扣减的索赔金额		
7	本周期应抵扣的预付款		
8	本周期应扣减的质保金		
9	本周期应增加或扣减的其他金额		
10	本周期实际应支付的工程价款		

　　　　　　　　　　　　　　　　　　承包人（章）
　　　　　　　　　　　　　　　　　　承包人代表＿＿＿＿＿＿＿
　　　　　　　　　　　　　　　　　　日　　　期＿＿＿＿＿＿＿

复核意见： □与实际施工情况不相符，修改意见见附件。 □与实际施工情况相符，具体金额由造价工程师复核。 　　　　　监理工程师：＿＿＿＿＿ 　　　　　日　　期：＿＿＿＿＿	复核意见： 　　你方提出的支付申请经复核，本周期已完成工程价款额为（大写）：＿＿＿＿＿元，（小写）：＿＿＿＿＿元，本期间应支付金额为（大写）：＿＿＿＿＿元，　（小写）：＿＿＿＿＿元。 　　　　　造价工程师：＿＿＿＿＿ 　　　　　日　　期：＿＿＿＿＿
审核意见： □不同意 □同意，支付时间为本表签发后的15天内	 　　　　　　发包人（章） 　　　　　　承包人代表＿＿＿＿＿ 　　　　　　日　　期＿＿＿＿＿

注：1. 在选择栏中的"□"内作标识"√"。
　　2. 本表一式四份，由承包人填报；发包人、监理人、造价咨询人、承包人各存一份。

12）有的省在工程量清单中还列出"不竞争性费用汇总表"，见表9-32。

不竞争性费用汇总表　　　　　　　　　　　表9-32

工程名称：　　　　　　　　标段：　　　　　　　　第　页　共　页

序号	名　　　　　称	金　额（元）
1	安全防护、文明施工费	
2	暂列金额	
3	暂估价（材料暂估单价、专业工程暂估价）	
4	规费	
5	税金	
	总　计	

9.4　防水工程造价

　　在不同的经济发展时期，有不同的价格形成机制，产生出不同的工程造价依据。改革开放前以工程预算定额为计价依据的工程造价是计划经济模式下的产物，其实质是"固定的、封闭的、指令性的"；而以工程量清单为计价依据的工程造价是市场经济模式下的计算方法，其实质是"发展的、开放的、竞争性的"，把从政府定价模式转变到市场定价模式，是市场经济发展的需要。在目前的工程量清单计价中，仍然用到"定额"，而"定额"不能反映出施工质量的优劣，是与工程质量"脱钩"的，甲施工20年不漏，乙施工

10 年不漏，评标人从表面上看起来甲、乙的清单造价不相上下，实际上甲的造价比乙的低了一半还多，因渗漏修缮工程的费用比新建防水工程的还要多，故目前的清单计价仍处在转型过渡阶段。随着工程量清单计价模式的深化应用和机制的不断完善，随着企业在建筑市场竞争中信誉的建立和形象的提高，进一步优胜劣汰地走向正规，将逐步建立起企业自身的定额和项目单价，使企业能根据自身状况和市场供求关系报出全费用综合单价。企业自主报价、通过招投标进行市场竞争定价的计价格局将逐步形成。

1. 工程量清单计价模式下的工程造价

建设工程施工发、承包造价采用全费用综合单价法，将分部分项工程费、措施项目费、其他项目费、规费和税金相加，便得出建筑工程造价。其构成见图 9-3。防水工程把其中涉及的项目相加，便得出防水工程造价。

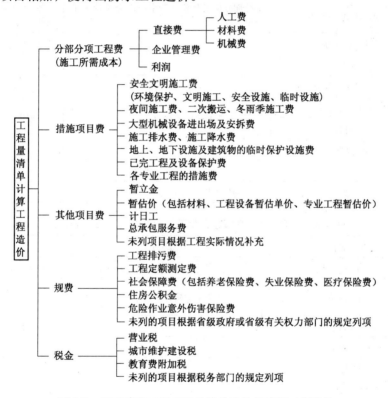

图 9-3　基于建设工程工程量清单计价的建筑工程造价

2. 填写工程量清单造价表格

上述各种清单表格的计价方法、基数的算法、费率的规定，各省都有明确的规定。而建筑工程防水施工，一般分为包工包料和包工不包料两种形式，故造价也分为包工包料和包工不包料两种格式，分别见表 9-33、表 9-34。对于包工包料来说，表 9-33 中的各项费用都进行了计取；对于包工不包料来说，表 9-34 中缺少材料费、机械使用费，影响到了管理费和利润的计取，这对施工单位来说是不利的，但对建设单位来说也是不利的，因为材料是建设单位采购和管理的，那么管理费和利润应该怎样计取呢？这就应在省级建设行政主管部门的有关文件调整下，双方进行约定，以免出现分歧。

某省建筑、防水、装饰、安装工程造价表（包工包料）　　　表 9-33

序号		费用名称	计算公式	备注
一		分部分项工程量清单费用	综合单价×工程量	
	其中	1. 人工费	计价表中人工消耗量×人工单价	按计价表
		2. 材料费	计价表中材料消耗量×材料单价	
		3. 机械费	计价表中机械消耗量×机械单价	
		4. 管理费	建筑（防水）、装饰：（1+3）×费率安装工程：　（1）×费率	
		5. 利润	建筑（防水）、装饰：（1+3）×费率安装工程：　（1）×费率	
二		措施项目清单费用	分部分项工程费×费率或综合单价×工程量	按计价表或费用计算规则
三		其他项目费用		双方约定
四		规费		
	其中	1. 工程定额测定费	（一＋二＋三）×费率	按规定计取
		2. 安全生产监督费		
		3. 建筑管理费		
		4. 劳动保险费		
五		税金	（一＋二＋三＋四）×费率	按各市规定计取
六		工程造价	一＋二＋三＋四＋五	

某省建筑（防水）、装饰、安装工程造价表（包工不包料）　　　表 9-34

序号		费用名称	计算公式	备注
一		分部分项工程量清单费用	计价表中人工消耗量×日工资单价	按计价表
二		措施项目清单费用	（一）×费率或按计价表	按计价表或费用计算规则
三		其他项目费用		双方约定
四		规费		
	其中	1. 工程定额测定费	（一＋二＋三）×费率	按规定计取
		2. 安全生产监督费		
		3. 建筑管理费		
五		税金	（一＋二＋三＋四）×费率	按各市规定计取
六		工程造价	一＋二＋三＋四＋五	

注：本表规费中未包括劳动保险费是因为包工不包料的劳动保险费已经包含在了人工工日单价中。

10 编写建筑防水工程施工工法

建筑防水工程施工工法是指以防水工程为对象、工艺为核心，运用系统工程的原理，把先进技术和科学管理结合起来，经过工程实践形成的综合配套的施工方法。它必须具有先进性、适用性、安全性、经济性、确保防水工程质量、提高施工效率、降低工程成本等特点。

工法是企业标准的重要组成部分，是企业开发应用新材料、新产品、新工艺、新技术工作的一项重要内容，是企业技术水平和施工能力的重要标志。

工法分为国家级（一级）、省（部）级（二级）和企业级（三级）三个等级。

（1）国家级工法：经过工程实践证明，其建筑防水关键技术达到国内领先水平或国际先进水平、有显著经济效益或社会效益所形成的工法为国家级工法；

（2）省（部）级工法：经过工程实践证明，其建筑防水关键技术达到省（部）先进水平、有较好经济效益或社会效益的工法为省（部）级工法；

（3）企业级工法：经过工程实践证明，其建筑防水关键技术达到本企业先进水平、有一定经济效益或社会效益的工法为企业级工法。

10.1 编写依据

1. 法律、法规、技术规范、标准、规程

（1）国家法律、法规：《中华人民共和国建筑法》、《建筑工程质量管理条例》、《建筑工程安全生产管理条例》、《中华人民共和国环境保护法》、《中华人民共和国消防管理条例》等。

（2）地方、中央管理企业法规：《××省××市建设工程质量管理条例》、《××省××市施工现场管理条例》、《建筑工程施工质量验收统一标准》GB 50300 等。

（3）国家现行施工规范：《屋面工程技术规范》、《地下工程防水技术规范》、《屋面工程施工质量验收规范》、《地下防水工程质量验收规范》《建筑工程施工质量验收统一标准》、《混凝土结构工程施工质量验收规范》、《建筑地面工程施工质量验收规范》、《建筑装饰装修工程质量验收规范》等。

（4）行业、地方、企业施工规程：《建筑施工安全检查标准》、《室内工程防水技术规程》、《××省××市××防水施工技术规程》、《防水施工质量统一标准》等。

2. 防水施工合同

防水施工质量、技术、安全、工期、经济、环保、消防等方面达到的目标。

3. 防水施工图集

包括设计院提供的平、立、剖面防水施工图、设计说明及所采用的防水标准图集、做法详图、防水材料使用说明等方面的资料。

4. 防水施工组织设计或施工方案

参见"中标后编制的实施施工方案"。

5. 建筑防水新技术

所编写的建筑防水施工、堵漏工法与当前国内外建设领域的同行业相比，必须为新材料、新工艺、新机具、新技术。

10.2　编写范围、内容、要点及注意事项

1. 编写范围

（1）现场施工方面：工程特点、（分部、子分部、分项工程）施工操作工艺、施工技术、施工质量、安全、工期要求等。

（2）内部管理方面：清单计价编制、方案编制、计划统计、合同签订、成本核算、材料供应、劳力调配、机械布置等。

（3）现代化管理方面：施工技术管理、项目管理、施工组织设计管理、施工方案管理、现场管理等。

（4）工程成本管理方面：防水工程质量高、标准高、能耗低、低成低等。

（5）新信息、科技开发（ISO）方面：质量管理体系、环境管理体系、消防管理体系、职业安全卫生体系等。

（6）新颖方面：新材料、新工艺、新机具、新技术等。

（7）消除通病方面：消除质量通病、消除安全隐患等。

2. 编写内容

编写内容包括：前言、工法特点、工艺程序（流程）、操作要点、材料、施工机具、质量标准、劳动组织及安全、效益分析和工程应用实例等。

3. 编写流程

图纸会审→明确部位、做法→收集资料→编写施工操作方案→技术交底→过程跟踪→处理解决问题→形成记录（文字、影像）→效益测算→编写成文→工程核验→调整修改→形成工法。

4. 编写要点

（1）图纸会审：图纸会审对编制工法起关键和主导作用。如某地下工程外墙防水设计施工图纸中采用了钠基膨润土防水毯作防水外做防水层，这是一种以前在地下工程中没有或很少被采用或者基本没有得到推广应用的防水新材料，应作为一项新的防水技术列入工法编制工作。又如某工程施工图纸中采用了不粘结橡胶沥青胶黏剂作为卷材的粘结材料，这种胶黏剂应用时间不长，在得到有关部门技术鉴定后可作为一项新的眷恋粘结技术列入工法编制中。

（2）收集资料：对已经明确下来的工法课题，必须有针对性地收集相关资料。如防水施工详图、设计说明、材料样品、材料价格、施工工艺、质量标准、安全要求、关键施工技术、供料定额等资料。

（3）编写实施施工方案：防水实施施工方案中的工艺流程及施工操作过程是编制工法的核心内容，是工法编制工作中需要详细介绍的重点章节，需阐述明白，编写方法参见

"中标后编制的实施施工方案"。

（4）技术交底：为防止出现差错、走样和返工现象，必须按照要求进行技术交底。交底方式参见"中标后编制的实施施工方案9. 技术交底"

（5）过程跟踪：

1）施工跟踪：施工过程中的跟踪，是确保施工方法、人员、材料、机具等工法必须介绍的珍贵资料不遗失的重要措施。除文字、数据资料外，可采用拍照、录像、录音等现代化手段进行电子记录，以增强记录的真实性和全面性，也更有说服力。

2）变更跟踪：由设计变更，发生了在防水方案、材料、工艺、机具等方面的改变，可能会牵涉到要重新编写施工技术的内容，或在施工过程中出现了需要及时解决的施工技术问题。这些资料只有在过程跟踪中才能得到，工法的编写也发生了变化。

（6）形成记录：利用文字、电子记录形成整个施工过程的资料，包括竣工后所产生的经济效益、效果等。

（7）效益分析：这是之所以形成施工工法有效说服力的关键。可以通过成本分析来测算该工法的技术经济效益、生态环保及社会效益。

（8）编写成文：按照工法的编写范围、内容进行编写，形成初步工法文稿，系统地阐述该施工工法。

（9）工程核验修改：防水施工工法只有得到几项防水工程的成功检验，才能证明该工法切实可行，省级以上工法必须有不少于三项工程应用实例。在这一过程中，可能要几经修改，在得到工程实践检验成功后，才能成为技术先进、成熟可靠、标准统一规范、效益显著、经济适用、符合节能环保要求的施工方法。

（10）企业评定：经过工程核验的工法，应由企业分管施工生产的副总经理或总工程师负责组织本企业内部评定工作。参加人员除了工法的编制人员、实施人员外，可邀请防水专家来参加，以确认工法的优点、特点和实用性。这样就形成了企业级工法。

（11）组织申报：企业级工法形成后，如得到防水行业内好评，就可按照省（部）级工法的申报要求，先申报省（部）级工法，在得到省内推广应用后，可以通过省（部）级工法审定单位，即省、自治区、直辖市建设主管部门，国务院有关主管部门（或全国性行业协会、中央管理的有关企业）向住房和城乡建设部工程质量安全监管司推荐申报国家级工法。

5. 编写注意事项

施工工法是企业的技术财富，在招投标中能起到很关键的作用。虽然工法的编写方式多种多样，但必须遵守以下原则：

（1）企业编写的工法都必须经过工程实践，并证明是属于技术先进、效益显著、经济适用、符合节能环保要求的施工方法。未经工程实践检验的科研成果，不能称为工法。

（2）工法编写选题要恰当。课题有大有小。凡是针对工程项目、单位工程的是大项目，防水工程不一定能涉及；凡是针对分部、分项工程的是小项目。最初可选择小点的分部、子分部、分项工程来编写，但必须具有完整的施工工艺。防水工程被列入分部、子分部、分项工程，所以可挑选任一个单项工程来编写。如：SBS改性沥青防水卷材应用工法、自粘防水卷材预铺反粘法施工工法、三元乙丙防水卷材在地下防水工程中的应用工法、不粘结橡胶沥青胶黏剂的应用工法等等。

（3）工法不能写成施工总结，施工总结是叙事性的工程纪实，而施工工法具有科学性、先进性，要善于发现继而开发其科学性、先进性，再作实质性的剖析和总结。工法可以用前言作导语，以寥寥所语（简洁的语言）说明编写工法的原因，紧接着就按工法特点、适用范围、工艺原理、工艺流程及施工方法的顺序进行编写。不要一开始就长篇大论，工法的特点、工艺千呼万唤才出来。后半部分可编写如何解决质量通病，最后是典型工程实例（最好配有工程实例录像）。

总之，工法是在经过工程实践，满足设计要求，确保工程质量的前提下，进行从防水材料、设计方案、适用范围、工艺特点、机具设备、施工做法等方面的技术创新，并应获得良好的综合经济效益。

主要参考文献

［1］朱馥林．防水施工员（工长）基础知识与管理实务．北京：中国建筑工业出版社，2009.

［2］朱馥林．地下防水工程施工与验收手册．北京：中国建筑工业出版社，2006.

［3］朱馥林．屋面工程施工与验收手册．北京：中国建筑工业出版社，2006.

［4］肖跃军，漆贯学，杨效中．工程量清单与计价．北京：中国建筑工业出版社，2009.

［5］宋亦工．防水施工工长手册．北京：中国建筑工业出版社，2009.

［6］张希舜．建筑工程施工工法编写指导．北京：中国建筑工业出版社，2010.